網頁程式設計

的 16 堂課

The Most Effective Way For Learning
Front-End Web Programming

HTML5‧CSS3
JavaScript‧jQuery
AJAX‧Bootstrap
Google Maps

感謝您購買旗標書,
記得到旗標網站
www.flag.com.tw
更多的加值內容等著您…

● FB 官方粉絲專頁: 旗標知識講堂

● 旗標「線上購買」專區: 您不用出門就可選購旗標書!

● 如您對本書內容有不明瞭或建議改進之處, 請連上旗標網站, 點選首頁的 聯絡我們 專區。

若需線上即時詢問問題，可點選旗標官方粉絲專頁留言詢問, 小編客服隨時待命, 盡速回覆。

若是寄信聯絡旗標客服emaill, 我們收到您的訊息後, 將由專業客服人員為您解答。

我們所提供的售後服務範圍僅限於書籍本身或內容表達不清楚的地方, 至於軟硬體的問題, 請直接連絡廠商。

學生團體　訂購專線：(02)2396-3257 轉 362
　　　　　傳真專線：(02)2321-2545

經銷商　　服務專線：(02)2396-3257 轉 331
　　　　　將派專人拜訪
　　　　　傳真專線：(02)2321-2545

國家圖書館出版品預行編目資料

網頁程式設計的 16 堂課 / 施威銘研究室 作
臺北市 : 旗標, 2016.04　面；　公分

ISBN 978-986-312-317-0 (平裝附光碟片)

1.網頁設計 2.電腦程式設計

312.1695　　104027985

作　　者／施威銘研究室
發 行 所／旗標科技股份有限公司
　　　　　台北市杭州南路一段 15-1 號 19 樓
電　　話／(02)2396-3257(代表號)
傳　　真／(02)2321-2545
劃撥帳號／1332727-9
帳　　戶／旗標科技股份有限公司
監　　督／楊中雄
執行企劃／張清徽
執行編輯／張清徽
美術編輯／薛詩盈・張家騰
封面設計／古鴻杰
校　　對／張清徽

新臺幣售價：550 元
西元 2023 年 9 月 初版 13 刷
行政院新聞局核准登記 - 局版台業字第 4512 號
ISBN 978-986-312-317-0

序

本書為 HTML、CSS、JavaScript 入門學習書籍，主要的特色在於以簡明直覺的實作，讓初學者能快速學會 HTML、CSS、JavaScript 的基礎，且能立即加以應用的入門學習指引。

本書主題為『網頁**程式**設計』，而非網頁設計，因此不會以坊間常見的 Dreamweaver、Aptana 等視覺化網頁設計軟體做介紹，而是以簡單的編輯器，由基礎開始認識網頁的結構、內容，進而瞭解版面與樣式的設定、網頁應用 (Web Application) 的開發方式。因為具備 HTML/CSS/JavaScript 基本紮實的認識，日後才有能力掌握和發揮各種工具的功能，設計出更精緻的網頁。

鑑於目前使用行動裝置 (手機、平板) 上網的比例，已超過使用桌上電腦或筆記型電腦上網，因此本書也加入行動裝置的相關題材，例如可適應性網頁設計 (Responsive Web Design，讓網頁可自動依螢幕尺寸調整版面)，以及如何在網頁中存取行動裝置上的感測器 (例如加速度感測器、GPS 定位等等)。

限於篇幅，書中無法涵蓋所有與網頁程式設計相關的題材與技術。讀者若有興趣，可上網補充新知，並搜尋實用的工具來幫助自己實現創意，設計出具個人特色的網頁應用。

施威銘研究室 2016 年 3 月

書附檔案下載

https://www.flag.com.tw/DL.asp?F6465

書附檔案可至以上網址下載，包含書中所有的範例程式檔，每一章的範例檔都放在以章為編號的子資料夾中，例如：

- 第 4 章範例 Ch04-01.html，其所在資料夾即為『Ch04』。
- 第 6 章範例 Ch06-03.css，其所在資料夾即為『Ch06』。

其它依此類推，在書中的程式列表上方會列出範例的檔案名稱。書中有部份程式片段，僅是舉例說明，並無對應的範例檔案。

使用範例檔

先在硬碟中建立一個工作資料夾，然後解開書附檔案的壓縮檔，將內容完整複製到工作資料夾中，接著即可利用第 1 章介紹的編輯器、瀏覽器，開啟範例檔進行編輯，或檢視其效果。

TIP 第 15 章部份範例檔案，需修改檔案內容，加入您個人申請的 Google API 金鑰才能正常執行，詳見第 15 章的說明。

目 錄

HTML 篇

第 5 章　表單與內嵌網頁

CSS 篇

第 6 章　使用 CSS 妝點網頁

第 7 章　使用 CSS 設計框線與清單樣式

第 8 章　使用 CSS 設計版面與特效

JavaScript 篇

第 9 章　JavaScript 基礎

第 10 章　DOM 物件模型與事件處理

第 11 章　jQuery：JavaScript 必用的程式庫

第 12 章　使用 jQuery UI 專業美觀的網頁元件

第 13 章 Responsive Web Design 與 Bootstrap 網頁框架

第 14 章 AJAX 與 Web Services

第 15 章 在網頁中使用 Google Maps

第 16 章 針對行動裝置設計的網頁

01

HTML篇

網頁程式設計簡介

上網幾乎已成為人們生活中不可缺少的『活動』, 網頁程式設計也因而成為電腦資訊領域中當紅的主題之一。而網頁程式設計除了要能將想傳達的資訊完整呈現在網頁上, 也包括利用圖片、影音、版面設計來吸引人們目光, 以實用或有趣的互動效果讓訪客駐足。本章就先介紹 WWW 的架構, 網頁在其中的角色, 及本書涵蓋的主題。

1-1 認識 WWW 的架構 - 網頁、網站與瀏覽器

WWW 的基本架構

全球資訊網 (World Wide Web, WWW) 是在 1989 年 3 月, 由任職於歐洲粒子物理實驗室 (European Laboratory for Particle Physics, CERN) 的伯納斯李 (Tim Berners-Lee) 所提出。其構想是設計一個讓分散在世界各地的研究人員, 能以簡單又有效率的方式, 分享資源、分工合作, 而這項技術, 目前已成為全球最受歡迎的資訊傳播方式。

WWW 的主要目的, 就是資源的共享。例如撰寫一份研究報告, 除了自己的研究內容外, 也可以藉由網路互連的特點, 引用現有的圖表、提供參考文獻的連結, 不但能讓報告內容更豐富, 也提供可讀性及方便性。

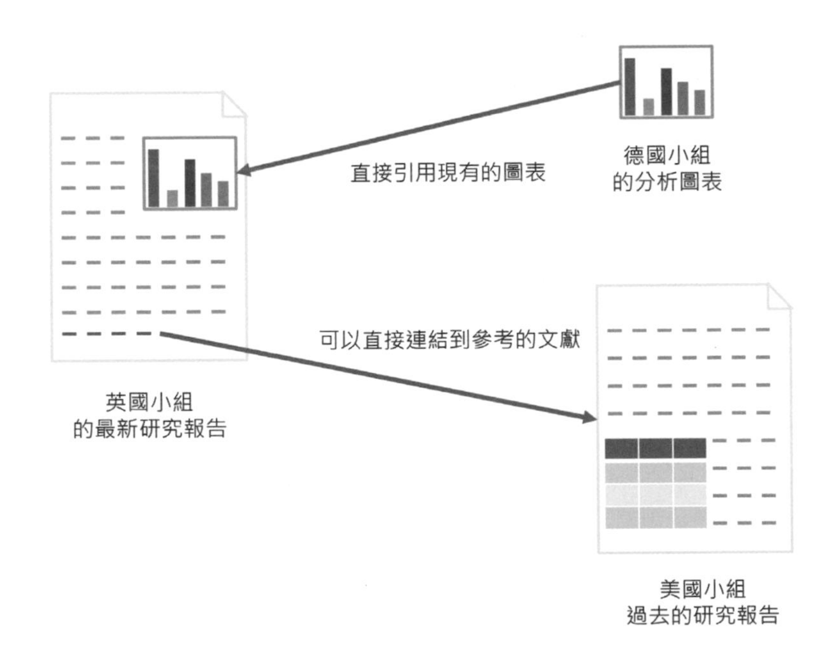

網路上分散在各處的眾多資源，就透過這種方式串聯起來成為 WWW 一詞中的 Web (網)。

網頁的資料內容與顯示方式

網頁是 WWW 上最普遍的資源種類，而使用者就是利用瀏覽器來瀏覽 WWW 上的網頁。用瀏覽器開啟網頁時，會有如下的動作：

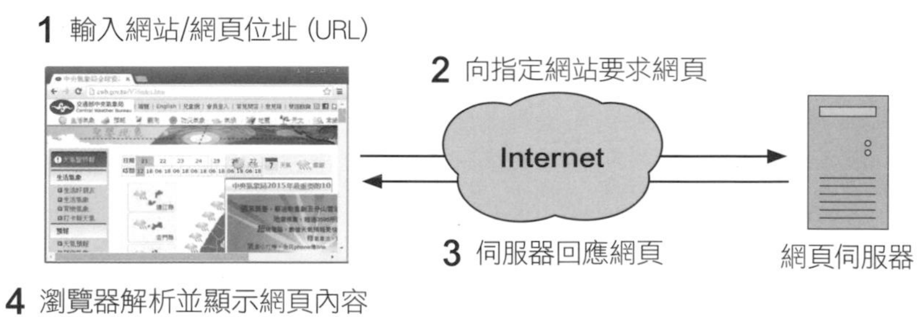

1. 在瀏覽器**網址**列輸入的網址，又稱為 URL (Uniform Resource Locator)，表示某項網路資源 (Resource, 包括網頁、圖片等) 在 Internet 上的位址。例如在**網址**列輸入如下網址，就會在瀏覽器中看到中央氣象局的首頁 (Home Page)。

2. 瀏覽器會到指定的網址取得網頁。用技術名詞來說，瀏覽器是透過 HTTP 通訊協定，向指定網址的伺服器提出**要求** (Request)，向伺服器要求指定的網頁 (資源)。

TIP 我們經常會在**網址**列輸入『簡略』的網址，例如只輸入 "cwb.gov.tw"，此時瀏覽器仍會自動使用 HTTP 通訊協定，向網站要求路徑為 "/" 的資源 ("/" 稱為 Root，也就是根目錄)，通常 Root 就是網站的首頁。

TIP 因為網頁伺服器與瀏覽器間都是使用 HTTP 通訊協定進行溝通，所以也稱為 HTTP 伺服器。

3. 伺服器收到瀏覽器的要求後，會傳回資源的內容 (HTML 網頁)，也就是以 HTTP 通訊協定**回應** (Response) 指定的資源內容給瀏覽器。

4. 瀏覽器接收到網頁後，會解析其內容，將網頁內容 (圖片、文字...等) 呈現在瀏覽器視窗中。

網頁是以 **HTML (HyperText Markup Language)** 語言撰寫的純文字格式檔案，又稱為 **HTML 文件**。HTML 文件中僅包含文字，而瀏覽網頁時看到的圖片、影片這類資源，則是透過如前述的 WWW 連結方式，由瀏覽器另外載入。

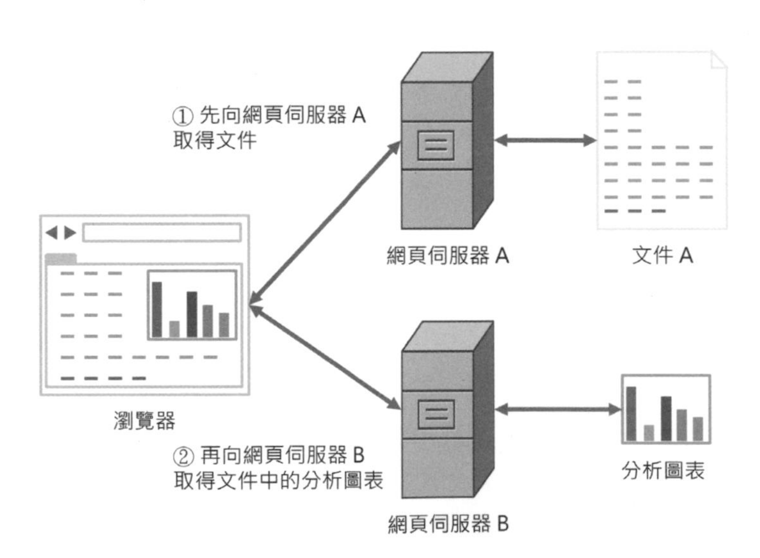

對照到前面的運作步驟，就是當瀏覽器開始解析網頁中的 HTML 時，若其中註明了要載入另一項資源 (例如圖片)，就會再到圖片的網址提出新的要求、取得回應的資源。

1-2 網頁的組成 - HTML + CSS + JavaScript

在純文字的 HTML 文件中, 最主要的就是以 HTML 語言撰寫的網頁內容。

使用 HTML 就能做出本章開頭所介紹的『呈現資訊、共用資源』的網頁, 但無法製做出網路上常見的特殊網頁排版、動畫、特效、或甚至遊戲之類的互動功能。因此目前設計網頁除了使用 HTML 建構出基本的網頁內容外, 也會用到 CSS 樣式表、JavaScript 程式。

簡單的說, HTML、CSS、JavaScript 是目前網路程式設計的三大基礎。以下就來快速認識一下什麼是 HTML、CSS、JavaScript。

HTML

從開發人員的角度來看, 設計網頁最基本的當然就是用 **HTML (HyperText Markup Language)** 語言, HTML 是利用 **HTML 標籤 (Tag)** 來標記 (Markup) 網頁中的文字, HTML 標籤是預先定義好的, 不同的標籤有不同的意思, 當瀏覽器讀到標籤時, 就會根據標籤的指示進行相關的處理。

例如瀏覽器載入以下的 HTML 片段時, 就會顯示如圖的書籍封面和簡介內容:

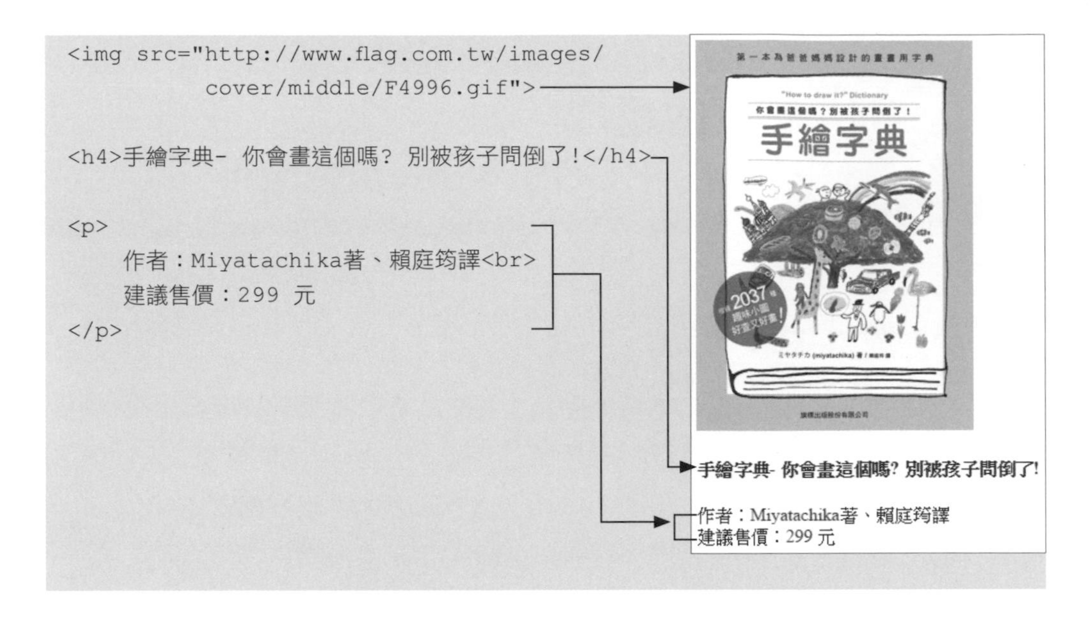

■ 第 1 行的 <img ...> 標籤, 其用途就是在網頁中插入圖片, 瀏覽器會到標籤中指定的網址取得檔名為 F4996.gif 的圖檔, 並置入網頁中。

■ 第 2 行的 <h4> 標籤, 是標示標題文字, 所以在瀏覽器中看到的是字體稍大且是粗體的文字。

■ 第 3 行的 <p> 則是標示一段獨立的文字段落。

在第 2~5 章會更深入介紹 HTML 的語法, 以及和何利用 HTML 將各種不同的資訊呈現在網頁上。

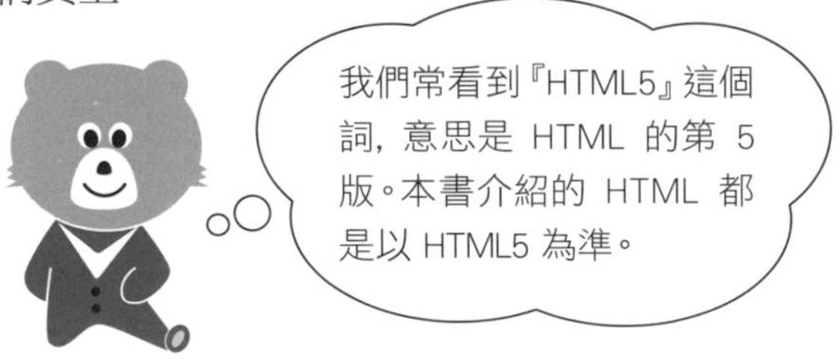

我們常看到『HTML5』這個詞, 意思是 HTML 的第 5 版。本書介紹的 HTML 都是以 HTML5 為準。

CSS 樣式表

CSS (Cascading Style Sheet) 樣式表是用來控制瀏覽器呈現 HTML 文件內容時使用的樣式 (Style), 像是文字的顏色、字體的粗細、圖片的位置...等等。透過 CSS, 可讓原本內容單調的 HTML 網頁, 呈現出各種不同的外觀設計, 提供不同的使用者體驗。

用 <link> 標籤載入 CSS 樣式表

HTML 文件

```
<link href="test.css" rel="stylesheet">
<img src="http://www.flag.com.tw/
     images/cover/middle/F4996.gif">
<h4>手繪字典- 你會畫這個嗎?
     別被孩子問倒了!</h4>
<p>
     作者:Miyatachika著、賴庭筠譯<br>
     建議售價:299 元
</p>
```

CSS 樣式表

```
*    {font-size:1.1em}
img  {float: left; width: 160px;}
h4   {border-width: 2px 0px;
      order-style: dotted;
      padding: 5px}
p    {font-family: "標楷體"; }
```

瀏覽器會依 CSS 樣式表中指定的『樣式規則』來呈現 HTML 的內容

手繪字典- 你會畫這個嗎? 別被孩子問倒了!

作者:Miyatachika著、賴庭筠譯
建議售價:299 元

上例中的 HTML 除了第 1 行的 <link...> 標籤外, 其它內容和前一個範例相同, 但最後在瀏覽器中呈現的結果, 和 1-5 頁看到的不同, 這就是 CSS 的效果。

HTML 中第 1 行 <link> 標籤的意思, 就是告訴瀏覽器, 請它載入一個『外部』CSS 樣式表檔案 (本例為 test.css), 瀏覽器載入 CSS 檔後, 就會根據其內的『樣式規則』來呈現 HTML 的內容。例如:

- 範例 CSS 第 1 行的『* {font-size:1.1em}』, 表示所有標籤中的文字都放大顯示。
- 範例 CSS 第 2 行的『img {float: left; width: 160px;}』, 表示讓圖片移到文字左邊, 且寬度改成 160 像素 (pixel) 寬。
- 範例 CSS 最後一行的『p {font-family: "標楷體"; }』, 表示 <p> 標籤的段落文字要用『標楷體』字型。

在第 6~8 章會介紹詳細 CSS 的語法及實用的 CSS 特效, 讓讀者能利用 CSS 製作出具備特色的網頁。

W3C 與 WHATWG：製訂 HTML 及 CSS 標準的國際組織

目前 HTML 和 CSS 的標準是由 Tim Berners-Lee 成立的全球資訊網協會 (**W3C**, World Wide Web Consortium) 負責制定。目前最新版的 HTML 標準為第 5 版, 通常寫成 HTML5；CSS 的最新標準則是 CSS3。

在 W3C 官網 (www.w3.org) 可找到相關的標準資訊

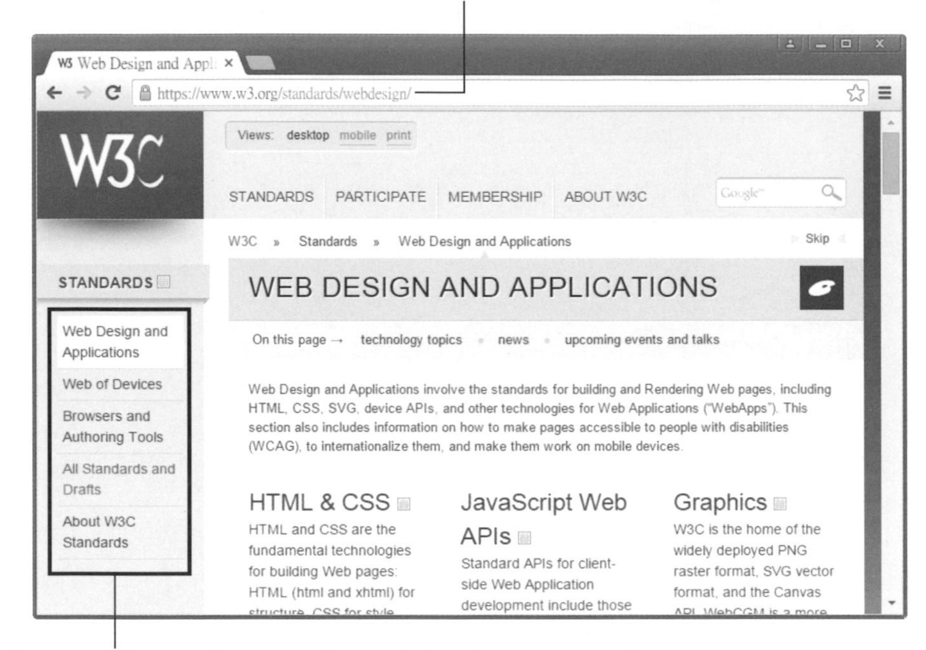

除了 HTML 和 CSS 外, W3C 也制定其它與 WWW 相關的標準

在 21 世紀初, HTML5 尚未推出時, 由於對『下一代』HTML 發展的方向有不同的意見, 來自蘋果電腦、Mozilla、Opera 的技術人員另外成立的 **WHATWG** (Web Hypertext Application Technology Working Group) 組織, 推動與制訂其新一代的 HTML 標準。

後來 W3C 也從善如流, 以 WHATWG 的草案為基礎, 制定出現在的 HTML5 標準規範。不過 WHATWG 將他們的 HTML 標準稱為 Living Standard, 也就是說標準的內容仍隨技術的演進, 持續不斷在更新。

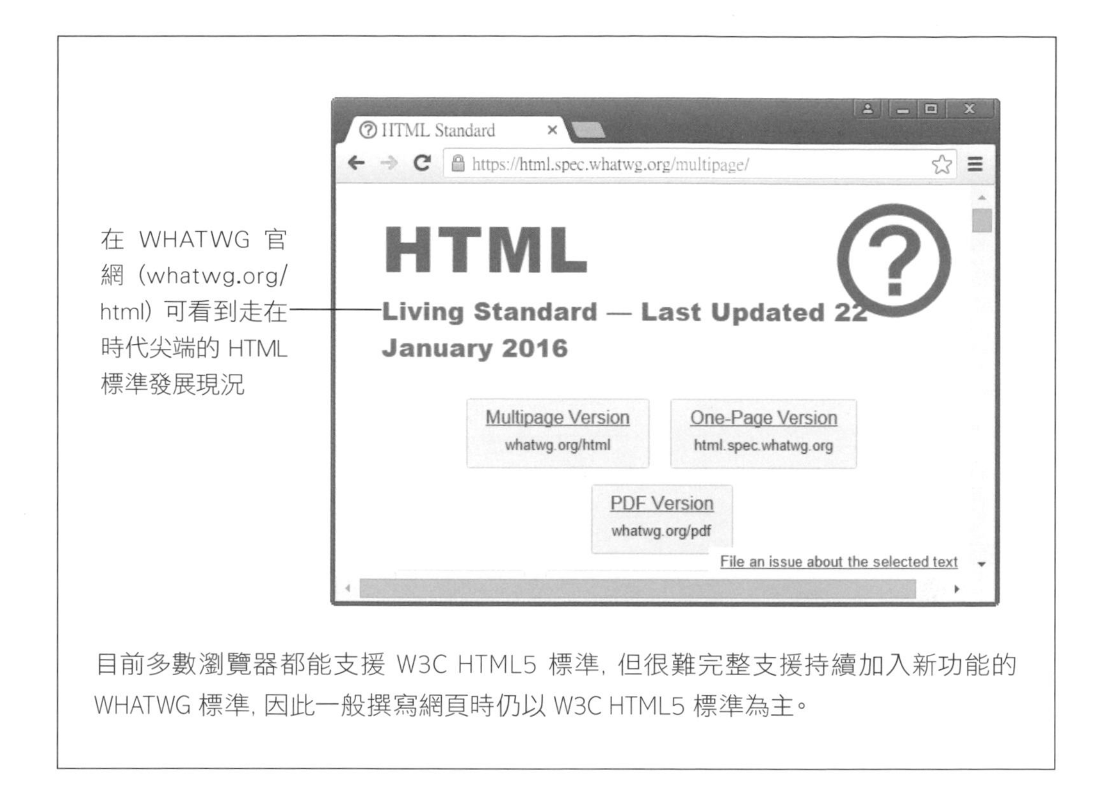

目前多數瀏覽器都能支援 W3C HTML5 標準, 但很難完整支援持續加入新功能的 WHATWG 標準, 因此一般撰寫網頁時仍以 W3C HTML5 標準為主。

JavaScript

JavaScript 是使用在 HTML 文件中, 在瀏覽器這個環境內執行的程式語言。其主要功能就是以程式來控制網頁內容, 提供各種互動功能或動態的效果。

用 HTML + CSS 制作的網頁, 主要都是『靜態』的內容, CSS 雖然有簡單的動畫之類的功能, 但主要是用來呈現一些視覺上的特效;而 JavaScript 則可製作出更多的動態效果, 例如:

- 在購物網站的網頁中可即時檢查使用者輸入、隨使用者的操作即時更改網頁上顯示的商品數量、金額等。

■ 在背景作業，即時載入新資訊：例如登入 Facebook 等社群網站，有新的訊息、動態時，都會即時顯示在網頁上。或像使用 Google Maps 服務，隨著滑鼠拉曳地圖位置、或縮放地圖，動態載入新區域的地圖內容。

■ 可控制瀏覽器的行為，例如改變瀏覽的網頁、開啟新的視窗等等。

本書以實務應用為著眼點，在第 9～16 章會介紹如何在網頁中加入 JavaScript，實作各種不同功能。

TIP JavaScript 程式語言的標準，是由 ECMA International 國際標準組織制定；而網頁中的 JavaScript 程式如何控制網頁的內容，或是控制瀏覽器的行為，則是由 W3C 制定。例如在 HTML5 標準中，就定義了許多瀏覽器應支援的 JavaScript 功能。

實用的 JavaScript 函式庫

在程式設計的領域中，為縮短設計時間、提高工作效率，通常會使用**函式庫** (Library)。簡單的說，函式庫就是一段別人事先寫好、並提供給大家使用的程式，讓撰寫 JavaScript 的人可直接利用，不必再自己撰寫類似的程式。本書也會介紹各種實務上常用的 JavaScript 函式庫及可透過 JavaScript 存取的網路資源與服務：

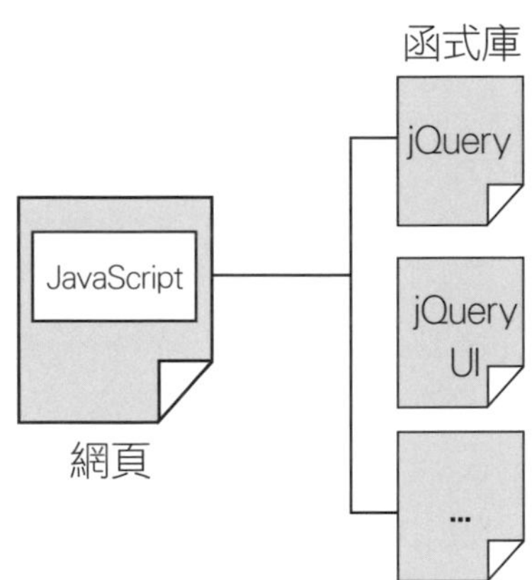

在自己撰寫的程式中，可直接使用別人設計好的函式庫功能

■ **jQuery**：全球最多網頁使用的 JavaScript 函式庫。在第 11 章會介紹 jQuery 的基本用法，在第 14 章則會介紹 jQuery 中有關 AJAX 功能的用法。

- **jQuery UI**：jQuery 的擴充插件 (Plug-in), 提供多種實用的 UI (User Interface, 使用者介面) 元件, 透過簡單的語法, 就可將這些元件套用在網頁中。

- **BootStrap**：提供『適應性網頁設計』(RWD, Responsive Web Design) 功能, 也就是用來製作在不同螢幕 (電腦、手機等行動裝置) 上都能自動調整版面內容的網頁, 以方便使用不同裝置的訪客, 都能順利瀏覽。BootStrap 本身是利用 JavaScript 和 CSS 樣式表設計而成的, 但使用時, 不需自行撰寫程式也能利用 BootStrap 來製作 RWD 網頁, 詳見本書第 13 章。

- **Google Maps**：Google Maps 服務除了讓全球使用者可使用其地圖服務外, 也讓網頁設計者客制化地圖內容, 並加入自己的網頁中, 本書會在第 15 章介紹如何使用 Google Maps 服務。

- **jQuery Mobile**：另一套 jQuery 擴充插件, 提供專為手機設計網頁時所需的版面設計及相關支援, 本書會在第 16 章介紹如何使用 jQuery Mobile 打造手機專用網頁, 及其它與手機相關的網頁設計主題。

TIP 設計網頁時, 除了學習 HTML + CSS + JavaScript 等相關網頁技術的知識外, 要設計出『好』網頁, 也要具備 UI (使用者介面)、UX (使用者體驗) 相關知識。有興趣者可參考旗標出版的『手機網站設計美學』、『了解「人」, 你才知道怎麼設計！洞悉設計的 100 個感知密碼』等相關書籍。

前端與後端、用戶端與伺服端技術

在軟體工程的領域, 經常會將軟體依角色、功能等性質分類, 以瀏覽網頁為例, 除了瀏覽器和網站伺服器外, 在網站伺服器之後可能還有負責儲存、提供資料的資料庫伺服器等。

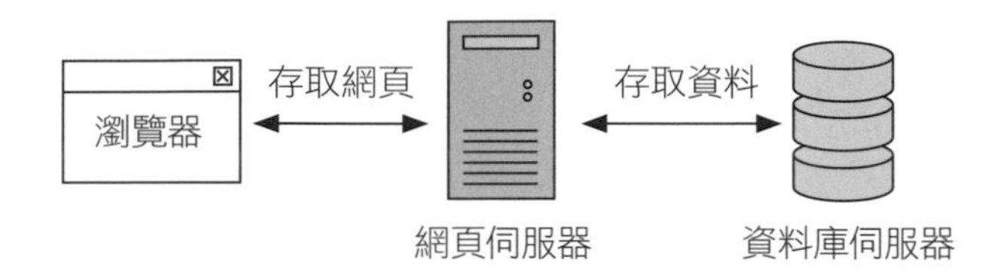

以某個網頁應用而言 (例如使用 Google 搜尋), HTML、CSS、JavaScript 是在瀏覽器提供使用者介面 (Presentaion, 表現層), 所以稱之為**前端 (Front-End)**。相對的, 在網站伺服器、資料庫伺服器、其它伺服器上完成所有搜尋工作、產生結果的程式和技術, 就稱為**後端 (Back-End)**。

所以 HTML、CSS、JavaScript 又稱為前端的網頁開發;而使用 PHP、ASP.NET 等在伺服器上執行的動態網頁程式, 則稱為後端網頁開發。

另一種分類則是由服務的角度:提供 HTTP 服務、資料查詢的伺服器就稱為**伺服端 (Server Side)**;向伺服器提出要求、取得回應的瀏覽器, 就稱為**用戶端 (Client-Side)**。

例如網頁中的 JavaScript 程式, 是在瀏覽器中執行, 所以稱為用戶端 JavaScript。而目前有些軟體, 可單獨執行 JavaScript 程式, 例如可在伺服器上執行, 這類程式就稱為伺服端的 JavaScript 程式。

1-3 開發網頁的測試環境與工具

要用 HTML、CSS、JavaScript 進行網頁開發，當然最好能使用一些工具來幫助我們完成工作。例如一些網頁設計者，會使用具備 WYSIWYG (所見即所得, What You See Is What You Get) 功能的網頁設計工具；但也有不少人偏好使用純文字類型的編輯器，再配合瀏覽器來測試結果，其實也很方便。

對於 HTML、CSS、JavaScript 入門學習者而言，使用純文字的編輯工具進行學習和開發也相當適合。一方面自行編寫 HTML、CSS、JavaScript 程式碼內容，更容易加深印象，提升學習效果；另一方面，使用功能相對簡化的編輯器，也幫助自己能專注於 HTML、CSS、JavaScript 的內容，而不會耗費太多時間去瞭解、熟悉軟體提供的功能與操作。

以下就介紹學習本書時建議使用的瀏覽器，以及數個可免費下載、且提供 HTML、CSS、JavaScript 智慧輸入、自動完成 (會依輸入的內容提示關鍵字、自動輸入完整的關鍵字詞、或其它必要的語法符號等) 等便利功能的開發工具，讀者可參考擇一使用。

Chrome 瀏覽器

目前瀏覽器都會遵循 W3C 標準規範來實作 HTML、CSS、JavaScript 的功能，雖然各瀏覽器廠商對標準內容的解讀、實作會有些差異，但依標準寫成的 HTML 網頁，在不同瀏覽器中顯示的結果差異都不大。**因此本書選用目前市佔率最高的 Chrome 瀏覽器做示範**，您也可依個人喜好使用 Firefox、IE、Opera...等瀏覽器來測試網頁的效果。

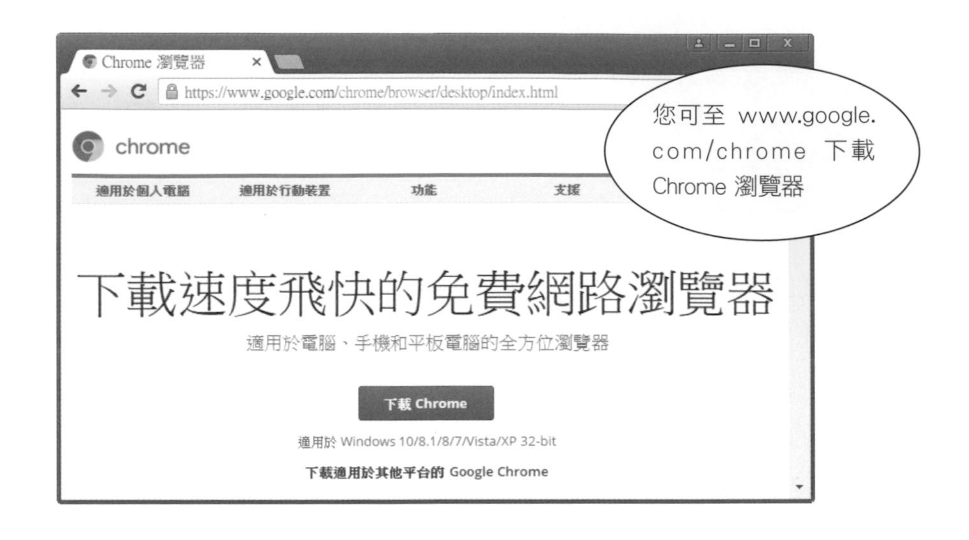

TIP 第 13、16 章的手機畫面, 也都是使用 Android 平台的 Chrome 瀏覽器。

微軟 WebMatrix 網頁開發工具

微軟提供的 WebMatrix 是一套功能相當完整的網頁開發工具, 是適合 HTML、CSS、JavaScript 初學者使用的工具之一。目前的 WebMatrix 為第 3 版 (WebMatrix 3), 可至 http://go.microsoft.com/fwlink/?LinkID=286266 免費下載。除了內建文字模式的編輯器外, 還提供下列功能:

- 內含 IIS Express 簡易版 WWW 伺服器, 方便立即測試從網站瀏覽網頁的效果 (參見 2-6 頁操作步驟)。
- 內建網頁『發行』(Publish) 功能, 如果您有自行架站或申請網站空間, 可在 WebMatrix 中直接編寫網站上的檔案; 或是在本機電腦編寫好網頁, 就立即上傳到伺服器, 不需要使用其它工具。

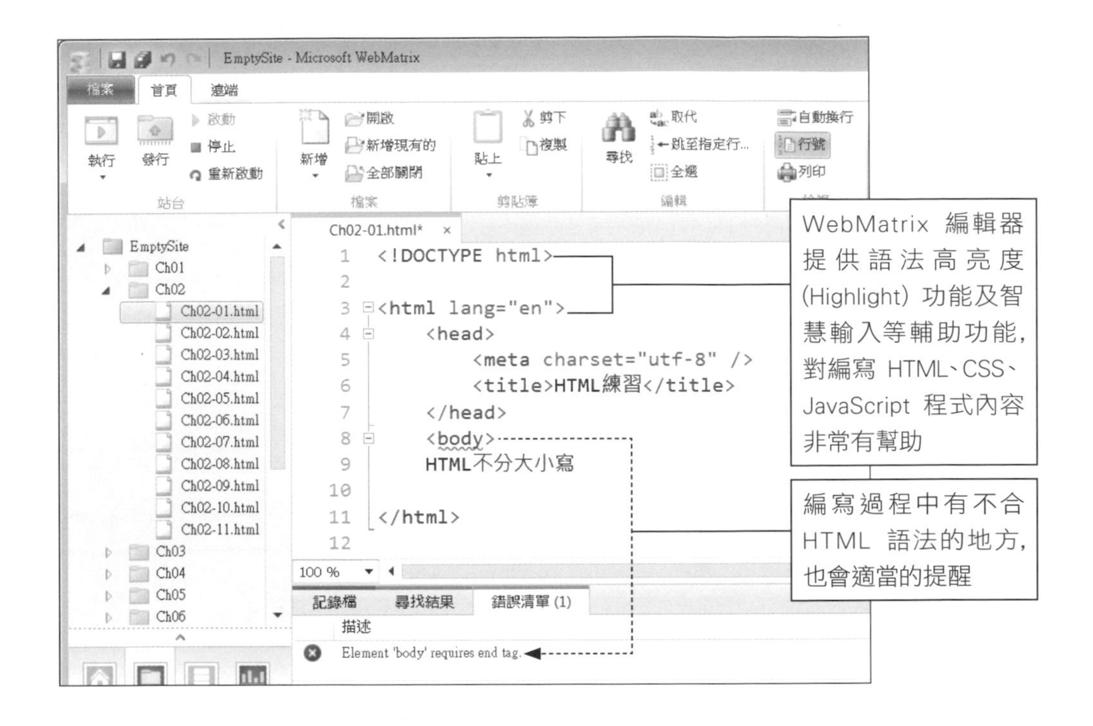

Visual Studio Code 編輯器

Visual Studio Code (簡稱 VS Code) 是微軟推出的輕量程式編輯器，且支援 Windows、Linux、Mac OS 平台，可至 http://code.visualstudio.com/Download 免費下載。缺點是在本書寫作時，尚未推出中文介面的版本。

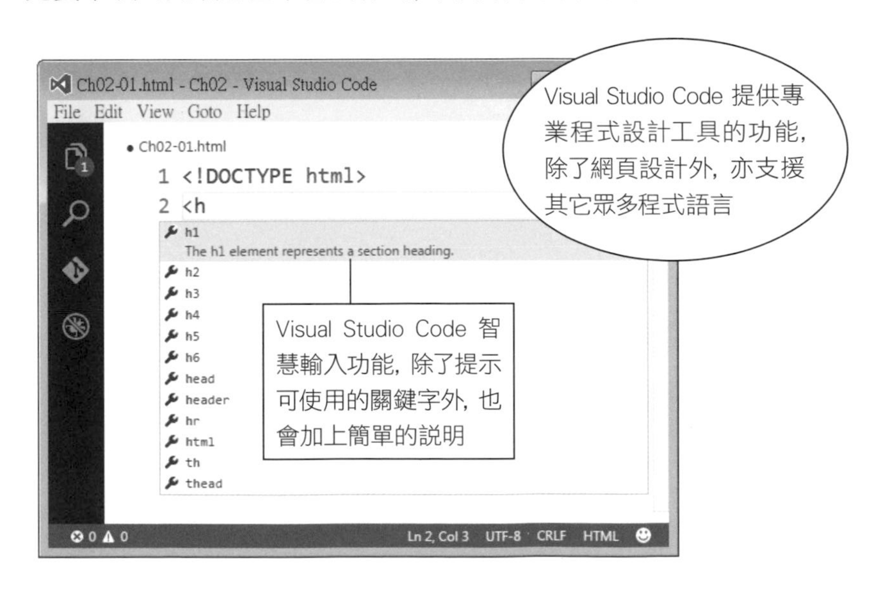

Brackets 編輯器

Adobe 公司的 Dreamweaver 是知名的網頁設計軟體，可惜價格不斐。因此 Adobe 公司近來推出可免費下載的 Brackets 網頁編輯器 (http://brackets.io)，同樣提供便利的 HTML、CSS、JavaScript 編輯功能。

Brackets 編輯器已支援中文介面

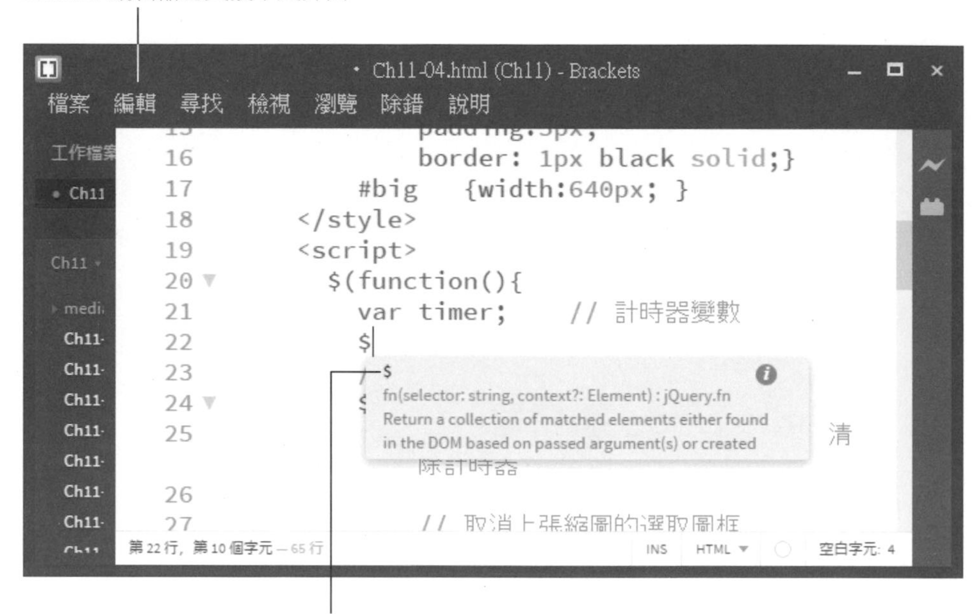

在編寫使用 jQuery 函式庫的 JavaScript 時，
Brackets 編輯器也能提示相關的語法參考資訊

Brackets 編輯器提供 Live Preview (即時預覽) 功能，也就是可在編輯修改 HTML、CSS 時，立即在 Chrome 瀏覽器看到效果，對於測試非常方便。

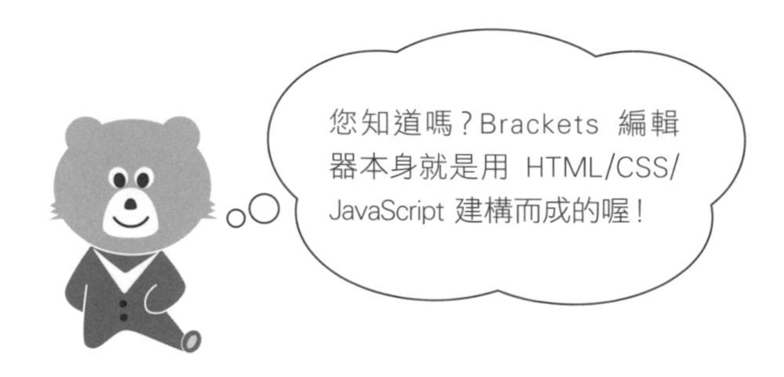

您知道嗎？Brackets 編輯器本身就是用 HTML/CSS/JavaScript 建構而成的喔！

Notepad++ 編輯器

Notepad++ 編輯器原本是為了取代 Windows 內建**記事本**(程式名稱為 Notepad) 而設計的通用型文字編輯器, ++ 的意思就是指它提供了比**記事本**還豐富的功能。經過多年發展, 它也已提供許多與網頁程式設計相關的支援。

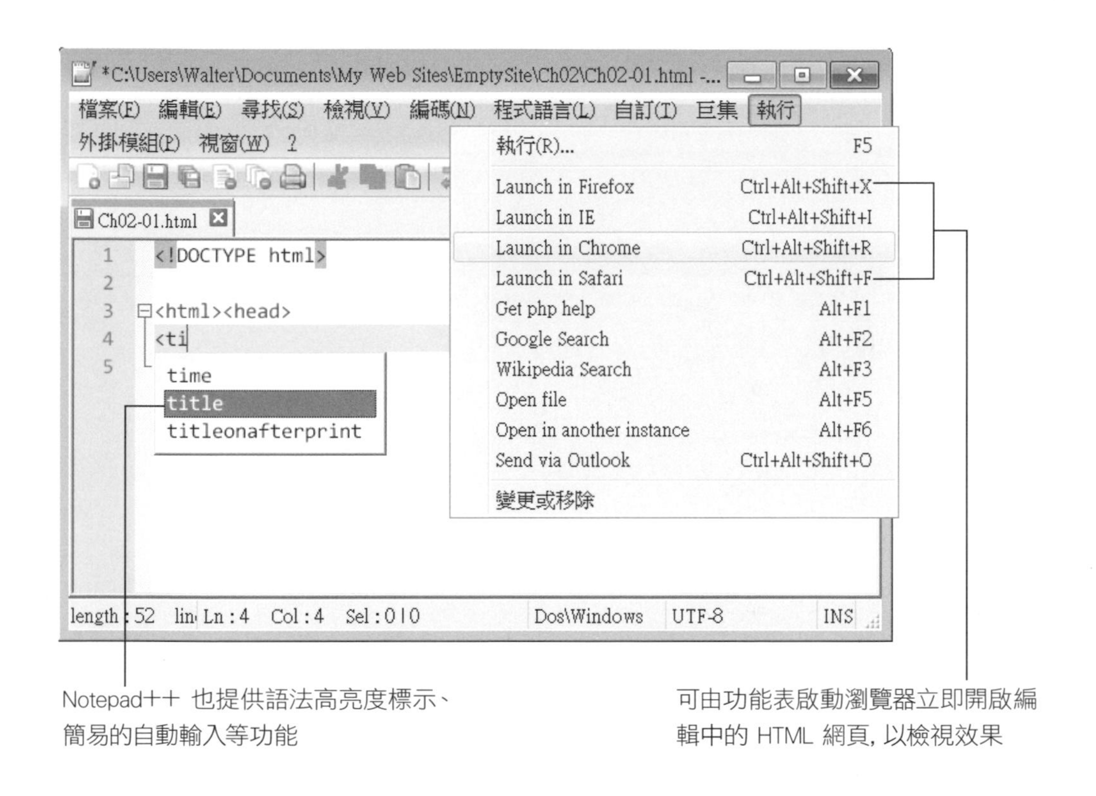

Notepad++ 也提供語法高亮度標示、簡易的自動輸入等功能

可由功能表啟動瀏覽器立即開啟編輯中的 HTML 網頁, 以檢視效果

以上介紹了 WebMatrix、Brackets、Visual Studio Code、Notepad++ 等 4 個編輯工具, 讀者可自行選用其中之一來使用, 或使用其它慣用的編輯器 (但不要使用像 Word 這類文書處理器)。

因 WebMatrix 在開新檔案時, 會提供網頁樣版, 讓我們少打一些固定要輸入的 HTML 文件內容, 所以在第 2 章開頭, 會先用 WebMatrix 做示範。但讀者仍可用其它編輯器完成相同的操作, 不一定要使用 WebMatrix。

學習評量

選擇填充題

1. (　　) 瀏覽器和網頁伺服器間所使用的網路通訊協定為？
   (A) HTML　(B) POP　(C) SMTP　(D) HTTP

2. (　　) HTML 中的 H、T 是什麼字的縮寫？
   (A) HyperTerminal　(B) HyperText
   (C) HyperTension　(D) HyperThermia

3. (　　) 制定 HTML 和 CSS 標準的國際組織是？
   (A) Apple Computer　(B) ECMA International
   (C) W3C　(D) Google Inc.

4. (　　) 目前網路程式設計的三大基礎『不』包括下列何者？
   (A) C++　(B) HTML　(C) CSS　(D) JavaScript

5. (　　) 全球資訊網 WWW 是誰發明的？
   (A) Steve Jobs　(B) Bill Gates
   (C) Tim Berners-Lee　(D) Sherlock Holmes

6. (　　) 下列何者不是 CSS 可做到的功能？
   (A) 改變文字大小　(B) 在背景載入新的資訊顯示在網頁上
   (C) 設定文字顏色　(D) 調整圖片位置

7. HTML 語言是利用____(英文稱為 Tag) 來標記網頁中的文字。

8. 全球資訊網 WWW 是哪 3 個英文字的縮寫：______ ______ ______。

練習題

1. 請上網搜尋 ECMA International 所制定的 JavaScript 標準名稱為何？目前最新版的標準是第幾版？
2. 請下載及安裝 1-3 節介紹的網頁編輯器其中之一，並熟悉其基本操作。

02

HTML 的基礎

HTML 是用來標示 (Mark Up) 文件結構的語言, 如果把 HTML 網頁文件比擬成一篇文章, 則文章會有標題、小標題、段落、圖片、文字...等各式各樣的內容, 而我們就是利用 HTML 將網頁文件各部份文字的意義標示出來。

2-1 HTML 文件的結構

首先我們要認識 HTML 文件的基本結構，以下將用上一章介紹的 WebMatrix 示範，不過您可自由地**選用其它編輯程式**來編寫您的第 1 個 HTML 文件，享受學習 HTML 的樂趣。

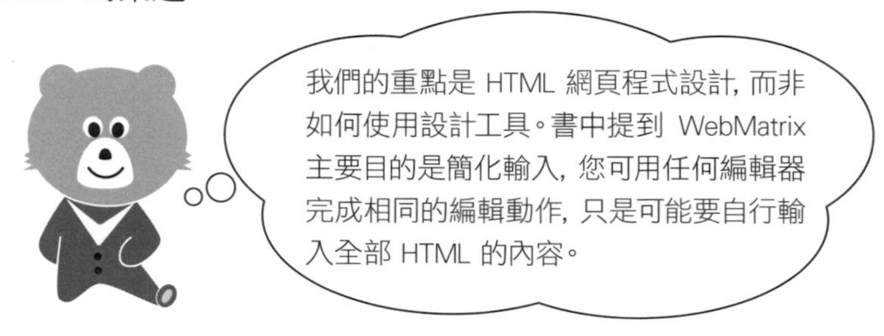

我們的重點是 HTML 網頁程式設計，而非如何使用設計工具。書中提到 WebMatrix 主要目的是簡化輸入，您可用任何編輯器完成相同的編輯動作，只是可能要自行輸入全部 HTML 的內容。

如果已下載、安裝了上一章介紹的 WebMatrix，請啟動 WebMatrix，在歡迎畫面如下操作，建立網站 (專案) 及網頁：

TIP 使用一般文字編輯器時，請先在個人喜好的位置 (例如**我的文件**) 建立一個工作資料夾，往後就在此資料夾中建立 HTML 網頁檔案。

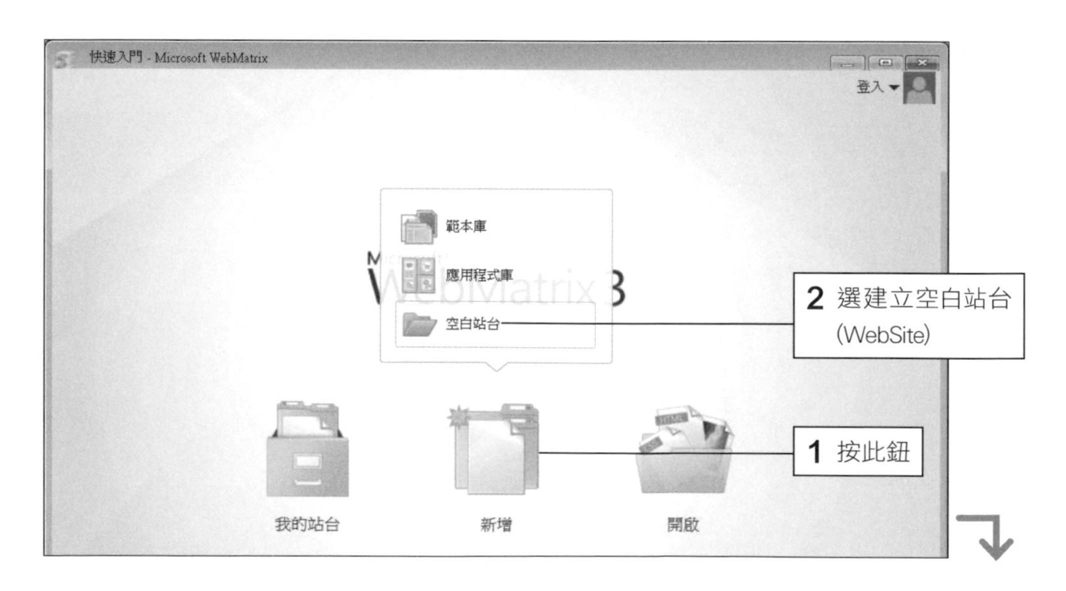

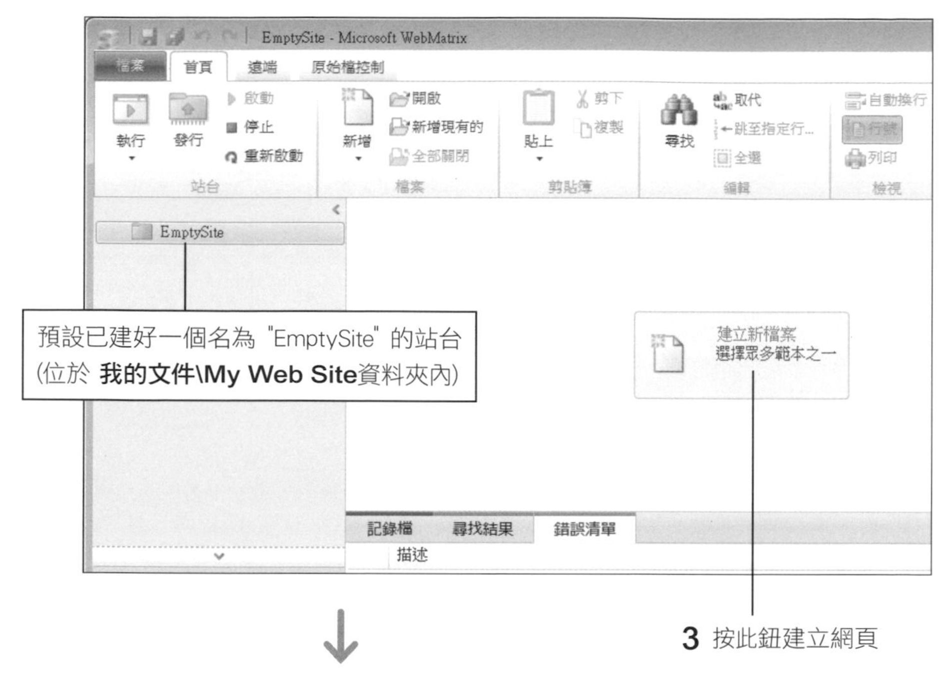
EmptySite - Microsoft WebMatrix
檔案
首頁
遠端
原始檔控制
執行
發行
啟動
停止
重新啟動
站台
新增
開啟
新增現有的
全部關閉
檔案
貼上
剪下
複製
剪貼簿
尋找
取代
跳至指定行...
全選
編輯
自動換行
行號
列印
檢視
EmptySite
預設已建好一個名為 "EmptySite" 的站台
(位於 我的文件\My Web Site資料夾內)
建立新檔案
選擇眾多範本之一
記錄檔
尋找結果
錯誤清單
描述
3 按此鈕建立網頁

EmptySite - Microsoft WebMatrix
選擇檔案類型
輸入搜尋字串
一般 (11)
建議 (23)
全部 (34)
4 選 HTML
HTML
CSS
JavaScript
CSHTML
VBHTML
ASPX (C#)
ASPX (VB)
傳統 ASP
空白 HTML 網頁
名稱
Ch02-01.html
確定(O)
5 可在此輸入自訂的檔名 (請維持副檔名 .html 不動)
6 按此鈕

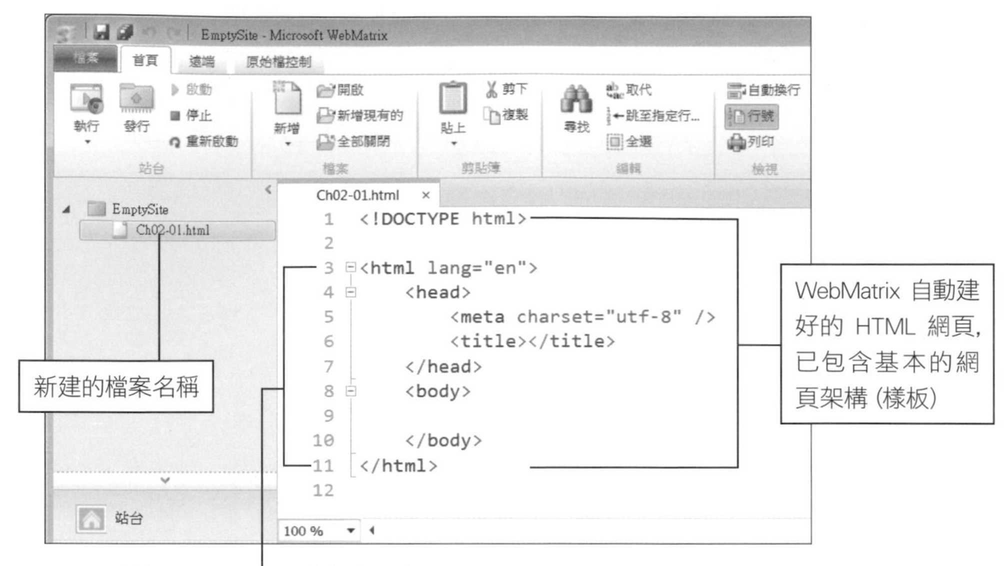

如上圖所示, 其實 HTML 文件只是個普通的文字檔, 但是當我們以瀏覽器開啟此文件時, 瀏覽器就會解析檔案中 HTML 標籤, 依各標籤的性質, 呈現出圖文並茂的網頁。例如在瀏覽網頁時, 可用如下方式檢視網頁文件的 HTML 內容：

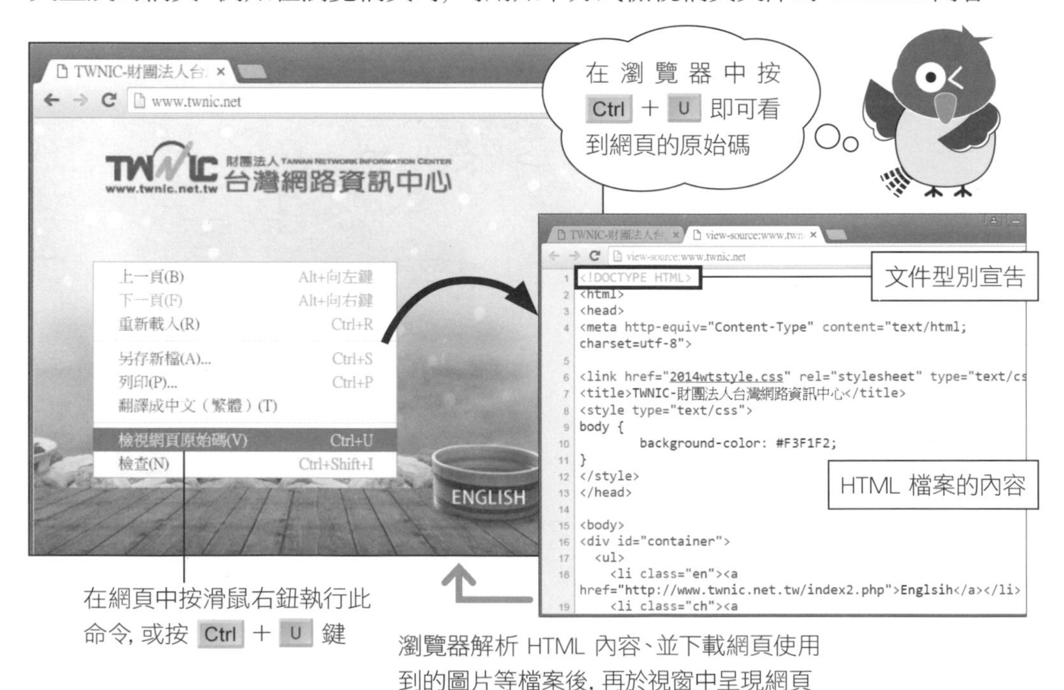

上圖中的第 1 行稱為 HTML 的**文件型別宣告** (doctype), 其用途是用來讓瀏覽器辨識目前要處理的文件是 HTML5 文件, 讓瀏覽器能正確解讀我們的網頁內容。除了開頭的文件型別宣告外, HTML 文件就是由 HTML 元素所組成, 接下來我們就來認識 HTML 元素。

TIP 若您檢視其它網頁的原始檔, 會看到有些網頁的文件型別宣告的內容很長, 那些是舊版 HTML 的文件型別宣告, 對 HTML5 文件而言, 使用 <!doctype html> 就可以了。

HTML 元素與標籤

前面看到的 HTML 檔案中, 都包含許多由角括號 **<...>** 組成的內容, 這些以角括號組成的內容稱為 HTML **標籤**(Tag)。它們是用來標示網頁中各段內容的意義、用途, 其格式如右:

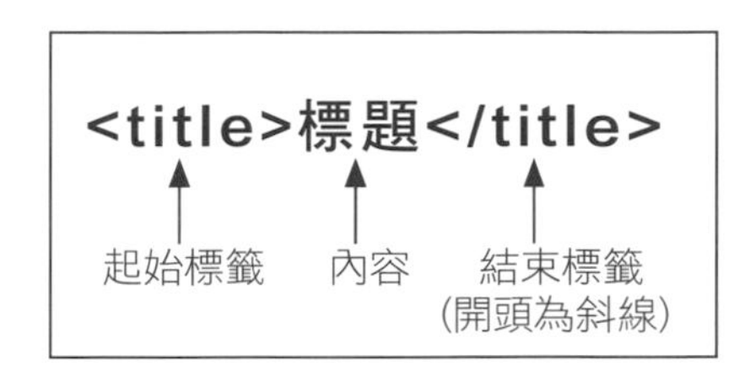

標籤是英文, 且不區分大小寫。例如 <title>、<TITLE> 效果都是相同的。不過目前大多使用小寫, 本書所有範例也都使用小寫的標籤。

如上『**起始標籤**、內容、**結束標籤**』這一整個組合, 稱為 HTML **元素**(Element), HTML 文件就是由文件型別宣告及 HTML 元素所構成。在 WebMatrix 等 HTML 編輯器中, 都支援如下的檢視功能, 可很方便地看出文件是如何以 HTML 元素組合而成:

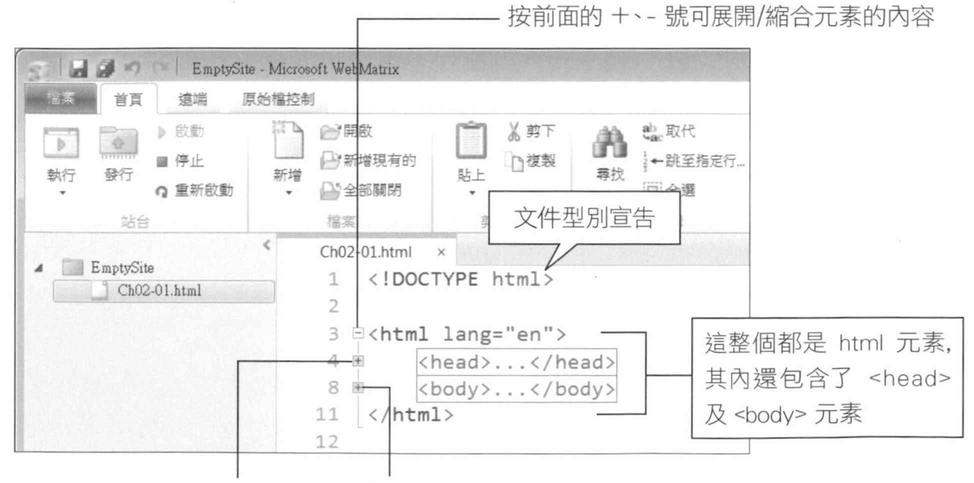

現在我們來簡單編輯一個最簡單的 HTML 文件：

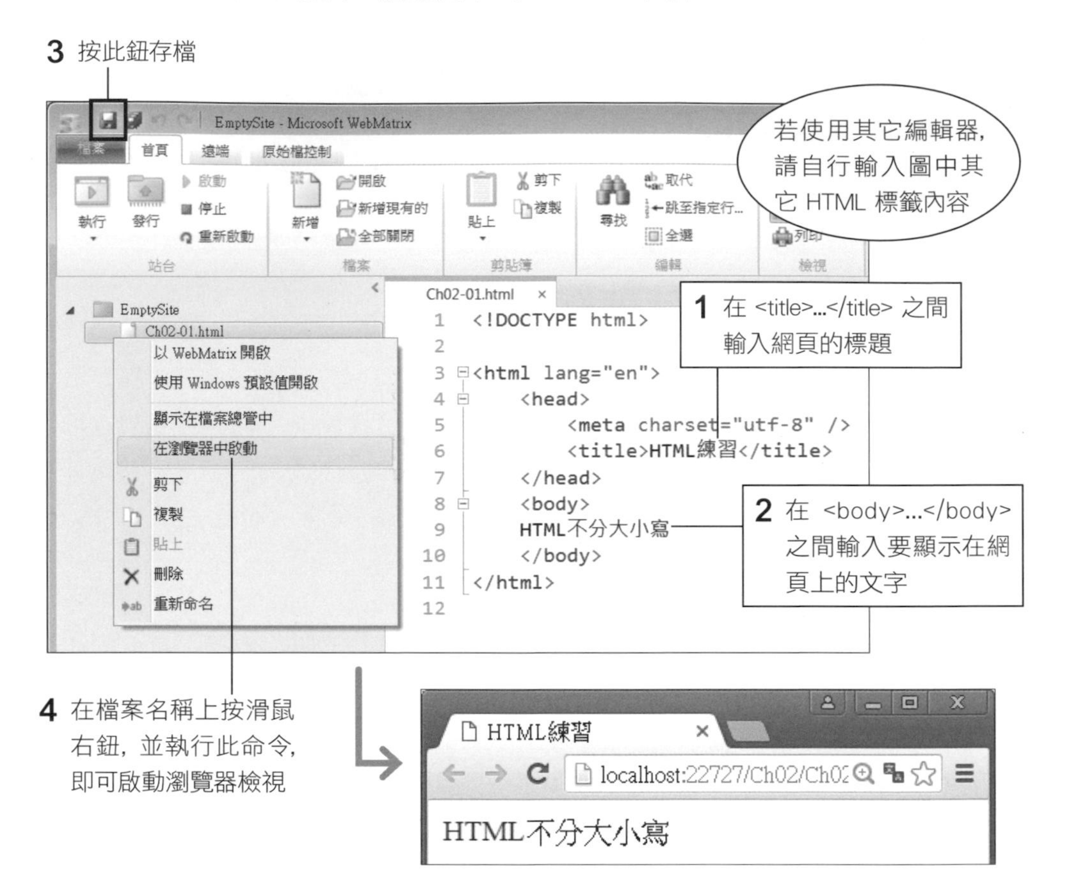

TIP 若使用其它編輯器，可在存檔後（記得副檔名要用 .htm 或 .html)，直接在**檔案總管**中，雙按 HTML 檔，就會以瀏覽器開啟檔案。

TIP 第 1 章介紹的 Notepad++ 等編輯器，也支援直接啟動瀏覽器檢視目前編輯的 HTML 檔，參見第 1 章。

WebMatrix 建立的空白網頁，預先包含的元素，都是 HTML 文件基本的元素，因此以下就來說明這些元素標籤的用途。

- **html**：整個 HTML 文件
- **head**：文件表頭
- **title**：文件的標題
- **body**：文件的內容

html - 文件的開始與結束

這個標籤表示 HTML 文件的開始與結束，意即 HTML 文件應以 <html> 開始，檔案最後則為 </html>：

```
<html>

. . . ( 其它的元素內容)

</html>
```

在範例 Ch02-01.html 的 <html> 標籤內，還有 1 小段文字『lang="en"』，此部份稱為**屬性** (Attribute)，在元素中使用屬性的語法為：

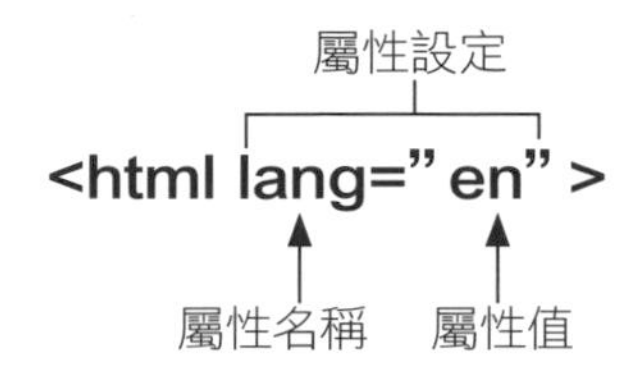

屬性值可用雙引號 "..." 或單引號 '...' 括起來。lang 屬性用來表示元素內容所採用的語言，"en" 屬性值是『英文』的意思，所以『lang="en"』表示 html 元素的內容為英文。不過由前面的範例可看到，輸入中文也仍能正常顯示。因此一般不需用到 lang 屬性。

TIP lang 可使用的屬性值必須是國際標準組織 ISO 定義的語言代碼，參見 http://www.iana.org/assignments/language-subtag-registry/language-subtag-registry。

不同元素可使用的屬性不儘相同，在後面章節，會陸續介紹不同元素及其屬性的用法。

head - HTML 和瀏覽器溝通的資訊

<head> 標籤是用來標示與文件相關的資訊，主要是用以敘述 HTML 文件 (例如說明此 HTML 文件的用途) 及宣告程式碼 (例如宣告 JavaScript 程式，參見第 9 章) 等。這些資訊大多是供瀏覽器處理，瀏覽網頁時，原則上只會看到標題文字這項資訊。

在 <head>...</head> 之中常見的內容有下列 4 種 ：

1. **title** 元素：HTML 文件的標題。在 title 元素中的文字，預設會顯示在瀏覽器分頁標籤或視窗標題上。

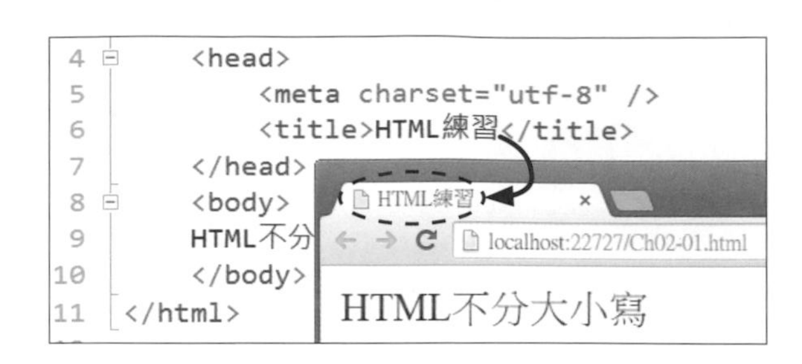

2. **meta** 元素：用來表示與 HTML 文件相關處理資訊 (稱為 metadata, 中繼資料)，例如可用 meta 元素標記檔案所使用的編碼、作者是誰、何時編寫完成等等。

3. **style** 元素：宣告使用的 CSS 樣式表，詳見第 6 章。

4. **script** 元素：宣告使用的 JavaScript 程式碼，詳見第 9 章。

在此要特別說明範例中的 <meta charset="UTF-8"> 標籤，它的用途是告訴瀏覽器：『這個 HTML 文件是用 UTF-8 編碼的！』，以便讓瀏覽器能正確解讀、顯示其內容。本書中所有範例都會採用 UTF-8 編碼。

meta 元素和範例中其它元素有一項很大的不同，就是它沒有結束標籤，只有單一個起始標籤。在 HTML5 規範中稱此類元素為空元素 (void element)，表示它們沒有內容，所以不需結束標籤。

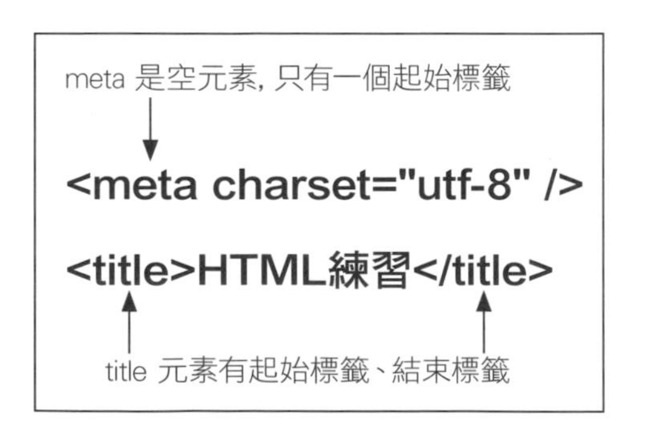

TIP WebMatrix 產生的 <meta /> 標籤後面有一個反斜線，此為選用 (optional) 的語法，將此反斜線拿掉亦可。

HTML 檔案編碼

為了讓全球的電腦能正常解讀、顯示不同語系/文字的內容，國際標準組織早就定義了萬國碼 (Unicode) 的標準，用來表示全球各種語言文字及符號。而在電腦中用來表示 (記錄) 萬國碼的方式，又可分為 UTF-8、UTF-16 等多種 (UTF 為 Unicode Transformation Format 的縮寫)，由於使用 UTF-8 來表示一般英數字較節省儲存空間，因此是目前最常用的編碼。

以 Windows 的**記事本**為例，要指定檔案編碼，可如下在存檔交談窗中指定：

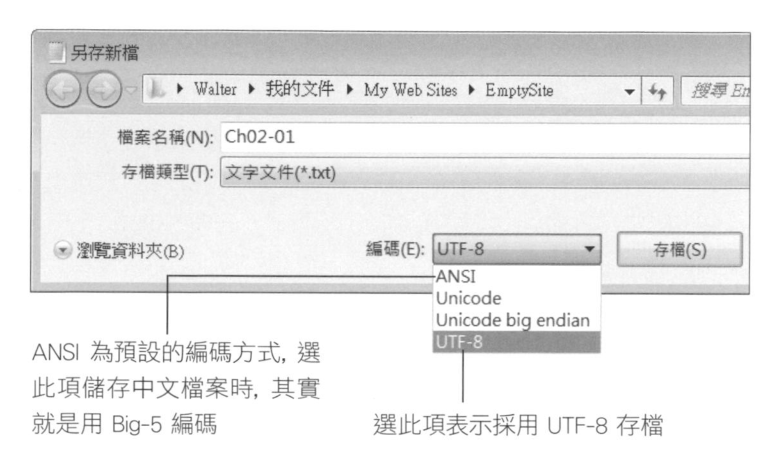

WebMatrix 預設也會採用 UTF-8 編碼 (可在**另存新檔**交談窗中指定其它編碼)，第 1 章介紹的 Visual Studio Code、Brackets、Notepad++ 預設也使用 UTF-8 編碼。若您使用其它編輯器，也請在編輯器的選項設定或存檔時指定 UTF-8 編碼。

若使用 Big-5 編碼存檔，則需在 <meta> 標籤中指定 charset="Big5"。

Ch02-02.html

```
<head>
    <meta charset="Big5">
    <title>檔案編碼測試(Big5)</title>
</head>
```

請不要把 charset 文字編碼與前述的 lang 語系弄混，lang 表示 HTML 文件使用的語系，例如英文；而英文網頁可能是用 ASCII 編碼存檔、也可能存成 UTF-8。反過來說，採 UTF-8 編碼的，可能是英文網頁、也可能是中文網頁，甚至可包含多語的內容。

為節省篇幅，書中列出範例內容時，原則上只列出與主題相關的部份，省略其它固定的 html、head、title 等元素，及其他非關鍵的文字。若要看完整的內容，請參見書附的範例檔案。

body - 網頁的內容

body 元素是用來標示網頁本文的部份，往後我們撰寫的其它元素，幾乎都是放在 <body>...</body> 標籤之中：

```
<html>
    <head>
    ...(HTML 文件資訊、表頭)
    </head>
    <body>
    ...(HTML 文件的內容)
    </body>
</html>
```

前面範例 Ch02-01.html、Ch02-02.html 都是直接在 <body> 標籤間輸入顯示在網頁上的文字。往後隨著認識的元素增加，我們就能先用合適的標籤來標示各式各樣的文字，再將它們加到 body 元素中。為了讓讀者先看到效果，及認識一些 HTML 文件的特性，下一節我們先來認識文字段落的元素。

本節介紹的 html、head、title、body 等元素，在每個 HTML 文件中，應該都只**出現 1 次**。雖然目前的瀏覽器功能都很強，就算重複使用上列元素，瀏覽器仍是有辦法顯示網頁；但不遵循 HTML 規範，可能會讓網頁顯示的效果與預期不同，也增加日後修改維護的困難。

2-2 各種文字段落

雖然 HTML 是純文字檔，但它呈現在瀏覽器中的方式又和一般習慣的方式不同。舉例來說，將一段編輯好的文字剪貼到 <body> 標籤中，在瀏覽器中檢視時，文件中的換行、空白字元都會沒有效果，全部文字都會接續顯示。

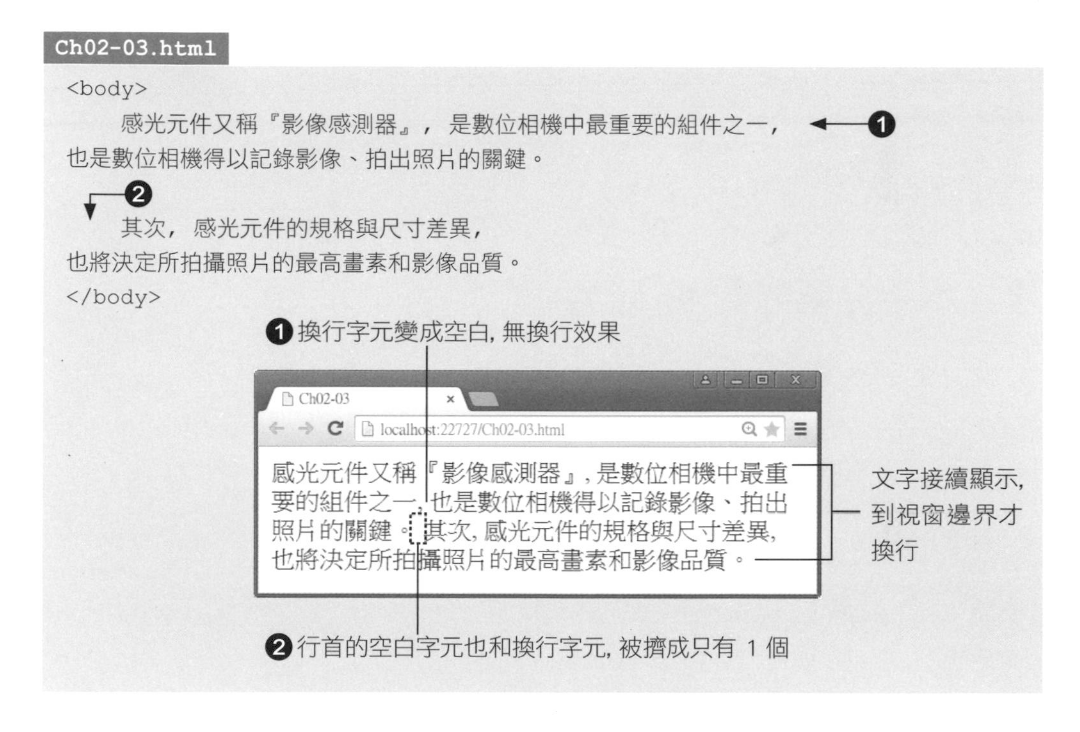
Ch02-03.html
<body>
感光元件又稱『影像感測器』，是數位相機中最重要的組件之一，
也是數位相機得以記錄影像、拍出照片的關鍵。
其次，感光元件的規格與尺寸差異，
也將決定所拍攝照片的最高畫素和影像品質。
</body>
❶ 換行字元變成空白，無換行效果
Ch02-03
localhost:22727/Ch02-03.html
感光元件又稱『影像感測器』，是數位相機中最重要的組件之一，也是數位相機得以記錄影像、拍出照片的關鍵。其次，感光元件的規格與尺寸差異，也將決定所拍攝照片的最高畫素和影像品質。
文字接續顯示，到視窗邊界才換行
❷ 行首的空白字元也和換行字元，被擠成只有 1 個

在瀏覽器中，文件的段落格式 (包含文句、段落的換行與空格) 必須透過 HTML 標籤來安排。以下就要介紹基本的文字段落元素，讓我們可以安排網頁的文字。

標示文字段落的 p 元素

就像寫文章會分段落，在 HTML 裏也有讓文字分段的 p 元素。將段落文字放在 <p>...</p> 標籤之間，不管它們在檔案中如何排列，每個 p 元素的內容顯示出來時，就會自成一段。

Ch02-04.html

```
<body>
  <p>感光元件又稱『影像感測器』，是數位相機中最重要的組件之一，
  也是數位相機得以記錄影像、拍出照片的關鍵。</p>
  <p>其次，感光元件的規格與尺寸差異，
  也將決定所拍攝照片的最高畫素和影像品質。</p>
</body>
```

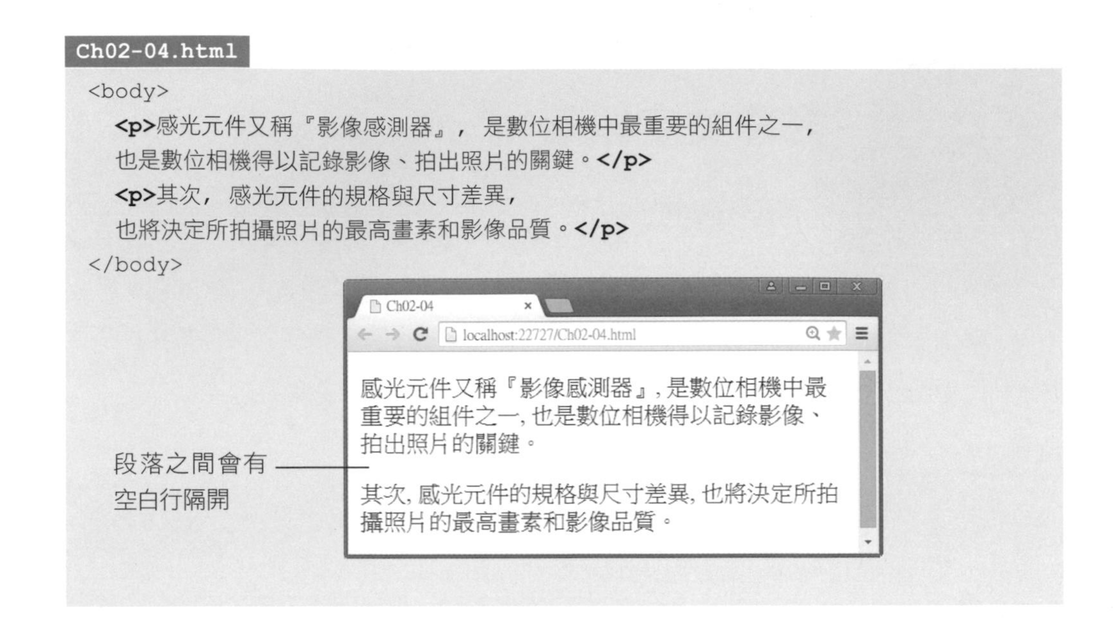

建立水平分隔線的 hr 元素

若不同的段落文字間，有主題上的區別，可利用 **hr** 元素『畫』出一條水平分隔線 (Horizontal Rule)，明確分隔出兩個段落。hr 為空元素，使用時只需起始標籤，不需結束標籤，如以下範例所示：

Ch02-05.html

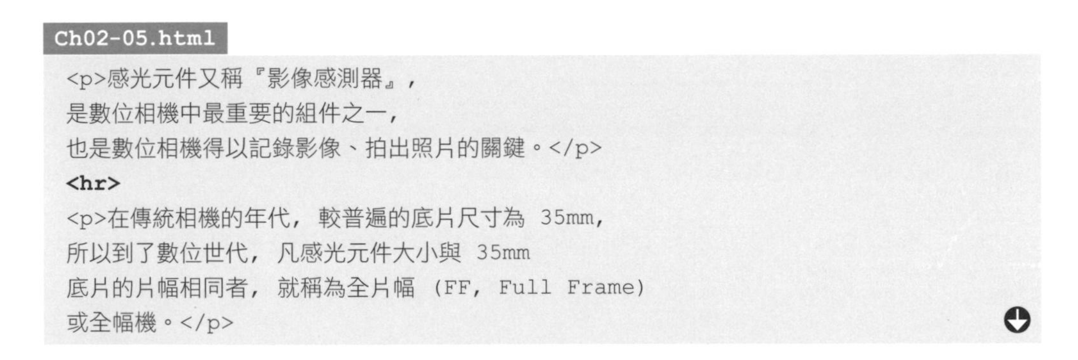

```
<p>感光元件又稱『影像感測器』，
是數位相機中最重要的組件之一，
也是數位相機得以記錄影像、拍出照片的關鍵。</p>
<hr>
<p>在傳統相機的年代，較普遍的底片尺寸為 35mm，
所以到了數位世代，凡感光元件大小與 35mm
底片的片幅相同者，就稱為全片幅 (FF, Full Frame)
或全幅機。</p>
```

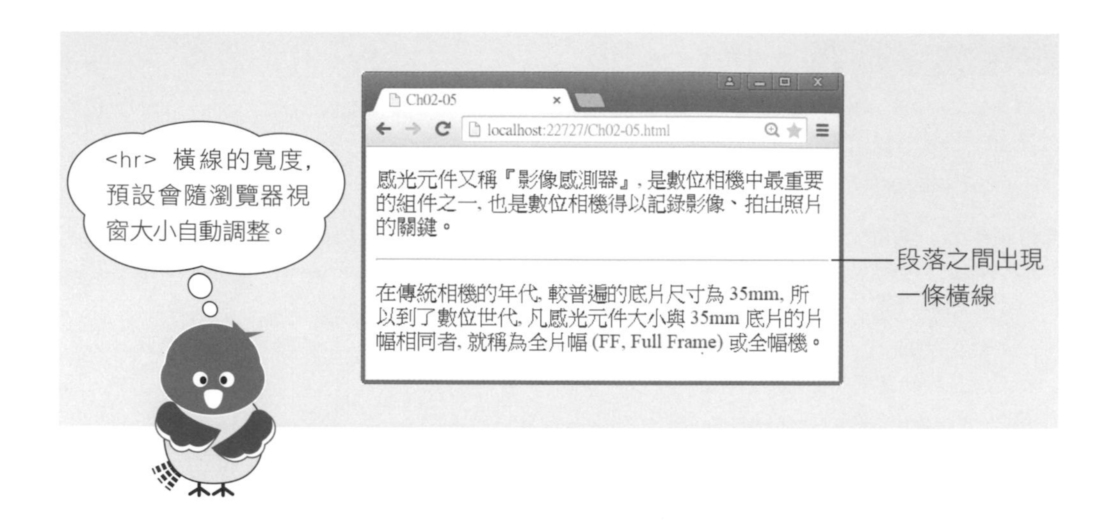

標示換行的 br 元素

網頁中的文字，預設會隨著瀏覽器的視窗大小而自動換行。如果想自行安排文字換行位置，可以用 br 元素標籤強制換行：

Ch02-06.html

```
<p>感光元件又稱『影像感測器』，<br>
是數位相機中最重要的組件之一，<br>
也是數位相機得以記錄影像、拍出照片的關鍵。</p>
```

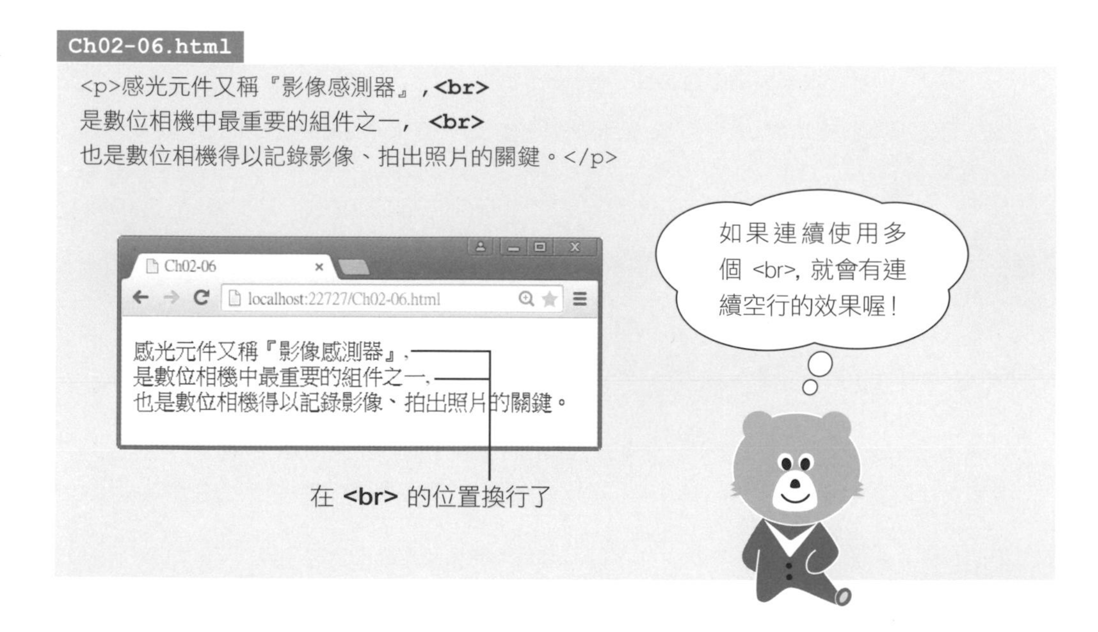

設定文字標題 − h1 ~ h6

若想在文字中設定像章節名稱之類的標題 (非 title 元素所指的網頁標題), 可使用 h1 ~ h6 元素, 數字愈小, 所顯示的字體愈大。

h1 **h2** **h3** **h4** **h5** **h6**

Ch02-07.html

```
<h1>認識感光元件</h1>  ←❶
<p>感光元件又稱『影像感測器』,
是數位相機中最重要的組件之一,
也是數位相機得以記錄影像、拍出照片的關鍵。</p>
<h3>尺寸大小攸關影像品質</h3>  ←❷
<p>感光元件的尺寸不同, 除了看出感光面
積的大小差異外, 最直接影響的,
就是拍攝的影像品質了!</p>
```

❶ h1 的標題文字

認識感光元件
感光元件又稱「影像感測器」, 是數位相機中最重要的組件之一, 也是數位相機得以記錄影像、拍出照片的關鍵。
尺寸大小攸關影像品質
感光元件的尺寸不同, 除了看出感光面 積的大小差異外, 最直接影響的, 就是拍攝的影像品質了!

❷ h3 的標題文字, 比 h1 的字體略小

在文件中加入註解

註解 (Comment) 指的是文件中給文件編輯者自己看的說明、註記文字, 要在 HTML 文件中加入註解文字, 可使用『**<!--**』、『**-->**』標記註解文字, 瀏覽器將不會顯示這些內容:

```
<!-- 這是註解, 讀者看不到 -->  ←瀏覽器不會顯示此行文字
<p>感光元件</p>                ↑請注意, 需使用 2 個 - 符號
```

往後當您需要編輯內容較多的 HTML 文件, 就可利用註解加入一些說明文字, 或用註解當作分隔記號, 幫助自己能對文件內容一目瞭然。

2-3 強調文字

雖然目前網頁設計主要是由 CSS 負責外觀的樣式，不過 HTML 仍提供一些與文字樣式相關的元素，以方便標示需要強調、修飾的文字。

文意中的強調

當文章段落中有些文句具有特別的句意，而需做強調，可使用下列元素標示該段文字：

- **em**：表示強調 (Emphasis) 的意思。瀏覽器預設以**斜體字**表示。

學習<em>HTML</em>
要強調的文字

- **mark**：替文句做標記，好比唸書時用螢光筆畫重點。瀏覽器預設為會將內容文字套上**黃色背景**。
- **strong**：表示極重要 (Strong) 的內容。瀏覽器預設會用**粗體字**表示此段文字。

Ch02-08.html

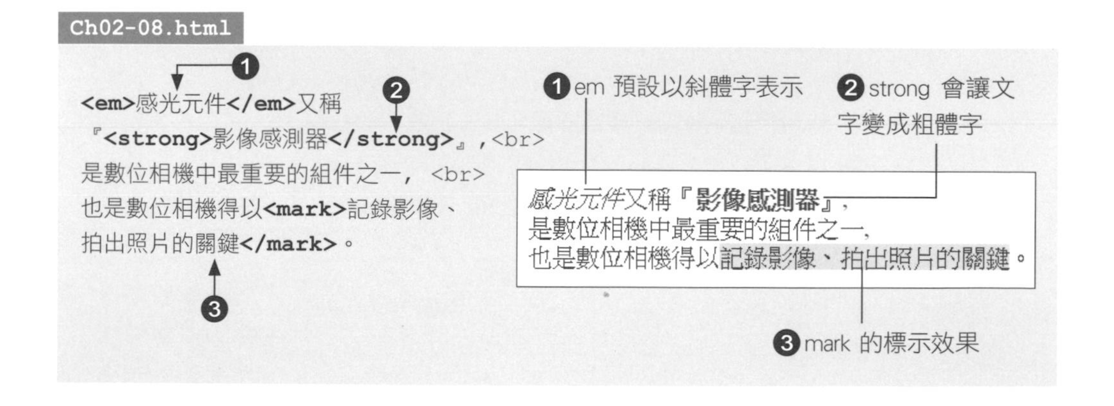

<em>感光元件</em>又稱
『<strong>影像感測器</strong>』，
是數位相機中最重要的組件之一，
也是數位相機得以<mark>記錄影像、
拍出照片的關鍵</mark>。
❶ em 預設以斜體字表示
❷ strong 會讓文字變成粗體字
感光元件又稱『影像感測器』，
是數位相機中最重要的組件之一，
也是數位相機得以記錄影像、拍出照片的關鍵。
❸ mark 的標示效果

TIP 元素顯示的效果都可用第 6 章開始介紹的 CSS 調整。例如 strong 不再一定是粗體，在您設計的網頁中，可以用不同顏色的文字、字型來表達 strong 的強調效果。

單純強調視覺效果

若只是想單純將文字以粗體、斜體顯示，可使用下列元素：

- **b** 元素：使用粗體字 (Bold)。
- **i** 元素：使用斜體字 (Italic)。
- **u** 元素：將文字加上底線 (Underline)。

Ch02-09.html

```
<i>感光元件</i>又稱
『<b>影像感測器</b>』，<br>
是數位相機中最重要的組件之一，<br>
也是數位相機得以<u>記錄影像、
拍出照片的關鍵</u>。
```

*感光元件*又稱『**影像感測器**』，
是數位相機中最重要的組件之一，
也是數位相機得以記錄影像、拍出照片的關鍵。

讀者可能會疑惑為什麼要有名稱不同、效果相似的元素。其實預設的顯示效果並非重點 (上述樣式都可透過第 6 章介紹的 CSS 樣式表設定或變化)，重要的是要選用合適的元素來標示文字的意義，如果 em、strong、mark 不適用，才選用 b、i、u 這幾個無法表達文字意義的元素。

使用多個元素合併效果

我們可將多個元素合在一起使用，例如要有『粗體 + 斜體』的效果，可寫成 "<b><i>Hello</i></b>" 或是 "<i><b>World</b></i>"。但請不要寫成 "<b><i>Wrong</b></i>"，因為元素的結構是『**<起始標籤>內容</結束標籤>**』，若寫成 "<b><i>...</b></i>" 就變成元素的內容交錯了，這可算是 HTML 的『語法錯誤』。對其它的元素也是如此，千萬不要將不同元素的 <起始標籤>、</結束標籤> 互相交錯。

對於這類錯誤，瀏覽器雖然仍有辦法顯示內容，但對於其它工具 (例如右圖的編輯器)，或是往後用 CSS、JavaScript 處理元素內容，就可能會出現非預期的效果。

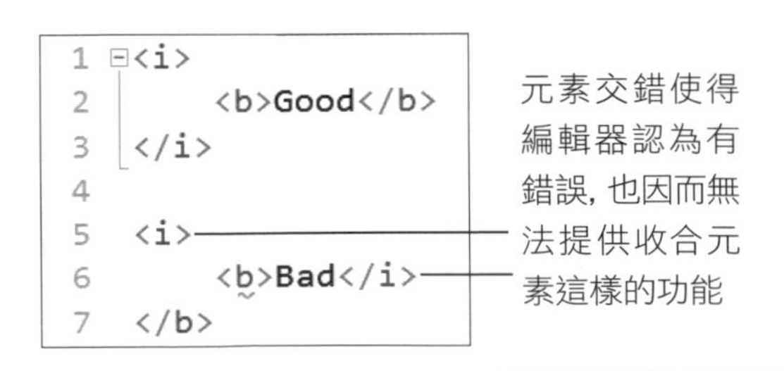
1 <i>
2 <b>Good</b>
3 </i>
4
5 <i>
6 <b>Bad</i>
7 </b>
元素交錯使得編輯器認為有錯誤，也因而無法提供收合元素這樣的功能

原始文字排列

另外還有幾個元素可用來標示特殊性質的文字內容：

- **code** 元素：可用來表示程式碼 (code) 片段，預設的效果是使用**等距字** (也就是所有字元的寬度相等)。對於一般網頁文字，瀏覽器預設使用的字型，英文字母的字元寬度不一定相同，例如字母 W 和 i 的寬度就明顯不同。
- **pre** 元素：讓文字的排列維持 HTML 原始檔中的排列，例如有換行就換行，空白、定位字元也會保留。

Ch02-10.html

```
<body>
<p>CSS樣式表將段落文字設為藍色的範例：</p>
  <pre>
  p {
  color: blue
  };
  </pre>
<p>JavaScript程式用交談窗顯示
    "Hello World"的範例：<br>
  <code>alert("Hello World");</code>
</p>
</body>
```

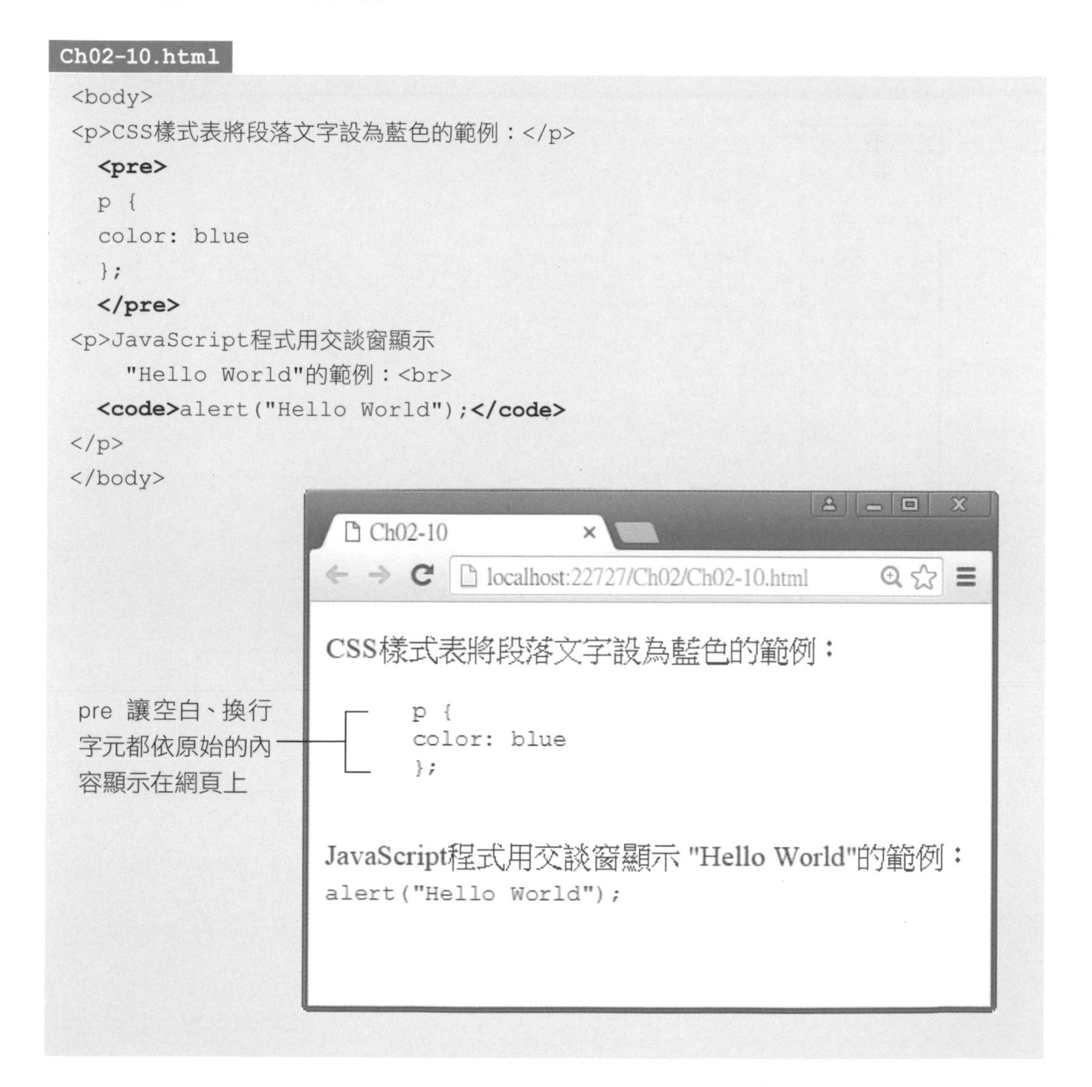

2-4 標示 HTML 文件的組織架構

雖然網頁設計者可有不同巧思，設計出各種不同的網頁，不過目前大多數的網頁都會有類似下圖的組織架構：

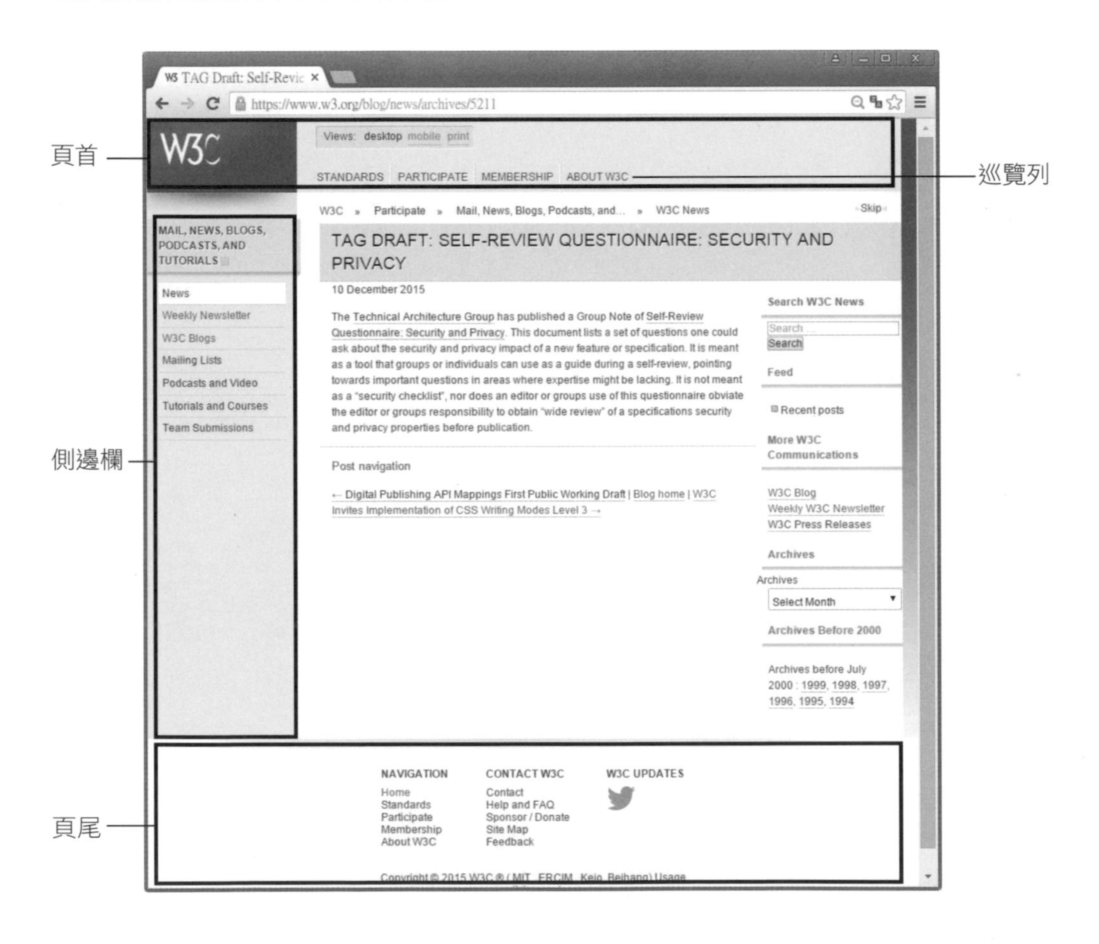

為了讓我們能用標籤標示出這些內容，以便在編寫 HTML 時能對文件組織架構一目瞭然，或是讓機器判讀時（例如搜尋引擎）能更容易判斷段落內容的意義，所以 HTML 提供了如下元素：

- **header**：可用來標示文件的表頭 (頁首)，例如許多網頁最上方都會有的公司/組織名稱、商標圖案等等。
- **footer**：與 header 相對，用於標示文件結尾 (頁尾)，像是公司地址、連絡方式、版權宣告等。
- **nav**：Navigation 的意思，用於標記與文件相關的連結，例如可快速跳到文件內不同段落的連結、或連到相關文章的連結。
- **article**：用於標示一段獨立完整的文字，例如網頁中的整個本文，或是文末網友的留言內容等。
- **section**：可用於表示 article 中的不同段落。
- **aside**：用於標示附屬於主文的附屬內容，例如剛剛提到的部落格側邊欄。

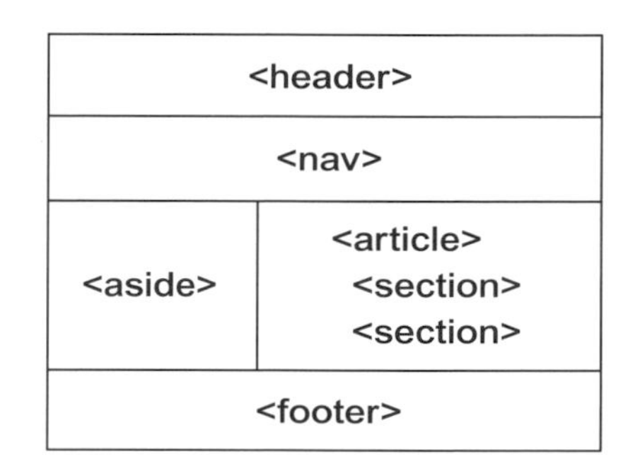

TIP section 元素也可用於表示網頁中不同的組成部份，像是部落格中的貼文及側邊欄，可算是 2 個 section。

雖然上圖將各元素標籤，排列成一般網頁常見的結構。但請注意：實際在瀏覽器中瀏覽時，這些元素預設不提供特殊的排版或視覺效果，必須另外搭配 CSS 樣式表，才能讓各元素的內容能呈現特定的視覺效果及版面 (版面排列也不一定要如上圖所示，您可以有不同的設計，例如側邊欄可在右邊、巡覽列可在頁首之上...等)。

由於第 6 章才會介紹 CSS 樣式表，所以在此先用簡單的 CSS 搭配以下範例，將 HTML 文件的結構呈現出來 (以下未列出所使用的 CSS 樣式，有興趣者請參見書附的完整範例檔)：

Ch02-11.html

```
<body>
<header>
    <h1>感光元件</h1>
    <nav><i>&lt;&lt;上一頁   --  
    下一頁&gt;&gt;</i></nav>
</header>

<aside>
    <h5>其它文章</h5>
    認識數位相機1<br>
    認識數位相機2<br>
    認識數位相機3
</aside>

<article>
    <section>
        <h3>認識感光元件</h3>
        <p>感光元件又稱『影像感測器』,
        是數位相機中最重要的組件之一,
        也是數位相機得以記錄影像、拍出照片的關鍵。</p>
    </section>
    <section>
        <h3>尺寸大小攸關影像品質</h3>
        <p>感光元件的尺寸不同, 除了看出感光面
        積的大小差異外, 最直接影響的,
        就是拍攝的影像品質了!</p>
    </section>
</article>

<footer><i>旗標出版股份有限公司   
    100 台北市中正區杭州南路一段15-1號19樓
    <br>TEL: 02-2396-3257<br>
    Copyright &copy; 2016 Flag Publishing Co.,Ltd.
    All Rights Reserved   </i>
</footer>
</body>
```

表示 1 個空白的特殊語法 (參見下頁說明)

若沒有使用 CSS 樣式表, 所有元素內容只是依序由上往下排列

感光元件

<<上一頁 -- 下一頁>>

其它文章

認識數位相機1
認識數位相機2
認識數位相機3

認識感光元件

感光元件又稱『影像感測器』, 是數位相機中最重要的組件之一, 也是數位相機得以記錄影像、拍出照片的關鍵。

尺寸大小攸關影像品質

感光元件的尺寸不同, 除了看出感光面 積的大小差異外, 最直接影響的, 就是拍攝的影像品質了!

旗標出版股份有限公司 100 台北市中正區杭州南路一段15-1號19樓
TEL: 02-2396-3257
Copyright © 2016 Flag Publishing Co.,Ltd. All Rights Reserved

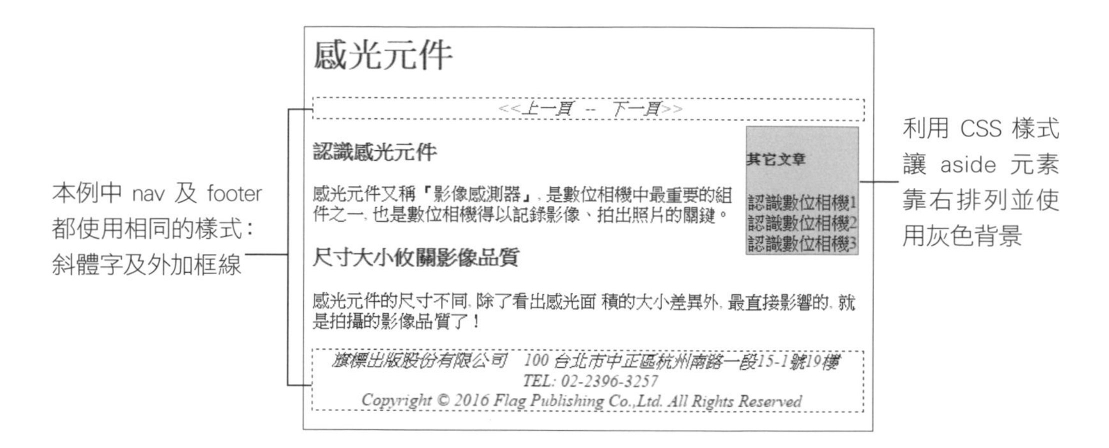
感光元件
<<上一頁 -- 下一頁>>
認識感光元件
感光元件又稱「影像感測器」，是數位相機中最重要的組件之一，也是數位相機得以記錄影像、拍出照片的關鍵。
尺寸大小攸關影像品質
感光元件的尺寸不同，除了看出感光面積的大小差異外，最直接影響的，就是拍攝的影像品質了！
其它文章
認識數位相機1
認識數位相機2
認識數位相機3
旗標出版股份有限公司 100 台北市中正區杭州南路一段15-1號19樓
TEL: 02-2396-3257
Copyright © 2016 Flag Publishing Co.,Ltd. All Rights Reserved
本例中 nav 及 footer 都使用相同的樣式：斜體字及外加框線
利用 CSS 樣式讓 aside 元素靠右排列並使用灰色背景

HTML 中的特殊字元符號

在範例 Ch02-11.html 中，用到 3 個 HTML 特殊字元符號表示法，例如 < 和 > 符號已用來表示標籤，因此要在網頁中顯示這些已有特殊意義，或不方便輸入的字元或符號，就要使用特殊字元表示法，例如：

- **<** 表示小於 (Less Than)。
- **>** 表示大於 (Greater Than)。
- ** ** 表示空白 (Non-Breaking SPace，此空白不會被瀏覽器擠成只有 1 個)。

各種字符的表示法可到 http://dev.w3.org/html5/html-author/charref 查看：

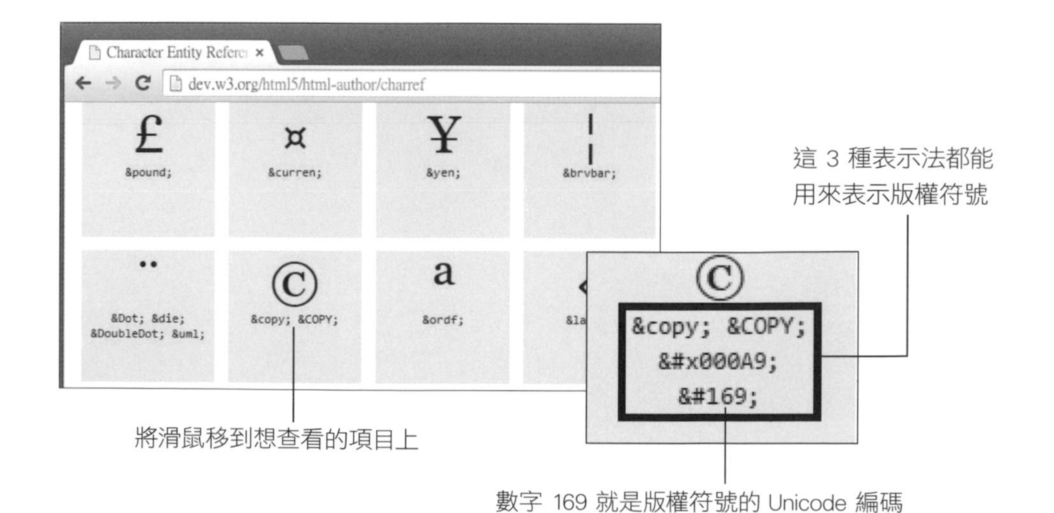
Character Entity Refere
dev.w3.org/html5/html-author/charref
£
£
¤
¤
¥
¥
¦
¦
¨
¨ ¨ ¨ ¨
©
© ©
a
ª
©
© © © ©
這 3 種表示法都能用來表示版權符號
將滑鼠移到想查看的項目上
數字 169 就是版權符號的 Unicode 編碼

學習評量

選擇填充題

1. (　　) 下列何者為 HTML5 文件型別宣告?

   (A) <!doctype html5>　(B) <!doctype html>

   (C) <!--doctype html>　(D) <!--doctype html5>

2. (　　) HTML 中讓文字換行的標籤是?

   (A) <cr>　(B)
　(C) <lf>　(D) <newline>

3. (　　) HTML 中用來標示『段落』的標籤是?

   (A) <p>　(B)
　(C) <hr>　(D) <em>

4. (　　) <title>標題文字<title> 應該放在什麼元素中?

   (A) body　(B) section　(C) header　(D) head

5. (　　) 可讓文字有粗體字效果的元素為?

   (A) code　(B) pre　(C) b　(D) bold

6. (　　) HTML 中用來標示文章結構的元素中, 用來表示文件頭尾 (頁首頁尾) 的元素為?

   (A) head、foot　(B) header、footer　(C) begin、end　(D) first、last

7. 要用 meta 元素指定 HTML 文件使用 UTF-8 編碼, 可寫成 <meta ______ = ______ >。

8. 想在 HTML 文件中加入一段『我是分隔線』的註解, 要寫成:
   ______ 我是分隔線 ______。

練習題

1. 請練習使用適當的元素標記, 讓範例 Ch02-05.html 中的文字 "35mm" 會以粗體字顯示, 文中其它英文則以斜體字顯示。
2. 請嘗試寫一段個人資料簡歷, 並以合適的段落元素標記各段的內容。

03

多媒體與超連結

前一章介紹了構成基本 HTML 文件結構的元素，讓大家小試身手，建立『純文字』網頁。本章要介紹如何在網頁中加入圖片、影片等內容，以及 WWW 最基本的要素：超連結。

3-1 加入圖片

在 HTML 文件中加入圖片很簡單，只要在想要置入圖片的地方使用 img 元素即可，<img> 標籤的使用方法如下：

<img src ="圖檔的位置 " alt="圖片的描述">

- src 屬性：必須指定圖片檔的檔名、路徑。
- alt 屬性：可用來指定一段有關此圖片的文字描述，此屬性雖非必要，但可幫助視障者，或瀏覽器被設為不顯示圖片時，能讓瀏覽者知道網頁中原本有一張圖片，及此圖片的描述。

如上以 img 指定圖片的來源後，瀏覽器就會自動在對應的位置加入圖片。

Ch03-01.html

```
<body>
  <img src="media/main_logo.jpg" alt="Logo">  ← ❶
  <h2>Cute Bags 印花手提袋</h2>
  <p>Cute design 獨家設計<b>印花手提袋</b>，特選輕帆布材質，
     輕巧好攜帶，<br> 搭配時尚流行印花圖案，讓您走在潮流尖端！</p>
  <p>請至各大網路商店購買。</p>
  <img src="media/bags.jpg" alt="Bags Pictures">  ← ❷
</body>
```

屬性之間要用空白或換行隔開

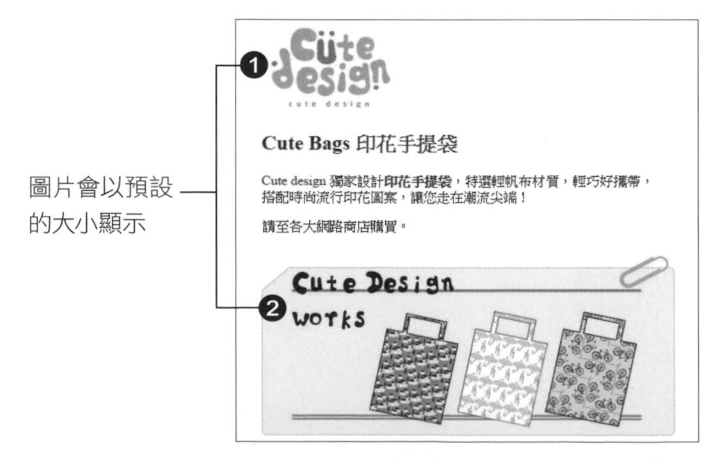

可用於網頁的圖檔格式

目前瀏覽器支援的圖形檔種類主要有以下 3 種：

- **JPEG** (副檔名為 jpg 或 jpeg)：一般數位相機、手機照相預設的檔案格式。其特點是支援全彩，且支援極高的壓縮比，可將檔案壓縮得很小，因此很適合在網路上使用。
- **GIF** (副檔名為 gif)：最多只能支援 256 色，較適合用於示意圖、說明圖等，不適合一般相片。其特色之一是可製作成動畫 (其實是將多張圖片合併存成單一檔案，再輪流播放)。
- **PNG** (副檔名為 .png)：同樣支援全彩，且採非破壞式的壓縮技術，因此圖片不會失真，但檔案大小和 JPEG 相比可能會稍大。此外 PNG 也支援像 GIF 一樣的動畫功能。

如果您手邊的圖檔是 BMP 等瀏覽器不支援的檔案，必須先用繪圖或影像處理軟體將它轉成上述格式，才能用 img 顯示於瀏覽器中。

圖檔的相對路徑與絕對路徑

在 img 元素中，必須用 src 屬性指定『路徑』 (圖片的位置)，路徑分為 2 種：

- **相對路徑**：表示以網頁本身 (HTML 檔) 的所在位置為參考點，再描述要使用的檔案相對的位置。例如剛才範例 Ch03-01.html 中用的 src="media/bags.jpg"，就表示圖檔 bags.jpg 是放在與 Ch03-01.html 同一層 (都在**資料夾 B** 下) 的 media 資料夾之下。

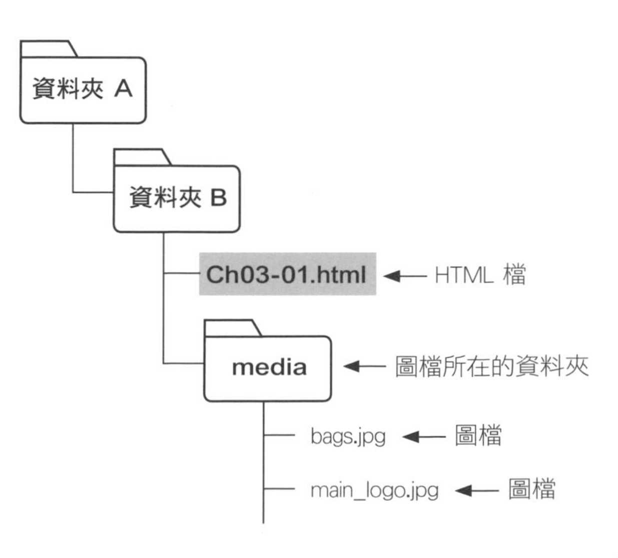

如果圖檔被搬到上一層，也就是和 HTML 檔一樣存於的『資料夾B』，屬性值就必須改成 src="bags.jpg"；如果是整個 media 資料夾被搬動，例如移到上一層『資料夾A』，就需將屬性值改成 "../media/bags.jpg" (2 個小數點..表示『上一層』資料夾)。使用相對路徑的好處就是路徑較簡單明瞭，但若 HTML 檔或圖檔個別被移動位置，就要修改 src 屬性值，才能讓瀏覽器能找到正確的位置。

■ **絕對路徑**：直接在 src 屬性中指定圖檔在網路上的位置，請參考以下範例。

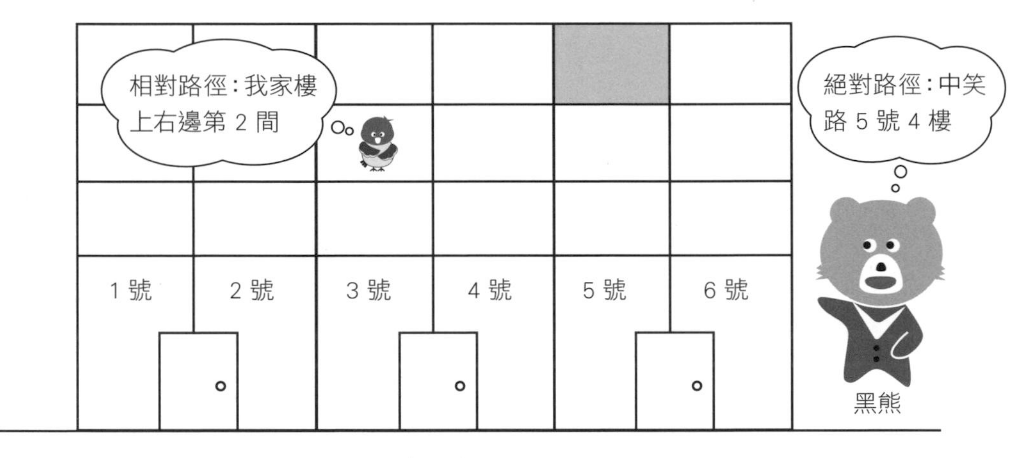

Ch03-02.html

```
<img src="http://www.flag.com.tw/images/cover/middle/F4996.gif"
    alt="『手繪字典- 你會畫這個嗎? 別被孩子問倒了!』封面">
<h5>手繪字典- 你會畫這個嗎? 別被孩子問倒了!</h5>
<p>作者：Miyatachika著、賴庭筠譯<br>
    建議售價：299 元<br>
</p>
```

絕對路徑

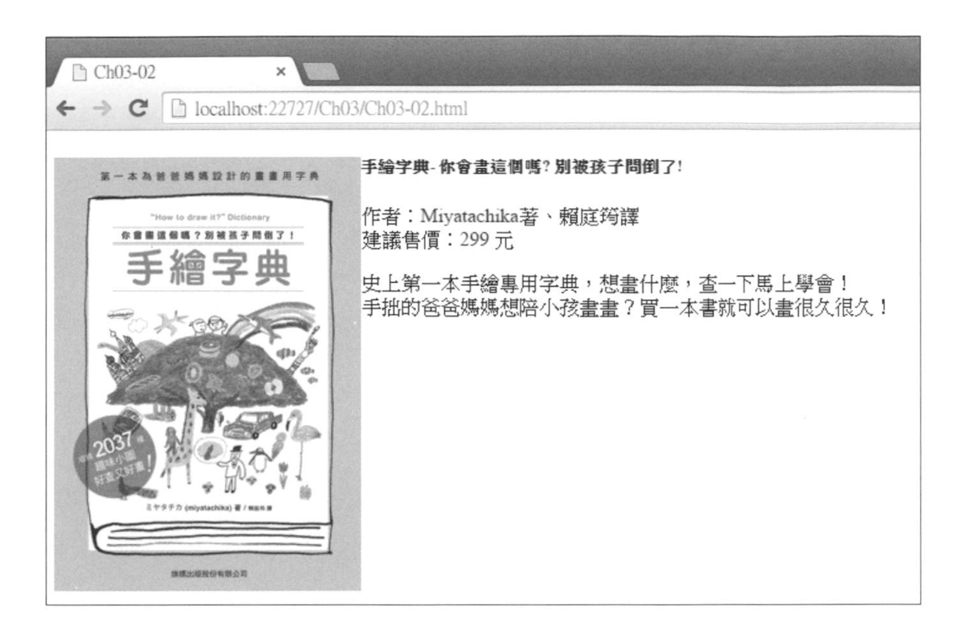

TIP 本例有利用 CSS 樣式表讓文字顯示在圖片右側, 詳見書附範例檔。如果您自行輸入書上程式碼而未使用 CSS 樣式表, 則文字會顯示在圖片之下, 其它網頁內容都相同。

如上所示, 當我們將 src 屬性值設為網路上的圖檔路徑, 瀏覽器就會到指定的網址載入圖片, 並顯示在網頁上。使用這種方式指定圖片來源時, 要注意網址必須正確, 否則瀏覽器就無法找到圖片並顯示。

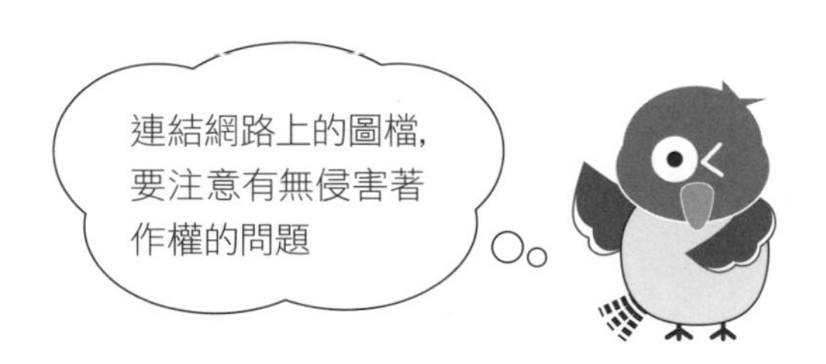

指定圖片寬度與高度

瀏覽器載入圖片時, 預設是以 1:1 的方式顯示在網頁中。如果想調整圖片顯示出來的大小, 可在 <img> 標籤中用 width (寬度) 屬性和 height (高度) 屬性指定圖片大小:

<img src ="圖檔的位置" height="圖高" width ="圖寬">

width、height 屬性值都是以 pixel (像素) 為單位的數字。只要指定好適當的大小，瀏覽器就會依指示將圖片顯示在網頁中：

Ch03-03.html

```
<img src="media/danube_budapest.jpg" width="640" height="360">
<img src="media/danube_budapest.jpg" width="400" height="300">
<h3>多瑙河</h3>
<p>發源於德國黑森林地區的多瑙河 (Danube, 德文：Donau),
    流經德國、奧地利、斯洛伐克、匈牙利...等多個國家,
    是歐洲第二大河。</p>
```

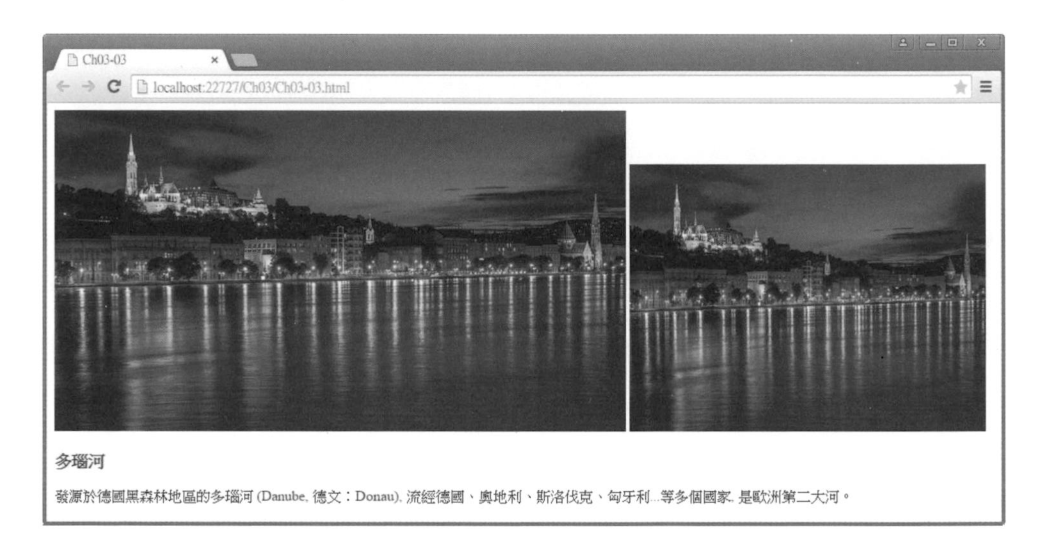

TIP 範例使用的圖片引用自 https://pixabay.com/en/budapest-danube-river-reflection-138976/。

上例中圖檔的原始大小為 1280x720，在第 1 個標籤中將長寬都設為原來的一半；第 2 個 <img> 標籤中則未依照原始長寬比例，逕自設為 400x300，此舉會讓圖片產生變形，不過因變化還不算太大，所以效果勉強可接受。很多網頁在顯示圖片時，也會因版面的關係，在可接受的範圍內，將圖片不依原始長寬比，而以特定的寬高顯示。

TIP width 和 height 屬性可以只設定其中之一，此時未設定的屬性也會跟著等比例縮放。例如圖檔解析度為 200(寬)x100(高)，只設定寬度 <img width="100"...> 時，圖片高度也會等比例縮小一半成 50；若只設定高度 <img height="150"...>，則圖片寬度會等比例放大 1.5 倍成 300。

指定圖片大小幫助瀏覽器預留版面

既使沒有要改變圖片顯示的大小, 在 <img> 標籤中用 width/height 屬性指明圖片尺寸, 對瀏覽器的處理效率也有幫助。

因為未標明圖片尺寸時, 瀏覽器就必須一直等到整個圖檔載入完畢, 才能得知其佔用版面的空間, 接著才能調整後面的版面。想信讀者會有這樣的經驗：瀏覽某個很多圖片的網頁、部落格時, 還未載入全部的圖片時, 版面、文字一直跳來跳去, 這就是瀏覽器每載入一張圖片、確定其大小位置後, 才動態調整版面造成的。

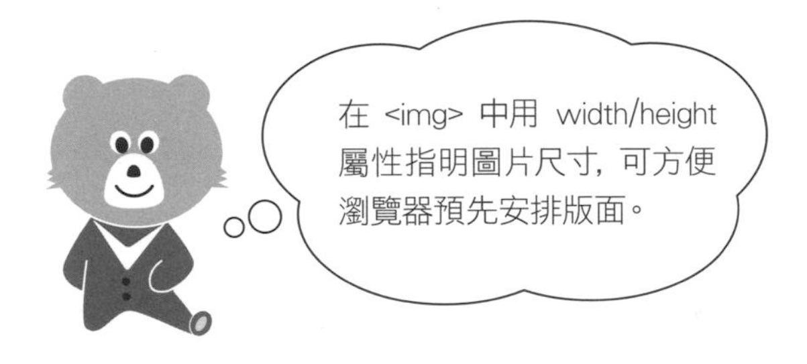

在 <img> 中用 width/height
屬性指明圖片尺寸, 可方便
瀏覽器預先安排版面。

3-2 播放音訊

若想在訪客瀏覽時, 播放一些背景音樂, 可使用 audio 元素。其用法和 img 類似, 需用 src 屬性指定音訊檔的位置, 可使用的音訊檔格式包括：**MP3**、**WAV**、**OGG** (有些瀏覽器不支援 OGG 格式的檔案, 例如 IE 10)。此外使用 audio 時必須加上結束標籤：

```
<audio src="media/song.mp3"></audio>
```

音訊檔路徑/檔名, 同樣可使用 3-3、3-4 頁的相對或絕對路徑來設定除了用 src 屬性指定檔案來源，還可使用下列屬性指定其它特性：

- **autoplay**：加上此屬性表示要在載入音訊後，就開始自動播放。
- **controls**：在網頁中顯示操控面板，讓訪客可自由播放/停止及調整大小聲。
- **loop**：設定讓音訊循環播放。

以下範例就是設定在網頁載入時就自動播放音樂 (本例使用 mp3 格式的音訊檔)：

Ch03-04.html

```
<img src="media/danube_budapest.jpg" width="640" height="360">
<h3>多瑙河</h3>
<p>發源於德國黑森林地區的多瑙河 (Danube, 德文：Donau),
   流經德國、奧地利、斯洛伐克、匈牙利...等多個國家,
   是歐洲第二大河。</p>
<audio src="media/Strauss_An_der_schoenen_blauen_Donau.mp3"
       autoplay></audio>
```

在 Chrome瀏覽器的標籤頁次上，會有代表音訊的圖示

TIP 範例使用的音樂引用自 https://commons.wikimedia.org/wiki/File:Strauss,_An_der_sch%C3%B6nen_blauen_Donau.ogg。

若加上 controls、loop 屬性 (本例改用 OGG 格式的音訊檔), 則會有如下的效果:

Ch03-05.html

```
<img src="media/danube_budapest.jpg" width="640" height="360">
<h3>多瑙河</h3>
<p>發源於德國黑森林地區的多瑙河 (Danube, 德文：Donau),
    流經德國、奧地利、斯洛伐克、匈牙利...等多個國家,
    是歐洲第二大河。</p>
<audio src="media/Strauss_An_der_schoenen_blauen_Donau.ogg"
       autoplay controls loop></audio>
```

加上 controls 屬性, 瀏覽器就會顯示控制面板, 讓訪客可自行操作

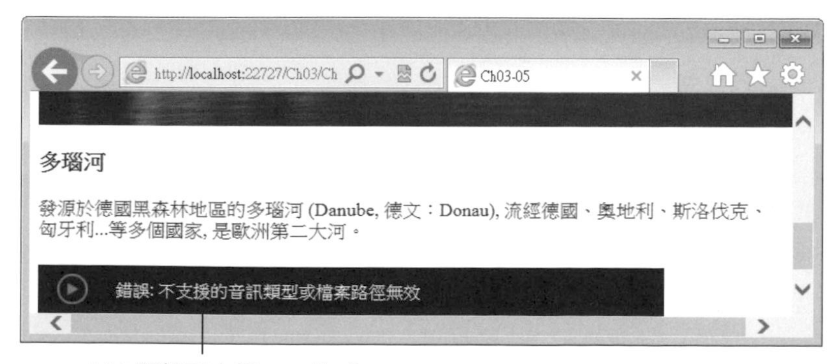

IE10 預設不支援 ogg 格式

3-3 播放影片

要在網頁上嵌入視訊，可使用 **video** 元素，其用法和 auido 元素相似。同樣是用 src 屬性指定影片來源，並可用 width/height 屬性設定影片的大小，也可用 autoplay、control、loop 屬性做自動播放、加入控制面板等設定。

```
<video src="video.mp4"></video>
```

使用相對或絕對路徑　要加結束標籤

在目前的 HTML 規格中，並未明確指定瀏覽器應支援哪些視訊檔案格式，不過一般主流的格式包括：

- WebM (.webm)
- Ogg Theora Vorbis (.ogg、.ogm、.ogv 等)
- MP4 H.264 (.mp4)

用瀏覽器開啟 Youtube 網站的 https://www.youtube.com/html5 網頁，就會顯示該瀏覽器支援哪些格式的視訊檔：

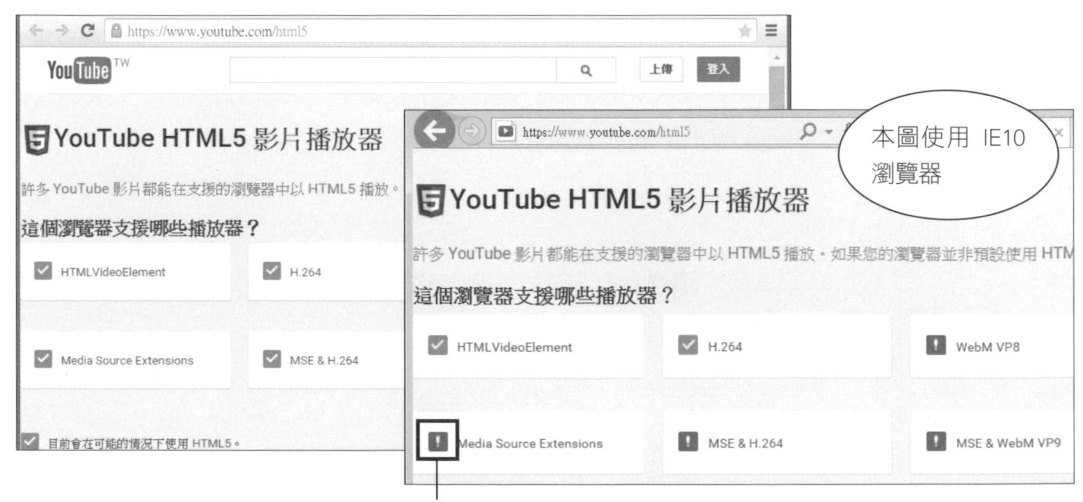

若出現驚嘆號，表示是瀏覽器不支援的格式

以下範例利用 video 元素在網頁中嵌入 3 種不同格式視訊檔，並使用不同屬性設定：

Ch03-06.html

```
<video src="media/FWIDE_basketball_game.mp4"></video>
<video src="media/FWIDE_basketball_game.ogg" controls></video>
<video src="media/FWIDE_basketball_game.webm"
  ❷→width="120" height="160"></video>        ❶
<p>使用旗標 <b>FWIDE</b> 套件的紅外線測距模組、
   <mark>LED 七彩燈模組</mark>以及<mark>語音合成模組</mark>
   加上玩具籃框製作的自製投籃機，大家都可以自己 DIY
   享受不用投幣就可以一直投一直投的樂趣喔！</p>
```

未設定 controls 屬性時，不同的瀏覽器 (或不同版本) 支援不同：有些可按滑鼠右鈕進行播放控制；有些僅能將影片存檔，不能播放

使用 embed 元素內嵌視訊

除了使用 video 元素外, HTML 也支援以 **embed** 這個『萬用』的元素, 在網頁中嵌入包括視訊、Flash 等各種物件, 可使用的視訊也不限於前文提到的 3 種, 只要是用戶端電腦支援的格式都可以使用。

<embed src="video.mp4" type="video/mp4" width="..." height="...">

- src="video.mp4" ← 媒體路徑
- type="video/mp4" ← 媒體種類, 如下列
- width="..." height="..." ← 指定寬高

```
type="video/avi"
type="video/mpeg"
type="video/mp4"
type="video/ogg"
type="video/quicktime"
type="video/webm"
```

type 屬性設定的媒體類型稱為 Internet media type, 或稱 MIME type, 常見的媒體類型可參見維基百科：http://en.wikipedia.org/wiki/Internet_media_type。

Ch03-07.html

```
<embed type="video/mp4"
       src="media/FWIDE_basketball_game.mp4"
       width="360" height="360">
```

使用旗標 **FWIDE** 套件的紅外線測距模組、LED 七彩燈模組以及語音合成模組 加上玩具籃框製作的自製投籃機. 大家都可以自己 DIY 享受不用投幣就可以一直投一直投的樂趣喔！

在 Chrome 瀏覽器中, 必須將滑鼠移到影片上或播放完畢, 才會出現控制面板

一進入網頁就自動開始播放

內嵌 Youtube 視訊

在 Youtube 等影片服務網站, 提供一種內嵌網際網路視訊的方法:

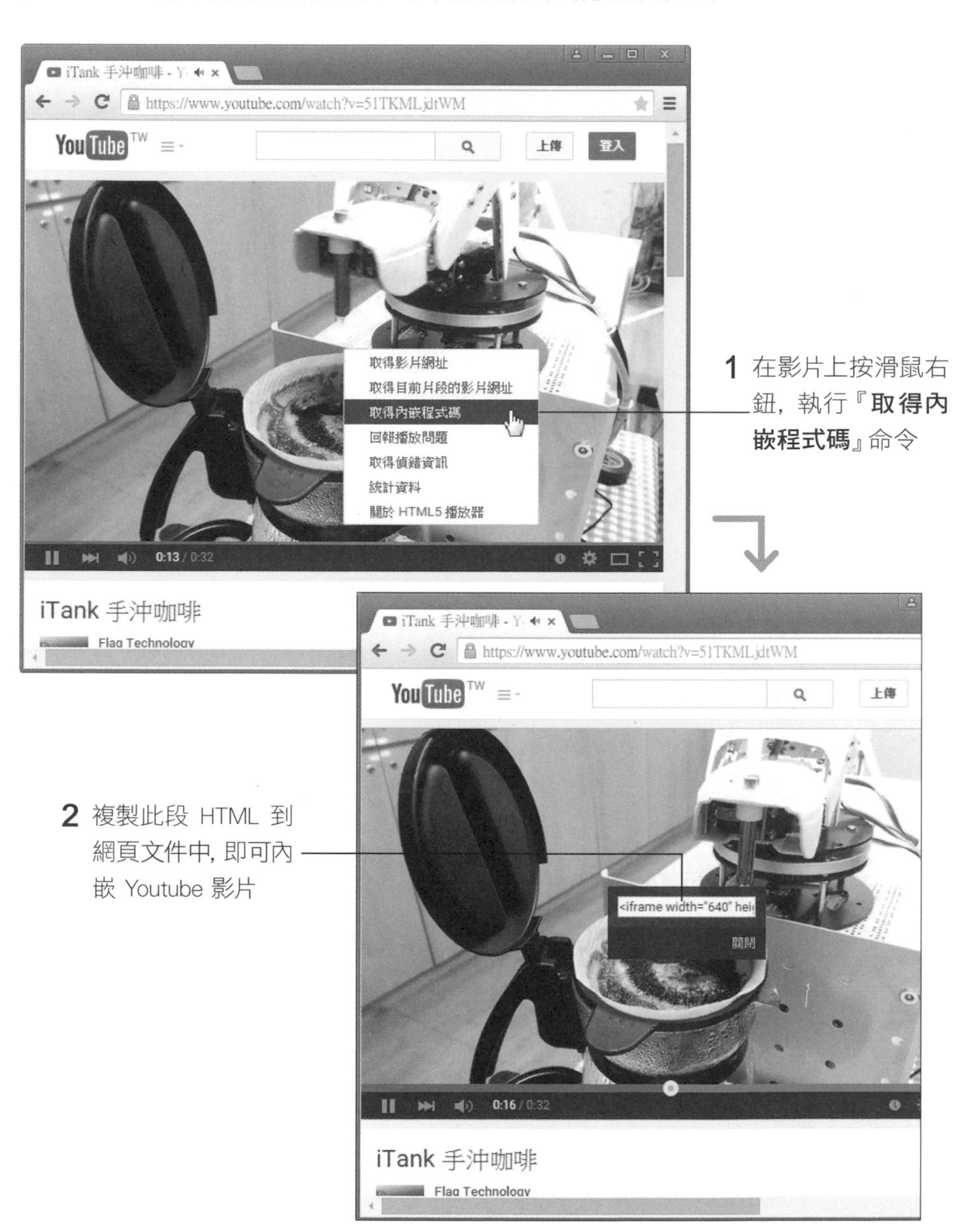

其實 iframe 元素的功用, 是在網頁中內嵌『另一個網頁』的內容, 所以此作法是將 YouTube 的影片播放網頁內嵌到您的網頁中, 而非直接『內嵌影片』到網頁。在第 5 章會介紹 iframe 元素的基本用法。

3-4 建立超連結

WWW 又稱互連網, 也就是網路上的網頁都可透過**超連結** (Hyperlink) 互相連結起來, 超連結就是 HTML 文件中指向另一個 HTML 文件 (或其它資源, 例如影片等) 的連結, 按下超連結文字, 瀏覽器就會開啟超連結所指的網頁：

建立連線到 Ineternet 網頁的超連結

要連到 Internet 上的網頁或是其它的資源, 我們必須先知道對方的 **URL (Uniform Resource Locator)**, 也就一般俗稱的網址。在 HTML 文件中, 只要如下用 a 元素以 **href** 屬性指定 URL, 便可建立超連結。

在 a 元素中，除了可放連結目的地的描述文字外，也可放入 img 元素，讓訪客按下圖案也能造訪超連結，請參考以下範例：

Ch03-08.html

```
<h2>學攝影的參考書</h2>
<p>最近在學習攝影的過程中，看了幾本書，<br>
   下面幾本對我幫助很大，推薦給大家參考：<br><br>
<a href ="http://www.flag.com.tw/book/5105.asp?bokno=F5620"> ←❶
     <img src="http://www.flag.com.tw/images/cover/middle/F5620.gif"
          width="82" height="111">
    正確學會數位攝影的 16 堂課</a><br>
<a href ="http://www.flag.com.tw/book/5105.asp?bokno=F4689">
     <img src="http://www.flag.com.tw/images/cover/middle/F4689.gif"
          width="82" height="111">
    DSLR 構圖寶典- 數位攝影的黃金法則</a>
</p>
```

TIP 超連結文字預設的樣式都是藍字加底線，若是造訪過的超連結 (瀏覽器記錄在歷史記錄中) 則預設呈紫色字體。

TIP "http:" 代表網頁或其他網路資源的存取方法，稱為 URI Scheme，目前通行的 URI Scheme 不下百種 (參見 http://www.w3.org/wiki/UriSchemes)，無法在此一一說明。第 16 章會再介紹手機上可使用的打電話、傳簡訊的 URI Scheme。

利用相對路徑指定超連結位置

如果超連結所指的是自己網站中的其它網頁或資源，可用 3-1 節介紹過的『相對路徑』在 href 屬性中指定連結的位置。

Ch03-09.html

```
<a href ="Ch03-01.html">img範例</a><br>        ❶
<a href ="Ch03-05.html">audio範例</a><br>
<hr>
<a href ="../Ch02/Ch02-08.html">文字強調範例一</a><br>   ❷
<a href ="/Ch02/Ch02-09.html">文字強調範例二</a>   ❸
```

❶ 對同資料夾中的檔案，直接在 href 屬性指定檔名即可。至於其它位置的檔案，可使用 2 種方法指定：

❷ 相對於目前檔案的路徑：例如指向『隔壁』資料夾 Ch02 中的檔案時，可如上面第 3 個 a 元素，用 .. (2 個小數點) 表示上移一層目錄後，再到 Ch02 資料夾下的 Ch02-08.html 檔案。

❸ 相對於網站根目錄的路徑：在路徑開頭可用斜線 / 表示根目錄，其後再接相對於根目錄的路徑即可表示路徑。例如上例最後 1 個 a 元素，用 "/Ch02/Ch02-09.html" 表示根目錄下，Ch02 資料夾下的 Ch02-09.html 檔案。

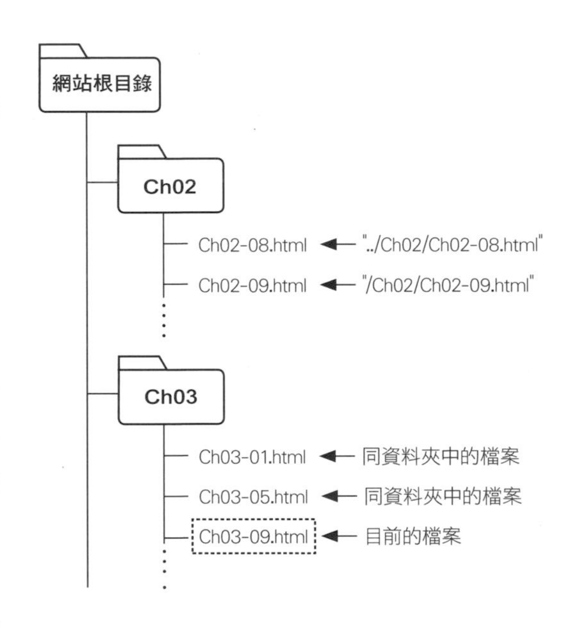

使用 base 元素設定相對路徑的基準

如果網頁中有多個超連結，且大多都是指到某固定路徑或網站，此時可在 head 元素中加入一個 **base** 元素，並在其中用 href 屬性指定固定路徑：

```
<head>
  <base href="http://www.flag.com.tw/">
  ...
</head>
```

base 元素的作用是將網頁中所有 a 元素所指的相對路徑，都變成是相對於 base 的位置，而不再是相對於網頁本身。例如以下範例：

Ch03-10.html

```
<head>
    <meta charset="utf-8" />
    <title>Ch03-10</title>
    <base href="http://www.flag.com.tw/db/special/"> ←❶
</head>
<body>
    <h3>旗標好讀</h3>        ❷
    <a href="good001.html">旗標好讀・精采系列</a><br>
    <a href="life.html">運動、養生健康生活</a><br>
    <a href="good001_d.html">範例辭典，工作好幫手</a>
</body>
```

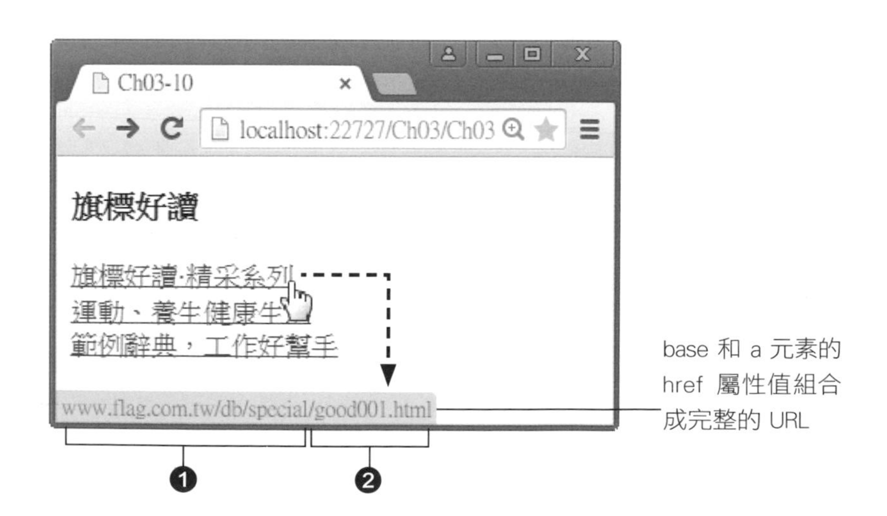

base 和 a 元素的 href 屬性值組合成完整的 URL

建立文件中的超連結

我們也可利用 a 元素建立指向『文件本身內部』的超連結。其語法如下：

```
<a href="#top">回頁首</a>
<a href="#元素ID">前往『元素ID』的位置</a>
```

其中 href="#top" 是 HTML 規格中定義的特殊語法，它代表的就是網頁開頭的位置。

至於第 2 種用法必須搭配通用屬性 id (Identification，識別碼)。舉例來說，我們想建立超連結指向文件中某個 p 元素的位置，此時必須先在這個 p 元素用 id 屬性設定一個自訂名稱：

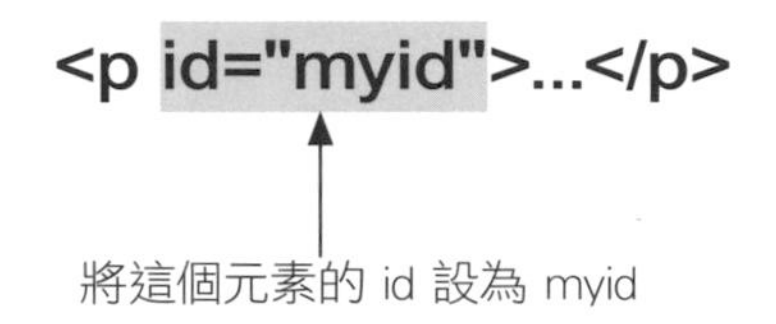

接著就可如下用 a 元素建立指向該段落的超連結了：

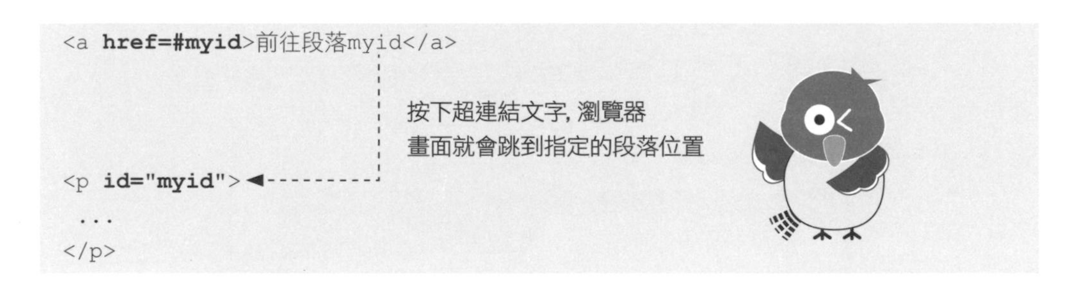

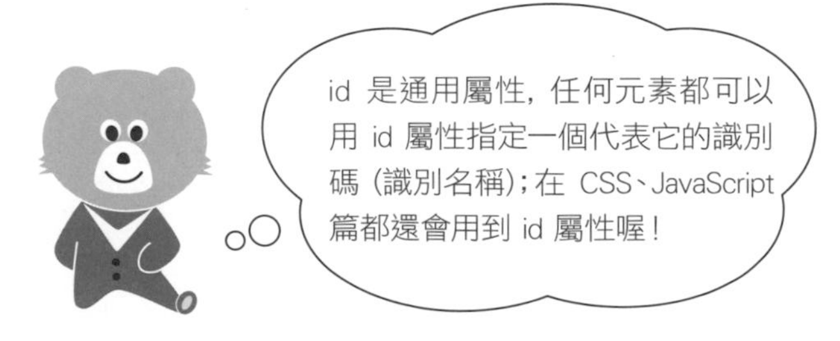

以下將第 2 章的範例略做修改，利用網頁內的章節目錄，建立文件中的超連結：

Ch03-11.html

```
<aside>
    <a href="#sec_1">認識感光元件</a><br>
❶→ <a href="#sec_2">感光元件的結構</a><br>
    <a href="#sec_3">尺寸大小攸關影像品質</a>
</aside>
<article>
    <section id="sec_1">
        <h3>認識感光元件</h3>
        <p> ...
        <a href="#top">回頂端</a></p>
    </section>
    <section id="sec_2">←❷
        <h3>感光元件的結構</h3>
        <p> ...
    ❸→ <a href="#top">回頂端</a></p>
    </section>
    <section id="sec_3">
        <h3>尺寸大小攸關影像品質</h3>
        <p> ...
        <a href="#top">回頂端</a></p>
    </section>
</article>
```

為方便測試，請將瀏覽器視窗縮小：

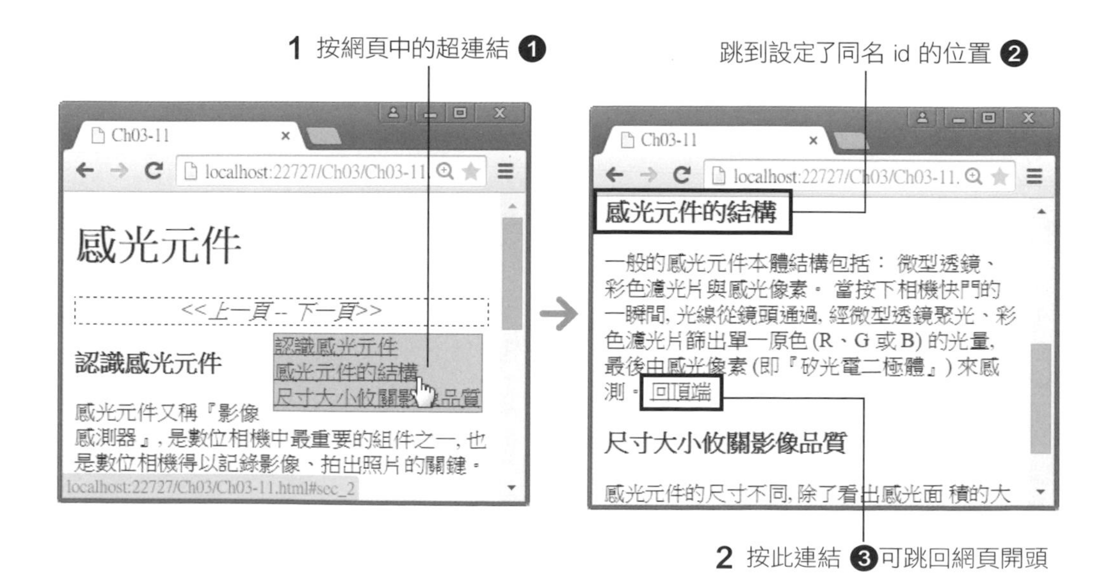

網頁內連結也可用於指向其它網頁的 a 元素, 此時只要將 "#XXX" 接在原本網頁的 URL 最後面即可, 例如:

```
<a href="Ch03-10.html#sec_1">認識感光元件</a><br>
<a href="Ch03-10.html#sec_2">感光元件的結構</a><br>
<a href="Ch03-10.html#sec_3">尺寸大小攸關影像品質</a>
```

舊版 HTML 的網頁內超連結語法

若您檢視網路上 HTML 文件的原始碼, 您可能會看到舊版 HTML 規範的網頁內超連結語法, 在此稍作說明。舊版 HTML 規範的網頁內超連結語法並非使用 id 屬性, 而是用 <a name="名稱"> 設定可當做連結目的地的錨點 (Anchor):

```
<a href="#photo>日本賞櫻之旅</a>
...
...
<a name ="photo">
<h2>日本賞櫻之旅</h2>
```

超連結指向 "photo" 錨點的位置

此處說明只要為了讓讀者看到舊版語法時, 能瞭解其內容, 若是自己設計網頁, 請使用以 id 設定的新語法。

指定瀏覽器開啟超連結的方式

在 a 元素中可用下列屬性指定瀏覽器對超連結的處理方式:

- target 屬性: 指定顯示超連結所指網頁 (或其它資源) 的位置, 預設為目前視窗 (頁次, 屬性值 "_self"), 若設為 "_blank" 表示會開新視窗 (頁次) 顯示。

- download 屬性: 指示瀏覽器『下載』所指的網頁 (或其它資源), 並可進一步用屬性值指定下載存檔時所用的檔名。此屬性是 WHATWG 組織新制訂的規格, 目前仍非所有的瀏覽器支援; 而且有些情況瀏覽器仍會以原始檔名存檔, 不會採用 download 屬性指定的檔名。

請參考以下範例：

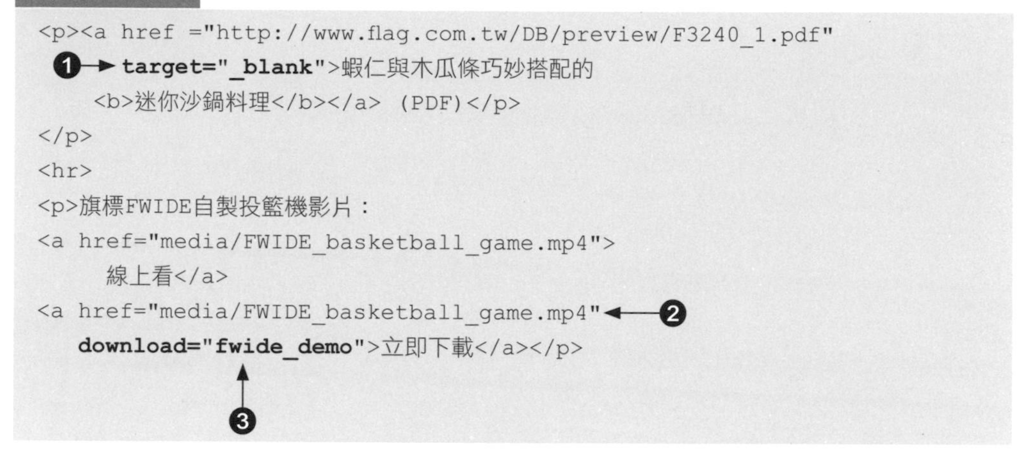

Ch03-12.html

```
<p><a href ="http://www.flag.com.tw/DB/preview/F3240_1.pdf"
 ❶→ target="_blank">蝦仁與木瓜條巧妙搭配的
    <b>迷你沙鍋料理</b></a> (PDF)</p>
</p>
<hr>
<p>旗標FWIDE自製投籃機影片：
<a href="media/FWIDE_basketball_game.mp4">
     線上看</a>
<a href="media/FWIDE_basketball_game.mp4"←❷
   download="fwide_demo">立即下載</a></p>
                ↑
                ❸
```

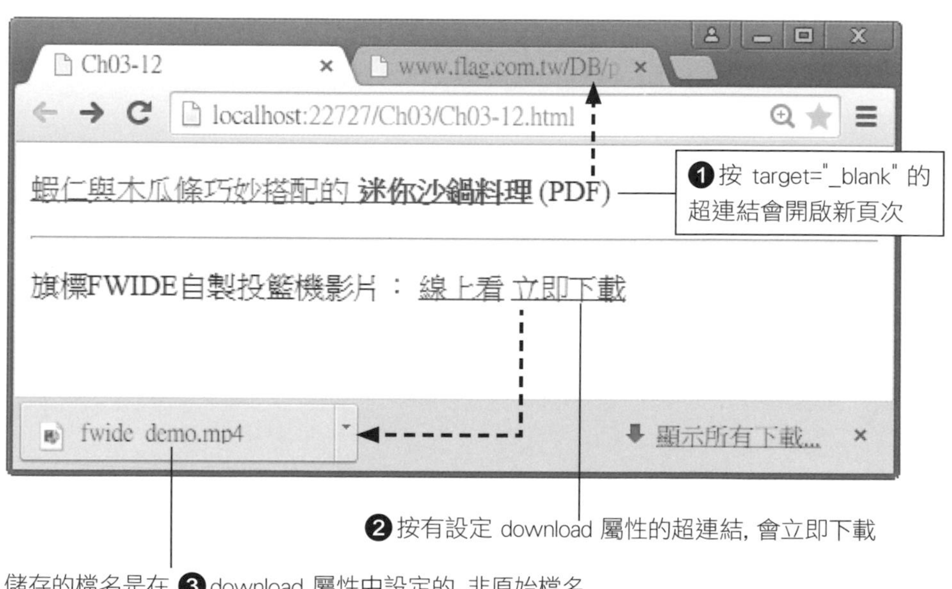

學習評量

選擇填充題

1. (　　) 用來建立超連結的元素是?
   (A) link　(B) id　(C) anchor　(D) a

2. (　　) 用來嵌入影像的元素是?
   (A) graphic　(B) image　(C) img　(D) graph

3. (　　) 使用 audio、video 元素時, 需用什麼屬性指定影音檔的位置?
   (A) file　(B) src　(C) url　(D) path

4. (　　) 若想指定超連結相對路徑的參考基準路徑, 需使用什麼元素?
   (A) a　(B) link　(C) id　(D) base

5. (　　) 在 HTML 通用屬性中, 用來替元素指定一個識別名稱的屬性為?
   (A) a　(B) name　(C) id　(D) base

6. (　　) 要讓瀏覽器以開新視窗、新頁次的方式開啟超連結, 可在 <a> 標籤加入 target 屬性, 屬性值要設為?
   (A) _blank　(B) _new　(C) _tab　(D) _top

7. 在影像元素中, 可用______屬性指定寬度, 用______屬性指定高度。

8. 用 audio 元素嵌入音訊時, 可用_______屬性指定顯示控制面板, 用___屬性指定循環播放。

練習題

1. 將您拍的照片以 GIF、JPEG、或 PNG 等格式存檔後 (可使用 Windows 的**小畫家**轉換檔案格式), 再用 <img> 標籤將它們加入網頁之中。

2. 建立一個網頁, 內含超連結指向 Chrome、Firefox、Opera 三個瀏覽器的官網。

04

清單與表格

在生活中, 為了讓多筆資料方便閱讀, 通常都會利用清單或表格的方式加以條列、整理。在 HTML 也是如此, 我們可以利用相關的元素建立清單和表格, 讓訪客閱讀時會更輕鬆悅目。

4-1 建立清單

條列式清單的元素結構

條列式清單的特徵就是要一列、一列地依序列出所有項目(item)。HTML 支援無序號、有序號 2 種不同的清單元素(有序號表示各項目會自動加上 1、2、3...序號), 以下先介紹無序號清單。

無序號的清單 - ul

要建立無序號的清單, 需使用 **ul** (unordered list) 元素標示清單的位置, 接著要用項目元素 li 條列出所有項目:

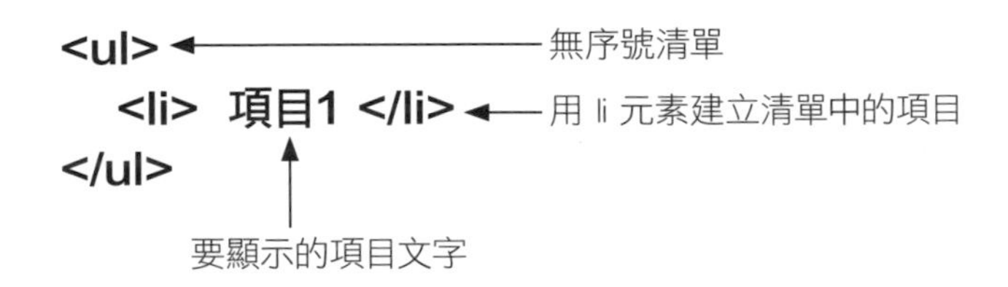

參考以下實例:

Ch04-01.html

```
<ul>
  <li>網路概論與技術</li>
  <li>程式設計</li>
  <li>資料結構與演算法</li>
  <li>資料庫</li>
</ul>
```

旗旗公司圖書系列

- 網路概論與技術
- 程式設計
- 資料結構與演算法
- 資料庫

無序號清單項目, 預設使用黑色圓點為項目符號使用 ul 建立清單時，其預設的符號是實心的圓點 (●)，在第 7 章會介紹如何用 CSS 指定清單項目的符號，甚至可用自訂的圖案做項目符號。

TIP 清單中的項目預設會自成一行，不需再加 br 或 p 元素。

有序號清單

若想建立有編號的清單，需使用 **ol** (Ordered List) 元素。在 ol 元素中，同樣是用 li 列出各項目的內容：

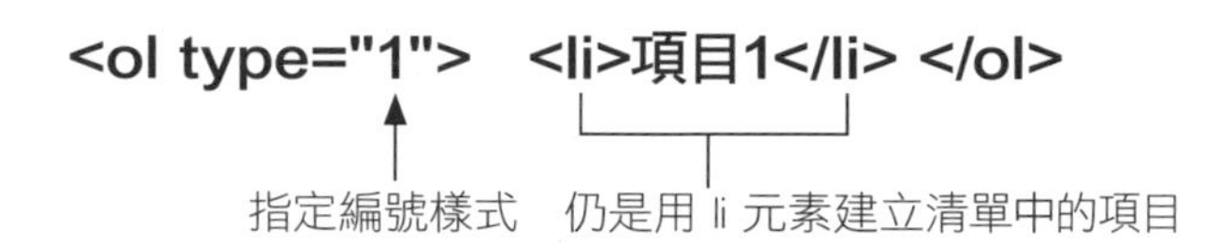
<ol type="1"> <li>項目1</li> </ol>
指定編號樣式
仍是用 li 元素建立清單中的項目

在 <ol> 標籤中可加入 **type** 屬性來設定編號的樣式，如右表所列：

屬性設定	效果
type="1" (預設值)	使用數字編號 1、2、3 ...
type="A"	以大寫英文字母 A、B、C ... 做為項目編號
type="a"	以小寫英文字母 a、b、c ... 做為項目編號
type="I"	以大寫的羅馬數字 I、II、III ... 做為項目編號
type="i"	以小寫的羅馬數字 i、ii、iii ... 做為項目編號

Ch04-02.html

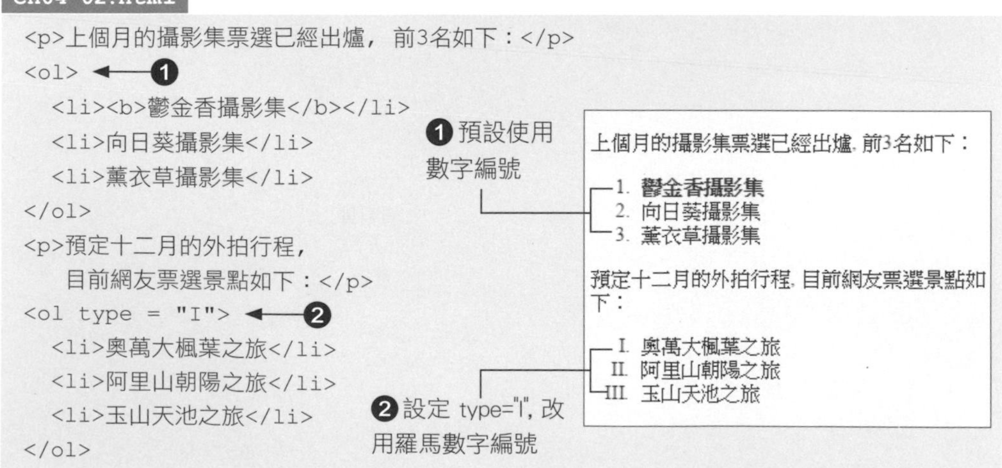

```
<p>上個月的攝影集票選已經出爐，前3名如下：</p>
<ol> ←❶
  <li><b>鬱金香攝影集</b></li>
  <li>向日葵攝影集</li>
  <li>薰衣草攝影集</li>
</ol>
<p>預定十二月的外拍行程，
  目前網友票選景點如下：</p>
<ol type = "I"> ←❷
  <li>奧萬大楓葉之旅</li>
  <li>阿里山朝陽之旅</li>
  <li>玉山天池之旅</li>
</ol>
```

❶ 預設使用數字編號
❷ 設定 type="I"，改用羅馬數字編號
上個月的攝影集票選已經出爐，前3名如下：
1. 鬱金香攝影集
2. 向日葵攝影集
3. 薰衣草攝影集
預定十二月的外拍行程，目前網友票選景點如下：
I. 奧萬大楓葉之旅
II. 阿里山朝陽之旅
III. 玉山天池之旅

改變有序號清單的項目編號

有序號清單 ol 元素可透過下列屬性改變項目編號、編號的排列方式：

- **reversed** 屬性：加上此屬性時，會讓項目的序號反過來，即原本編號 1、2、3 會變成 3、2、1。

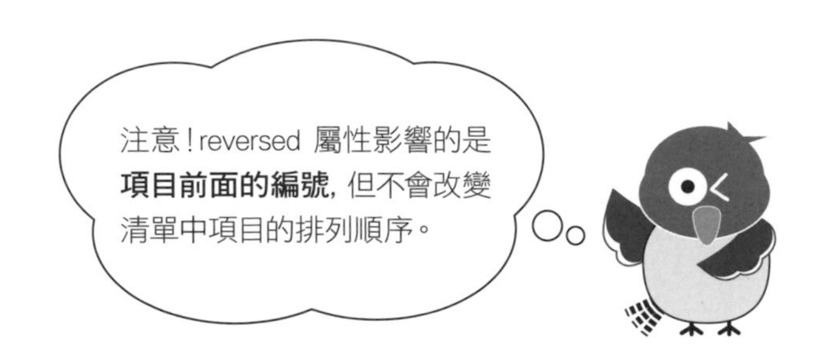

注意！reversed 屬性影響的是
項目前面的編號，但不會改變
清單中項目的排列順序。

- **start** 屬性：利用此屬性可指定 ol 清單的起始編號，例如設定 start="100"，

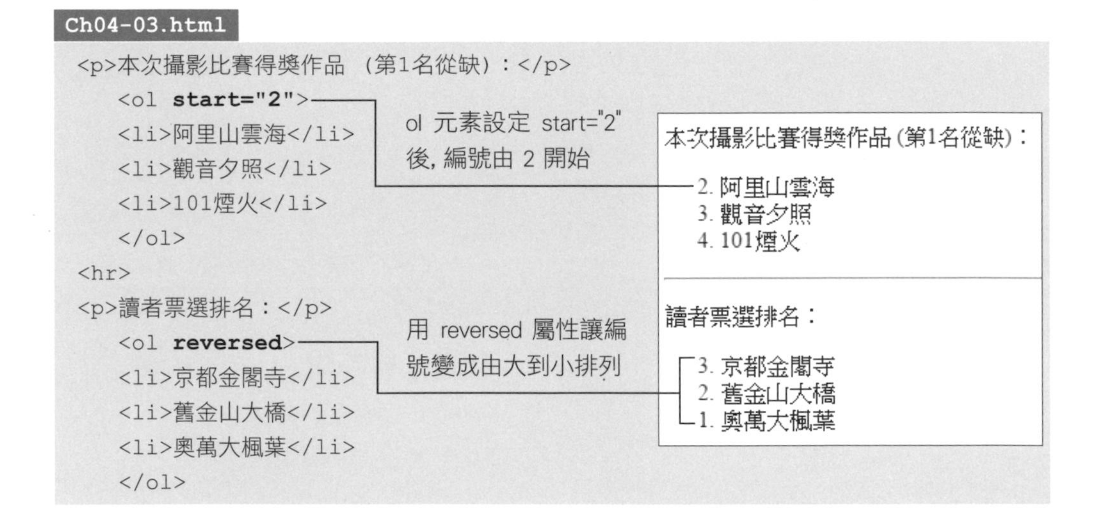

Ch04-03.html

```
ol 元素設定 start="2"
後，編號由 2 開始
<p>本次攝影比賽得獎作品 (第1名從缺)：</p>
3. 觀音夕照
  <ol start="2">
  <li>阿里山雲海</li>
  <li>觀音夕照</li>
  <li>101煙火</li>
  </ol>
<hr>
<p>讀者票選排名：</p>
號變成由大到小排列
  <ol reversed>
  <li>京都金閣寺</li>
  <li>舊金山大橋</li>
  <li>奧萬大楓葉</li>
  </ol>
```

直接指定項目編號

在 ol 清單中的 li 元素，可直接加入 **value** 屬性改變其編號，屬性值就是項目的新編號。例如 Ch04-03.html 第 1 個清單，也可改成如下在第 1 個 li 元素中設定 value="2"，表示其編號為 2，後續的項目，只要未設定 value 屬性，都會接續前面的數字將編號遞增：

```
<ol>
  <li value="2">阿里山雲海</li>
  <li>觀音夕照</li>
  <li>101煙火</li>
</ol>
```

多層的清單

我們可以在 li 元素中，再加入另一個用 ol 或 ul 建立的清單，建立清單中的清單，或稱為巢狀清單。

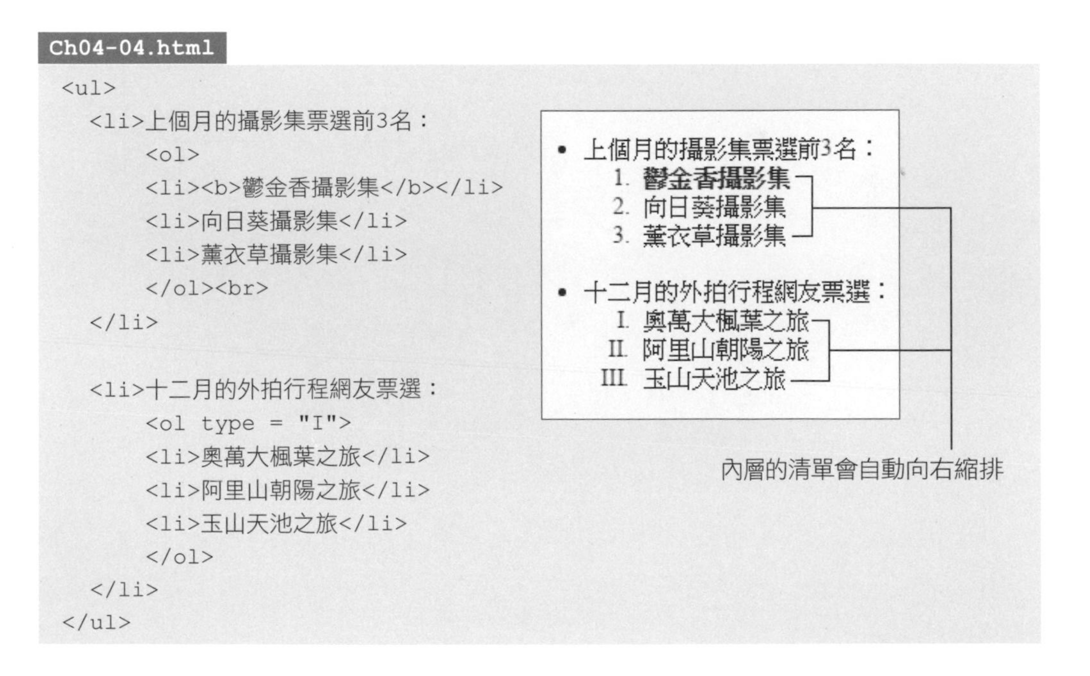

Ch04-04.html

```
<ul>
  <li>上個月的攝影集票選前3名：
      <ol>
      <li><b>鬱金香攝影集</b></li>
      <li>向日葵攝影集</li>
      <li>薰衣草攝影集</li>
      </ol><br>
  </li>

  <li>十二月的外拍行程網友票選：
      <ol type = "I">
      <li>奧萬大楓葉之旅</li>
      <li>阿里山朝陽之旅</li>
      <li>玉山天池之旅</li>
      </ol>
  </li>
</ul>
```

雖然 ul 元素預設的項目符號是實心的圓點 (●), 但在巢狀清單中, 內層的 ul 清單項目則會自動更換項目符號 (例如空心圓點 ○、實心方塊 ■ 等)。

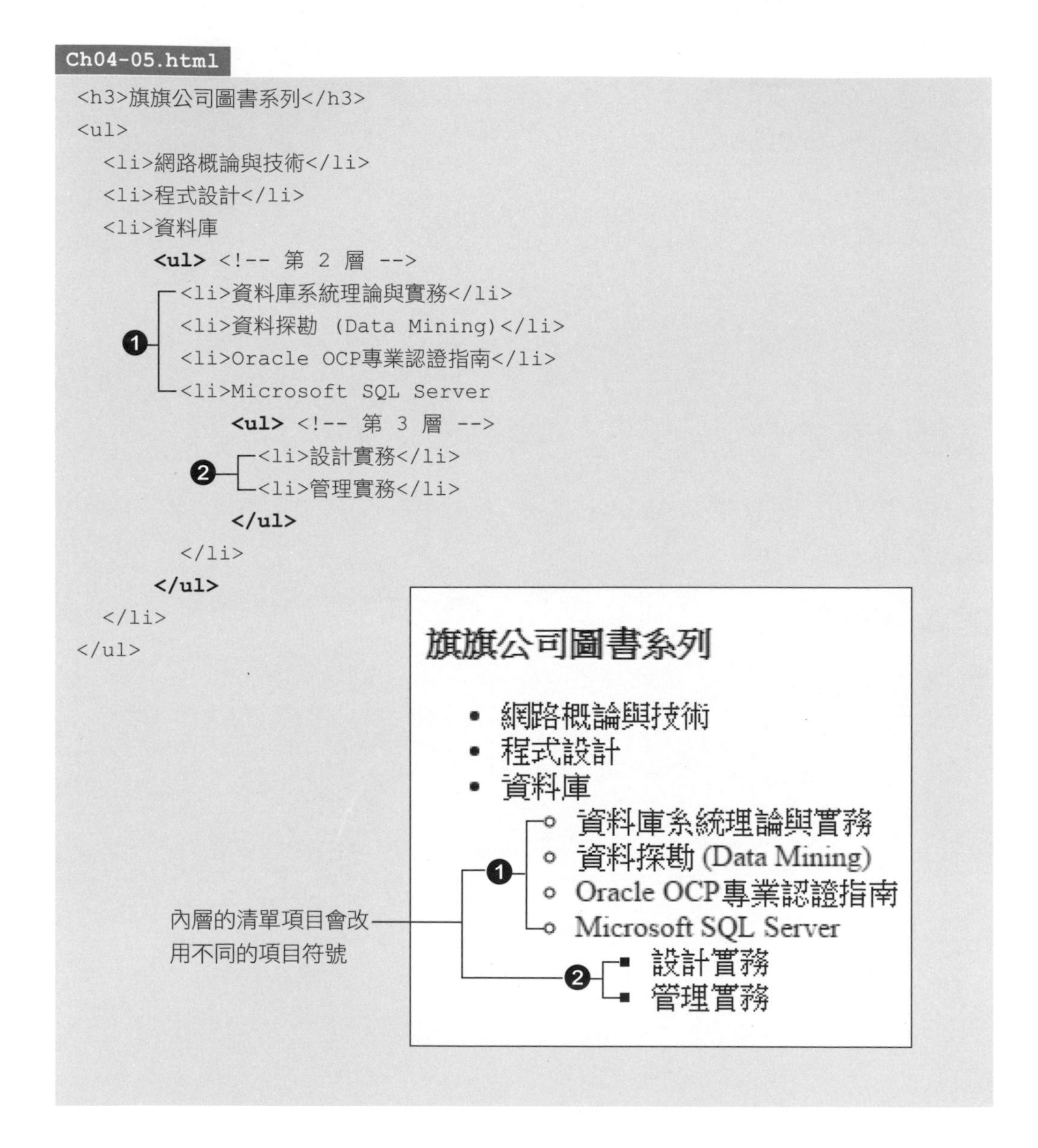

Ch04-05.html

```
<h3>旗旗公司圖書系列</h3>
<ul>
  <li>網路概論與技術</li>
  <li>程式設計</li>
  <li>資料庫
      <ul> <!-- 第 2 層 -->
        <li>資料庫系統理論與實務</li>
        <li>資料探勘 (Data Mining)</li>
        <li>Oracle OCP專業認證指南</li>
        <li>Microsoft SQL Server
           <ul> <!-- 第 3 層 -->
             <li>設計實務</li>
             <li>管理實務</li>
           </ul>
        </li>
      </ul>
  </li>
</ul>
```

4-2 建立表格

相較前面介紹過的元素，表格算是稍複雜一點的組成，因為我們必須用到多個元素來建構一個完整的表格。

基本的表格構成

在 HTML 中的表格結構，是以列及欄位 (儲存格) 定義出來的：

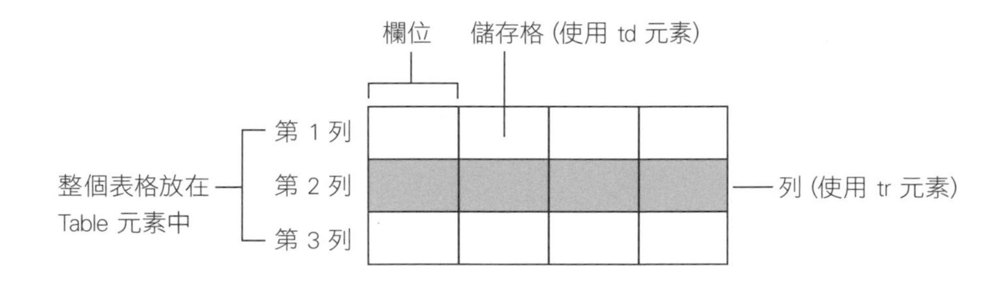

1. 先用 **table** 元素標示出表格位置。
2. 在 **table** 元素之中，用 **tr** 元素標示出每一列，例如表格有 3 列，就要有 3 個 tr 元素。
3. 在 tr 元素內用 **td** 元素標示該列每一個儲存格的內容。例如每列有 3 個儲存格，每個 tr 元素中就要有 3 個 td 元素。

tr、td 元素的結束標籤一般可省略。以下就是一個包含 4 列，每列有 3 個儲存格的表格範例：

Ch04-06.html

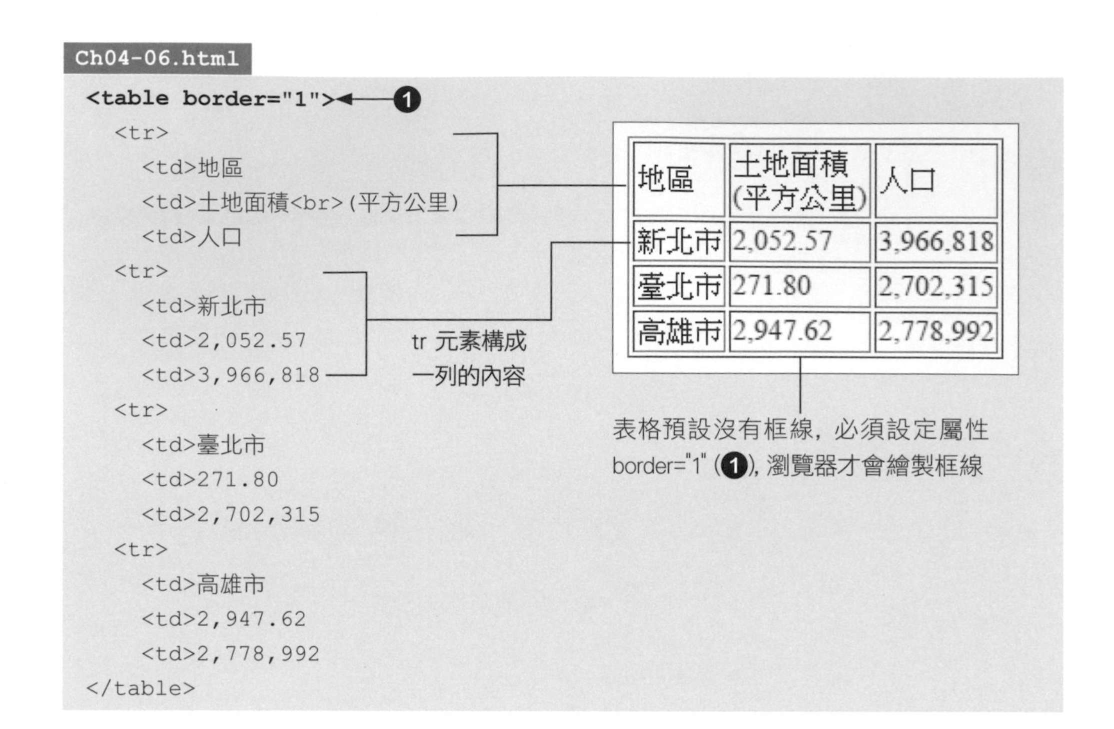

```
<table border="1">
  <tr>
    <td>地區
    <td>土地面積<br>(平方公里)
    <td>人口
  <tr>
    <td>新北市
    <td>2,052.57
    <td>3,966,818
  <tr>
    <td>臺北市
    <td>271.80
    <td>2,702,315
  <tr>
    <td>高雄市
    <td>2,947.62
    <td>2,778,992
</table>
```

地區	土地面積 (平方公里)	人口
新北市	2,052.57	3,966,818
臺北市	271.80	2,702,315
高雄市	2,947.62	2,778,992

在舊版的 HTML 語法，允許以 border 屬性設定框線粗細，例如若將範例中的 border 屬性值改成 10，在瀏覽器中就會看到較粗的外框線。但新的 HTML5 規範已淘汰此種用法。因此若想改變框線的粗細或樣式，建議用 CSS 樣式表設定，詳見第 7 章。

定義表頭與標題列

認識如何利用 tr、td 元素建立表格內容後，接著要進一步認識其它建構表格的元素。例如上面的表格略顯單調，我們可利用下列元素標示表格的表頭、標題：

- **th**：用來標記要當做表頭的儲存格，th 的內容文字預設會有粗體的效果。
- **caption**：此元素是用來標記一段表格的標題或介紹文字，此段文字預設會顯示在表格的上方。

將這 2 個元素應用到前面的範例，就會有如下的效果：

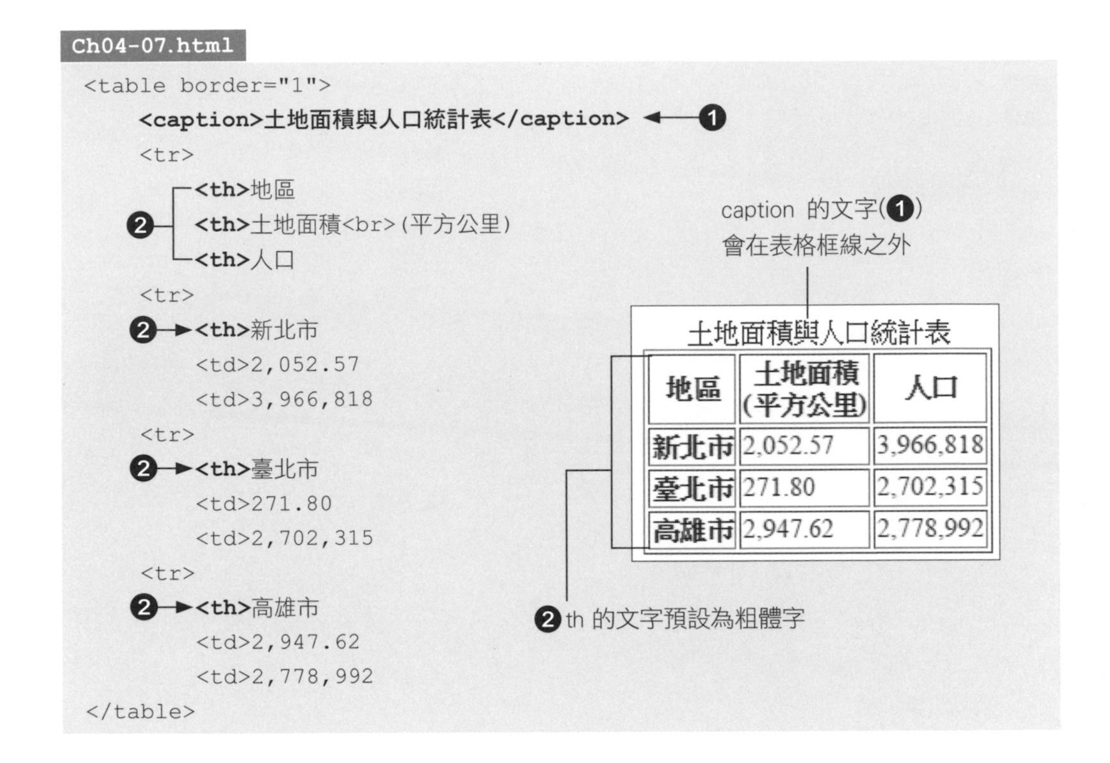

定義表格結構

第 2 章介紹過 header、footer 等標記文件結構的元素，表格也有一組元素可用來標記表格的結構：

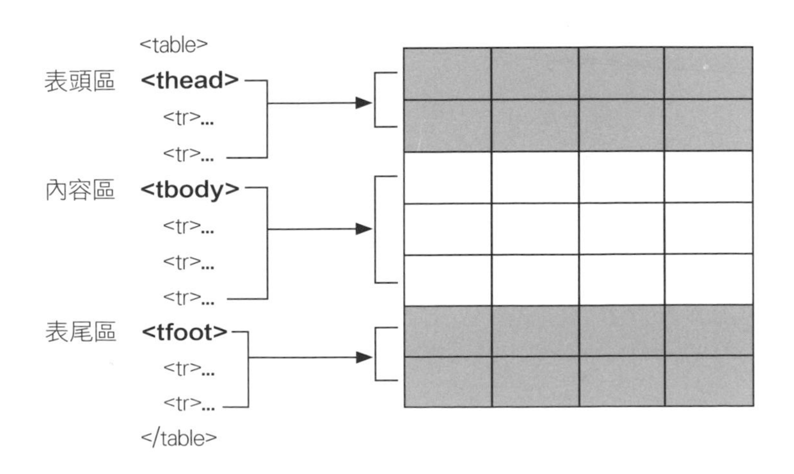

thead、tbody、tfoot 等元素預設無視覺上的樣式效果，只是讓我們用以組織表格的內容。以下就是使用 thead、tbody、tfoot 的簡單範例：

TIP 範例中有用到 CSS 樣式表將表頭、內容、表尾區都設成不同背景顏色，完整內容請參見書附的範例檔，CSS 樣式規則說明請見第 6、7 章。

Ch04-08.html

```
<table border="1">
  <caption>業績統計表</caption>
  <thead>
    <tr>
      <th>產品 <th>上半年 <th>下半年 <th>全年總計
  </thead>

  <tbody>
    <tr>
      <th>冰箱 <td>59000 <td>81000 <td>140000
    <tr>
      <th>洗衣機 <td>76000 <td>102000 <td>178000
    <tr>
      <th>藍光影音光碟機 <td>60000 <td>99000 <td>159000
  </tbody>

  <tfoot>
    <tr>
      <th>小計 <td>195000 <td>282000 <td>477000
  </tfoot>
</table>
```

業績統計表

產品	上半年	下半年	全年總計
冰箱	59000	81000	140000
洗衣機	76000	102000	178000
藍光影音光碟機	60000	99000	159000
小計	195000	282000	477000

將上面範例中的 thead、tbody、tfoot 的標籤都移除，仍是可呈現表格的資料。但在編寫 HTML 時，可能無法一眼看出表頭、內容、表尾的結構層次。

跨欄位的儲存格

前面建立的表格，都是像 Excel 試算表一樣制式化的表格，各行各列排得整整齊齊。瀏覽器在排列表格內容時，預設就是將每一列中的 td、th 元素由左至右依序擺放，所以若某列少了一個儲存格，就會變成像下面的樣子：

業績統計表

產品	上半年	下半年	
冰箱	59000	81000	140000
洗衣機	76000	102000	178000
藍光影音光碟機	60000	99000	159000
小計	195000	282000	477000

這一列的 tr 元素只有 3 個儲存格，使表格『缺角』

如果想讓某些儲存格可以跨欄、跨列，而讓整個表格仍維持四四方方的外觀，就必須在 td、th 元素中使用 **colspan** 與 **rowspan** 屬性來設定。

■ colspan：此屬性表示儲存格要橫向跨 (span) 多個欄位 (column)，例如設定 <td colspan="2"> 時，就會讓該儲存格佔 2 欄的空間。

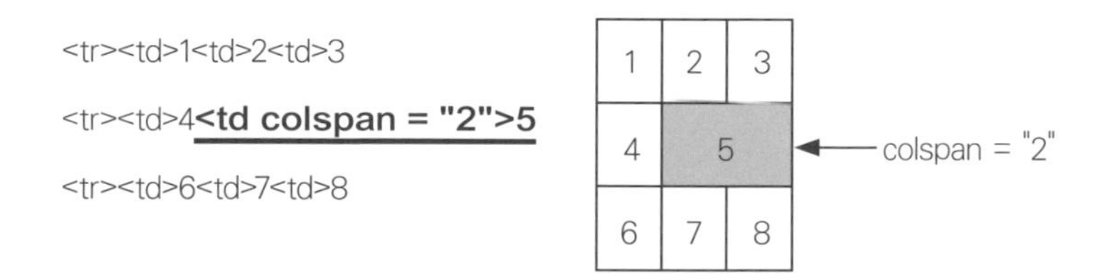

■ rowspan：此屬性表示儲存格要縱向跨幾列 (row)，例如設定 <td rowspan="2"> 時，就會讓該儲存格佔 2 列的空間。

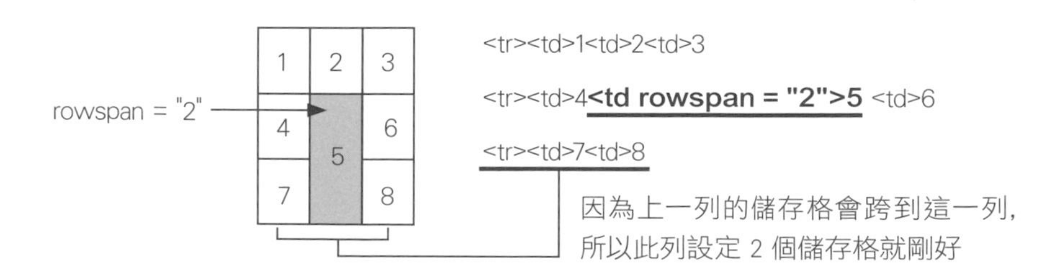

利用這 2 個屬性，就能設計出像下面這樣的表格結構：

Ch04-09.html

```
<table border="1">
  <caption>業績統計表</caption>
  <thead>
    <tr>
      <th colspan="2">產品分類 ← ❶
      <th>上半年
      <th>下半年
      <th>全年總計
  </thead>
  <tbody>
    <tr>
      <th rowspan="2">一般<br>家電 ← ❷
      <th>冰箱 <td>59000 <td>81000 <td>140000
    <tr>
      <th>洗衣機 <td>76000 <td>102000 <td>178000
    <tr>
      <th rowspan="2">影音<br>視聽 ← ❷
      <th>藍光影音光碟機 <td>60000 <td>99000 <td>159000
    <tr>
      <th>電視機 <td>78500 <td>112500 <td>191000
  </tbody>
  <tfoot>
    <tr>
      <th colspan="2">小計
      <td>273500
      <td>394500
      <td>668000
  </tfoot>
</table>
```

❶ 跨欄的儲存格

❷ 跨列的儲存格

業績統計表

產品分類		上半年	下半年	全年總計
一般家電	冰箱	59000	81000	140000
	洗衣機	76000	102000	178000
影音視聽	藍光影音光碟機	60000	99000	159000
	電視機	78500	112500	191000
小計		273500	394500	668000

4-3 表格的應用

如果我們將 table 元素整個放到 td、th 元素中，就可建立表格中的表格，也就是巢狀的表格。

此外，表格除了用來放表格式的資料，以往也常應用於『網頁排版』，也就是利用表格整齊劃一的排列，將網頁的圖文安置在所需的位置。雖然目前 HTML 規範已建議不要用表格排版，應使用 CSS 樣式表；不過實務上，仍有不少人會利用表格來排版。以下就用一個簡單的例子，示範巢狀表格及表格排版的應用：

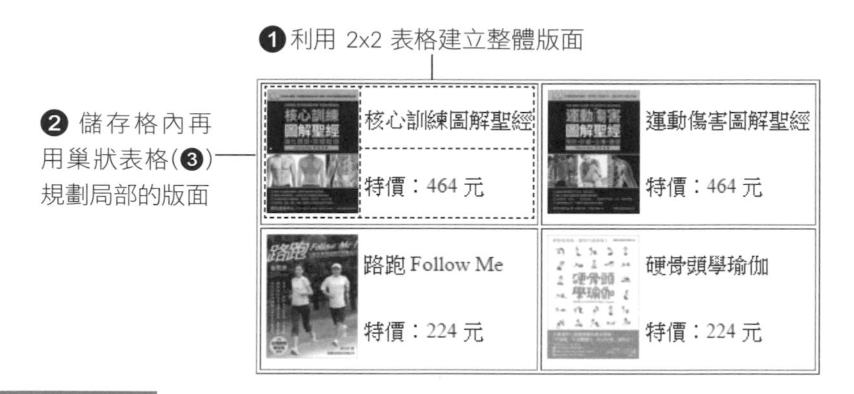

Ch04-10.html

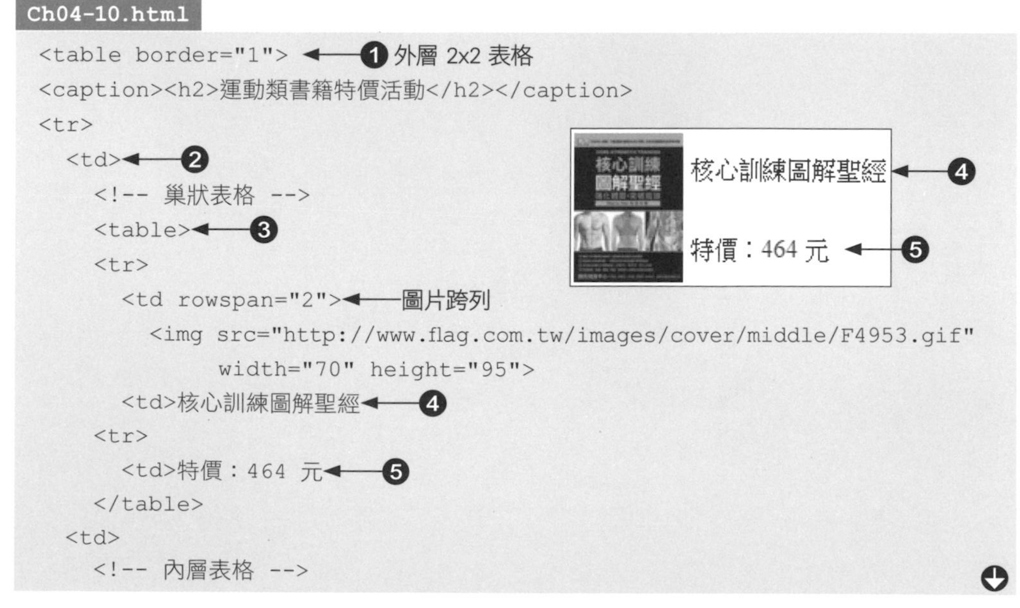


```
<table border="1">  ← ❶ 外層 2x2 表格
<caption><h2>運動類書籍特價活動</h2></caption>
<tr>
  <td>← ❷
    <!-- 巢狀表格 -->
    <table>← ❸
    <tr>
      <td rowspan="2">← 圖片跨列
        <img src="http://www.flag.com.tw/images/cover/middle/F4953.gif"
             width="70" height="95">
      <td>核心訓練圖解聖經← ❹
    <tr>
      <td>特價：464 元← ❺
    </table>
  <td>
    <!-- 內層表格 -->
```

```
    <table>
    <tr>
      <td rowspan="2">
        <img src="http://www.flag.com.tw/images/cover/middle/F2952.gif"
             width="70" height="95">
      <td>運動傷害圖解聖經
    <tr>
      <td>特價：464 元
    </table>
<tr>
  <td>
    <!-- 內層表格 -->
    <table>
    <tr>
      <td rowspan="2">
        <img src="http://www.flag.com.tw/images/cover/middle/F2957.gif"
             width="70" height="95">
      <td>路跑 Follow Me
    <tr>
        <td>特價：224 元
    </table>
  <td>
    <!-- 內層表格 -->
    <table>
    <tr>
      <td rowspan="2">
        <img src="http://www.flag.com.tw/images/cover/middle/F2912.gif"
             width="70" height="95">
      <td>硬骨頭學瑜伽
    <tr>
      <td>特價：224 元
    </table>
</table>
```

運動類書籍特價活動

	核心訓練圖解聖經 特價：464 元		運動傷害圖解聖經 特價：464 元
	路跑 Follow Me 特價：224 元		硬骨頭學瑜伽 特價：224 元

❷ 每個 td 內都是另一個 table 元素

❸ 內部的 table 沒有設定 border 屬性, 所以沒有框線

學習評量

選擇填充題

1. (　　) 在有序號清單元素中，可使用什麼屬性將編號數字改成羅馬數字？

   (A) roman　(B) number　(C) type　(D) value

2. (　　) 在預設的瀏覽器行為中，使用 <th> 建立的儲存格會有什麼樣的效果？

   (A) 斜體字　(B) 框線加粗
   (C) 粗體字　(D) 文字會有黃色背景

3. (　　) 在使用數字編號的清單中，在 li 元素中設定哪一個屬性可改變其項目編號？

   (A) start　(B) value　(C) number　(D) serialno

4. (　　) 在 table 中要加入一個會顯示在框線外的標題，可使用什麼元素？

   (A) title　(B) caption　(C) theader　(D) header

5. (　　) 想讓有序號清單的項目編號由 100 開始，需在清單元素中加入哪一項屬性設定？

   (A) start="100"　(B) begin="100"
   (C) number="100"　(D) from="100"

6. 要讓表格會有框線，可在 table 元素中設定屬性______="1"。

7. 要建立使用數字編號的清單，應使用______元素；要建立無序號的清單，應使用______元素。

8. 想讓表格中的 td 跨左右欄，應指定__________屬性；跨上下列，應指定__________屬性。

練習題

1. 請寫出可產生如下圖表格的 HTML 原始碼。

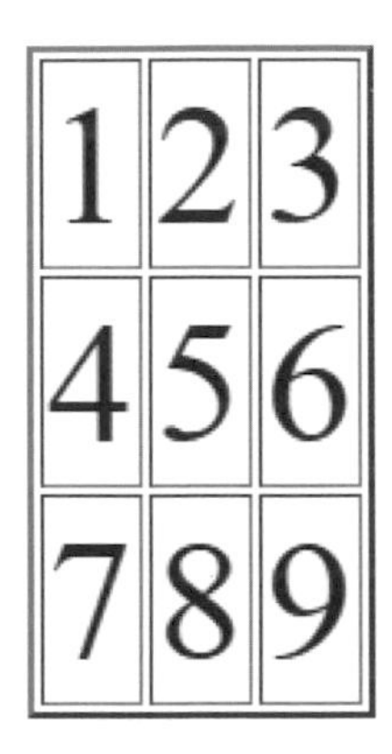

2. 承上題，修改 HTML，使表格有如下圖的內容與排列。

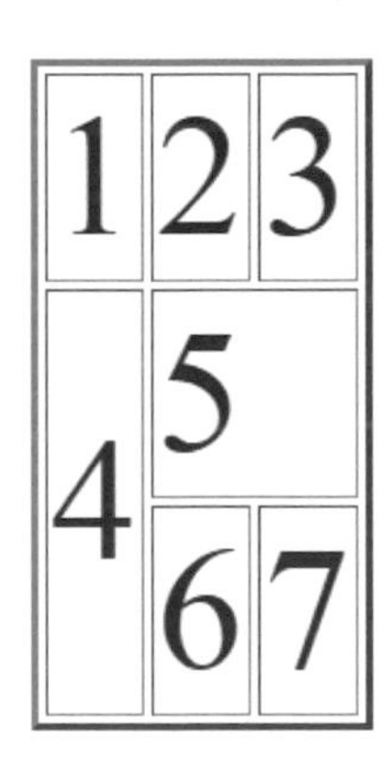

05

表單與內嵌網頁

在瀏覽網頁時，常可看到讓來訪者留下意見、資料的設計，提供雙向互動的機會，這些可輸入資料的欄位，統稱為表單(Form)。本章來看看如何利用各種表單標籤做出可讓使用者輸入資料的 HTML 網頁文件。

5-1 建立表單

網頁中的表單

表單 (Form) 就是網頁上用來接收使用者輸入的互動性元素，像是網路上常見的註冊、登入表單，雖然內容欄位不同，但它們都是利用表單及相關的輸入欄位元素所建立的：

表單的處理

在此先簡單說明表單的處理過程，以便後面介紹表單元素及屬性時，讀者較能明白其意義。當使用者在網頁表單 (例如一份註冊表單) 輸入資料並送出時，瀏覽器會將資料傳送到伺服器端處理，一般都是用伺服器端的網頁應用程式 (例如是 PHP、ASP.NET 等程式)。而程式讀取資料處理完成後，也會以網頁的形式回應，例如註冊成功、登入成功…等。

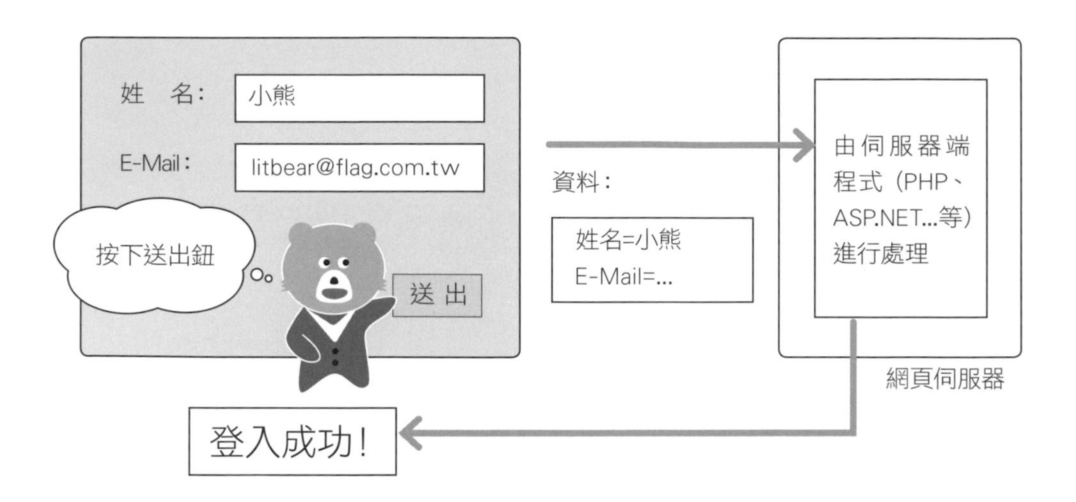

TIP 因本書不會介紹伺服器端的程式設計，後面建立的表單範例僅能在本機瀏覽器上做簡單的測試，無法像實際的表單以伺服器端程式處理。對伺服器位程式設計有興趣者，可參考本公司**最新 PHP+MySQL+Ajax 網頁程式設計 第二版**、**新觀念 ASP.NET 4.0 網頁程式設計** 等書。

在設計表單時，許多屬性設定就是在指定如何傳資料給伺服器：像是資料的格式、要給處理程式的名稱、資料欄位名稱...等等。

建立表單

在網頁中建立表單，需使用 form 元素，其內則用 input 元素建立輸入欄位：

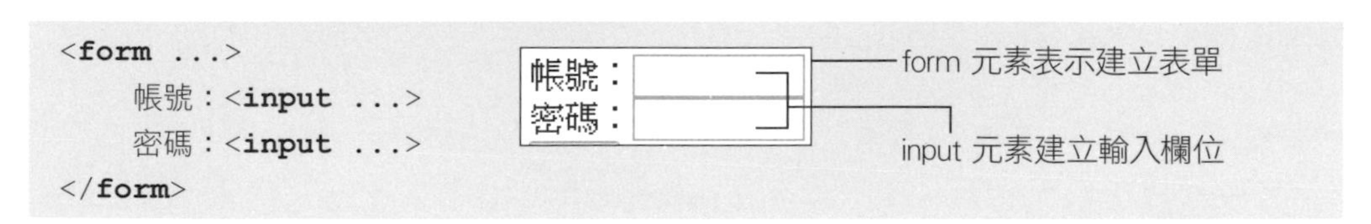

form 元素有幾個基本的屬性, 用來指定表單資料的處理方式:

- **name**:指定表單的名稱, 在本書後面介紹 JavaScript 的單元, 就會介紹如何透過這個名稱來存取表單的內容。若 HTML 文件中有多個 form 元素, 則彼此的名稱不可相同, 否則會造成處理上的錯誤。
- **action**:指定表單內容要傳送給哪一個伺服器端的程式處理 (可以是相對、絕對路徑)。若未設定此屬性, 表示是由目前的檔案本身處理 (例如某個 php、aspx 動態網頁), 而我們所寫的 HTML 文件, 並無處理表單的能力。
- **method**:指定表單資料送出方式, 可設為 GET 或 POST。GET、POST 是 HTTP 通訊協定中, 向伺服器提出要求的方法名稱。稍後會說明兩者的差異。

TIP 請注意:form 之中不可加入另一個 form 元素, 也就是不能建立巢狀的表單。

建立輸入欄位

一般表單中所看到的輸入欄位, 大多是用 input 元素來建立:

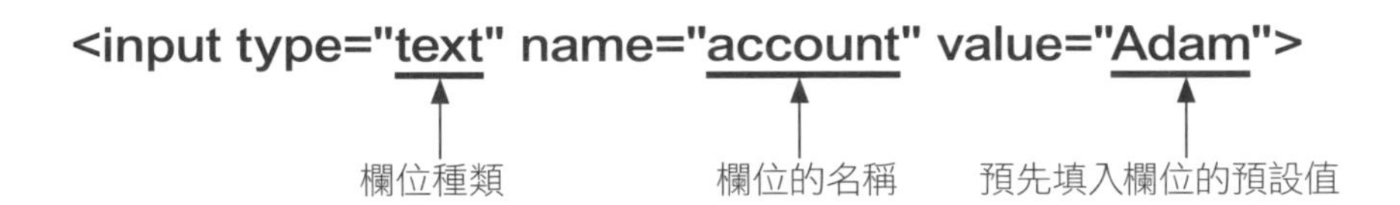

只要設定不同的 type 屬性值, 就會出現不同的輸入欄位。例如要建立含帳號、密碼、登入按鈕 3 個欄位的登入表單, 會用到下列 3 種欄位:

- **type="text"**:一般的文字輸入欄位, 此為預設值, 可利用 **size** 屬性指定顯示的欄位寬度 (幾個字元寬), 以及 **maxlength** 屬性指定最多可輸入多少字元。
- **type="password"**:密碼輸入欄位, 其用法、外觀和一般文字輸入欄位相同, 但最大的不同就是當我們在密碼欄輸入時, 輸入內容會被代換成『*』或『●』符號防止他人看到。
- **type="submit"**:代表送出資料的按鈕, 按鈕上出現的文字會隨瀏覽器及使用的語系而有不同, 例如可能出現 提交 、 Submit 等文字。

除了 type 屬性, 在 input 元素中也會用到如下屬性:

- **name**:設定欄位名稱, 必須明確指定欄位的名稱, 才能送出表單資料。參見下面範例運作的說明。
- **value**:對於一般輸入欄位, 此屬性可設定欄位預設值, 例如若帳號欄位設定 value="Adam", 則網頁載入時, 欄位中就會預先填入 "Adam"。

  對於 type="submit" 按鈕, value 屬性則是設定按鈕上的文字, 例如下面範例用 value="登入" 將按鈕設為 登入 。
- **size**:指定輸入欄位在畫面上的寬度, 單位為字元數, 瀏覽器會以預設字型大小來設定。不過實際使用時 (參見下面範例), 您會發現可輸入的字數通常大於 size 指定的寬度。要精確指定寬度, 建議使用第 6 章介紹的 CSS 樣式表。

以下就是使用上述欄位建立的陽春登入表單:

Ch05-01.html

```
<form name="login" >
    帳號:<input name="account" type="text" size="8"><br>
    密碼:<input name="pass" type="password" size="8"><br>
    <input type="submit" value="登入">
</form>
```

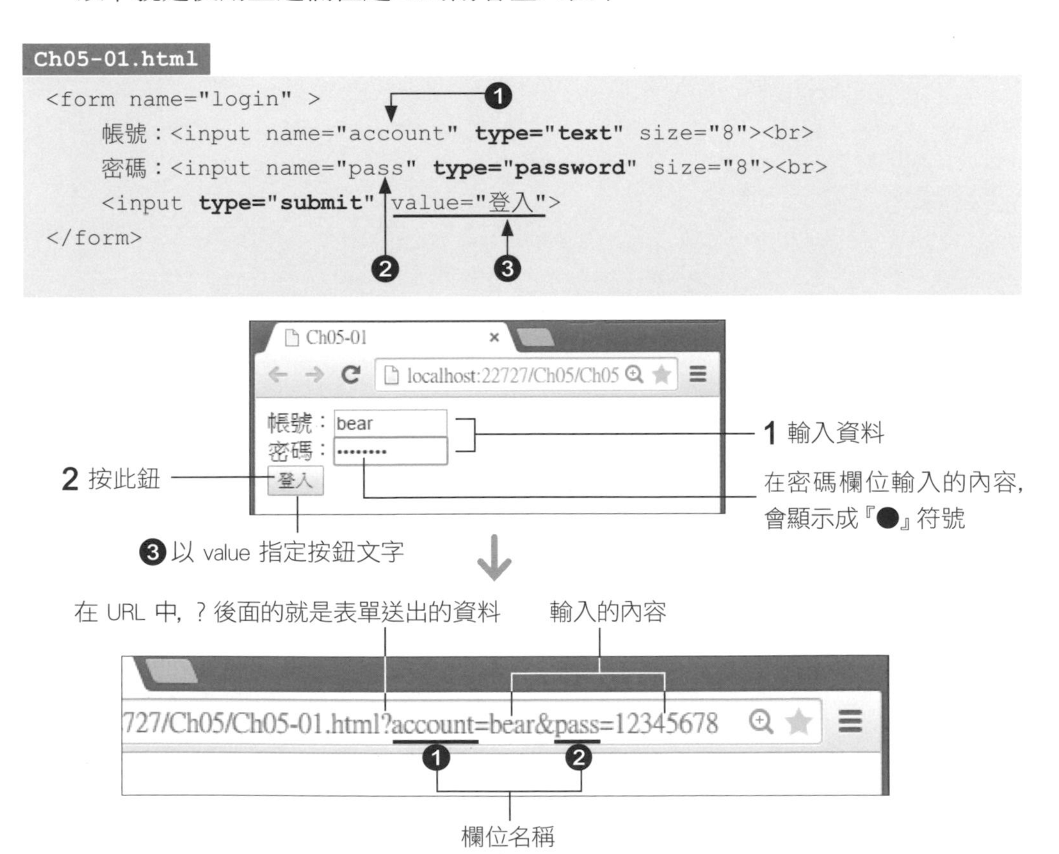

由上圖可看到，URL 後面會先接問號 (?) 再接表單資料。而表單資料則是以『欄位名稱=資料』的形式再配合 & (分隔符號) 組合成一長串。

範例 form 元素同樣未指定 action 屬性，所以資料是送給 HTML 網頁本身，因 HTML 檔無處理資料的功能，所以瀏覽器等於重新載入一次 HTML 檔，使得原本輸入的資料被清空。

本書不介紹伺服器端的處理，在此只需對表單資料傳送有個基本的概念即可，以下繼續介紹其它的表單輸入欄位。

表單資料傳送方式

在 form 元素中可用 method 指定表單的送出方式：預設的 method="get" 表示是將表單資料附在 URL 後面直接送出；method="post" 表示將資料另外包在 HTTP 通訊封包中送出，post 方法通常用於需上傳大量資料 (例如上傳檔案) 或不想讓使用者在網址列看到資料等場合。

在沒有伺服端程式可處理資料的情況下，我們可使用 httpbin.org 網站提供的公開服務，將表單資料透過網際網路傳送過去進行驗證。例如將 Ch05-01.html 中的 <form> 標籤改成如下內容：

Ch05-02.html

```
<!-- 使用 http://httpbin.org/get 測試 GET 送出的資料-->
<form name="login" action="http://httpbin.org/get" method=get>
```

httpbin.org 會直接將收到的資料，以如下圖的文字格式列出。

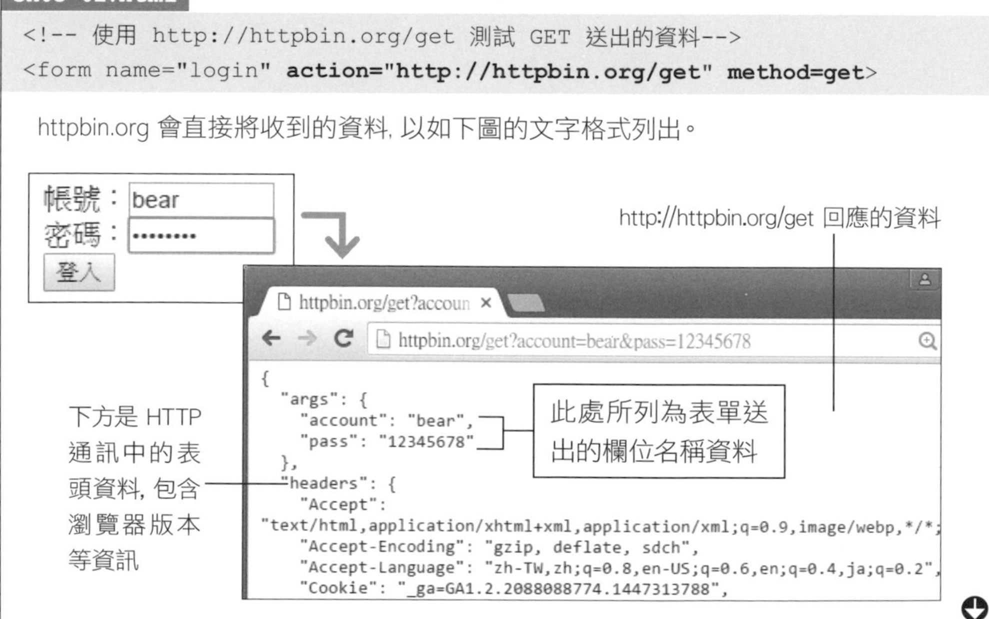

若改成如下標籤, 則送出表單後看到下圖的畫面, 表示伺服器真的有收到表單資料：
<form name="login" action="http://httpbin.org/post" method="post">
httpbin.org/post
httpbin.org/post
{
"args": {},
"data": "",
"files": {},
"form": {
"account": "bear",
"pass": "12345678"
},
使用 POST 方法送出表單時, URL 上沒有表單的資料
表單送出的欄位名稱與資料

5-2 建立各種表單欄位

選擇式的輸入欄位

表單除了基本的文字輸入欄之外, 另一種常見的欄位是選擇式的欄位, 例如一份網路問卷, 可能提供一些選項讓我們直接選擇, 以下是幾個常用的選擇欄位：

■ 單選欄 **type=radio**：用於建立多選 1 的欄位, 設定時必須將各個單選欄之 name 屬性設為相同, 瀏覽器才會讓使用者每次僅能選擇其中 1 個：

```
<input name="sex" type="radio" value="male" > 男
<input name="sex" type="radio" value="female" >女
```

◯男 ◯女

欄位中的 value 屬性值, 就是送出的資料。例如上例中使用者選『**男**』時, 送出的表單資料就是 "sex=male"；選『**女**』時, 送出的就是 "sex=female"。下列其它類型的欄位, 也都是利用 value 屬性來設定送出表單的資料值。

■ 多選欄 **type=checkbox**：用於建立可複選的欄位, 設定時同樣需將各欄位的 name 屬性設為相同, 這樣在送出表單時, 伺服器端程式才能判斷它們是同一項目的選項。

```
<input name="topic" type="checkbox" value="natural">自然
<input name="topic" type="checkbox" value="people">人像
<input name="topic" type="checkbox" value="building">建築
<input name="topic" type="checkbox" value="night">夜景
```

☐ 自然 ☐ 人像 ☐ 建築 ☐ 夜景

- 滑條 **type=range**：相當於將用於輸入數字的欄位，轉換成以滑鼠選擇的介面，此欄位可再加入下列屬性設定：
  - min 屬性：設定最小值（滑條最左邊的值），預設為 0。
  - max 屬性：設定最大值（滑條最右邊的值），預設為 100。
  - step 屬性：設定滑條移動 1 『格』代表的增減值，預設為 1。

```
不喜歡<input name="score" type="range" min="1" max="5">喜歡
```

以下就是將上列幾個輸入欄位組合在一起的範例：

Ch05-03.html

```
<form name="form1">
  大名：<input name="name" type="text"><br>
  性別：<input name="sex" type=radio value="male">男
       <input name="sex" type=radio value="female">女
  <hr>
  您喜歡的拍攝主題：<br>
  <input name="topic" type="checkbox" value="natural">自然
  <input name="topic" type="checkbox" value="people">人像
  <input name="topic" type="checkbox" value="building">建築
  <input name="topic" type="checkbox" value="night">夜景<br>
  <hr>
  對本站的評分：                    ❷
  不喜歡<input name="score" type="range" min="1" max="5">喜歡<br>
  <input type="reset" value="清除重填"> ← ❶
  <input type="submit" value="填完送出">
</form>
```

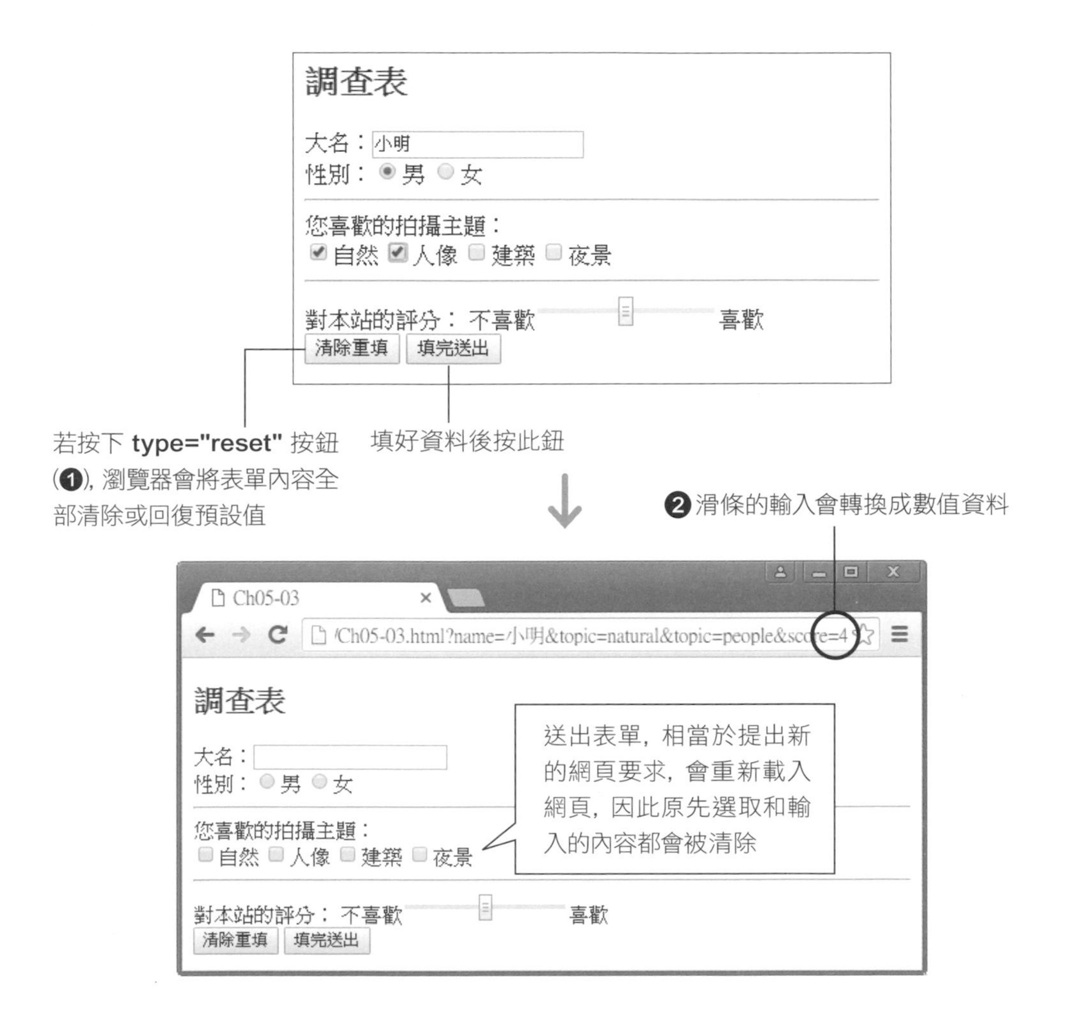

下拉式輸入欄位

還有一類選擇式欄位，則是在操作時，會出現一個下拉式的選單或介面，讓使用者可由其中選取輸入值 (注意！以下介紹的部份輸入欄位，是 HTML5 新增的，至本書寫作時，仍非所有瀏覽器都支援全部的輸入欄位種類)：

■ 日期 **type="date"**：日期輸入欄位，會提供如下圖所示的日曆供使用者選擇。若想用 value 屬性設定預設值，必須使用 YYYY-MM-DD (年-月-日) 格式，例如 value="1999-12-31"。

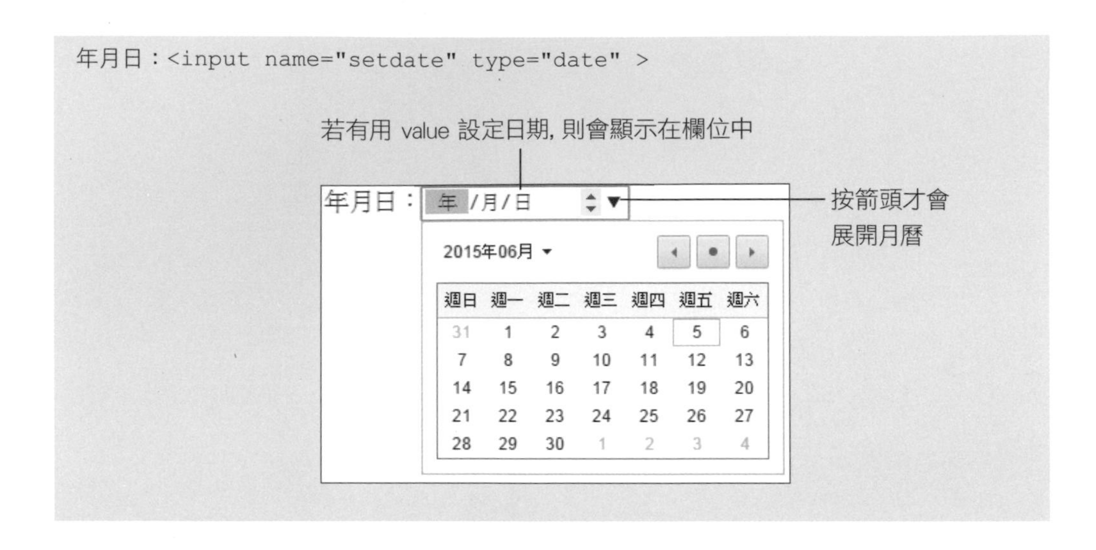

■ 時間 **type="time"**：時間輸入欄位，無下拉式介面，但會提供如圖的箭頭按鈕供設定時間，也可自行輸入時間值。若要設定預設值，可使用 value="時:分" 的格式。

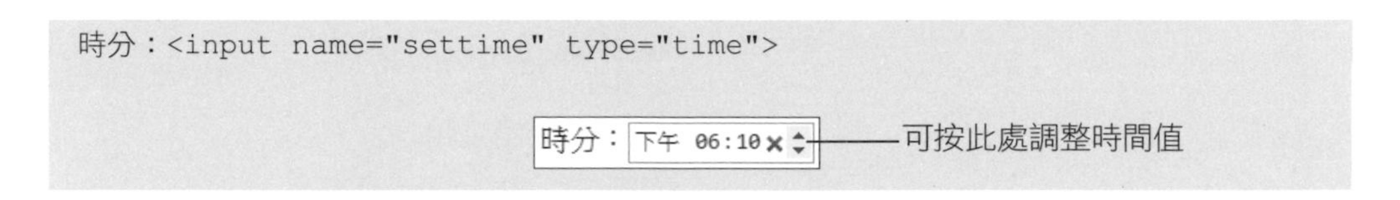

■ 日期和時間 **type="datetime-local"**：相當於是將 "date" 和 "time" 兩種欄位合併在一起。原本分成 "datetime" (世界標準時，UTC) 和 "datetime-local" (本地時間) 2 種，但目前瀏覽器多只支援 "datetime-local"，設定 type="datetime" 時只會出現普通的文字輸入欄：

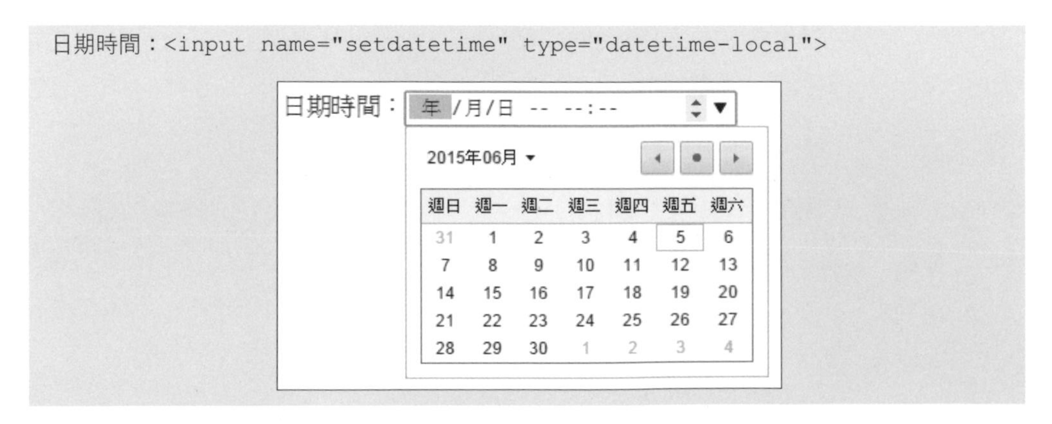

■ 月 **type="month"**：提供類似日期欄位的月曆介面，但選取時是以月為單位。

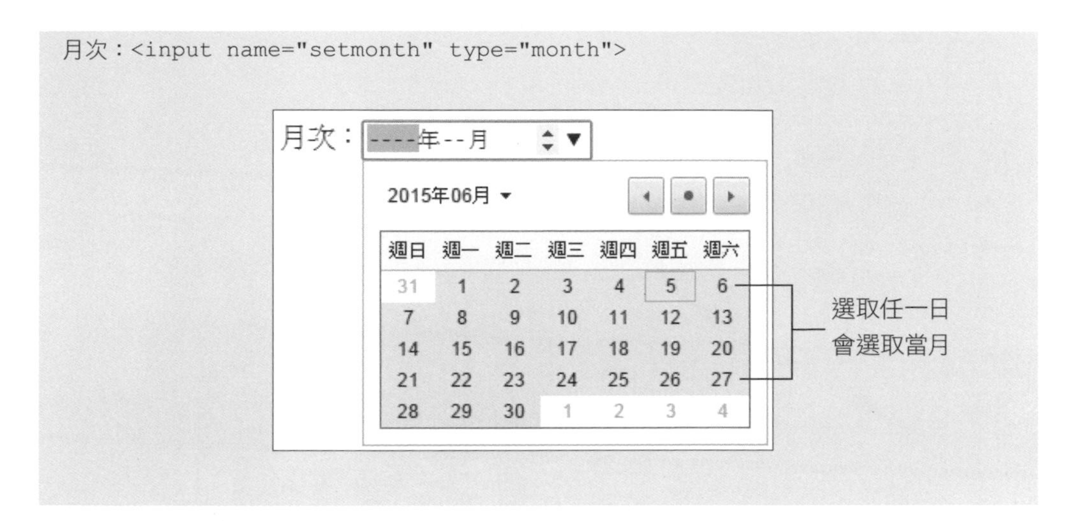

■ 週 **type="week"**：提供類似日期欄位的月曆介面，但選取時是以週為單位。

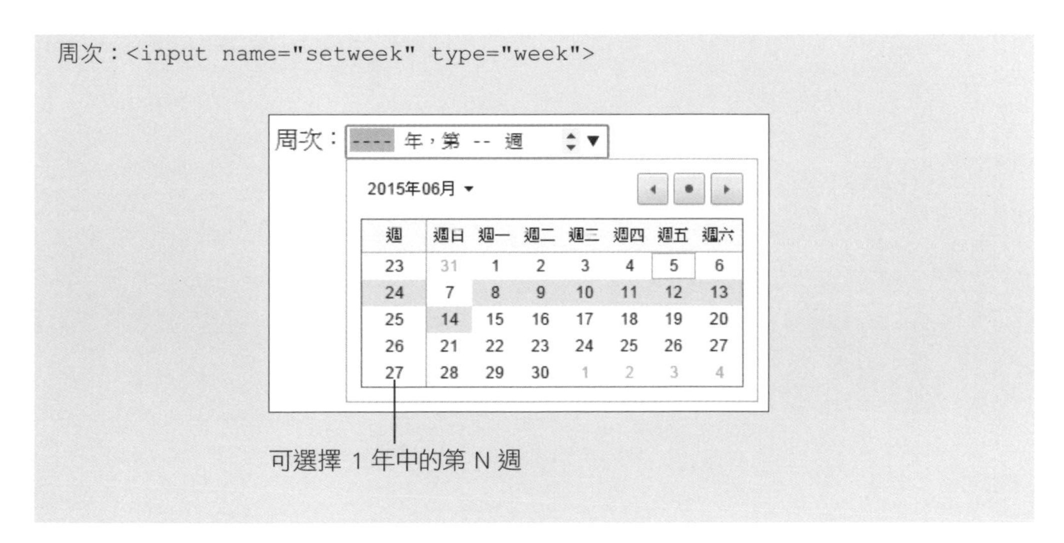

■ 顏色 **type="color"**：提供色彩選取交談窗，讓使用者選取顏色。預設顏色值的設定方式為 value="#RRGGBB"，其中 RR、GG、BB 分別為紅綠藍 3 色的 16 進位數值，此顏色值表示法會在下一章詳細說明。

```
色彩：<input name="mycolor" type="color">
```

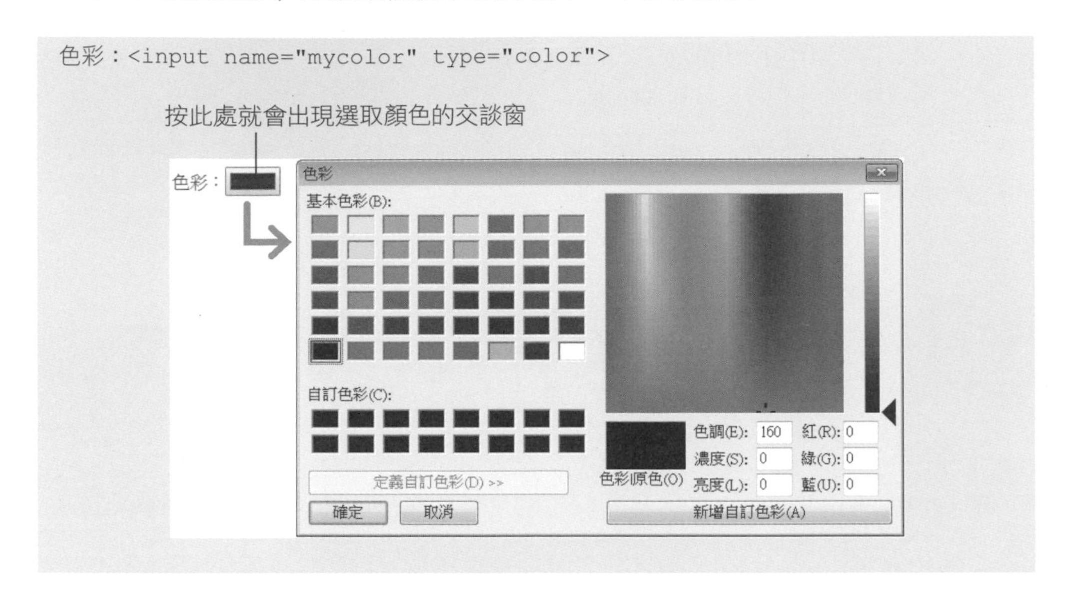

以下是用到數個選擇式輸入欄位建立的簡例：

Ch05-04.html

```
<h3>預約訂房</h3>
<form name="booking">
   入住日期：<input name="checkin" type="date" value="2015-12-31">
   退房日期：<input name="checkout" type="date"><br>
   <hr>
   預定晚餐用餐時間：
            <input name="dinnertime" type="time" value="18:00"><br>
   迎賓燈色彩：<input name="color" type="color" value="#ffff00"><br>
   <input type="submit" value="訂房">
</form>
```

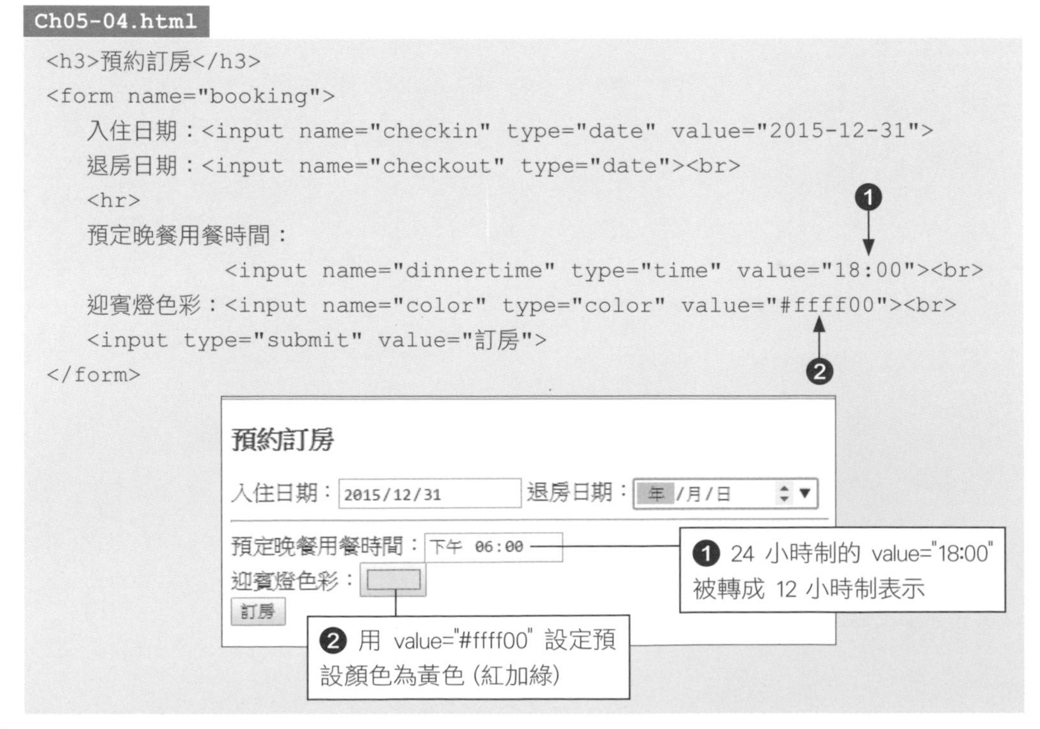

建立下拉式清單

另外還有一個下拉式輸入欄位 **select** 元素，用法有點像前一章介紹的清單元素：先用一對 <select> 標籤定義出欄位的位置，接著在其中利用 option 元素建立下拉式清單中出現的選項：

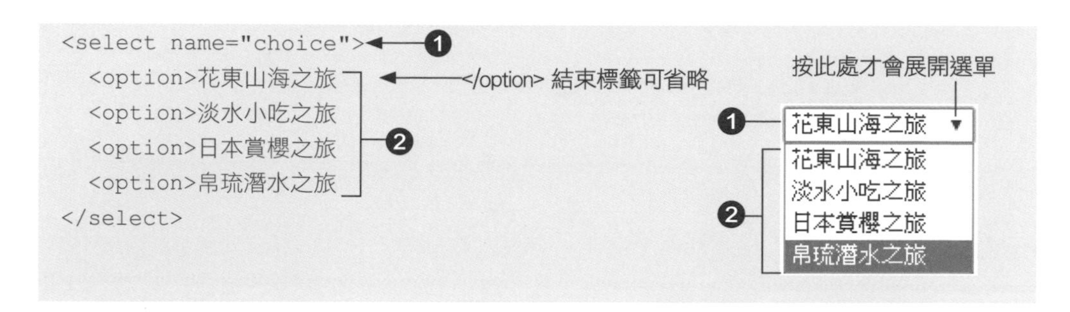

當表單送出時，select 欄位資料會是 option 元素內容，以上例而言，選最後一項送出的資料就是『choice=帛琉潛水之旅』。為簡化伺服器端程式處理，一般都會替 option 元素加上 value 屬性，讓表單資料送出數字或較簡略的文字：

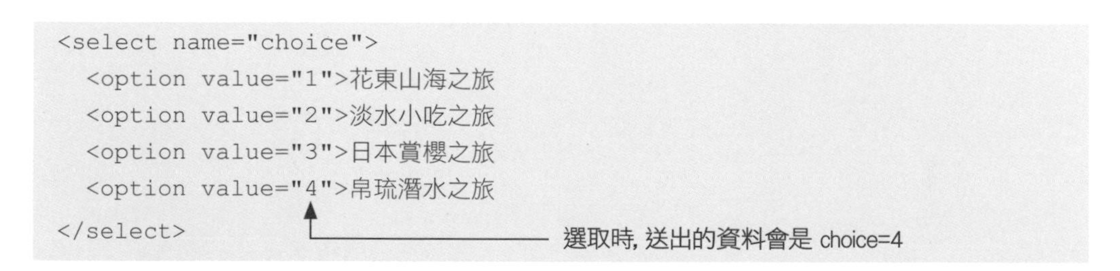

除了預設的下拉式選單，select 也可用如下屬性改變其外觀、行為：

- **size** 屬性：讓 select 元素變成指定列數的選擇框 (參見下頁圖)，不用下拉就能看到選項內容。
- **multiple** 屬性：讓 select 變成可複選的欄位，使用者按下 Ctrl 鍵不放，即可選取多個項目。

最後，在 selecte 元素中，還可加入 **optgroup** 元素將 option 選項加以分類，請直接參見下面的範例：

Ch05-05.html

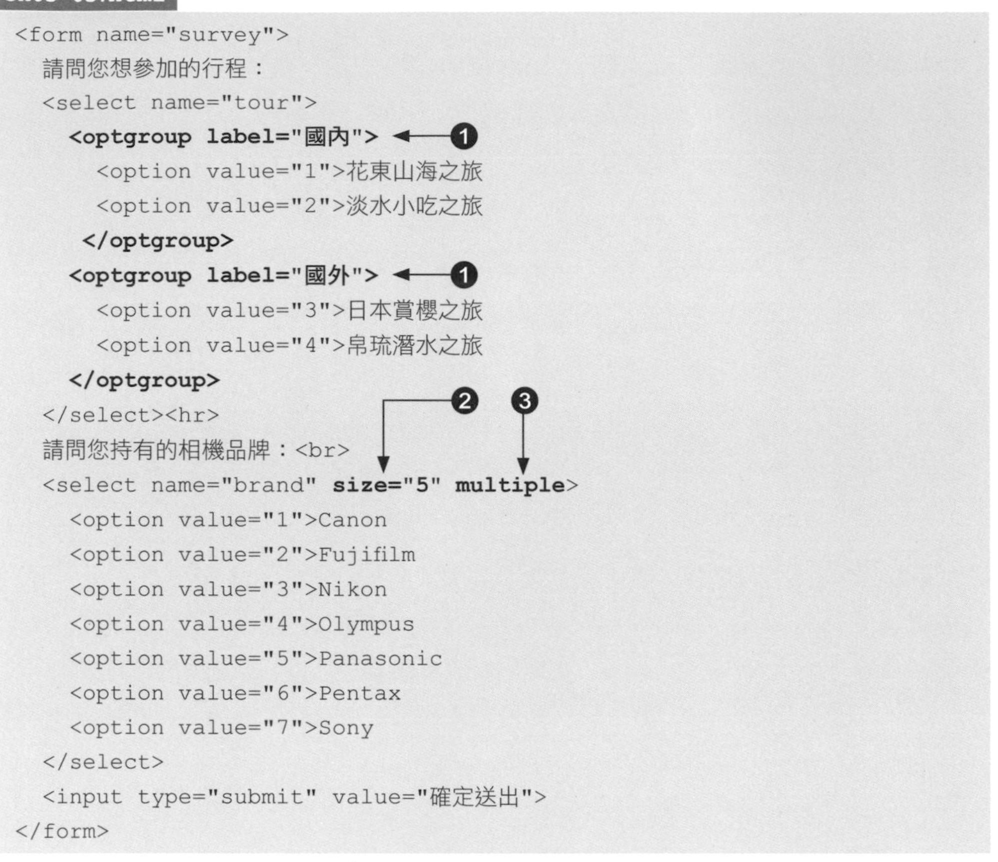

```
<form name="survey">
  請問您想參加的行程：
  <select name="tour">
    <optgroup label="國內">  ←❶
      <option value="1">花東山海之旅
      <option value="2">淡水小吃之旅
    </optgroup>
    <optgroup label="國外">  ←❶
      <option value="3">日本賞櫻之旅
      <option value="4">帛琉潛水之旅
    </optgroup>
  </select><hr>                          ❷   ❸
  請問您持有的相機品牌：<br>
  <select name="brand" size="5" multiple>
    <option value="1">Canon
    <option value="2">Fujifilm
    <option value="3">Nikon
    <option value="4">Olympus
    <option value="5">Panasonic
    <option value="6">Pentax
    <option value="7">Sony
  </select>
  <input type="submit" value="確定送出">
</form>
```

❶ 利用 optgroup 元素建立的項目分類，label 屬性值會成為分類的標題文字

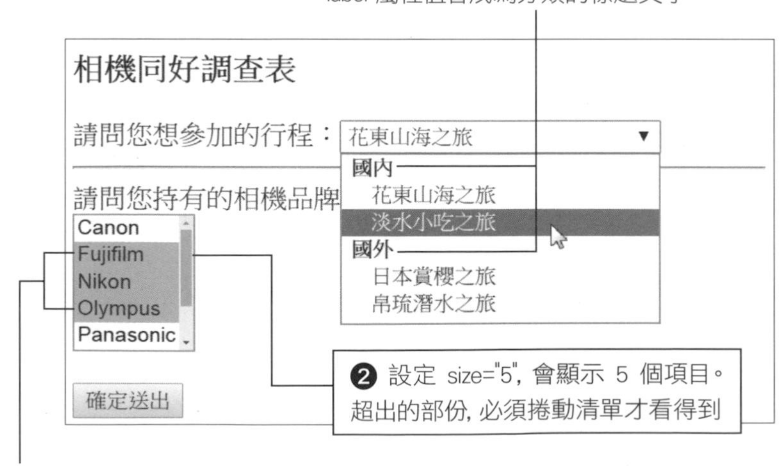

❸ 設定 multiple 屬性，只要按下 Ctrl 鍵不放，即可選取多個項目

其它文字輸入欄位

除了本章開頭介紹的文字、密碼輸入欄位外, HTML 還提供其它的文字輸入欄位, 大致分為以下 2 類:

- 特殊內容欄位:透過 input 的 type 屬性, 將欄位設為只接收指定類型的資料。送出表單時, 瀏覽器會檢查資料格式是否正確, 若格式不對, 將不會送出表單, 且會提醒使用者進行修改 (參考下面的範例)。可使用的屬性值包括:
  - email (電子郵件信箱)
  - tel (電話)
  - number (數字)
  - url (網址)
- 多行文字欄位:利用 **textarea** 元素, 可建立多行的文字輸入『框』, 在元素中可用 rows (列)、cols (行) 屬性指定文字框預設大小。

以下是個簡單的練習範例:

Ch05-06.html

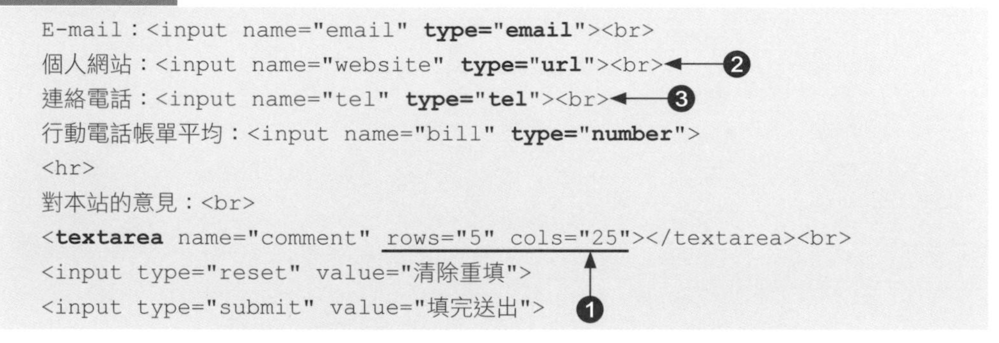

```
E-mail:<input name="email" type="email"><br>
個人網站:<input name="website" type="url"><br>   ←❷
連絡電話:<input name="tel" type="tel"><br>   ←❸
行動電話帳單平均:<input name="bill" type="number">
<hr>
對本站的意見:<br>
<textarea name="comment" rows="5" cols="25"></textarea><br>
<input type="reset" value="清除重填">
<input type="submit" value="填完送出">   ❶
```

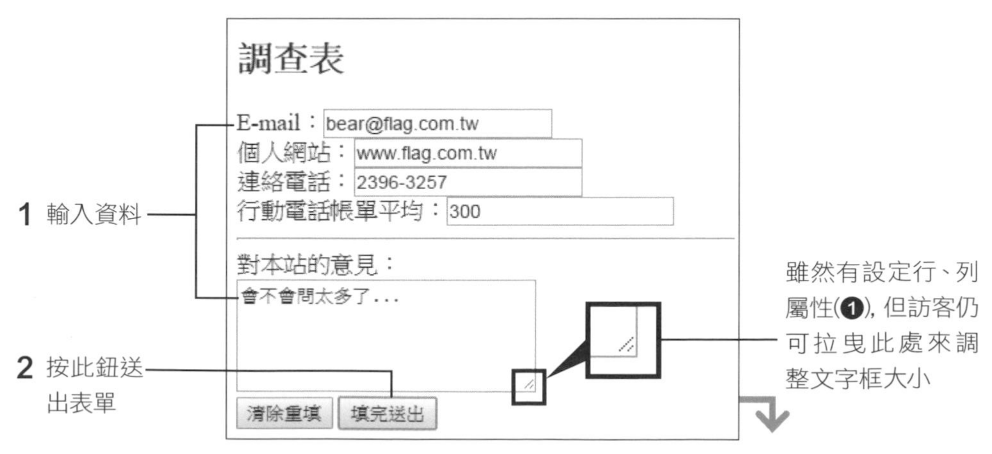

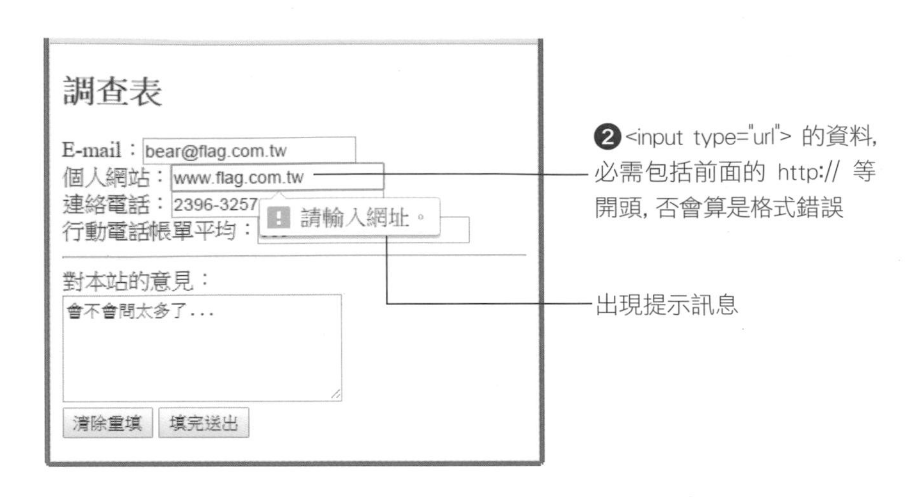
調查表
E-mail：bear@flag.com.tw
個人網站：www.flag.com.tw
連絡電話：2396-3257
行動電話帳單平均：
請輸入網址。
對本站的意見：
會不會問太多了...
清除重填
填完送出
❷ <input type="url"> 的資料, 必需包括前面的 http:// 等開頭, 否會算是格式錯誤
出現提示訊息

調查表
E-mail：
個人網站：
❸ 電話輸入欄位
連絡電話：2396
行動電話帳單平均：
對本站的意見：
在手機等行動裝置上瀏覽, 也會隨輸入欄位 type 種類調整鍵盤
1
2 ABC
3 DEF
-
4 GHI
5 JKL
6 MNO
.
7 PQRS
8 TUV
9 WXYZ
*#(
0 +
開始

5-3 強化表單介面及操作的便利性

利用上一節介紹的元素和屬性，已可建立一個實用的表單。不過若想再強化表單的版面設計，對使用者操作行為做更多控制，必須再借助一些輔助用的元素和屬性。

規劃表單欄位的元素

有幾個元素可協助我們加以組織、規劃表單內容，讓訪客操作表單時能更有系統或更加方便：

- **fieldset**：其用途是視覺上將多個輸入欄位框在一起，只要將想放在一起的輸入欄位都放在 <fieldset>...</fieldset> 之中，瀏覽器預設會用一個方框將這些輸入欄位框起來，讓使用者能看得比較清楚。

- **legend**：此元素必須放在 fieldset 元素中，其用途是用來標示 fieldset 方框上的說明文字。

利用 legend 設定的標題文字

個人資料
E-mail：
個人網站：
連絡電話：
行動電話帳單平均：

利用 fieldset 建立的方框

- **label**：用於標示輸入欄位前的相關文字。本章前面範例都是單純將文字寫在 <input> 標籤前面，改用 label 元素標示文字時，瀏覽器會將文字和輸入欄位視為一體，例如在文字上按一下，輸入游標就會跳到 label 內的 input 欄位 (參見下頁範例)。label 元素用法有兩種：

```
<!-- 將文字及 input 元素都放在 label 元素內 -->
<label> E-mail：<input name="email" type="email"></label>

<!-- 將文字單獨放在 label 元素中 -->
<label for="tel">連絡電話：</label>
<input name="tel "id="tel" type="tel"><br>
```

上面第 2 種用法在 label 元素中只有文字，input 元素是在 label 元素之外，此時必須在 input 中加入 id 屬性設定其識別碼，再於 label 元素中用 for="輸入欄位識別碼" 來建立 2 者的關係。

例如上一節的 Ch05-06.html 可加上上列元素修改成：

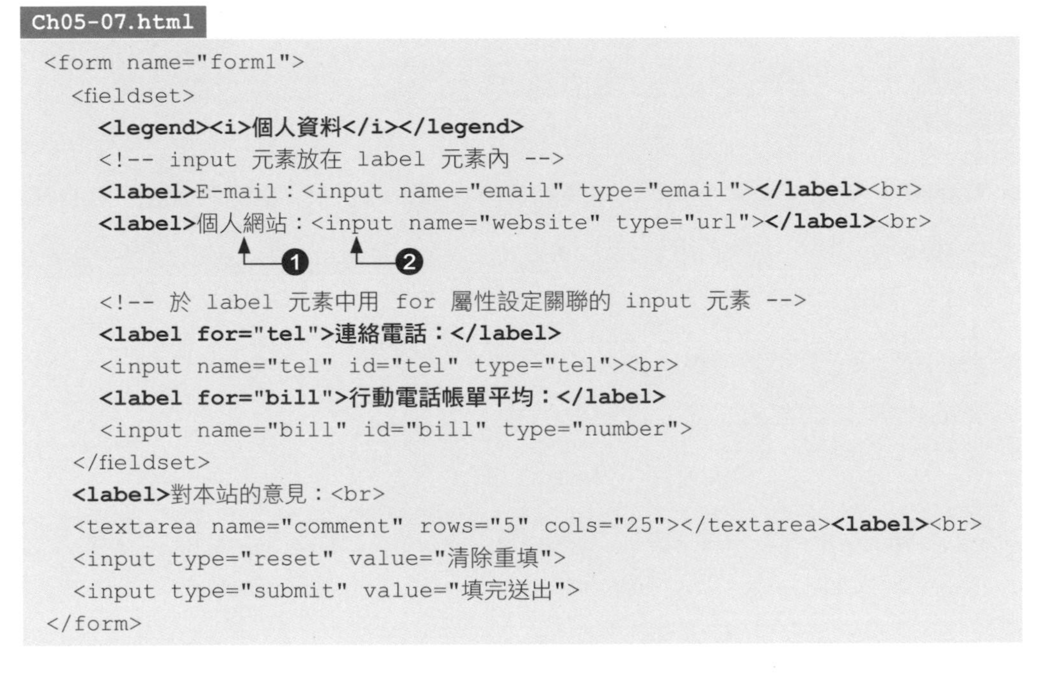

Ch05-07.html

```
<form name="form1">
  <fieldset>
    <legend><i>個人資料</i></legend>
    <!-- input 元素放在 label 元素內 -->
    <label>E-mail：<input name="email" type="email"></label><br>
    <label>個人網站：<input name="website" type="url"></label><br>
                  ❶          ❷
    <!-- 於 label 元素中用 for 屬性設定關聯的 input 元素 -->
    <label for="tel">連絡電話：</label>
    <input name="tel" id="tel" type="tel"><br>
    <label for="bill">行動電話帳單平均：</label>
    <input name="bill" id="bill" type="number">
  </fieldset>
  <label>對本站的意見：<br>
  <textarea name="comment" rows="5" cols="25"></textarea><label><br>
  <input type="reset" value="清除重填">
  <input type="submit" value="填完送出">
</form>
```

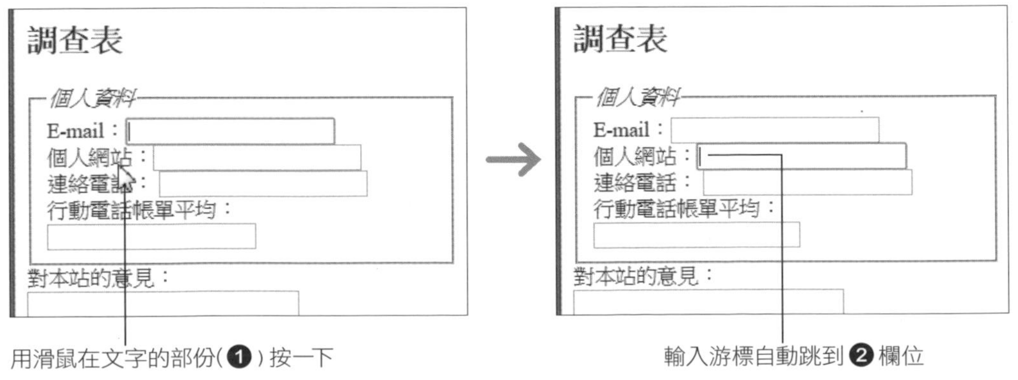

利用屬性調整輸入欄位行為

在 input、textarea 元素中, 可使用下列屬性變更介面及操作的行為:

- **autofocus**:設定此屬性的欄位, 會在網頁載入時, 就自動擁有輸入焦點, 也就是說輸入游標會自動移到此欄位 (在行動裝置上將會自動出現輸入鍵盤)。HTML 規範中規定表單中應該只有一個欄位設定 autofocus 屬性。若有多個欄位設定 autofocus 屬性, 不同瀏覽器會有不同行為:有些會將輸入焦點放在第 1 個有 autofocus 屬性的欄位, 有些則是在最後一個有 autofocus 屬性的欄位。
- **placeholder**:此屬性可用來設定顯示在輸入欄位中的提示訊息, 預設會以灰色字顯示, 訊息也不會被當成欄位的預設值。
- **autocomplete="off"**:關閉自動完成的功能。通常在表單輸入欄位輸入內容並送出表單後, 瀏覽會記得前次的輸入值, 下次再瀏覽相同網頁表單時, 在輸入欄位就會有自動輸入的功能讓我們選取、快速輸入前次輸入的值。設定 autocomplete="off" 可指示瀏覽器關閉此項功能。
- **required**:表示此欄位為必填欄位, 若未輸入, 瀏覽器將不會送出表單。此屬性也可用於 select 元素中。

將這幾個屬性套用到前面的範例, 表單行為就會不同:

Ch05-08.html

```
<form name="form1">
*E-mail：<input name="email" type="email" required autofocus><br>
個人網站：<input name="website" type="url"
          ❶→placeholder="http://www"><br>
*連絡電話：<input name="tel" type="tel" autocomplete="off"←❸
          ❷→required><br>
行動電話帳單平均：<input name="bill" type="number">
<hr>
對本站的意見：<br>
<textarea name="comment" rows="5" cols="25"
        placeholder="歡迎提供任何意見"></textarea><br>
<input type="reset" value="清除重填">
<input type="submit" value="填完送出">
<p>*為必填欄位</p>
<form>
```

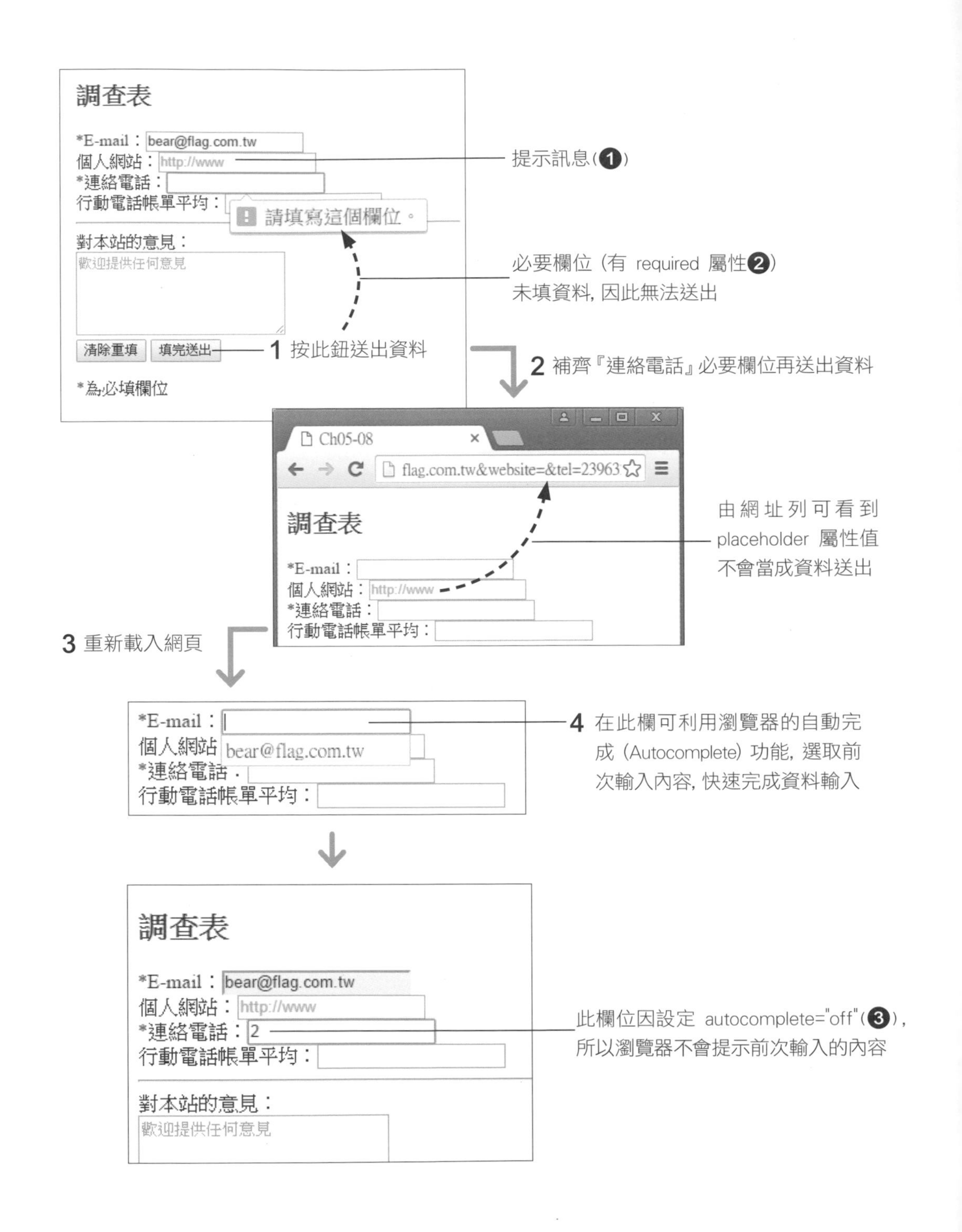

調查表
*E-mail：bear@flag.com.tw
個人網站：http://www
*連絡電話：
行動電話帳單平均：
請填寫這個欄位。
對本站的意見：
歡迎提供任何意見
清除重填
填完送出
*為必填欄位
提示訊息(❶)
必要欄位 (有 required 屬性❷)
未填資料, 因此無法送出
1 按此鈕送出資料
2 補齊『連絡電話』必要欄位再送出資料
Ch05-08
flag.com.tw&website=&tel=23963
調查表
*E-mail：
個人網站：http://www
*連絡電話：
行動電話帳單平均：
由網址列可看到
placeholder 屬性值
不會當成資料送出
3 重新載入網頁
*E-mail：
個人網站
bear@flag.com.tw
*連絡電話：
行動電話帳單平均：
4 在此欄可利用瀏覽器的自動完
成 (Autocomplete) 功能, 選取前
次輸入內容, 快速完成資料輸入
調查表
*E-mail：bear@flag.com.tw
個人網站：http://www
*連絡電話：2
行動電話帳單平均：
對本站的意見：
歡迎提供任何意見
此欄位因設定 autocomplete="off"(❸),
所以瀏覽器不會提示前次輸入的內容

5-4 使用 iframe 建立內嵌窗格

iframe 的名稱來自於 "Inline Frame", 其功能是在網頁畫面中嵌入一個瀏覽器窗格 (Frame, 有點像電視上的子母畫面), 而且我們可指定其大小、指定其顯示另一個網頁的內容。

基本的 iframe 用法

要建立內嵌窗格, 可如下建立 iframe 元素:

例如以下就是利用 iframe 內嵌 Google 地圖的網頁:

Ch05-09.html

```
<p><b>雪梨歌劇院 (Sydney Opera House):</b>世界知名的建築之一,
   於 2007 年 6 月 28日被聯合國教科文組織指定為世界文化遺產。
   <br><br>
   <b>雪梨港大橋 (Sydney Harbour Bridge):</b>全長1149公尺,
   是世界上第 5 長的拱橋。
</p>
<img src="media/sydney.jpg" width="400">
<iframe src="https://www.google.com/maps/..."
        width="400" height="300"></iframe>
```

src 屬性值為 Google地圖內嵌專用的網址, 因網址過長, 書上予以省略

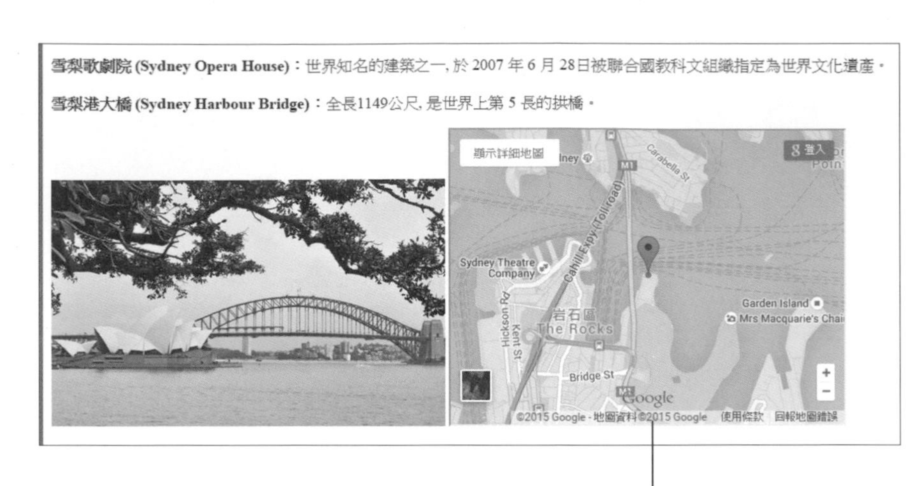
雪梨歌劇院 (Sydney Opera House)：世界知名的建築之一，於 2007 年 6 月 28日被聯合國教科文組織指定為世界文化遺產。
雪梨港大橋 (Sydney Harbour Bridge)：全長1149公尺，是世界上第 5 長的拱橋。
顯示詳細地圖
Sydney Theatre Company
Garden Island
Mrs Macquarie's Chair
岩石區
The Rocks
Hickson Rd
Kent St
Bridge St
Google
©2015 Google - 地圖資料©2015 Google 使用條款 回報地圖錯誤

網頁內嵌的 Google 地圖

iframe 的安全性控管

在日益注重安全性的今日，隨意在網頁中內嵌其它網站的網頁，難免會有一些安全疑慮：例如您可能會擔心別人的網頁含有惡意的 JavaScript 程式等等。若要使用 iframe 功能，又有安全性顧慮，可利用 **sandbox** 屬性指定 iframe 網頁允許的功能：

- allow-forms：設定此屬性值時，表示內嵌的窗格中允許使用表單。
- allow-popups：允許內嵌窗格開啟新視窗。
- allow-scripts：允許內嵌窗格執行 JavaScript 程式。
- allow-top-navigation：允許內嵌窗格在載入網頁時 (例如按下內嵌窗格中的超連結)，將網頁載到上層的網頁，例如目前瀏覽器視窗變成顯示新載入的網頁，請參考下一小節的範例說明。

上述屬性值可合併使用，例如要允許使用表單和 JavaScript，可寫成：

```
<iframe sandbox="allow-forms allow-popups" ...>
```

■ 未設定屬性值：若單純在 iframe 中加入無屬性值的 sandbox 屬性，表示採最嚴格的安全限制，包括 iframe 中不能執行 JavaScript、不能使用表單、不能開新視窗等等。

以下範例將本章開頭的表單放在 iframe 中，測試 sandbox 屬性的效果：

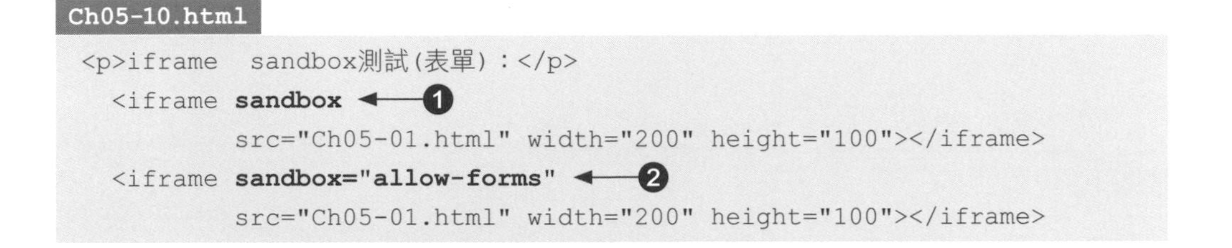

Ch05-10.html

```
<p>iframe  sandbox測試(表單)：</p>
  <iframe sandbox ◄── ❶
          src="Ch05-01.html" width="200" height="100"></iframe>
  <iframe sandbox="allow-forms" ◄── ❷
          src="Ch05-01.html" width="200" height="100"></iframe>
```

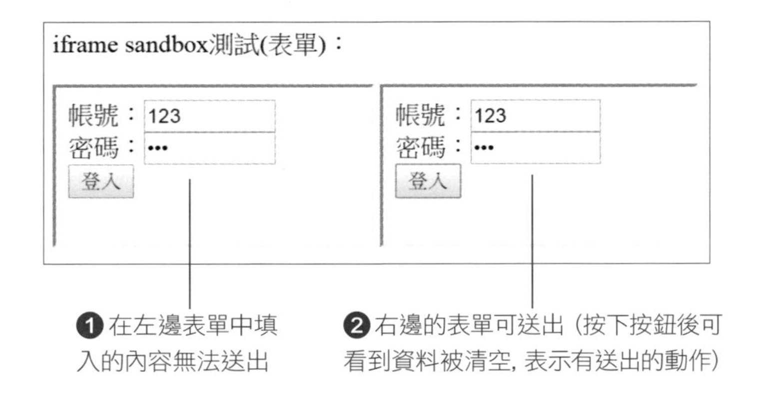
iframe sandbox測試(表單)：
帳號：123
密碼：•••
登入
帳號：123
密碼：•••
登入
❶ 在左邊表單中填入的內容無法送出
❷ 右邊的表單可送出 (按下按鈕後可看到資料被清空，表示有送出的動作)

iframe 與 a 元素的 target 屬性

在第 3 章曾介紹過 a 元素可利用 target 屬性指定開啟超連結時的位置 (視窗)，當時只介紹了 _blank (新視窗或新頁面) 和 _self (目前視窗或頁面)。而在 iframe 內部，還可指定 "_top"，表示要在上層的視窗 (頁面) 中開啟。但要注意 iframe 元素的 sandbox 屬性：

■ 當 iframe 載入的網頁中含 a 元素，且其 target 屬性為 _blank，則 sandbox 屬性需設定 allow-popups，該超連結才能以新視窗 (頁面) 開啟之。

■ 當 iframe 載入的網頁中含 a 元素，且其 target 屬性為 _top，則 sandbox 屬性需設定 allow-top-navigation，該超連結才能在上層視窗 (頁面) 開啟。

我們在 Ch05-11.html 中加入如下的超連結，以測試 sandbox 的運作：

Ch05-11.html

```
<base href="http://www.flag.com.tw/">
...
<a href="index.asp">進入旗標官網</a><br> ←❶
(<a href="index.asp" target="_blank">開新視窗</a>)<br> ←❷
(<a href="index.asp" target="_top">於上層視窗開啟</a>)←❸
```

將這個網頁嵌入 Ch05-12.html 2 個 iframe 中，並分別設定不同的 sandbox 屬性：

Ch05-12.html

```
<p>iframe sandbox測試(超連結)：</p>
<iframe sandbox ←左窗格
        src="Ch05-11.html" width="200" height="120"></iframe>
<iframe sandbox="allow-top-navigation allow-popups" ←右窗格
        src="Ch05-11.html" width="200" height="120"></iframe>
```

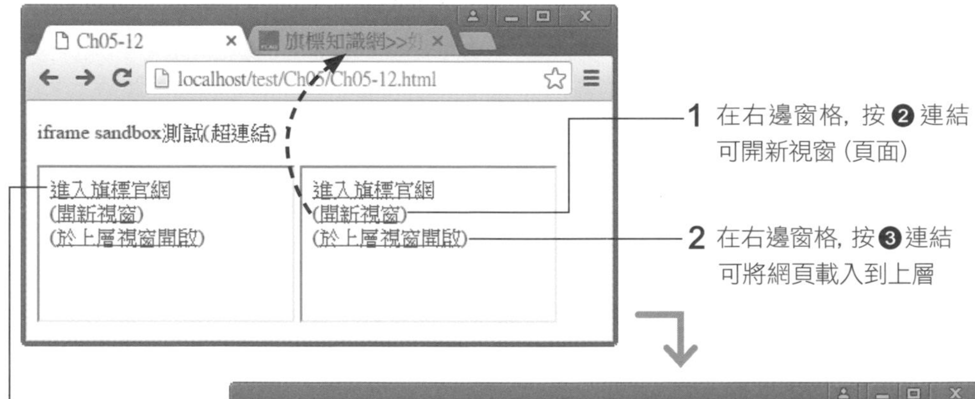

在左邊窗格中，只有第 ❶ 個超連結可以使用 (在 iframe 中開啟超連結)

學習評量

選擇填充題

1. (　　) 用來建立表單的元素是？

   (A) iframe　(B) table　(C) list　(D) form

2. (　　) 要建立一個重設表單資料的按鈕，該使用哪個標籤？

   (A) <input type="reset">

   (B) <input type="delete">

   (C) <input type="clear">

   (D) <input type="clean">

3. (　　) 表單未設定 method 屬性時，預設是將表單資料附在 URL 後面送出，此種方式稱為 HTTP 的什麼方法？

   (A) POST　(B) PUT　(C) GET　(D) SEND

4. (　　) 使用 iframe 內嵌其它網頁時，要用什麼屬性指定要嵌入的網址？

   (A) src　(B) href　(C) url　(D) link

5. (　　) 在 iframe 元素中，可使用什麼屬性設定有關安全性的行為？

   (A) sercurity　(B) sandbox　(C) blackbox　(D) target

6. (　　) 若希望瀏覽器不要儲存使用者在表單輸入的資料，可加入什麼屬性設定？

   (A) autocache="off"　(B) autocomplete="off"

   (C) autosave="off"　(D) auto="off"

7. 要讓輸入欄位在網頁載入時取得輸入焦點，可在輸入欄位中加入______屬性。

8. 要設定輸入欄位用於輸入電子郵件，可將 type 屬性設為_____；要讓輸入欄位提供色彩交談窗讓使用者選擇顏色，可將 type 屬性設為_____。

練習題

1. 請試設計一個簡單的個人履歷表單，並以 <fieldset> 規劃、整理各輸入欄位。

2. 請到 Youtube 找兩段影片，撰寫一個影片簡介網頁，並將影片以 iframe 的方式嵌入到網頁中。

06

CSS 篇

使用 CSS 妝點網頁

本書前 5 章介紹的是以 HTML 標記網頁的內容, 而要讓網頁呈現五顏六色、多采多姿的樣貌, 就要藉助於 CSS (Cascading Style Sheets, 串接樣式表)。簡單的說, CSS 是一種控制如何呈現顯示網頁的程式語言 (Language)。

有時我們會看到 CSS3 這樣的名稱, 指的是 W3C 組織 CSS3 (CSS Level 3) 規格。CSS 不像 HTML 等其它規格有版本 (Version) 之分, 而是以 Level 區分, Level 3 包含 Level 2、Level 1 的內容。

6-1 在網頁中加入 CSS 樣式

CSS 樣式表是由**樣式規則**組成的，例如在第 4 章的範例 Ch04-08.html，曾使用樣式規則『**thead {background: #fcc}**』將文件背景設為粉紅色。關於樣式規則的語法，會在下一節說明，本節先說明如何在 HTML 文件中指定所要套用的樣式表。

在 HTML 文件中使用 CSS 的方式主要有下列 4 種：

1. 用 **style** 元素定義內嵌樣式。
2. 在各 HTML 元素標籤內使用 style 屬性指定樣式。
3. 將樣式表定義在 .css 檔案，以 **link** 元素連結該檔。
4. 將樣式表定義在 .css 檔案，以 CSS 的 @import 指令匯入該檔。

1. 用 style 元素定義內嵌 CSS 樣式

在 head 元素中加入 **style** 元素定義樣式表，是最常見的方式之一，其格式如下：

```
<head>
  ...
  <style>
    thead {background: #fcc}
    ... 其它 CSS 樣式規則
  </style>
</head>
```

style 元素中只能放 CSS 的內容，包括樣式規則或是註解等，不可加入其它 HTML 的內容。例如以下範例，在 style 元素中指定了 2 個樣式規則：

Ch06-01.html

```
<head>
    <style>
        body {background: #fc0}   /* 將文件背景設為橘色   */
        ul   {color      : blue}  /* 將清單的文字顏色設為藍色 */
    </style>
</head>
<body>
  <h3>旗旗公司圖書系列</h3>
  <ul>
    <li>網路概論與技術</li>
    <li>程式設計</li>
    <li>資料結構與演算法</li>
    <li>資料庫</li>
  </ul>
</body>
```

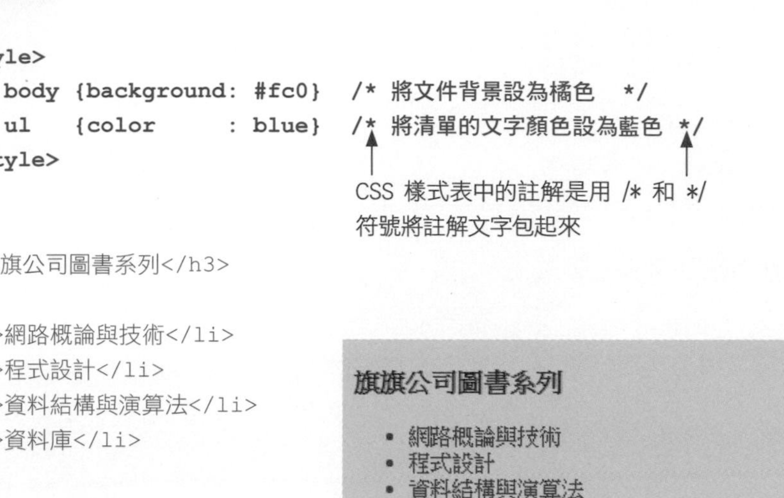

2. 在元素中使用 style 屬性

HTML 文件中的元素有個通用的 style 屬性，屬性值可設為此元素要使用的樣式規則，例如上面的例子可改成如下，效果相同：

Ch06-02.html

```
<body style="background : #fc0">
  <h3>旗旗公司圖書系列</h3>
  <ul style="color : blue">
    <li>網路概論與技術</li>
    <li>程式設計</li>
    <li>資料結構與演算法</li>
    <li>資料庫</li>
  </ul>
</body>
```

TIP 若 style 屬性中要同時指定多個規則，必須以分號 (;) 分隔，參見 6-2 節的樣式規則語法說明。

3. 連結外部的 CSS 檔

我們可將 CSS 樣獨立存成一個檔案 (副檔名 .css), 然後在 HTML 文件中用 **link** 元素將它『連結』進來, 瀏覽器看到 link 元素時, 就會到 href 屬性所指的 URL 載入 CSS 檔。

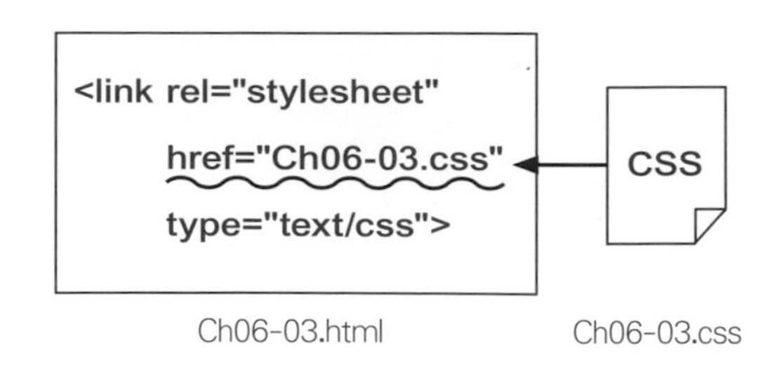

Ch06-03.css

```
body {background: #fc0}
ul   {color      : blue}
```

Ch06-03.html

```
<head>
<link rel="stylesheet" href="Ch06-03.css">
</head>
```

在 link 元素中要用 rel="stylesheet" 屬性設定, 表示連結的是 CSS 樣式表。有些人還會加上『type="text/css"』表示檔案類型, 不過此屬性在新版 HTML 中並非必要。

在 href 屬性中可依需要加上路徑, 例如若 CSS 檔存放在網頁所在的下一層名為 "style" 的子資料夾中, href 屬性值就要設為 "style/Ch06-03.css"。

4. 匯入外部 CSS 檔

作用和前一項類似, 不過此處使用的是 CSS 的語法。在 CSS 樣式表中, 可使用 @import 敘述, 將外部的 CSS 匯入到目前檔案中, 語法為:

```
@import url("Ch06-03.css");
```

(url 內容: 要匯入的樣式表之相對或絕對路徑)

TIP 在 CSS 中, 將 @ 符號開頭的規則稱為 at-rule, 在後面還會介紹其它的 at-rule。

Ch06-04.html

```
<head>
    <style>
        @import url("Ch06-03.css");
         h3  {color : green}   /* 將 h3 的文字顏色設為綠色 */
    </style>
</head>
```

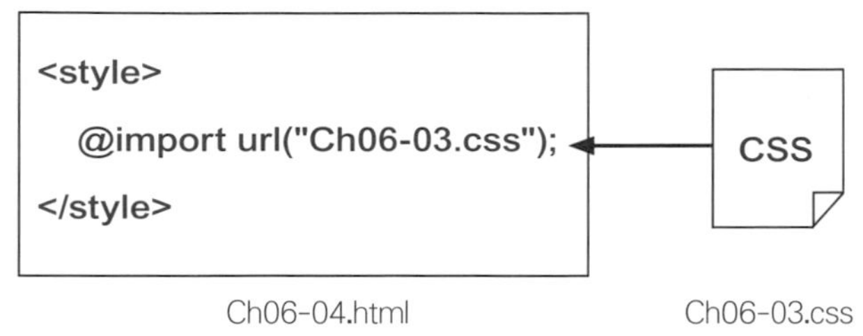
<style>
@import url("Ch06-03.css");
</style>
CSS
Ch06-04.html
Ch06-03.css

範例 Ch06-04.html 是在 style 元素內, 用 @import 的方式匯入 Ch06-03.css, 所以後者的樣式表就會套用到 HTML 文件中。同理, 在 CSS 檔案中也可使用 @import 指令匯入另一個樣式表檔的內容。

目前許多網站, 會將網站共用、資料夾共用、文件特定的樣式分開設計並儲存在不同的檔案中, 要套用樣式時, 就可用多個 link 元素連結, 或是以 @import 匯入的方式將多個 CSS 檔匯整在一起使用。

使用 style 元素 (方法 1) 或在個別 HTML 元素中使用 style 屬性時 (方法 2), CSS 的定義都是寫在 HTML 網頁裡, 因此稱為**內部 CSS** (Internal CSS)。若是將 CSS 的定義另外存成一個 .css 檔, 再以 link 元素 (方法 3) 或 @import 指令 (方法 4) 匯入, 則稱為**外部 CSS** (External CSS)。

不同來源的 CSS 樣式套用順序

在 HTML 文件中, 可同時利用上列 4 種方法來使用 CSS。若對於同一個元素, 不同來源的樣式設定都不一樣, 例如某個在元素的 style 屬性中設定文字用紅色、在 @import 的樣式中則指定文字用紫色, 這時該依據哪一個為準呢?

基本的規則是:**以 style 屬性定義的樣式, 優先權最高**;其它三種定義方式, 則是以出現的順序來決定, 原則上是『後出現的設定覆蓋先前的設定』。換言之, 愈晚出現的設定, 優先權愈高。

6-2 CSS 樣式規則的組成

CSS 樣式表是由一條一條的規則 (Rule) 所組成，這些規則可以控制網頁呈現的外貌。CSS 規則是由選擇器 (Selector) 和宣告 (Declaration) 兩個部分所組成，而宣告又區分為屬性 (Property) 和值 (Value)，如下圖所示：

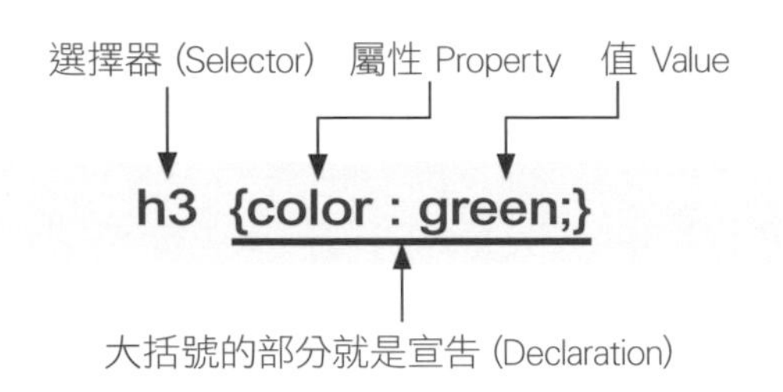

學習 CSS 時，有一大半時間是花在認識 CSS 中有哪些屬性可用。但要學走路要先學會爬，所以我們必須先認識選擇器及宣告的寫法。

選擇器在 JavaScript 程式中也會用到，請務必熟悉不同選擇器的語法。

CSS 選擇器

選擇器 (Selector) 用來選擇規則要套用的對象 (某個元素或某類元素)，依據對象的不同，有不同的寫法，以下分別說明：

元素選擇器

在 CSS 規範中稱為類型選擇器 (Type Selector), 也就是以 HTML 元素為選擇對象, 例如:p、h1 等等。前面範例所用的樣式規則 『**h3** {color : green}』, 其選擇器就是 h3。

類別選擇器 (Class Selector)

此選擇器需配合 HTML 元素的通用屬性 class 一起使用, 在 HTML 元素中可用 class="類別名稱" 的方式, 將元素設定為屬於一個特定的類別 (類別名稱可自訂)。在 CSS 中就可用『.類別名稱』 (以小數點開頭) 的選擇器, 替這個類別的元素設定樣式。例如:

Ch06-05.html

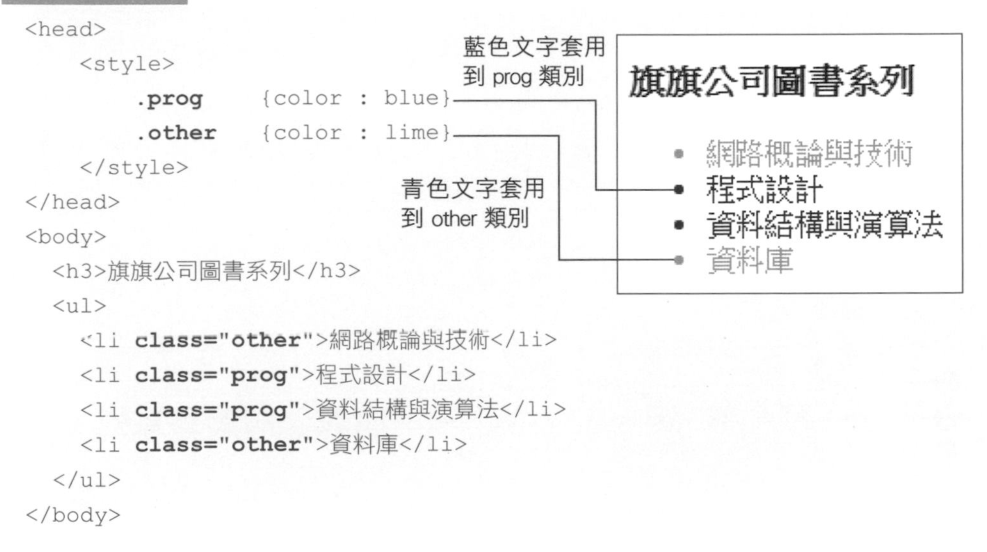


```
<head>
    <style>
        .prog    {color : blue}
        .other   {color : lime}
    </style>
</head>
<body>
  <h3>旗旗公司圖書系列</h3>
  <ul>
    <li class="other">網路概論與技術</li>
    <li class="prog">程式設計</li>
    <li class="prog">資料結構與演算法</li>
    <li class="other">資料庫</li>
  </ul>
</body>
```

類別選擇器可與元素選擇器組合在一起, 用來指定『只有指定類別的某類元素』才能套用的樣式, 其寫法為『元素名稱.類別名稱』, 例如若將上一個範例略做修改:

```
<style>
    *.prog      {color : blue}
    li.other    {color : lime}
</style>
...

<h3 class="other">旗旗公司圖書系列</h3>
<ul>
  <li class="other">網路概論與技術</li>
...
```

旗旗公司圖書系列

- 網路概論與技術
- 程式設計
- 資料結構與演算法
- 資料庫

■ 第 1 個樣式規則『*.prog』中的 * 是『所有元素』的意思，所以 "*.prog" 和先前的 ".prog" 效果相同，就是指所有 prog 類別的元素。

■ 第 2 個規則使用的選擇器『li.other』，表示只有屬於 other 類別的 li 元素才會套用此樣式，而同樣是 other 類別的 h3 元素則不會套用。

識別碼選擇器 (ID Selector)

此選擇器需配合第 5 章介紹的 id 屬性在 HTML 元素中都可用 id 屬性替元素設定一個獨一無二的識別碼。識別碼選擇器的寫法為『**#**識別碼名稱』，參見以下範例：

Ch06-06.html

```
    <style>  ← 識別碼選擇器
❶→     #net   {color : blue}    /* 藍 */
❷→     #prog  {color : green}   /* 綠 */
❸→     #algo  {color : red}     /* 紅 */
    </style>
    ...
    <body>
      <h3>旗旗公司圖書系列</h3>
      <ul>
❶→      <li id="net">網路概論與技術</li>
❷→      <li id="prog">程式設計</li>
❸→      <li id="algo">資料結構與演算法</li>
         <li>資料庫</li>
      </ul>
    </body>
```

旗旗公司圖書系列

- 網路概論與技術❶
- 程式設計❷
- 資料結構與演算法❸
- 資料庫

組合選擇器

其語法是運用前面介紹的 3 種基本選擇器，加上特別的排列及符號，用以表示具有『後代』或『相鄰』關係的元素。

在此先說明元素的層次關係，例如在 body 元素中有如右圖所示的 h3、ul、li...等元素，這時候 h3、ul、li 都是 body 的**後代元素** (Descendant)，其中 h3、ul 也是 body 的**子元素** (Child)，而 li 則是 ul 的子元素。另一方面 ul 則是 h3 **同層元素** (Adjacent)。

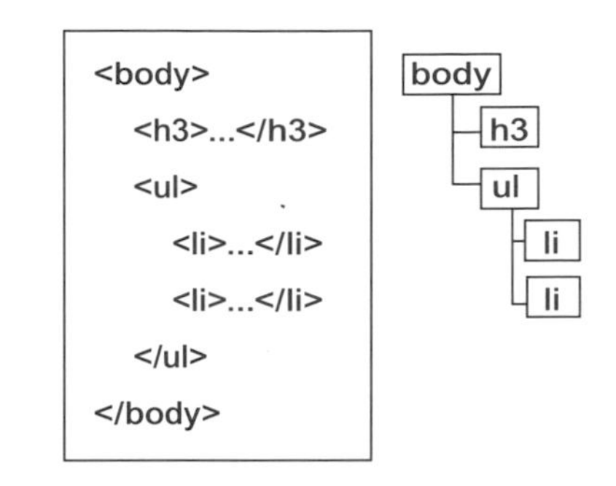

但要注意，CSS 選擇器僅能表示在**之後出現的**同層元素，以本例而言，無法以下面介紹的組合選擇器由 ul 表示和它同一層的 h3 (因為 h3 在 ul 之前)。

在 CSS 中提供下列語法表示特定的後代和相鄰關係 (以下 A、B 表示標籤選擇器或類別選擇器等)：

- 『A B』(中間空一格)：表示在 A 元素之內的所有後代 B。
- 『A > B』：表示 A 元素之子元素 B。

<A>
<B>...</B>
<C>
<B>...</B>
</C>
<B>...</B>
</A>
『A > B』
『A B』

- 『A + B』：表示於 A 元素同層且相鄰的 B 元素。
- 『A ~ B』：表示所有與 A 元素同層的 B 元素。

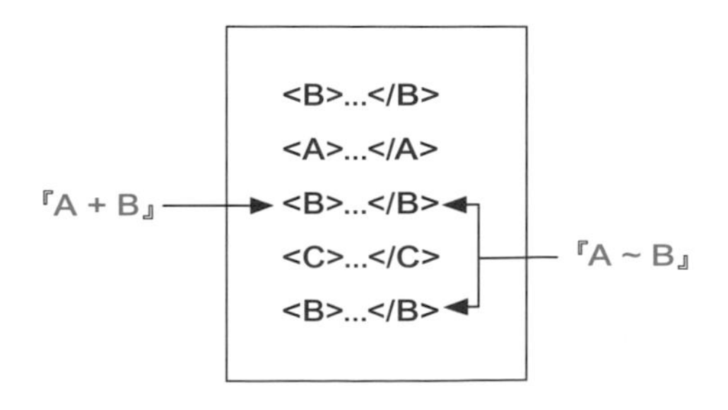

Ch06-07.html

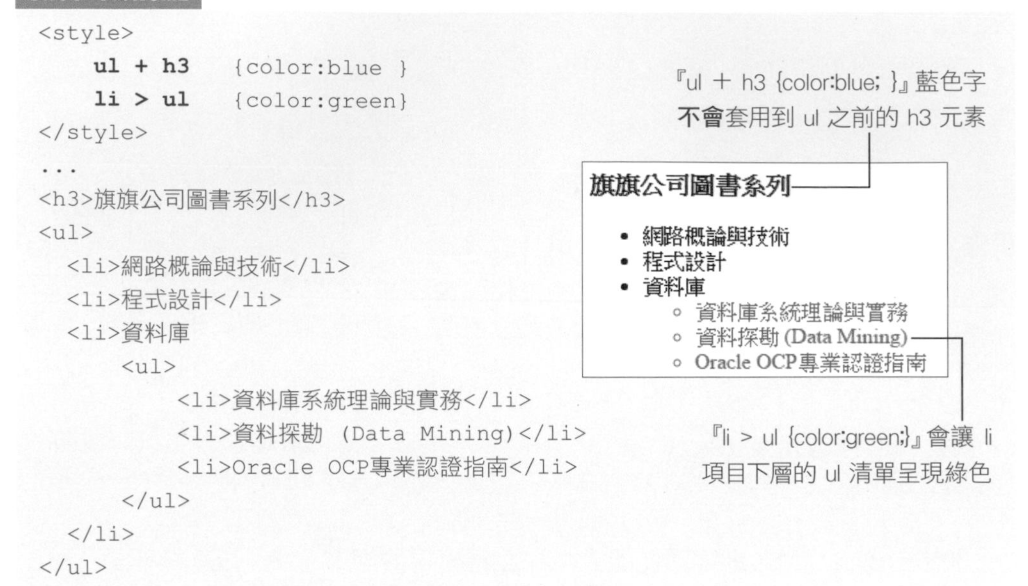

```
<style>
    ul + h3    {color:blue }
    li > ul    {color:green}
</style>
...
<h3>旗旗公司圖書系列</h3>
<ul>
  <li>網路概論與技術</li>
  <li>程式設計</li>
  <li>資料庫
      <ul>
          <li>資料庫系統理論與實務</li>
          <li>資料探勘 (Data Mining)</li>
          <li>Oracle OCP專業認證指南</li>
      </ul>
  </li>
</ul>
```


虛擬類別 (Pseudo Class)

『虛擬類別』它們是用來表示某種狀態或是符合某特定條件 (例如次序) 的元素。其語法為『:虛擬類別名稱』。例如 :hover 代表目前滑鼠所指的元素；:first-child 代表第 1 個子元素, 參見以下範例：

Ch06-08.html

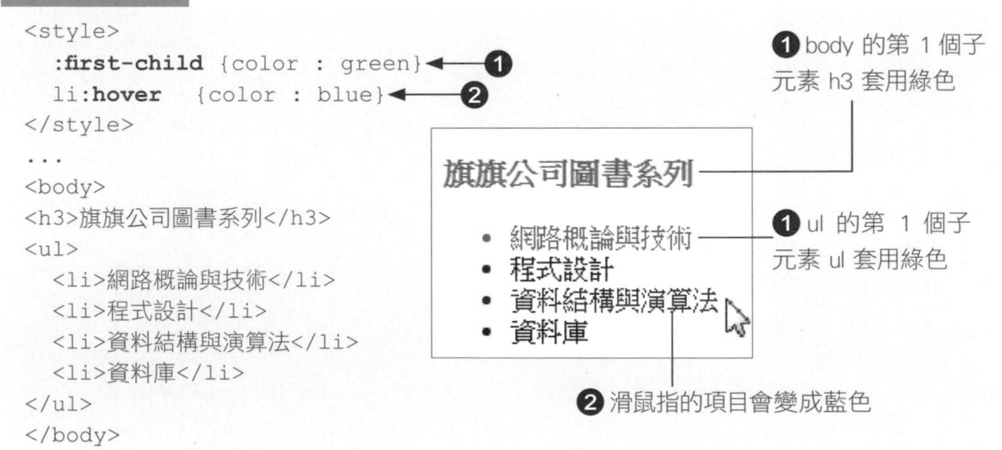

```
<style>
  :first-child {color : green}
  li:hover   {color : blue}
</style>
...
<body>
<h3>旗旗公司圖書系列</h3>
<ul>
  <li>網路概論與技術</li>
  <li>程式設計</li>
  <li>資料結構與演算法</li>
  <li>資料庫</li>
</ul>
</body>
```


虛擬類別有很多, 在此無法一一介紹, 讀者可參考 W3C 網站上的說明與範例：http://www.w3.org/wiki/CSS/Selectors/pseudo-classes/:link。

CSS 規則宣告

認識基本的選擇器用法後，接著進一步介紹更多的規則語法。在前面的範例，樣式規則中都只有一個宣告，其實若有多個樣式要宣告，可以一併放在同一個大括弧中，例如：

```
h3 {color      : green }              h3 {color      : green;
h3 {text-align: left   }    ——→          text-align: left ; }
```

請注意，一定要用分號 (;) 將宣告隔開，否則會被視為語法錯誤，使樣式無法生效。多個宣告可寫在同一行，也可如右上範例分行並對齊冒號，以方便閱讀 (當然還可加上適當的註解)。第 2 行最後面的分號 (;) 可省略 (因為後面已經沒有別的規則了)。

TIP 合併的宣告也可用於元素的 style 屬性，同樣要注意各宣告之間要以分號隔開。

另一個可合併規則的情況，就是宣告相同，但選擇器不同的場合，例如：

```
h1 { color : green }
h2 { color : green }    ——→    h1, h2, h3 { color : green }
h3 { color : green }             ↑   ↑
                                 用逗號分隔
```

影響 CSS 套用的優先性：選擇器的獨特性

在 6-5 頁提到過使用不同來源的內部、外部樣式表時，原則上是以 style 屬性設定的樣式優先性最高，其它則是以最後出現的優先，也就是後面的樣式規則會蓋過前面的樣式規則。但如果某元素同時符合多個選擇器，此時是以選擇器的獨特性 (Specificity) 來決定實際套用的樣式，而非出現的順序。

獨特性 (Specificity) 即表示選擇器是只針對一個獨特的元素或是適用於一大群同類元素。在 CSS 規範中有一套公式來計算獨特性，獨特性愈大的樣式規則會被套用。但我們不必管瀏覽器如何計算，只需瞭解下列的原則即可。

■ 『ID 選擇器』獨特性 > 『類別選擇器 (含虛擬類別)』獨特性 > 『元素選擇器』獨特性。

■ 組合選擇器中, 獨特性大致同上:有使用『ID 選擇器』 > 有使用『類別選擇器 (含虛擬類別)』 > 只使用『元素選擇器』。

■ 若上一項仍無法決定, 則以出現的數量決定, 也就是在組合選擇器中列出的類別、元素愈多, 表示它愈獨特。例如:『section ul li』 > 『ul li』 > 『li』。

附帶說明, 像顏色和本章稍後介紹的字型樣式, 是屬於『可繼承』的樣式, 亦即未使用 CSS 指定某元素的顏色時, 它會繼承父元素的樣式 (例如 ul 設為紅色, 其內的 li 也會是紅色)。以下是一個簡單的例子, 示範不同選擇器放在一起的效果:

Ch06-09.html

```
<style>
    #last    {color:blue;   } /* 藍色 */  ◀── ❹
    .mysql   {color:green;  } /* 綠色 */  ◀── ❸
    ul li    {color:orange; } /* 橘色 */  ◀── ❷
    li       {color:yellow; } /* 黃色 */
    ul       {color:red;    } /* 紅色 */  ◀── ❶
</style>
...
<ul><b>資料庫圖書系列</b>◀── ❶
    <li>資料庫系統理論與實務</li>
    <li>大數據 Big Data</li>
    <li class="mysql">MySQL 管理實務</li>
    <li class="mysql" id="last">MySQL 設計實務</li>
</ul>
```

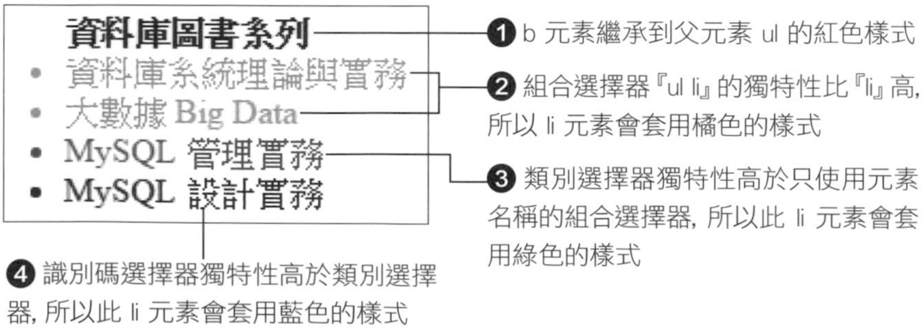
資料庫圖書系列
資料庫系統理論與實務
大數據 Big Data
MySQL 管理實務
MySQL 設計實務
❶ b 元素繼承到父元素 ul 的紅色樣式
❷ 組合選擇器『ul li』的獨特性比『li』高, 所以 li 元素會套用橘色的樣式
❸ 類別選擇器獨特性高於只使用元素名稱的組合選擇器, 所以此 li 元素會套用綠色的樣式
❹ 識別碼選擇器獨特性高於類別選擇器, 所以此 li 元素會套用藍色的樣式

6-3 CSS 文字效果

認識基本的 CSS 語法後，就要進一步學習各種樣式屬性及設定方式。首先就從與文字效果相關的屬性開始介紹。

字型與字體的變化

字型大小 **font-size** 和粗細 **font-weight** 是常用屬性，以下先說明 font-size 屬性。

字型大小

要設定字型大小，可使用 font-size 屬性。屬性值有 4 種表示法：

- 絕對大小：可使用的值包括 (依序由小到大) xx-small、x-small、small、medium、large、x-large、xx-large 共 7 種。雖然稱之為『絕對』尺寸，其實會隨瀏覽器預設字型大小動態調整，瀏覽器預設字型大小就是 medium 的大小。
- 相對大小：以 larger (較大)、smaller (較小) 表示，正常大小就是父元素的字型大小，所以子元素設 smaller 時，其字型就比父元素小一些。
- 尺寸：以 CSS 的度量單位指定字型大小，例如常用的 px (像素、圖點)、cm (公分)、mm (公厘)、in (英吋) 等。

  還有一個『相對』單位 em，父元素的字型大小為 1em。例如一般瀏覽器預設字型大小為 16px (參見 6-16 頁)，此時 2em 就表示放大 2 倍成 32px。
- 百分比值：以父元素的字型大小為 100%：設為 50% 表示字體比父元素縮小成一半；設為 300% 表示放大成 3 倍。

TIP CSS 的度量單位、百分比表示法，在往後很多屬性也都會用。

Ch06-10.html

```
<table border="1" style="font-size:16px">
<tr>
  <th>絕對
  <td style="font-size:xx-large">xx-large
  <td style="font-size:x-small">x-small
<tr>
  <th>相對
  <td style="font-size:larger">larger
  <td style="font-size:smaller">smaller
<tr>
  <th>em
  <td style="font-size:2em">2em
  <td style="font-size:0.5em">0.5em
<tr>
  <th>百分比
  <td style="font-size:150%">150%
  <td style="font-size:75%">75%
</table>
```

絕對	xx-large	x-small
相對	larger	smaller
em	2em	0.5em
百分比	150%	75%

字體粗細

設定字體粗細可使用 font-weight 屬性，屬性值同樣有多種設定方式：

- normal 表示正常 (預設值)，bold 表示使用粗體。
- lighter 表示較細 (相對於父元素)，bolder 表示較粗。
- 使用 100、200...～900 共九個百位數字指定字體粗細，其中 400 相當於 normal、700 為 bold。父元素為 400 時，lighter 為 100、bolder 為 700。

實際上能否有這麼多種變化，還需視使用的字型本身而定。CSS 也規定了相關的演算法，決定實際的字體粗細，所以使用時可能會發現：字型設為 100 ～ 500 都相當於 normal；設為 600 ～ 900 都相當於 bold。

Ch06-11.html

```
<style>
    *      {font-size:48px;}
    span   {font-weight:900;          /* 粗體 */ ←❶
            color      :blue; }
    code   {font-weight:lighter;}    /* 較細 */ ←❷
</style>
...
<p>CSS樣式表將段落文字設為
  <span>藍色</span>的範例：<br>
  <code>p {
        color: <span>blue</span>
        }
  </code>
</p>
```

CSS樣式表將段落文字設為藍色的範例：

p { color: **blue** }

❷ ❶

上例使用到的 **span** 元素, 預設不提供特別的視覺效果, 也沒有任何語意、結構上的意思。其用途就是在需替局部文字套用 CSS 樣式 (例如上面的例子)：將局部文字以 <span>...</span> 標示後, 就能用 span 元素選擇器指定樣式；或額外指定 class、id 屬性, 再以類別、識別碼選擇器套用樣式。

TIP 另外, 若需用 JavaScript 控制局部文字時, 也常會用到 span 元素, 參見本書 JavaScript 篇。

指定字型名稱

使用者的瀏覽器都有預設的字型, 若想讓網頁文字使用其它字型, 可用 **font-family** 來指定使用的字型的名稱：

```
font-family : "Times New Roman";
font-family : 華康瘦金體, 華康中黑體, 標楷體;
```

上面第 1 個例子中, 由於字型名稱中含空白字元, 因此必須加上雙引號括住字型名稱。往後使用其它屬性時, **若屬性值中含空白字元, 也都必須採相同的方式括住**。

第 2 個例子是一次指定多個字型, 此時排在前面的表示優先被選用。例如若使用者電腦沒有安裝『華康瘦金體』, 瀏覽器就會用『華康中黑體』, 再沒有就用『標楷體』, 若仍沒有, 就回歸到系統預設字型。由此也可瞭解, 雖然我們可用樣式表指定字型, 網頁文字實際能呈現的字型仍以使用者電腦上已安裝的字型決定。

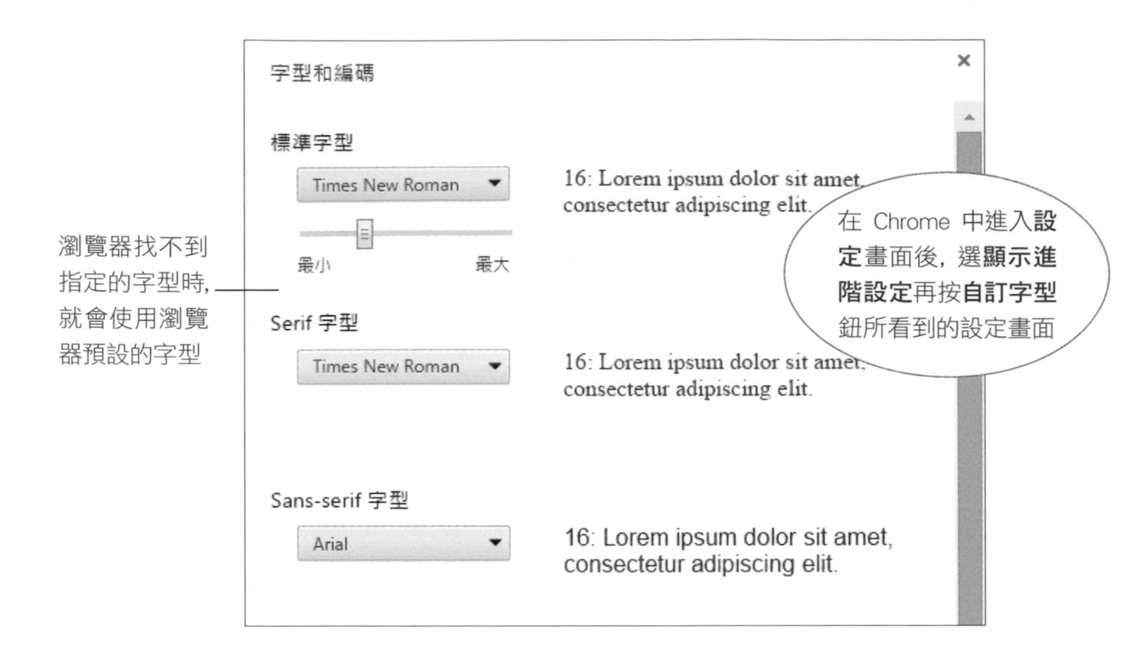

指定字體 (斜體)

用 font-style 可指定是否採用斜體字樣式，可使用的值包括 normal (正常，預設值)、italic (斜體字)、oblique (仿斜體)。italic 是指在造字時就設計成斜斜的外觀，筆畫等也可能與標準字型不同，這類字型的名稱通常會加上『italic』；oblique 則只是利用演算法，將原本的字型變成傾斜的樣字 (類似將包住文字的方框變成平行四邊型)，所以稱為『仿斜體』。

如果使用非 italic 字型時指定了 italic 屬性值，瀏覽器會自動改用 oblique 值，將目前使用的字型予以傾斜化。

簡寫的字型屬性 font

為方便一次設好多個字型屬性時，CSS 特別提供稱為 Shorthand Property 的簡寫版屬性 **font**，可用以同時指定大小、字型、粗細等多個屬性。語法如下：

font: font-style值 font-weight值 font-size值 font-family值

各屬性值之間至少要用一個空白字元隔開，其中『font-size值』與『font-family值』是必要，且必須如上放在最後面，次序也不能對調；至於『font-style值』與『font-weight值』則為可有可無，順序也可以調換。例如：

Ch06-12.html

```
<style>
    .rain { font : bold italic 3em 華康中黑體; }  ← ❶
    .fall { font : 48px 標楷體; }                 ← ❷
</style>
...
<p>
  <span class="rain">小雨滴，滴滴滴，是白雲的眼淚，</span>
  <br>
  <span class="fall">一滴一滴飄下來</span>
</p>
```

font-size、font-family 的屬性值不可省略，且一定要放在最後面

小雨滴，滴滴滴，是白雲的眼淚，—❶
一滴一滴飄下來 —❷

使用雲端字型

雖說樣式中的字型設定受限於使用者電腦實際安裝的字型，不過拜 Internet 技術發達之賜，目前已有『雲端字型』可突破此限制。簡單的說，『雲端字型』就是儲存於網站伺服器上的字型，在網頁中可指示瀏覽器載入字型並用於網頁之中，這麼一來，就不會有使用者電腦未安裝指定字型的問題了。以 **Google Font** 這個『雲端字型』服務為例，可依如下方式使用：

1 先連上 "https://www.google.com/fonts" 網站

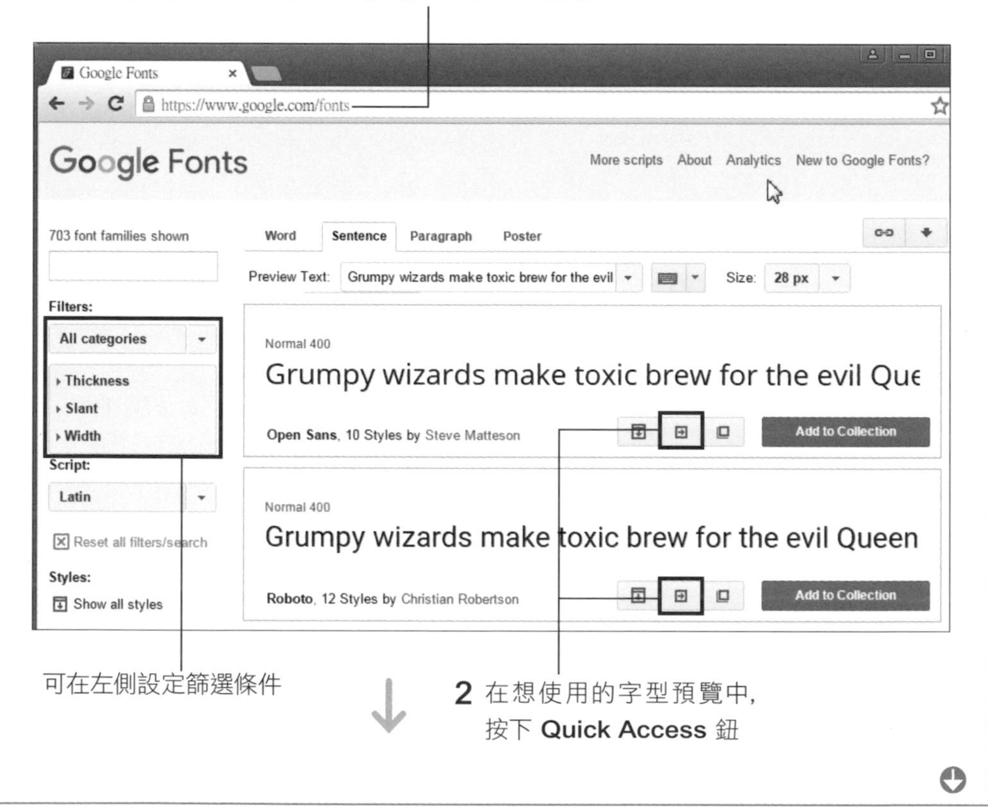

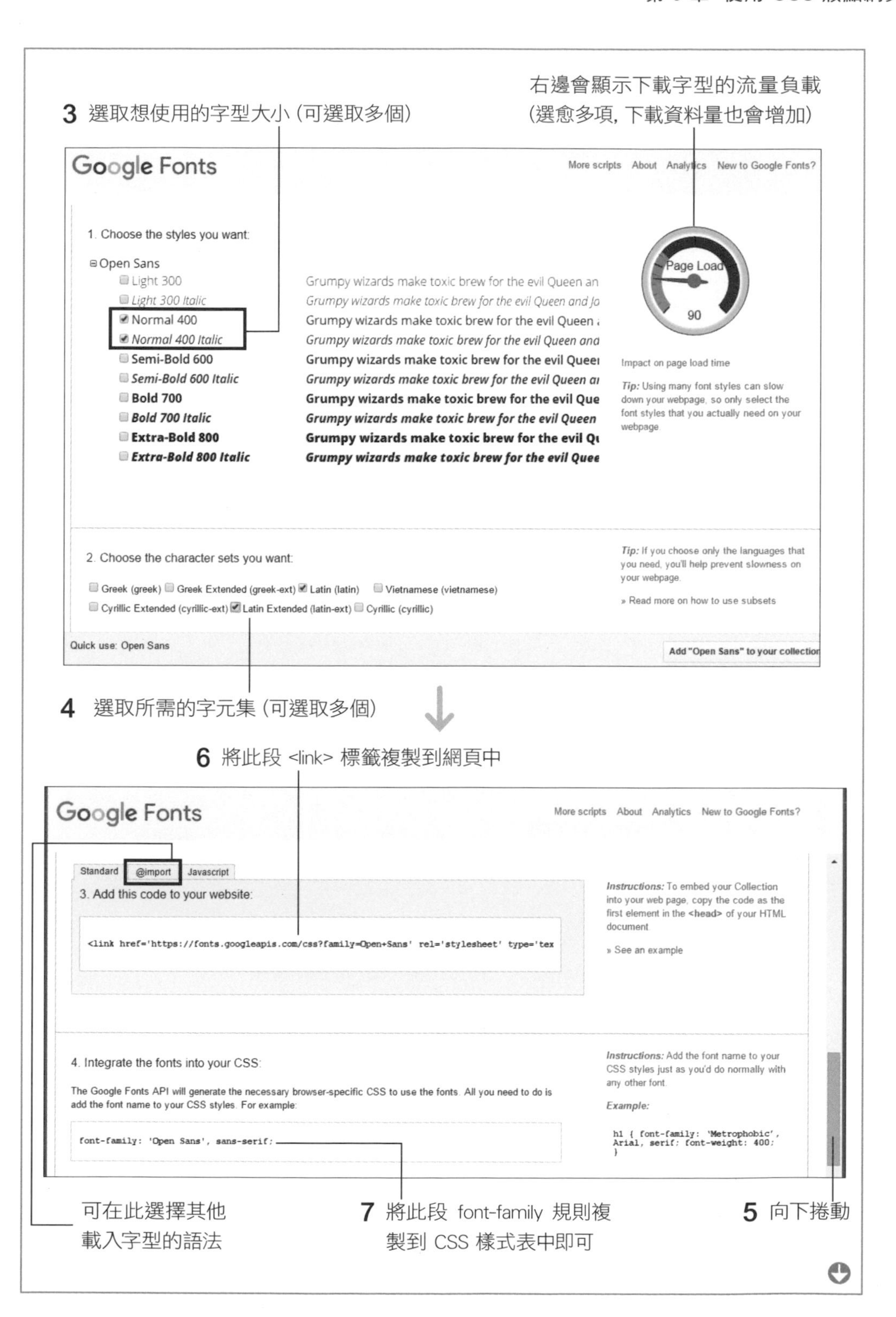
3 選取想使用的字型大小 (可選取多個)
右邊會顯示下載字型的流量負載 (選愈多項, 下載資料量也會增加)
Google Fonts
More scripts About Analytics New to Google Fonts?
1. Choose the styles you want:
Open Sans
Light 300
Light 300 Italic
Normal 400
Normal 400 Italic
Semi-Bold 600
Semi-Bold 600 Italic
Bold 700
Bold 700 Italic
Extra-Bold 800
Extra-Bold 800 Italic
Page Load
90
Impact on page load time
Tip: Using many font styles can slow down your webpage, so only select the font styles that you actually need on your webpage.
2. Choose the character sets you want:
Greek (greek) Greek Extended (greek-ext) Latin (latin) Vietnamese (vietnamese)
Cyrillic Extended (cyrillic-ext) Latin Extended (latin-ext) Cyrillic (cyrillic)
Tip: If you choose only the languages that you need, you'll help prevent slowness on your webpage.
» Read more on how to use subsets
Quick use: Open Sans
4 選取所需的字元集 (可選取多個)
6 將此段 <link> 標籤複製到網頁中
Standard @import Javascript
3. Add this code to your website:
<link href='https://fonts.googleapis.com/css?family=Open+Sans' rel='stylesheet' type='tex
Instructions: To embed your Collection into your web page, copy the code as the first element in the <head> of your HTML document.
» See an example
4. Integrate the fonts into your CSS:
The Google Fonts API will generate the necessary browser-specific CSS to use the fonts. All you need to do is add the font name to your CSS styles. For example:
font-family: 'Open Sans', sans-serif;
Instructions: Add the font name to your CSS styles just as you'd do normally with any other font.
Example:
h1 { font-family: 'Metrophobic', Arial, serif; font-weight: 400; }
可在此選擇其他載入字型的語法
7 將此段 font-family 規則複製到 CSS 樣式表中即可
5 向下捲動

```
<link href='https://fonts.googleapis.com/css?family=Open+Sans:400,400italic' rel='stylesheet' type='text/css'>
<style>
  p {font-family: 'Open Sans', sans-serif;}
</style>
```

在本書寫作時, Google Font 尚未『正式』提供中文字型, 不過在 "https://www.google.com/fonts/earlyaccess" 網頁中則有先期測試版的中文字型可試用：

文字對齊方式

要設定段落文字的對齊方式，可使用 **text-align** 屬性，可設定的值包括：

- left：靠左對齊。
- right：靠右對齊。
- center：置中。
- justify：左、右對齊。
- start （預設值） 或 end：依語系的文字方向而定，使用由左至右的語系時，start 表示左邊，end 表示右邊；由右至左的語系，則 start 表示右邊，end 表示左邊。

Ch06-13.html

```
<style>
  .r {text-align:right}   ❶
  .c {text-align:center}  ❷
  .j {text-align:justify} ❸
</style>
...
<p class="r">學而不思則罔，思而不學則殆。</P>
<p class="c">Learning without thought is labor lost; thought without
   learning is perilous.</P>
<p class="j">Learning without thought is labor lost; thought without
   learning is perilous.</P>
```

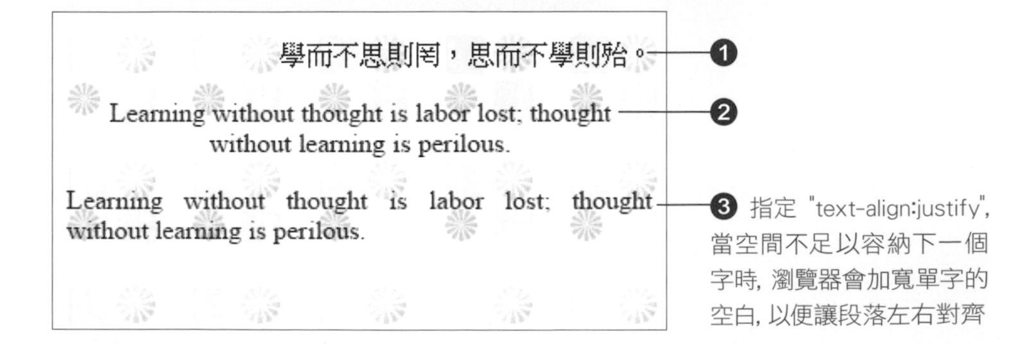
學而不思則罔，思而不學則殆。
❶
Learning without thought is labor lost; thought without learning is perilous.
❷
Learning without thought is labor lost; thought without learning is perilous.
❸

❸ 指定 "text-align:justify"，當空間不足以容納下一個字時，瀏覽器會加寬單字的空白，以便讓段落左右對齊

文字的顏色

前面的範例已用過 color 屬性設定文字顏色。精準地說，color 屬性其實是設定『前景』顏色，前景包括文字、項目符號或編號、框線等修飾元素，所以在此仍用文字顏色說明。

color 屬性值的設定方式有以下 3 種：

- 顏色名稱：以預先定義的名稱來指定顏色，例如 red (紅)、black (黑)... 等。完整的名稱可至 http://www.w3.org/wiki/CSS/Properties/color/keywords 查詢。

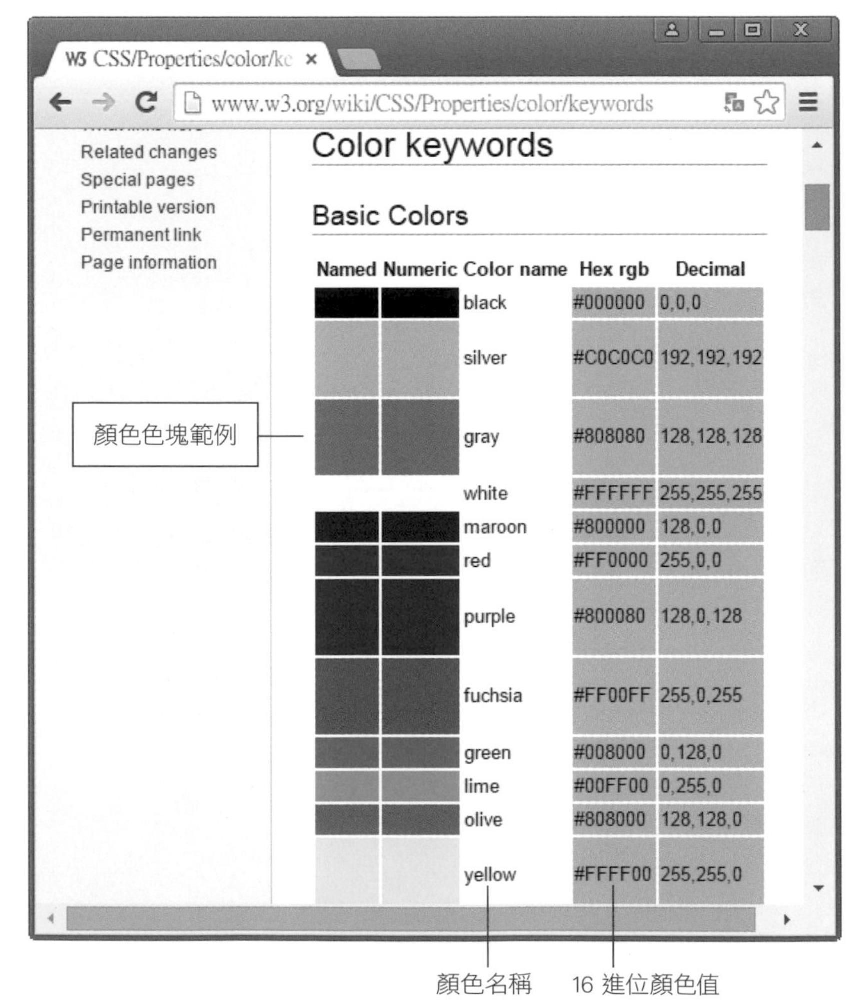

■ 16 進位顏色值：將紅綠藍 3 原色都從 0~255 劃分為 256 級然後以紅綠藍個別強度的 16 進位值 (以 0~9、A~F 表示十進位的 10~15，英文字母不分大小寫) 表示顏色。例如白色就是紅綠藍都是最強的 255 (16 進位為 FF)；紅綠藍 3 色都是 0 就是黑色。顏色值的寫法是以 # 開頭：

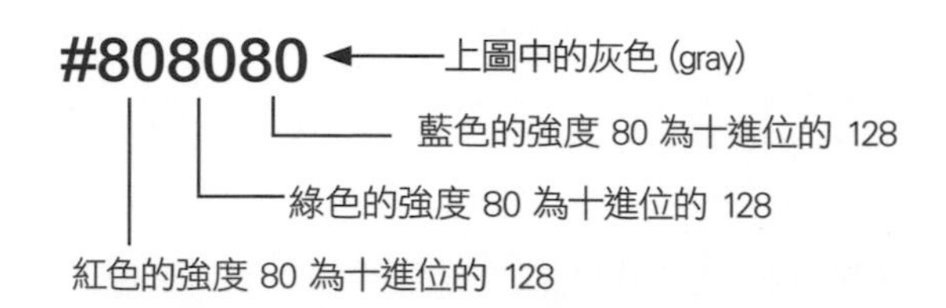

若不熟悉 16 進位運算時，可能會覺得很難使用，不過實務上，一般都是到像上面呈現顏色範例的網頁查閱顏色值，再複製到自己的網頁樣式表使用，不必真的去計算顏色值，再換算成 16 進位。

TIP 另外還有一種只以 3 個字元分別表示紅綠藍三色值的簡寫法 (例如 #fed)，此時是將每個字元重複 1 次，所以 #fed 就是 #ffeedd，#207 則為 #220077。

■ 呼叫函式計算顏色值：在 CSS 中，已定義一些可立即使用的程式功能，稱為**函式**(function)，以適當的參數呼叫 (call) 函式，它就會執行計算並產生我們所要的結果。計算顏色值的函式為 rgb()，呼叫時，需指定紅綠藍 3 色的顏色值 (十進位或百分比值)：

Ch06-14.html

```
<p>RGB是指
        <span style="color:rgb(255,0,0)">紅</span>
        <span style="color:#00FF00">綠</span>
        <span style="color:rgb(0%, 0%, 100%)">藍</span>
        三原色。</p>
```

↑ 也可用 0~100% 百分比值指定

RGB是指 紅 綠 藍 三原色。

6-4 CSS 背景效果

設定背景顏色與圖案

除了文字 (前景) 顏色外, 我們也可用 background-color 屬性來指定背景顏色, 值的設定方式和文字顏色相同:

```
background-color: green                /* 設為綠色背景 */
background-color: #ffff00              /* 設為黃色背景 */
background-color: rgb(165, 42, 42)     /* 設為棕色背景 */
```

另外我們還可用 **background-image** 來指定網頁的背景圖案。語法如下:

background-image : url(media/bg06.jpg)

圖檔路徑

在 url() 圖檔路徑參數可以是絕對路徑或相對路徑, 重點是所指定的圖檔必須存在。此外要注意背景圖案若過於花俏或複雜, 可能會影響閱讀。

Ch06-15.html

```
<body style="background-image:url(media/bg06.jpg);">
<p>小雨滴，滴滴滴，是雲的眼淚，一滴一滴飄下來。</p>
</body>
```

小雨滴，滴滴滴，是雲的眼淚，一滴一滴飄下來。

當原始圖檔較小時, 會以重複貼上的方式填滿版面

media/bg06.jpg

如果同時設定了背景顏色與背景圖案，會變成什麼樣子？

背景顏色就像牆上的油漆，而背景圖案是在牆上再貼上磁磚。所以同時設定時，預設只會看到背景圖案，看不到被覆蓋在下層的背景顏色。

由上面的例子可發現，當背景圖案比頁面還小時，預設會以重複貼上的方式填滿整個畫面。要改變此行為，可使用 **background-repeat** 屬性，可設定的值包括：

- no-repeat ：不重複顯示。
- repeat-x ：沿 X 軸方向 (橫向) 重複。
- repeat-y ：沿 Y 軸方向 (縱向) 重複。
- repeat ：沿 X、Y 軸方向重複 (預設值)。

Ch06-16.html

```
<style>
  body { background-image : url(media/bg06.jpg);
         background-repeat: repeat-y;◄——❶
         background-color : pink; }◄——❷
</style>
...
<body>
<p>小雨滴，滴滴滴，是雲的眼淚，一滴一滴飄下來。</p>
</body>
```

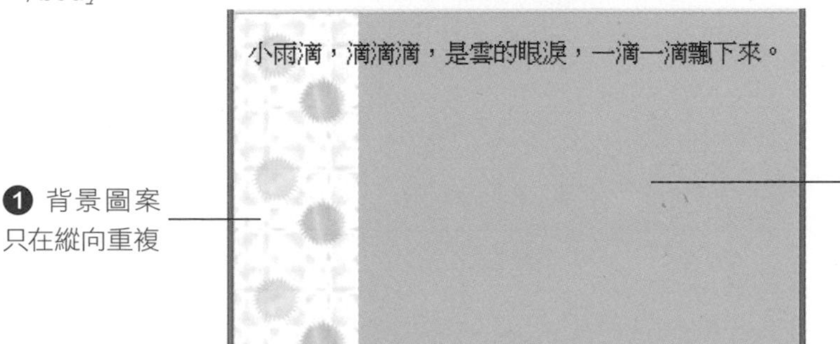

❶ 背景圖案只在縱向重複

❷ 未貼上背景圖案的部份，就可看到背景顏色了

背景圖案的顯示位置

當背景圖案未填滿版面時，您可能希望背景圖案能只放左邊、出現在中間、或顯示在底部，這些效果可透過 **background-position** (背景圖案位置) 來實現。

background-position 屬性的值和前面介紹過的顏色值類似，有一套 CSS『位置』語法可使用，此語法是將版面視為如下圖所示的 X、Y 平面座標，設定位置時，就是指定 X、Y 軸的座標位置，可使用的表示法包括：

- 位置名稱：以 left (左)、center (中)、right (右) 表示水平方向位置，top (上)、center (中)、bottom (下) 表示垂直方向位置。例如 "right buttom" 表示最右下角，"center center" 則是畫面中間。

- 百分比值：將版面由左到右、由上到下都劃分成 100 等分，再用 0～100% 表示位置，例如 "50% 50%" 為畫面中間。此外可搭配位置名稱使用，以明確表示位置，例如 "top 25% left 25%" 表示左上角四分之一的位置。

- 尺寸：也就是用本章前面介紹過的 px、cm 等單位明確指定位置，例如 "90px 60px" 表示從左上角向右 90px，再向下 60px 的位置。若配合位置名稱，可寫成 "left 90px top 60px" 或 "top 60px left 90px"。

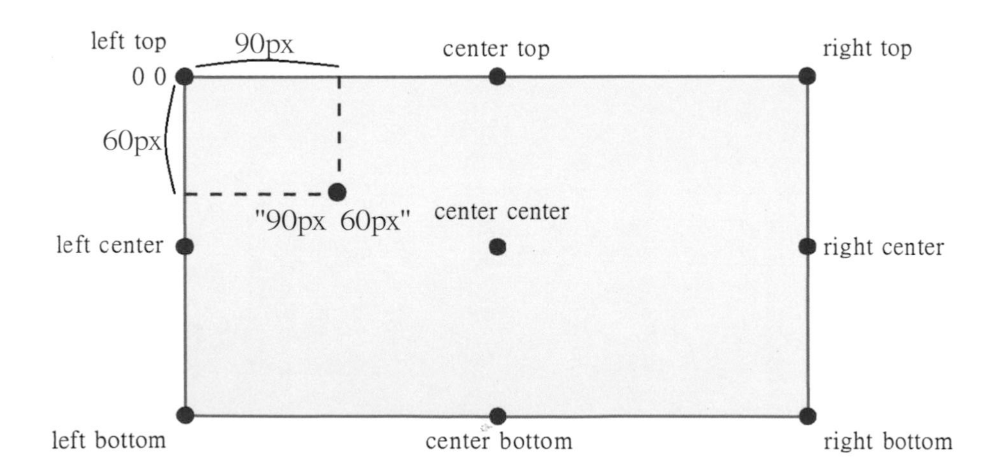

為表示平面座標位置，原則上必須指定 2 個方向的位置屬性值，但 CSS 允許只標示 1 個屬性值，此時另一個方向就預設為 center (50%)，參見以下範例：

Ch06-17.html
```
<style>
  body {
      background-image: url("media/bg14.jpg");
      background-position: 50%;
      background-repeat: no-repeat;
      height: 240px;
  }
</style>
```

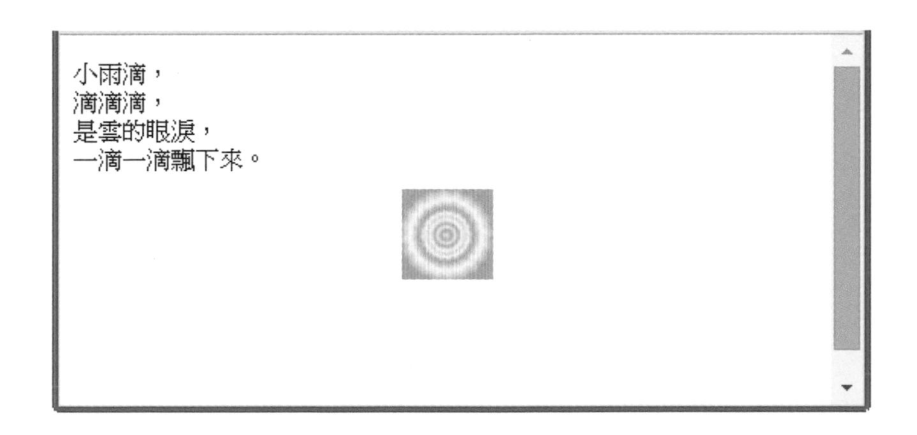

範例樣式中多加了『height: 240px;』規則指定 body 區塊的高度，這是因為本例是設定 body 的背景，且『X、Y 軸置中』，由於範例 HTML 中的文字內容並不多，使得 body 的高度略小，這將使『Y 軸置中』的效果完全看不出來，所以特別用 height 屬性指定 body 元素的高度 (在後續章節會對寬高設定做更多說明)。

我們可利用瀏覽器的**開發人員工具**來驗證上述效果，請在瀏覽器中按 F12 功能鍵，就會出現如下的畫面 (不同瀏覽器的設計者工具介面略有差異，但原則上用法都相通)：

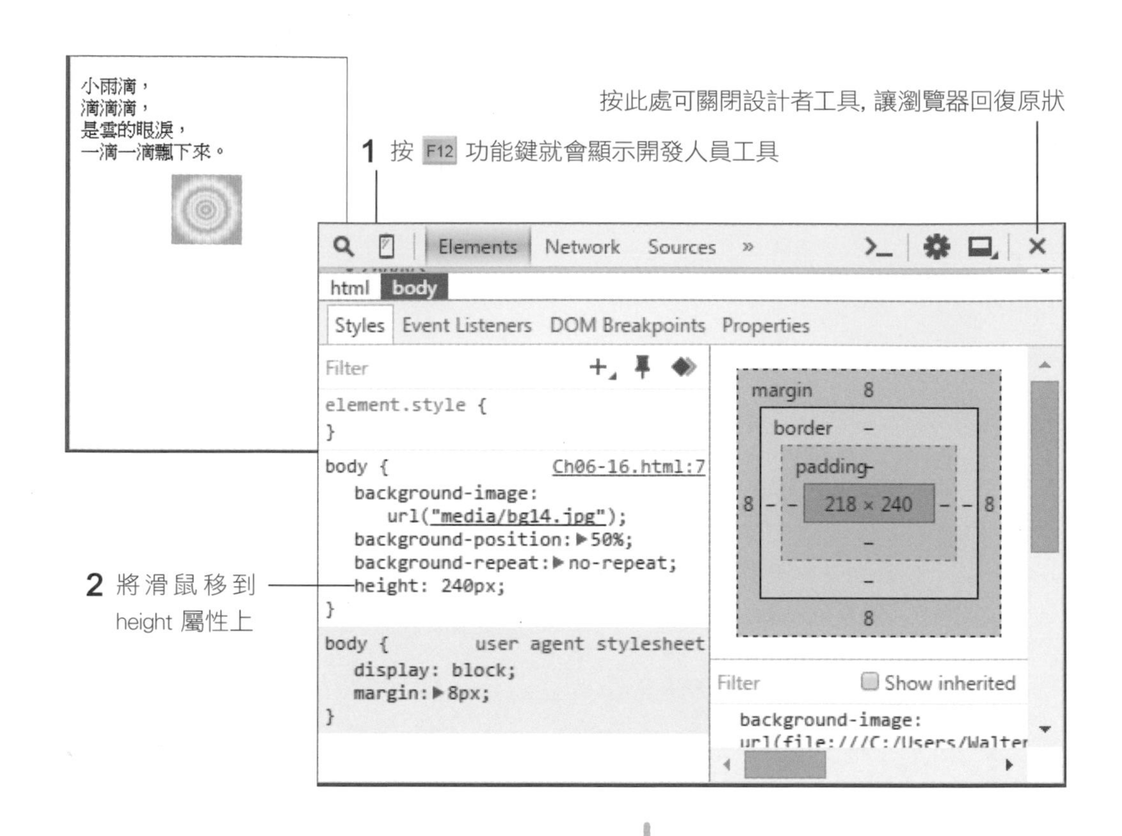

小雨滴，
滴滴滴，
是雲的眼淚，
一滴一滴飄下來。
按此處可關閉設計者工具, 讓瀏覽器回復原狀
1 按 F12 功能鍵就會顯示開發人員工具
Elements
Network
Sources
html
body
Styles
Event Listeners
DOM Breakpoints
Properties
Filter
element.style {
}
body {
Ch06-16.html:7
background-image:
url("media/bg14.jpg");
background-position:▶50%;
background-repeat:▶no-repeat;
height: 240px;
}
body {
user agent stylesheet
display: block;
margin:▶8px;
}
margin 8
border –
padding–
218 × 240
Show inherited
2 將滑鼠移到 height 屬性上

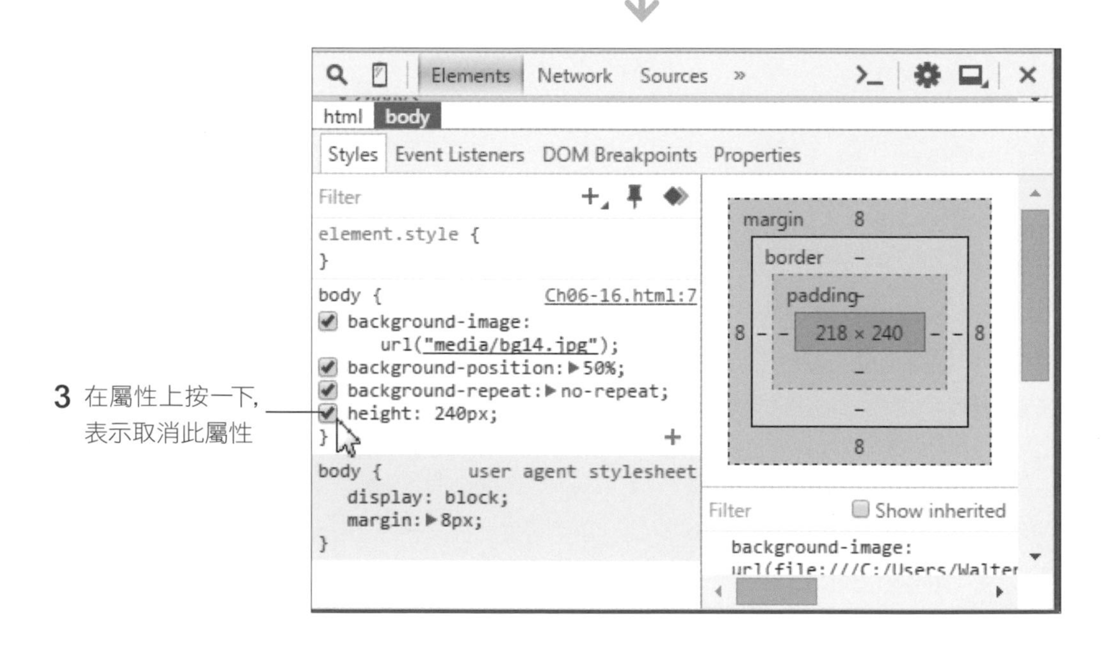

Elements
Network
Sources
html
body
Styles
Event Listeners
DOM Breakpoints
Properties
Filter
element.style {
}
body {
Ch06-16.html:7
background-image:
url("media/bg14.jpg");
background-position:▶50%;
background-repeat:▶no-repeat;
height: 240px;
}
body {
user agent stylesheet
display: block;
margin:▶8px;
}
margin 8
border –
padding–
218 × 240
Show inherited
3 在屬性上按一下, 表示取消此屬性

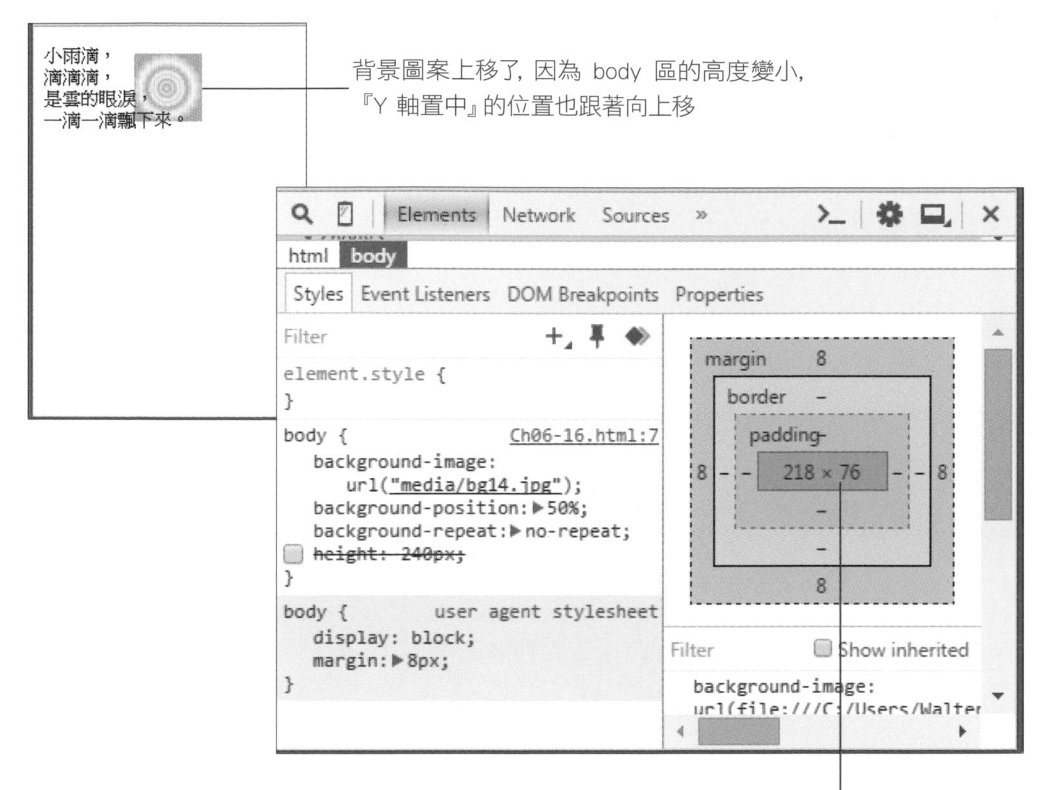

簡寫的 background 屬性

背景樣式也有簡寫的 **background** 屬性，可直接指定背景顏色或圖案等屬性，且各屬性值的順序可自由排列，只需記得以空白（或換行）將各屬性值隔開即可。例如範例 Ch06-17.html 的 3 個規則可合併成：

```
body {background: url("media/bg14.jpg")   ←用空白或換行分隔各屬性值
                  50%
                  no-repeat }
```

學習評量

選擇填充題

1. (　　) 以下何者是正確的 CSS 程式碼?

   (A) h1 {font-size=24px; font-color =red;}

   (B) h1 {font-size:24px, font-color :red;}

   (C) h1 {font-size:24px　font-color:blue;}

   (D) h1 {font-size:24px; font-color :red;}

2. (　　) 下列何者是 CSS 正確的註解語法?

   (A) // 我是註解　　(B) <!-- 我是註解 -->

   (C) /* 我是註解 */　　(D) # 我是註解 #

3. (　　) 以下何者不是文字大小的度量單位?

   (A) px　(B) cm　(C) ml　(D) em

4. (　　) 若目前 p 段落的文字大小為 30px, 則其內的 span 子元素設定 font-size:250% 樣式時, 代表多大的文字?

   (A) 25px　(B) 75px　(C) 250px　(D) 30px

5. (　　) 使用 font、background 這類簡寫的屬性指定多個樣式屬性值時, 各屬性值之間應使用什麼符號分隔?

   (A) ,　(B) :　(C) '　(D) (空白字元)

6. (　　) 要用 text-align 設定文字對齊中間時, 屬性值應設為?

(A) middle　(B) 50%　(3) center　(4) 0 100

7. 要用 HTML 匯入外部 CSS 樣式檔, 可使用______元素, 在其中使用______屬性指定路徑;要在 CSS 中匯入外部 CSS 樣式檔, 可使用________規則, 在其中使用________函式指定路徑。

8. 在 CSS 中指定顏色值, 用『#顏色值』的語法指定紅色, 可寫成__________;用 rgb() 指定藍色, 可寫成 ______________。

練習題

1. 請簡化以下的 CSS 樣式規則。

```
h1  {color:Blue }
h2  {color:Blue }
p   {font-family:標楷體}
p   {font-size :20pt }
```

2. 請設計一個個人簡歷網頁, 並用自己的相片設為背景圖案。請適度地調整文字顏色, 讓背景圖案內容不會影響文字閱讀。

MEMO

07

使用 CSS 設計框線與清單樣式

本章將說明如何利用 CSS 設計表格框線、清單樣式。設計網頁時仍要用第 4 章介紹過的元素建立表格、清單內容, 再以 CSS 調整其外觀樣式。

7-1 設定表格框線樣式

認識表格框線

第 4 章介紹表示時，介紹過可用『border="1"』替表格加上外框線，由實際的效果可看到，其框線分成 2 層：

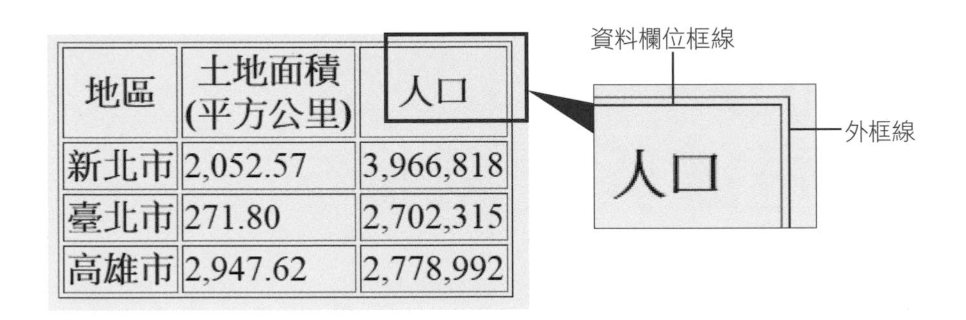

地區	土地面積 (平方公里)	人口
新北市	2,052.57	3,966,818
臺北市	271.80	2,702,315
高雄市	2,947.62	2,778,992

在 CSS 中，可個別將這兩種框線設為不同的樣式。不過一般生活中看到的表格，多數都只有『一層』框線。要製作這種只有一層的表格框線，可使用 **border-collapse** 屬性來控制：當 "border-collapse：collapse" 時，表示讓 2 層框線重疊成為一條線；預設值為 "border-collapse：seperate"，表示框線不重疊。

Ch07-01.html

```
<style>
  table {border-collapse: collapse;}
...(中略)...
<table border="1">
    <tr>
        <th>地區
        <th>土地面積<br>(平方公里)
        <th>人口
...
```

內外框線重疊

地區	土地面積 (平方公里)	人口
新北市	2,052.57	3,966,818
臺北市	271.80	2,702,315
高雄市	2,947.62	2,778,992

框線樣式、粗細與色彩

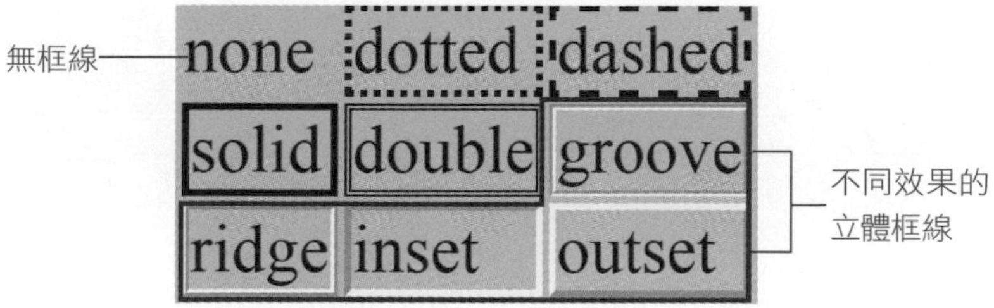

若不用 HTML 的 <table border="1"> 語法, 而要用 CSS 樣式讓表格出現框線, 必須以 **border-style** 屬性指定樣式。可使用的屬性值及其樣式如圖所示:

Ch07-02.html

```
<style>
  table   {border-spacing: 5px;}  ◄── 設定框線間距, 以方便看到效果
  td      {border-width  : 5px;}  ◄── 設定框線寬度, 參見下面説明
</style>
<table>
  <tr>
    <td style="border-style:none">none</td>
    <td style="border-style:dotted">dotted</td>
    <td style="border-style:dashed">dashed</td>
  <tr>
    <td style="border-style:solid">solid</td>
    <td style="border-style:double">double</td>
    <td style="border-style:groove">groove</td>
  <tr>
    <td style="border-style:ridge">ridge</td>
    <td style="border-style:inset">inset</td>
    <td style="border-style:outset">outset</td>
</table>
```

無框線

none	dotted	dashed
solid	double	groove
ridge	inset	outset

不同效果的立體框線

上面範例中, td 元素的樣式 **border-width** 屬性是用來指定框線寬度, 其屬性值可使用 px、em... 等度量單位 (參見前一章)。

TIP 另外也可使用預設的關鍵字 thin、medium、thick, CSS 規格中並未明確指定這 3 者的粗細是多少, 只規定 thin ≦ medium ≦ thick, 其中 medium 為預設值。

另外也可用 **border-color** 屬性來指定框線的顏色, 屬性值同樣是用前一章介紹過的內建顏色名稱, 或自行指定顏色值。

四邊框線的樣式

前述介紹的 3 個框線屬性，都是會同時套用到上、下、左、右 4 邊，若想在各邊做個別的設定，可在指定屬性時，將 4 邊的屬性值依序列出：

```
              /* 由『上』開始，依順時針方向指定 */
border-style: 上 右 下 左
border-width: 上 右 下 左
border-color: 上 右 下 左
```

另外還有 2 種寫法，也就是只設定 2 個或 3 個屬性值，此時其屬性值套用的對象如下所示：

```
              /* 設定 3 個屬性值時 */
border-style: 上 垂直  下    /* 垂直代表 『右』和『左』 */


              /* 設定 2 個屬性值時 */
border-style: 水平 垂直    /* 水平代表 『上』和『下』 */
```

只要記住『上 右 下 左』的順序就不會弄錯。只設定 3 個值時，順序仍是『上 右 下』，因為未指定到左邊，所以左邊與右邊屬性相同；只設定 2 個值時，順序是『上 右』，因為未指定到下邊，所以下邊與上邊屬性相同。

Ch07-03.html

```
<style>
      td  { border-width:15px 10px 5px 1px;
            border-color:red green blue;←❶
            border-style:solid dotted; }←❷
</style>
...(中略)...
<table>
<tr>
  <td>One</td>
  <td>Two</td>
  <td>Three</td>
</table>
```

❶"border-color:red green blue" 表示上紅、左右綠、下藍
❷"border-style:solid dotted" 表示上下實線、左右虛線
One
Two
Three

另一個設定方式，則是每一邊都使用個別的屬性，上列的屬性都可在屬性名稱中間插入 "-top"、"-right"、"-bottom"、"-left" 關鍵字，表示只設定上、右、下、左單邊的屬性，例如以下是設定框線顏色：

```
border-top-color    :black
border-right-color  :#44CC00
border-bottom-color :rgb(0, 128, 255)
border-left-color   :yellow
```

border-width、border-style 屬性也都可用相同的方式個別設定，在此就不一一說明。

簡便框線設定：border 屬性

若要一次就指定框線所有的屬性，可使用 **border** 屬性來設定。

框線粗細、顏色、樣式等屬性值的順序可隨意排列，且不一定要全部指定 (不過因 border-style 無預設值，不指定框線樣式可會看不到框線)：

```
border : 5px  black  solid  ←設定框線為『寬度 5px、黑色、實心線』
border : solid 1em          ←定框線為『實心線、寬度 5px』，顏色預設為黑色
border : dotted             ←設定框線為『虛線』，顏色預設為黑色，寬度預設為 medium
```

而且此屬性同樣可加 "-top"、"-right"、"-bottom"、"-left" 關鍵字，只設定單邊的框線樣式。請參見以下綜合範例：

Ch07-04.html

```
<style>
    table {
        border: 0.5em orange ridge;  ← ❶
        border-top: solid MidnightBlue 10px;  ← ❷
        font: 20px 標楷體;
    }
    td  {
        border-bottom: dashed #FF6666 medium;  ← ❸
    }
</style>
...(中略)...
<table>
    <tr><td><img src="media/sunset.jpg"></td></tr>
    <tr><td>
        <p>「夕陽無限好，只是近黃昏。」一李商隱
        <p>只有欣賞過夕陽的人，才能感受到這首詩的美麗與哀愁。
        千百年來，它引起了無數騷人墨客與文人雅士的共鳴！</td></tr>
</table>
```

❷以 border-top 設定 table 元素的上框線
❸對 td 元素設定下框線樣式的效果
「夕陽無限好，只是近黃昏。」一李商隱
只有欣賞過夕陽的人，才能感受到這首詩的美麗與哀愁。 千百年來，它引起了無數騷人墨客與文人雅士的共鳴！
❸td 元素的下框線
❶table 元素的框線樣式

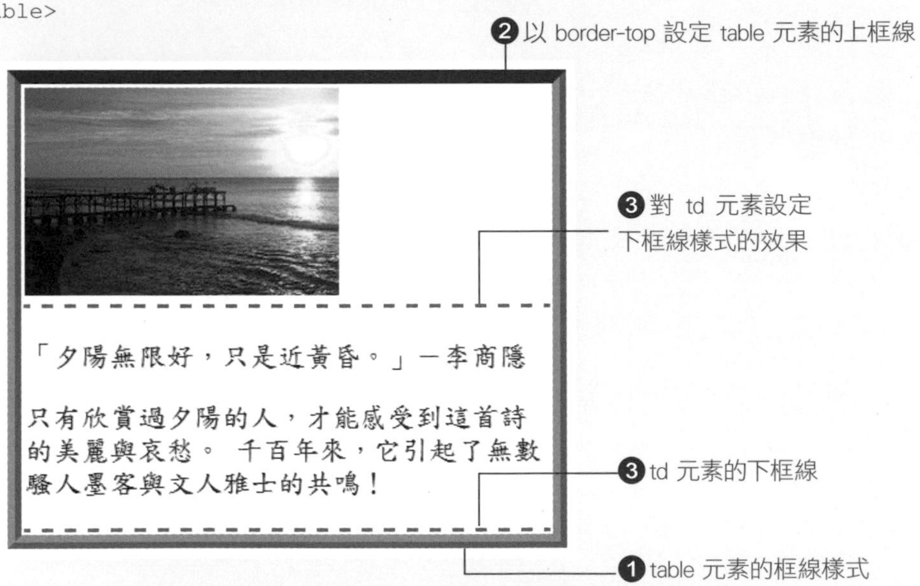

圓角框線

使用 CSS3 提供的框線半徑屬性 **border-radius**, 可以畫出**圓角**框線:

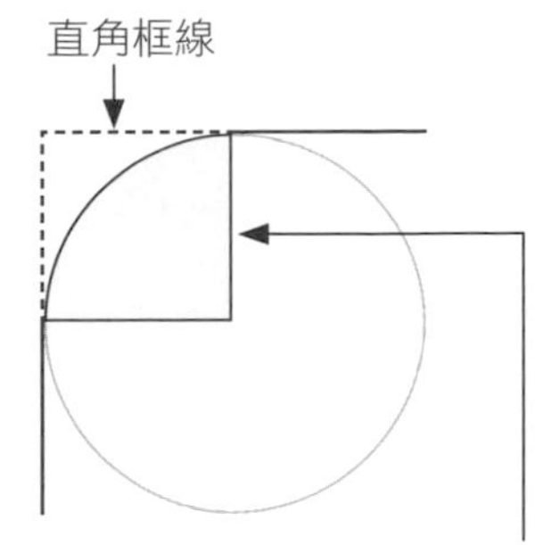
直角框線
使用 border-radius 指定圓角框線的半徑

border-radius 只設定 1 個屬性值時, 表示 4 個角都使用相同的半徑;另外可直接指定 4 個半徑, 表示左上、右上、右下、左下 (順時鐘方向) 4 個圓角的半徑:

Ch07-05.html

```
table {
  border: 10px orange ridge;
  border-radius: 10px 20px 30px 40px; /* 4 角設定不同的半徑 */
  font: 20px 標楷體;
}
```

❶ ❷ ❸ ❹

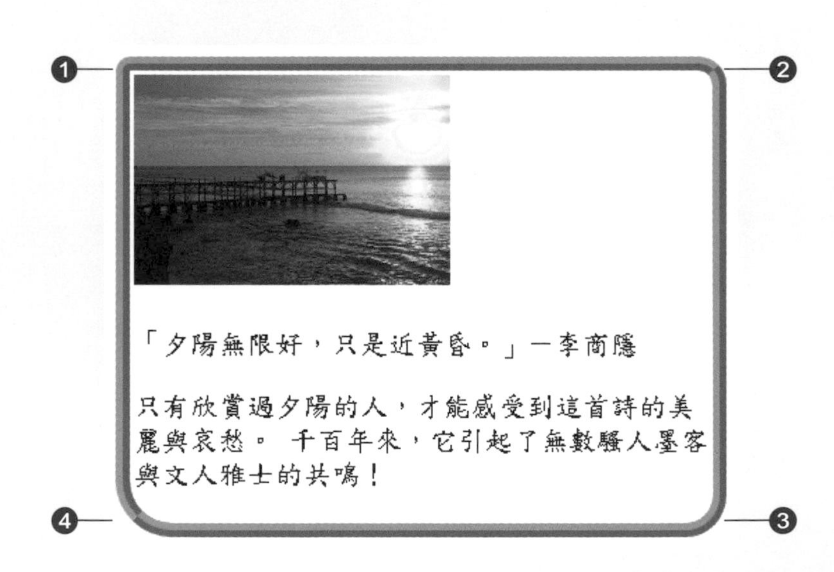
❶
❷
「夕陽無限好，只是近黃昏。」一李商隱
只有欣賞過夕陽的人，才能感受到這首詩的美麗與哀愁。 千百年來，它引起了無數騷人墨客與文人雅士的共鳴！
❹
❸

7-2 框線的各種應用

框線樣式也能套用在文字、圖片等元素，以製作各種不同效果。在此就舉幾個簡單的例子，來看如何利用框線讓網頁文字有不同的編排。

設計水平分隔線

例如使用 border-bottom 設定下框線，可取代 hr 的分隔效果。

Ch07-06.html

```
<style>
  p  { border-bottom: solid blue 2px;  }←── ❶
  h3 { border-bottom: solid navy thick;  }←── ❷
  img {float:left; }←──此樣式讓圖片會顯示在文字左側，第 8 章會進一步說明
</style>
...(中略)...
<img src="https://www.flag.com.tw/images/cover/middle/F5128.gif">
<h3>想學會 Linux 不一定要挑戰艱澀的指令，親切的視窗環境，
    有效降低學習門檻、建立信心，讓你學 Linux 可以輕鬆、紮實，
    又有效率！</h3>
<p>◆ 專為初學者設計，完整實測、逐步示範講解
<p>◆ 不怕弄壞系統，Live DVD 免安裝開機立即體驗，馬上學習
<p>◆ 從操作、管理到架站，正確觀念詳實解析
<p>◆ 統整 Linux 系統管理經驗，分享實用技巧
<p>◆ 用 Linux 成功架站，穩定性高、成本低、功能強！
```

利用框線強調文字

將上一個例子略做變化，則可利用框線標示文字，以突顯或修飾文字。

Ch07-07.html

```
<style>
span{ border-bottom: dotted red 2px;  }  ← ❶
h2  {
      border-top   : solid green thick;  ┐
      border-bottom: solid blue thick;   ┘ ← ❷
    }
</style>
...(中略)...
<h2>鹽檸檬食譜</h2>
<p>只靠<span>鹽檸檬</span>的調味， 就可以變化出一道道清爽健康的新
   風味料理。這邊介紹的搭配以<span>西洋料理</span>為主， 不論是以沙拉
   為主的蔬食料理， 或是醋醃&香煎的海鮮、肉類、義大利麵、各式麵食、
   麵包、飯食、湯品甚至甜點， 都能做搭配。</p>
<h2>鹽柚子食譜</h2>
<p>清爽的<span>日式料理</span>能徹底發揮<span>鹽柚子</span>
   飽含清新香氣與鹹味的特點。柚子的酸味不只可以搭配高湯，
   與味噌或芝麻的味道也很合。將食材的原味發揮到淋漓盡致、
   讓人吃了能夠放鬆心情。</p>
```

❶ 利用虛線標示重點 ❷ 標題文字加上、下框線

鹽檸檬食譜

只靠鹽檸檬的調味，就可以變化出一道道清爽健康的新風味料理。 這邊介紹的搭配以西洋料理為主，不論是以沙拉為主的蔬食料理，或是醋醃&香煎的海鮮、肉類、義大利麵、各式麵食、麵包、飯食、湯品甚至甜點，都能做搭配。

鹽柚子食譜

清爽的日式料理能徹底發揮鹽柚子 飽含清新香氣與鹹味的特點。柚子的酸味不只可以搭配高湯，與味噌或芝麻的味道也很合。將食材的原味發揮到淋漓盡致、 讓人吃了能夠放鬆心情。

用框線製作項目符號

利用同樣的技巧，我們可使用 border-left 屬性來設定寬度適當的框線來代替項目符號：

Ch07-08.html

```
<style>
    .item1  { border-left: solid #2244FF 1em;  }
    .item2  { border-left: solid #3366FF 1.5em;}
    .item3  { border-left: solid #4488FF 2em;  }
    .item4  { border-left: solid #55AAFF 2.5em;}
    .item5  { border-left: solid #66CCFF 3em;  }
</style>
...(中略)...
<p class="item1">專為初學者設計，完整實測、逐步示範講解</P>
<p class="item2">不怕弄壞系統，Live DVD 免安裝開機立即體驗，馬上學習</P>
<p class="item3">從操作、管理到架站，正確觀念詳實解析</P>
<p class="item4">統整 Linux 系統管理經驗，分享實用技巧</P>
<p class="item5">用 Linux 成功架站，穩定性高、成本低、功能強！</P>
```

搭配類別選擇器，以 border-left 設計 5 組不同的左框線樣式

想學會 Linux 不一定要挑戰艱澀的指令，親切的視窗環境，有效降低學習門檻、建立信心，讓你學 Linux 可以輕鬆、紮實，又有效率！

專為初學者設計，完整實測、逐步示範講解

不怕弄壞系統，Live DVD 免安裝開機立即體驗，馬上學習

從操作、管理到架站，正確觀念詳實解析

統整 Linux 系統管理經驗，分享實用技巧

用 Linux 成功架站，穩定性高、成本低、功能強！

利用左框線模擬項目符號的效果

7-3 CSS 清單樣式

第 4 章介紹清單元素時, 提過可用 type 屬性指定項目編號的樣式。若想做更多的變化, 可使用 CSS 下列 3 個屬性設定 (可合併成簡寫的 **list-style**):

- **list-style-type**: 設定項目符號 / 編號樣式。
- **list-style-image**: 設定項目符號 / 編號圖案。
- **list-style-position**: 設定項目符號 / 編號位置。

無序號清單的項目符號樣式

在 ul 清單中, list-style-type 屬性可設為下列的屬性, 讓清單項目使用不同的符號:

- disc (預設值): 實心圓點 ●。
- circle: 空心圓點 ○。
- square: 實心方塊 ■。
- none: 不顯示項目符號。

範例請參見下頁, 讀者可舉一反三。

此例中也應用 **list-style-position** 屬性設定項目符號位置, 屬性值可設為 outside 或 inside。outside 為預設值, 表示項目符號是放在項目 li 元素之外; 若設為 inside, 則項目符號是放在項目 li 元素之內。

Ch07-09.html

```
<style>
    .squ_out  {
        list-style-type:square;◄── ❶
        color: blue;
    }
    .cir_in   {
        list-style-type:circle;◄── ❷
        list-style-position:inside;◄── ❸
        color: tomato;
    }
</style>
<h3>Fedora Linux 系統管理與架站實務</h3>
<ul class="squ_out">
    <li>專為初學者設計, 完整實測、逐步示範講解
    ...
<h3>Ubuntu Linux 實務應用</h3>
<ul class="cir_in">
    <li>Windows / Linux 多重開機選單設定
    ...
```

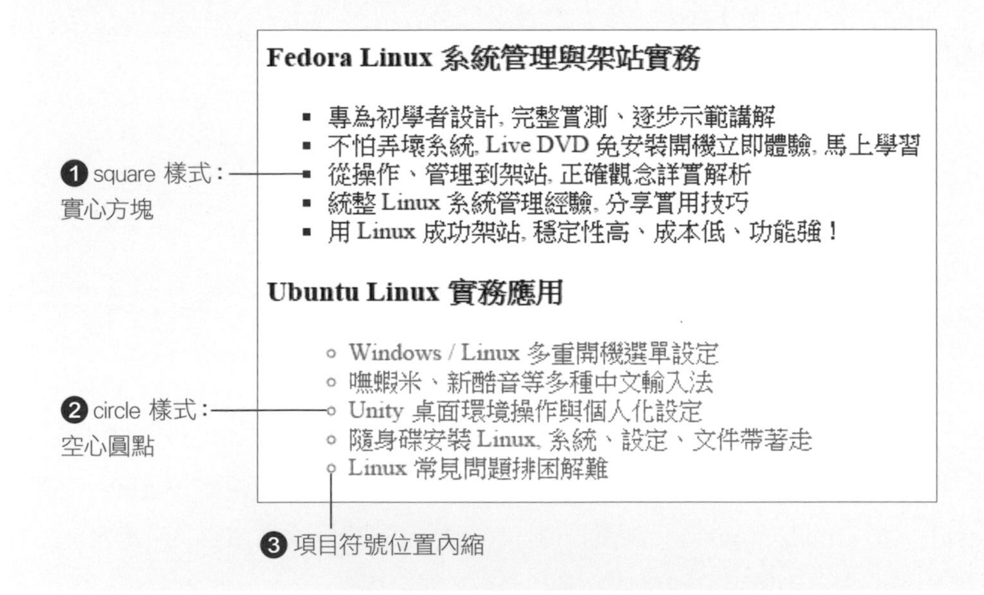

Fedora Linux 系統管理與架站實務
專為初學者設計, 完整實測、逐步示範講解
不怕弄壞系統, Live DVD 免安裝開機立即體驗, 馬上學習
從操作、管理到架站, 正確觀念詳實解析
統整 Linux 系統管理經驗, 分享實用技巧
用 Linux 成功架站, 穩定性高、成本低、功能強！
Ubuntu Linux 實務應用
Windows / Linux 多重開機選單設定
嘸蝦米、新酷音等多種中文輸入法
Unity 桌面環境操作與個人化設定
隨身碟安裝 Linux, 系統、設定、文件帶著走
Linux 常見問題排困解難
❶ square 樣式：實心方塊
❷ circle 樣式：空心圓點
❸ 項目符號位置內縮

有序號清單的序號樣式

第 4 章介紹過 ol 清單可用 type 屬性設定數字、大小寫英文、大小寫羅馬數字等 5 種樣式。在 list-style-type 屬性中, 除了仍可用 4-3 頁的 type 屬性值設定樣式外, 也可使用許多其它樣式, 以下列出幾種常見的樣式:

屬性值	說明	範例
cjk-ideographic	中文數字	一、二、三、...
decimal-leading-zero	1~9是個位數會補 0 的數字	01、02、03、...
lower-greek	小寫希臘字母	α、β、γ、...
cjk-earthly-branch	地支	子、丑、寅、...
cjk-heavenly-stem	天干	甲、乙、丙、...
trad-chinese-formal	大寫中文數字	壹、貳、參、...
trad-chinese-informal	(同 cjk-ideographic)	一、二、三、...

像上表所示的中文數字, 其實還支援百、千、萬等數字。我們可在 li 元素中設定 value 屬性值來測試其效果:

Ch07-10.html

```
<style>
    ol   {list-style: trad-chinese-formal inside;
          color:red;}
    body {border: inset lime 6px;   }
    span {color:grey}
</style>
...
<body>
    <h3>人工吹製耐熱雙層玻璃杯</h3>
    <ol>
    <li value="101"><span>玻璃光滑...
    <li value="2020"><span>抗酸性、...
    <li value="30003"><span>耐熱玻璃...
    <li value="440000"><span>雙層設計...
    </ol>
</body>
```

❶ trad-chinese-formal ❷ inside

本例使用 list-style 簡寫屬性, 同時設定 list-style-type 和 list-style-position 的屬性值

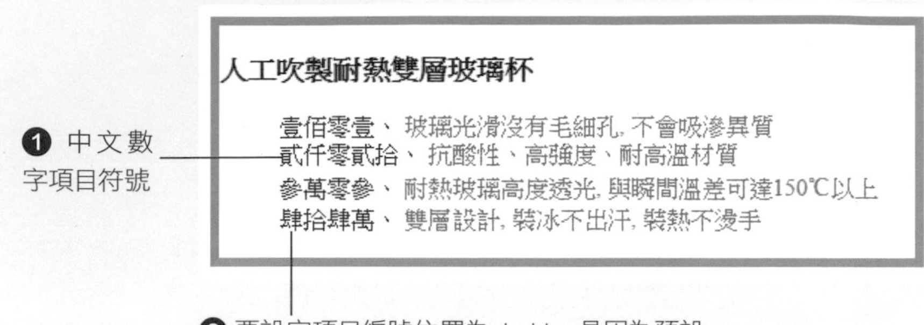

人工吹製耐熱雙層玻璃杯
壹佰零壹、 玻璃光滑沒有毛細孔, 不會吸滲異質
貳仟零貳拾、 抗酸性、高強度、耐高溫材質
參萬零參、 耐熱玻璃高度透光, 與瞬間溫差可達150℃以上
肆拾肆萬、 雙層設計, 裝冰不出汗, 裝熱不燙手
❶ 中文數字項目符號
❷ 要設定項目編號位置為 inside, 是因為預設的 outside 會讓編號文字左邊超出瀏覽器畫面

這個範例中也練習使用簡寫的 list-style 屬性同時設定項目編號樣式及位置。

TIP list-style 屬性的用法較彈性, 不像 font 屬性還規定必要屬性值及屬性值順序, 使用 list-style 屬性就算只指定一個項目編號屬性值, 也能正常生效。

CSS3 還支援許多其它語系的數字編號, 有興趣者可參見官方文件： http://www.w3.org/TR/css-counter-styles-3/。

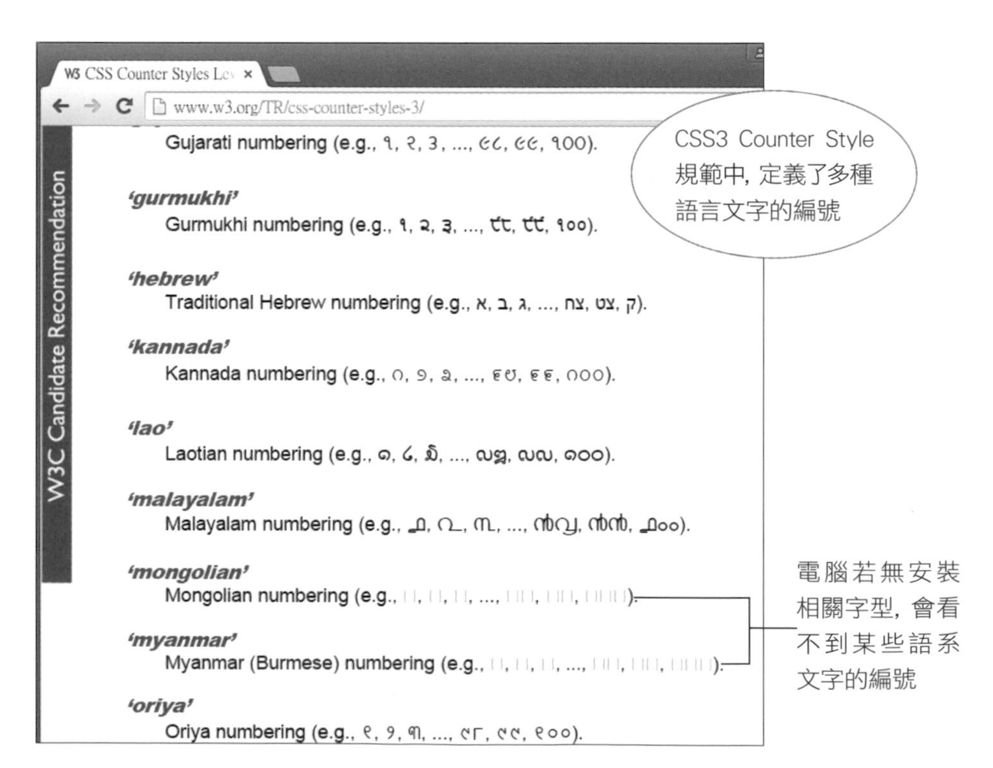

使用圖案做為項目符號

用 list-style-image 屬性可指定以圖案做為項目符號，屬性值可用 url("圖檔路徑") 來設定。如果指定的圖案是 GIF 動畫，則項目符號就會呈現動畫效果，例如以下的例子：

Ch07-11.html

```
ul    {list-style-image: url("media/icon_heart.gif"); }◄──❶
li:last-child ◄── :last-child 代表最後 1 個項目，此處將最後一項設為不同項目圖案
      {list-style-image: url("media/icon_house.gif"); }◄──❷
```

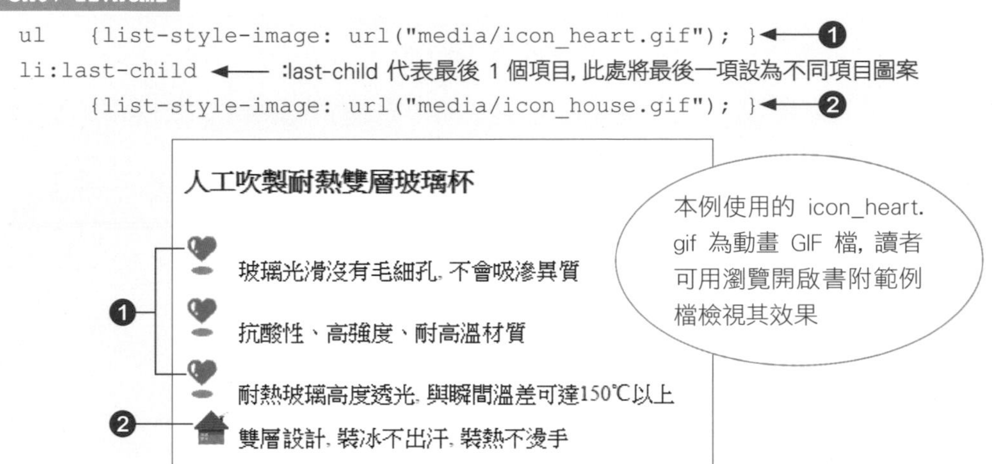
人工吹製耐熱雙層玻璃杯
玻璃光滑沒有毛細孔，不會吸滲異質
抗酸性、高強度、耐高溫材質
耐熱玻璃高度透光，與瞬間溫差可達150℃以上
雙層設計，裝冰不出汗，裝熱不燙手
❶
❷
本例使用的 icon_heart.gif 為動畫 GIF 檔，讀者可用瀏覽開啟書附範例檔檢視其效果

利用去背處理改善項目圖案效果

使用圖檔做項目符號時，要注意若網頁同時設定了背景顏色或背景圖案，則項目符號的圖案可能要用影像軟體做俗稱的『去背』處理 (讓圖檔的背景設為『透明無色』)，否則項目符號的背景顏色 (例如白色) 會疊在網頁上。

例如我們將上面的小房字圖案做了一個白色背景版本，當它出現在有背景的網頁上，就會變成如右的效果：

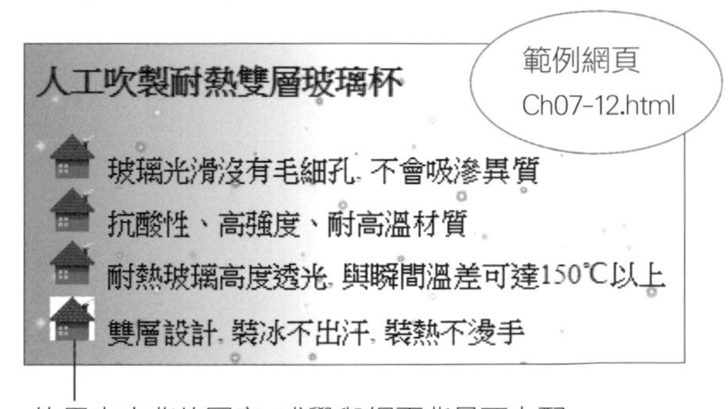
人工吹製耐熱雙層玻璃杯
範例網頁
Ch07-12.html
玻璃光滑沒有毛細孔，不會吸滲異質
抗酸性、高強度、耐高溫材質
耐熱玻璃高度透光，與瞬間溫差可達150℃以上
雙層設計，裝冰不出汗，裝熱不燙手

使用未去背的圖案，感覺與網頁背景不太配

當然將項目符號圖檔背景色修改成與網頁背景相同亦可，但使用去背的圖案仍是比較方便。

學習評量

選擇填充題

1. (　　) 用 <table border="1"> 建立表格時, 預設會有兩層框線：整個表格有外框線, 內部每個儲存格也有自己的框線。若想相鄰的表格框線合併成單一條框線, 可設定樣式：

   (A) border-line : single;　(B) border-format: single;

   (C) border-collapse: collapse;　(D) border-combine : combine;

2. (　　) 使用 border-width 設定框線粗細時, 下例何者**不是**合理的屬性值？

   (A) 5px　(B) 2em　(C) thick　(D) solid

3. (　　) 想讓清單中出現 I、II、III、IV 的項目符號, 應如何設定？

   (A) {list-style-type:upper-roman;}　(B) {list-style-type:lower-roman;}

   (C) {list-style-type:upper-alpha;}　(D) {list-style-type:lower-alpha;}

4. (　　) 關於 list-style-position 的用途, 下列敘述何者為真？

   (A) 可以使項目符號顯示在螢幕的任意位置。

   (B) 可以使項目符號不顯示出來。

   (C) 可以使項目符號顯示在項目文字的右側。

   (D) 可以使項目符號加入項目文字區塊內。

5. (　　) 要用 list-style-image 設定以自訂圖案為項目符號, 需用什麼函式取得圖檔路徑？ (A) url()　(B) img()　(C) link()　(D) src()

6. (　　) 若未設定 ol 項目符號的外觀, 預設會以哪一種形式來顯示?

(A) A 、 B 、 C 、 D　　　(B) 1 、 2 、 3 、 4

(C) i、 ii、 iii、 iv　　　(D) ■、■、■、■

7. 若設定 border-width {10px 5px;}, 則四邊框線的寬度分別是:
上___, 下___, 左___, 右___。

8. 若設定 border-width {3px 6px 1em;}, 則四邊框線的寬度分別是:
上___, 下___, 左___, 右___。

練習題

1. 請試建立一簡單的 2x2 表格, 儲存格使用 1em 寬的實心框線, 並讓各儲存格框線套用不同的顏色。

2. 請試做一個包含 2 層無序號清單的網頁:上層使用 ul 清單, 且項目符號使用自訂的圖案;第 2 層清單使用 p 元素建立項目, 並利用左框線做出矩形的項目符號。

MEMO

08

使用 CSS 設計版面與特效

想讓網頁更有設計感, 就要利用 CSS 來控制、安排網頁中各元素的版面位置、大小, 本章將先認識 CSS 的 Box Model, 再來說明各種版面控制的屬性。另外本章也要介紹能讓網頁產生動態效果的 CSS 樣式屬性, 搭配前 2 章介紹的 CSS 樣式屬性, 就能實作出各種網頁特效。

8-1 CSS BOX 模型

認識 CSS BOX 模型

網頁文件呈現在瀏覽器時，每個元素的內容都是呈現在一個矩形的方塊中，這個方塊的大小、框線等，就由 CSS 樣式規則決定 (若網頁沒有指定 CSS，則瀏覽器會使用其內建的 CSS 樣式表，例如瀏覽器內建樣式表設定『i {font-style: italic;}』，所以 i 元素中的文字會呈現為斜體字)。

CSS 有一套完整的 BOX 模型 (Box Model)，規範這個元素方塊的外觀、排列。以下就利用框線樣式及瀏覽器的開發人員工具來認識一下 CSS 的 BOX 模型。

Ch08-01.html

```
<style>
    body     { font-size: 1.2em; }
    body,img { border: dashed black 2px; }
    p,h2     { border: solid  blue   2px; }   ← 替各元素加上框線
    span     { border: dotted red    2px; }
</style>
...
<img src="https://www.flag.com.tw/images/cover/middle/F5251.gif">
<h2>鹽檸檬食譜</h2>
<p>只靠<span>鹽檸檬</span>的調味, ...
```

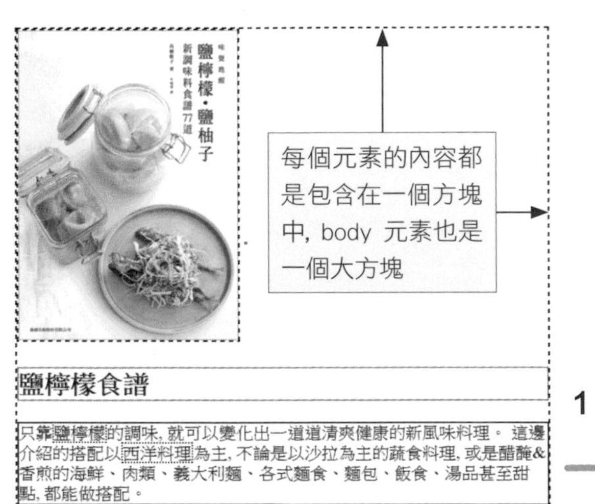

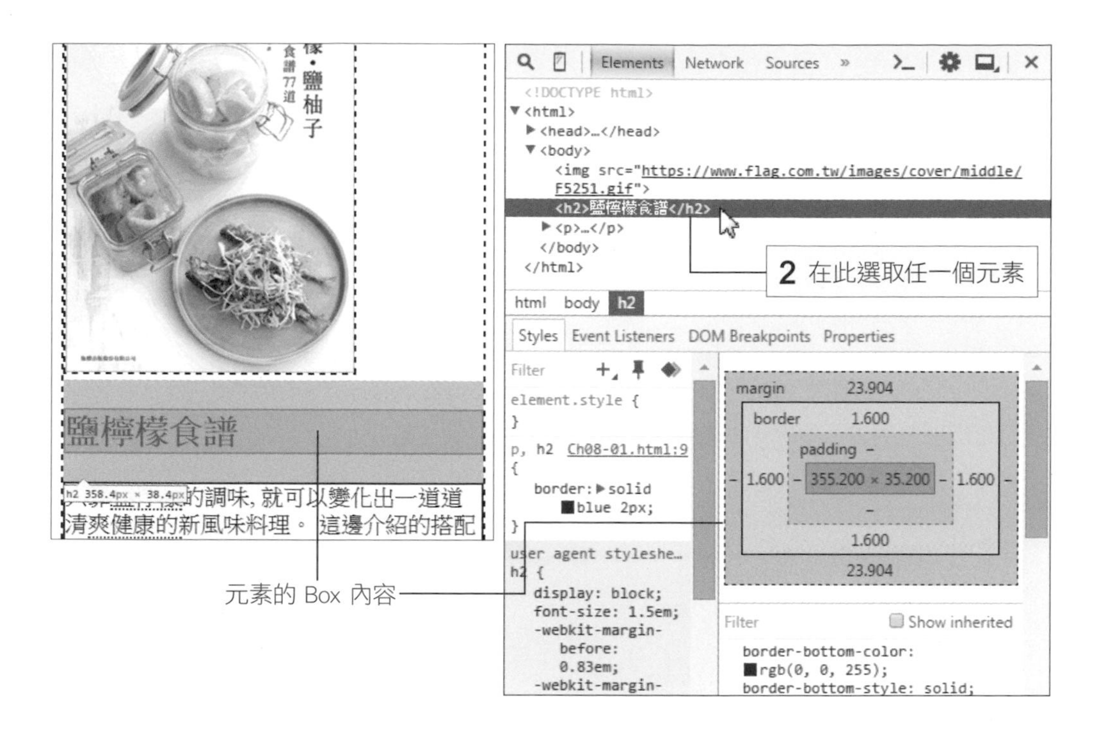

由右圖右下角可看到, 元素的 Box 由外到內包含 4 個部份:

- margin:最外圈的部份, 中文可稱為邊界。
- border:框線。
- padding:內距, 是元素內容 (例如文字) 與框線間的留白部份, 如果元素有設定背景 (顏色或圖案), 背景也會填入 padding 的部份。
- 內容區 (Content Area):元素內容的文字或圖片。

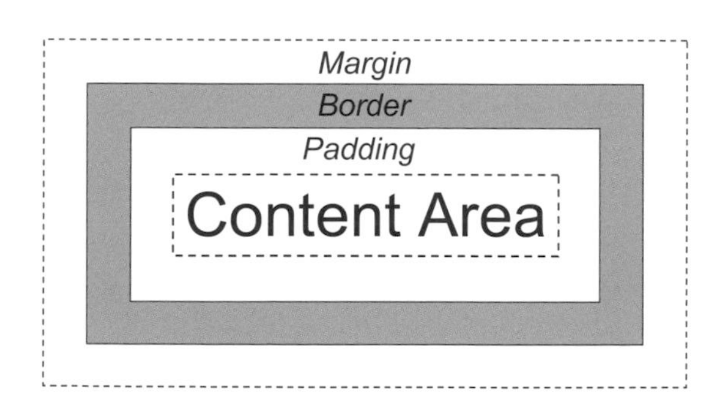

其中 margin 和 padding 區域的寬度 (粗細) 可用 **margin、padding** 設定，且和前一章介紹的 border 屬性類似，可加上 -top、-left...等關鍵字獨立設定單邊的屬性值，但 margin 和 padding 僅能設定寬度，不能設定顏色、樣式。

以下試著設定 margin、border、padding 及背景顏色來觀察其效果：

Ch08-02.html

```
<style>
    img, h2, p, span {
        border: dotted black 1px;
        margin: 15px 5px;   ←❶
        padding:5px 15px;   ←❷
    }
    h2, span {background: #EEE;}   ←❸
</style>
```

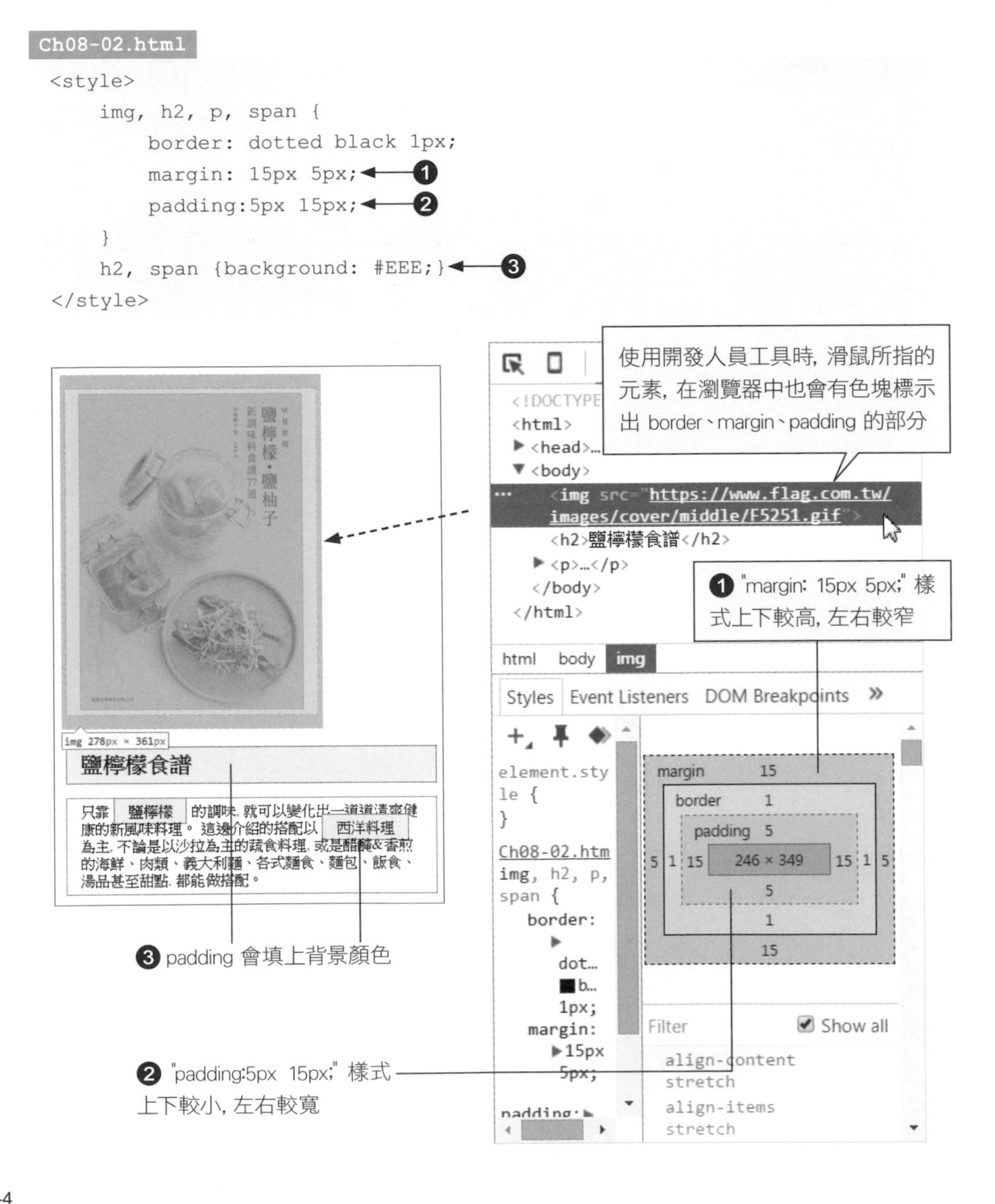
使用開發人員工具時，滑鼠所指的元素，在瀏覽器中也會有色塊標示出 border、margin、padding 的部分
❶ "margin: 15px 5px;" 樣式上下較高，左右較窄
❸ padding 會填上背景顏色
❷ "padding:5px 15px;" 樣式上下較小，左右較寬
鹽檸檬食譜
只靠 鹽檸檬 的調味，就可以變化出一道道清爽健康的新風味料理。這邊介紹的搭配以 西洋料理 為主，不論是以沙拉為主的蔬食料理，或是醋醃&香煎的海鮮、肉類、義大利麵、各式麵食、麵包、飯食、湯品甚至甜點，都能做搭配。

當我們使用較寬的框線、邊界...時, 它們會佔用較大的空間, 進而改變元素內容的位置。例如 Ch08-02.html, 除了 1px 的框線外, 因為額外的 margin 和 padding 空間, 使網頁中的圖文內容, 看起來比 Ch08-01.html 稍微向右下方移動。

在某些情況下, 相鄰元素的邊界會有重疊的效果 (margin-collapsing), 像上例中 h2 標題與後面文字段落 p 的邊界就重疊了 (下圖❶), 所以兩者間距就不像圖與標題間那麼大 (下圖❷)。

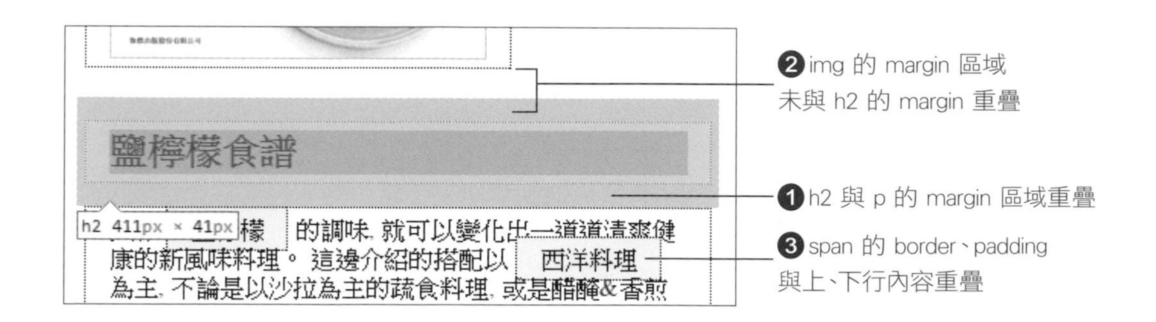

另外在文字段落中的 span 元素, 其背景顏色、框線 (上圖❸) 都與前後、上下的內容重疊了, 這是因為 span 屬於**行內 (inline)** 元素, 其高度是由行高決定, 因此雖然設定了邊界、內距樣式, 但由於行高限制, 邊界、內距不會把上、下的文字『推開』, 所以在瀏覽器看到的邊界、框線、內距, 就會與上下的內容重疊。

和行內元素相對的, 稱為**區塊 (Block)** 元素, 其排列就像上面範例中的 h2、p 元素, 會由上而下順序排列、放置。

img 元素比較特別, 同時具備行內與區塊的性質, 稱為 **inline-block**, 與其它 inline 或 inline-block 元素在一起時, 會呈現左右並列的效果 (參見 8-13 頁)。但即使排列在行內, 預設會像區塊元素一樣有一定的寬高, 不會像上面的 span 元素會與週邊元素重疊 (上圖❷)。

在 CSS 規範中，將包含元素方塊 (Box) 的矩形區塊稱為 Containing Block (區塊)，亦即後者決定了實際顯示出來的區塊與位置。雖然兩者在定義上有其不同，但初學 CSS 不必也不需去詳細區分其間的差異，以下我們就以『**區塊**』泛稱元素的 Box 和 Block。

設定區塊大小

元素區塊的大小，原則上是元素內容再加上 margin、border、padding 的大小，若要明確指定內容 Box 大小，可用 width、height 屬性來設定。其屬性值可使用第 6 章介紹過的尺寸，預設值為 auto，表示由瀏覽器自行計算。以下就是簡單的範例：

Ch08-03.html

```
<style>
    img {width:240px; height:320px;}          ← ❶
    h2,p{width:50%; background: yellow;}      ← ❷
</style>
```

鹽檸檬食譜

只靠鹽檸檬的調味，就可以變化出一道道清爽健康的新風味料理。這邊介紹的搭配以西洋料理為主，不論是以沙拉為主的蔬食料理，或是醋醃&香煎的海鮮、肉類、義大利麵、各式麵食、麵包、飯食、湯品甚至甜點，都能做搭配。

❶ 圖片依指定的大小顯示

❷ 寬度樣式為『width:50%;』，會隨其父元素 **body** 寬度調整，若將視窗拉寬，h2、p 的寬度也會增加

8-2 控制元素定位

區塊元素的預設是由上而下依序排列，行內元素則會由左至右排列。我們可以利用 CSS 來調整排列的方式，或明確指定位置。

TIP 包括 article、aside、body、form、footer、h1～h6、header、hr、nav、ol、p、section、table、ul、video 等都是區塊元素。

使用 float 屬性製作文繞圖效果

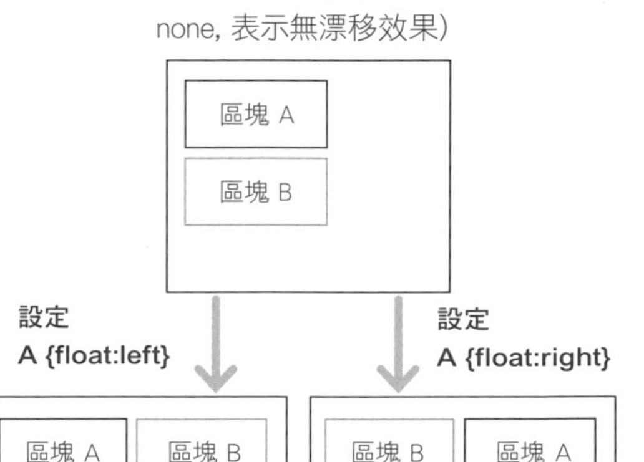

在前幾章有幾個範例，已使用過 **float** 屬性。利用此屬性，可以控制區塊從原本的版面排列中『漂』到左邊 (屬性值 left) 或右邊 (屬性值 right)。原本在其下的區塊，則會上移，變成在 float 區塊的旁邊。

例如以下的範例：

Ch08-04.html

```
<style>
    img {width:240px; height:320px;}
    h2,p{background: yellow; margin-left:2em;}
    .right {float:right} ◀ ❶
    .left  {float:left}  ◀ ❷
    div {background: orange;}
</style>
...(中略)...
<img class="left"
     src="https://www.flag.com.tw/images/cover/middle/F5251.gif">
<h2>鹽檸檬食譜</h2>
<p>只靠鹽檸檬的調味，就可以變化出一道道清爽健康的新風味料理。
這邊介紹的搭配以西洋料理為主，不論是以沙拉為主的蔬食料理，
或是醋醃&香煎的海鮮、肉類、義大利麵、各式麵食、麵包、飯食、
湯品甚至甜點，都能做搭配。</p>
<hr>
<div class="left">上一頁</div>
<div class="right">下一頁</div>
```

❷ 利用 "float:left" 將圖片及『上一頁』移到左邊

div 元素

上面的例子第 1 次用到 **div** 元素，它和第 6 章介紹的 span 元素類似：沒有任何語意、結構上的意思及視覺效果。不過 **div 是區塊元素；span 則為行內元素**。想替 HTML 文件局部內容套用 CSS 樣式或用 JavaScript 控制，就可以視情況使用 div 或 span 元素來標示。

TIP 在 HTML5 新增第 2 章介紹的多種可標示語意的元素後，也有許多人改用這些新元素來取代 div。

利用 clear 屬性限制區塊左右有無 float 區塊

使用 float 將區塊移到左右邊時，有時會有非預期的效果。例如您可能希望某個區塊的旁邊不要有 float 的區塊。以前面的範例來說，想讓 hr 分隔線從畫面左邊畫到右邊，可利用 **clear** 樣式屬性調整。屬性值可設為：

- none：預設值，維持原排列方式。
- left：若左邊出現 float 區塊，則將本區塊向下移，直到左邊沒有 float 區塊為止。
- right：若右邊出現 float 區塊，則將本區塊向下移，直到右邊沒有 float 區塊為止。
- both：若左右任一邊出現 float 區塊，則將本區塊向下移，直到兩邊都沒有 float 區塊為止。

例如要讓範例 Ch08-04.html 中的 hr 分隔線維持原本從畫面左邊到右邊的效果，只需設定 "hr {clear:left}" 或 "hr {clear:both}"，即可達到如圖的效果：

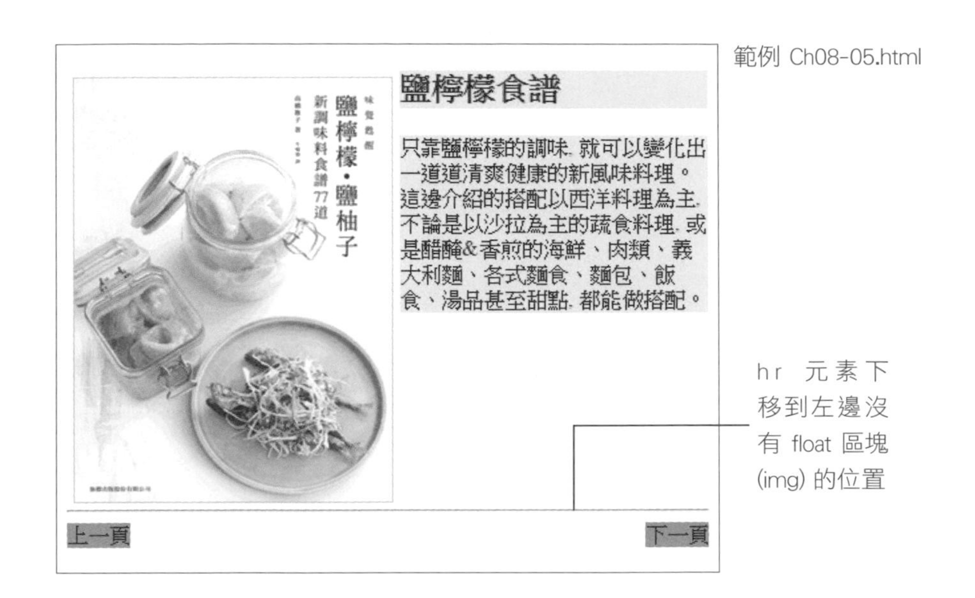

使用 position 屬性定位

除了利用 float 調整區塊的排列外，也可用 **position** 屬性來指定區塊的定位方式，可設定的屬性值包括：

- static：預設值，表示採預設的排版方式。
- relative：指定相對位置，簡單的說，**是先依預設方式將區塊排好位置後**，再依 top、right、bottom、left 屬性，將區塊移至相對於原位置的新位置，原位置會留空。top、right、bottom、left 分別代表區塊相對於原本上、右、下、左的位移量。

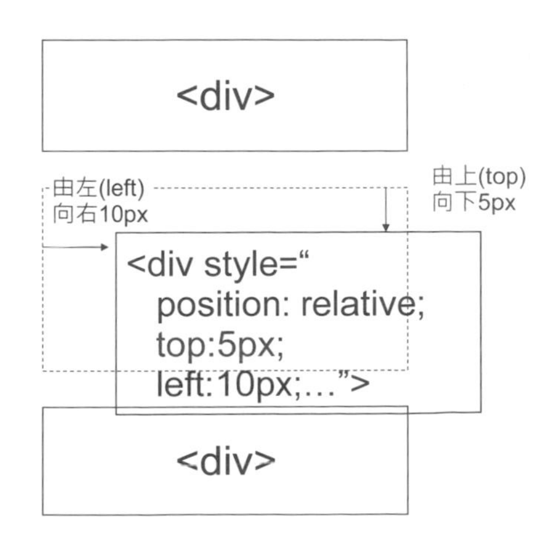

- absolute：指定絕對位置，排列版面時未放入 abosulte 區塊，之後再用**最接近的非 static 定位之上層元素** (若上層元素都是 static 定位，則是用瀏覽器視窗)，來決定其位置，同樣是用 top、right、bottom、left 來設定。

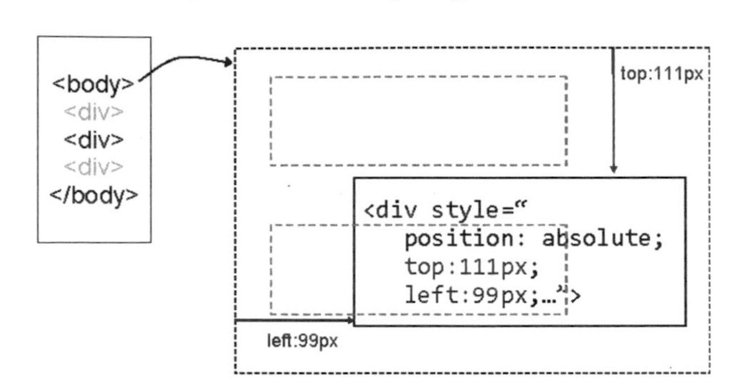

- fixed：表示區塊會固定在瀏覽器視窗畫面上，同樣不依預設方式排列，而以 top、right、bottom、left 來設定其在畫面上的位置，即使捲動網頁內容，fixed 區塊仍會停留在視窗上固定位置。

TIP 若使用 absolute 絕對定位，只能讓區塊在『載入網頁時』顯示在指定位置，若捲動網頁內容，區塊會隨網頁內容一起捲動。

以下是個簡單的相對定位例子，利用相對定位的方式改變 p 元素的位置。

Ch08-06.html

```
<style>
    /* 將清單中第 2、第 4 項用相對定位改變位置 */
    .item2  { border-right: solid #3366FF 1.5em;
             width:200px;          ┐
             position:relative;    │◄── ❶
             top: 0.6em;           │
             left:2em;}            ┘
    .item4  { border-right: solid #55AAFF 2.5em;
             width:150px;          ┐
             position:relative;    │◄── ❷
             bottom: -0.6em;       │
             right:-16em;}         ┘
...(中略)...
<p class="item1">專為初學者設計，完整實測、逐步示範講解
<p class="item2">不怕弄壞系統，Live DVD 免安裝開機立即體驗，馬上學習
<p class="item3">從操作、管理到架站，正確觀念詳實解析
<p class="item4">統整 Linux 系統管理經驗，分享實用技巧
<p class="item5">用 Linux 成功架站，穩定性高、成本低、功能強！
```

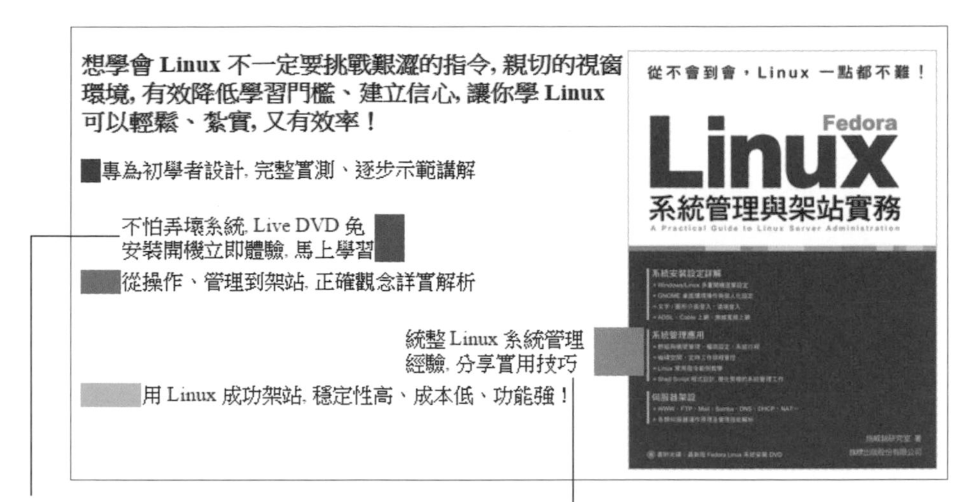

❶ 利用 "top: 0.6em; left: 2em" 將元素利到原位置的右下方

❷ 設定 "bottom: -0.6em; right:-16em;"，表示是由原位置的下緣 (bottom) 再向下移 0.6em，由右邊再向右移 16em

利用 position:absolute 絕對定位可做更彈性的版面控制，以下就將前一個範例修改成使用絕對定位的方式，讓 p 元素約略排列在 5 邊形的頂點位置：

Ch08-07.html

```
<style>
    p { width:150px;
        background: #4488FF;
        position:absolute}
❶→.item1    { top: 0;
              left:18.25%; }
❷→.item2    { top: 0;
              right:18.25%; }
❸→.item3    { top: 56.25%; }
❹→.item4    { top: 56.25%;
              right:1%; }
❺→.item5    { bottom: 5%;
              left:40%; }
    img     { margin:25% 30%; }
</style>
```

利用 maring 設定讓圖片在 640x640 的視窗大小時，大致在畫面中間

18.25%
❶ 專為初學者設計，完整實測、逐步示範講解
❷ 不怕弄壞系統，Live DVD 免安裝開機立即體驗，馬上學習
18.25%
56.25%
依視窗畫面大小決定位置
❸ 從操作、管理到架站，正確觀念詳實解析
❹ 統整 Linux 系統管理經驗，分享實用技巧
❺ 用 Linux 成功架站，穩定性高、成本低、功能強！

8-3 多欄版面的設計

認識各種區塊位置屬性後，就能利用它們來設計網頁的版面，本節就來說明一下多欄版面的設計方式。許多網站都會將網頁要呈現的內容，分成兩欄或三欄排列，讓訪客能更容易找到所要的資訊。

『戲法人人會變，各有巧妙不同』，達成多欄式版面設計的方法有很多，為了讓讀者能輕鬆理解，本節將以最簡單的 CSS 規則來實作，相信讀者在看懂本節的範例之後，要再加以發揮或應用其它的技巧就會容易多了。

兩欄式版面

以下範例利用 div 元素和 CSS 樣式表定義出 1 左 1 右的畫面區塊，然後再將網頁內容依需要放到這 2 個 div 區塊中，就成為兩欄式的版面。

TIP 若網頁欄位恰好符合第 2 章介紹的 article、aside 等文件結構元素的意思，也可利用這些元素來標記欄位的區塊。

Ch08-08.html

```
<style>
#left {float: left;background: wheat;width:33%}  ← ❶
#right{float: right;width:66%     }  ← ❷
img    {width: 180px;}
h2     {margin:5px; color:navy}
</style>
<base href="http://www.flag.com.tw">
...(中略)...
<body>
  <div id="left">  ← ❶
    <h2>新書通報</h2>
    <ul>
      <li><a href="/book/5105.asp?bokno=F5910">
      積木閱讀法 奇蹟 3 步驟 翻轉英文閱讀力!</a></li>
      <li><a href="/book/5105.asp?bokno=F5166">
      完全詳解!免費雲端工具活用事典</a></li>
      ...
```

```
  <div id="right">◄── ❷
    <img src="/images/cover/middle/F5910.gif"> 
    <img src="/images/cover/middle/F5166.gif"> 
    ...
  </div>
</body>
```

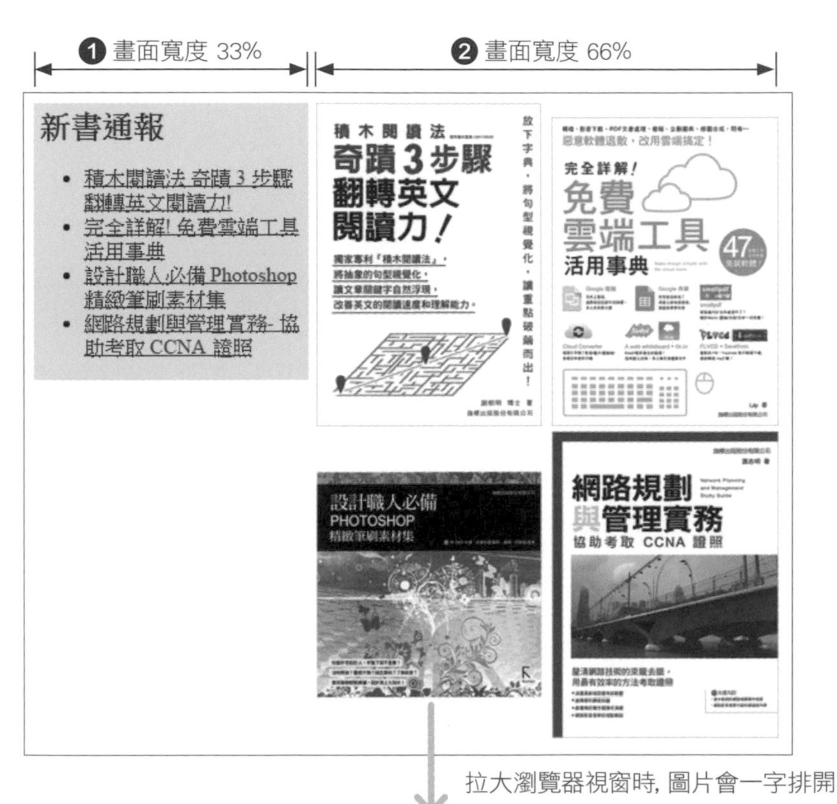

TIP 上例以百分比值設定 div 的寬度, 所以兩個區塊都會隨瀏覽器視窗大小改變。若想採固定的版面, 只需將 2 個 div 都設定特定的大小即可。

TIP 在第 13 章介紹的 Bootstrap, 主要功能是設計可適應性網頁 (Responsive), 不過其提供的版面規劃方式, 也相當適合用來製作多欄式的網頁。

8-4 CSS 特效

濾鏡特效

在影像處理軟體中，通常可利用濾鏡 (filter) 為影像加上各種不同效果，現在，利用 CSS 的 **filter** 樣式屬性，也可做到許多影像處理軟體和數位相機所提供的濾鏡特效。

filter 的屬性值可設為下表所列的濾鏡函式，每個函式都有其特殊效果：

函式名稱	效果	參數
blur()	模糊處理	像素數，表示做模糊處理演算時，要讓多少鄰近像素參與運算，數字愈多，圖形就愈模糊。例如 blur(5px)。
brightness()	調整亮度	亮度比例，1 或 100% 表示和原圖相同，小於 1 表示變暗，大於 1 則是調亮。例如 bright(0.5)。
contrast()	調整對比	對比比例，1 或 100% 表示和原圖相同，小於 1 表示增加對比，大於 1 則是減少對比。例如 contrast(0.5)。
grayscale()	灰階處理	灰階比例，0 表示和原圖相同，1 或 100% 表示變成全灰階的圖案 (沒有彩色)。例如 grayscale(50%)。
hue-rotate()	調整色相	將圖點在色彩環 (Color Circle) 中旋轉的角度，0deg (0 度) 表示和原圖相同，同理 360deg 也是不改變顏色。例如 hue-rotate(90deg)。
invert()	反相處理	設為 1 或 100% 表示完全反相 (黑變白，白變黑)。例如 invert(75%)。
opacity()	調整透明度	透明度比例，1 或 100% 表示和原圖相同，0 表示完全透明。例如 opacity(50%)。
saturate()	調整飽和度	飽和度比例，1 或 100% 表示和原圖相同，大於 1 表示增加飽和度。例如 saturate(75%)。
sepia()	復古風	復古效果的比例，0 表示和原圖相同，1 或 100% 表示完整套用復古處理。例如 sepia(60%);

本書寫作時，由於濾鏡效果規格尚未定案，所以有些瀏覽器將之視為實驗性規格。對這類實驗性、非標準的樣式屬性，需視情況在屬性名稱前面加上如下字首，瀏覽器才能識別並處理之：

- **-webkit-**：適用於 Chrome, Opera 和 Safari 瀏覽器。例如 -webkit-filter。
- **-moz-**：適用於 Firefox 瀏覽器。在本書寫作時，Mozilla 表示未來的 Firefox 瀏覽器也將支援 -webkit- 字首的樣式。
- **-ms-**：適用於 Internet Explorer 瀏覽器。

為了讓所設的樣式能在不同瀏覽器上都生效，就需將各瀏覽器各自適用的樣式宣告都一起放入樣式表中。請參考以下範例，此範例簡單示範幾個濾鏡效果，讀者可自行修改測試不同參數的效果：

TIP 在本書寫作時, Firefox 及 Edge 瀏覽器已內建支援 filter 屬性, IE 瀏覽器則完全不支援此功能, 所以範例只加入 -filter、-webkit-filter 屬性, 而未使用 -moz-filter、-ms-filter。

Ch08-09.html

```
<style>
    div      { float:left;margin:10px;}
    img      { width:300px; }
    #origin { width:480px; }
    img#blur {
        filter:blur(5px);              ┐ 同時列出兩種版本
        -webkit-filter:blur(5px);      ┘ 的屬性宣告
    }
    #contrast {
        filter:contrast(300%);
        -webkit-filter:contrast(300%);
    }
    #hue-rotate {
        filter:hue-rotate(-75deg);
        -webkit-filter:hue-rotate(60deg);
    }
    #sepia {
        filter:sepia(90%);
        -webkit-filter:sepia(90%);
    }
    #saturate {
        filter:saturate(3);
        -webkit-filter:saturate(3);
    }
```

```
</style>
...(中略)...
<img id="origin" src="media/sydney.jpg">
<div>
  <img id="blur" src="media/sydney.jpg">
  <br><span>blur(5px)</span>
</div>
<div>
  <img id="contrast" src="media/sydney.jpg">
  <br><span>contrast(300%)</span>
</div>
<div>
  <img id="hue-rotate" src="media/sydney.jpg">
  <br><span>hue-rotate(90deg)</span>
</div>
<div>
  <img id="sepia" src="media/sydney.jpg">
  <br><span>sepia(90%)</span>
</div>
<div>
  <img id="saturate" src="media/sydney.jpg">
  <br><span>saturate(3)</span>
</div>
```

使用 blur(5px) 做模糊處理, 仍保有原影像的大部份輪廓

原始影像

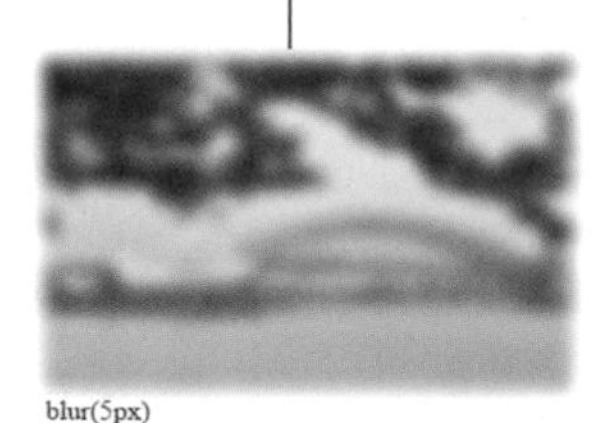

blur(5px)

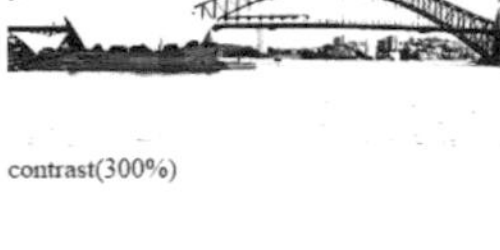

contrast(300%)

hue-rotate(90deg)

sepia(90%)

saturate(3)

關於 filter 濾鏡特效，有以下兩點要補充說明：首先是雖然上面是用 img 影像做範例，但實際上它們也可用於其它的元素；其次是 filter 濾鏡就和影像處理軟體一樣，如果將它用在大尺寸的高解析度影像，瀏覽器也必須花一段時間才能處理完成。

陰影特效

在 filter 可用的函式中，還有一個 drop-shadow() 函式，它可提供陰影的效果，因其參數比前述的函式多，故特別獨立出來介紹。drop-shadow() 至少需使用 2 個參數，另外還有 2 個選用參數：

- X 軸偏移及 Y 軸位偏移：這 2 個值為必要參數，如右圖所示，它們定義了陰影的位置及大小。若設為負值表示 X 軸向左偏移，Y 軸向上偏移。

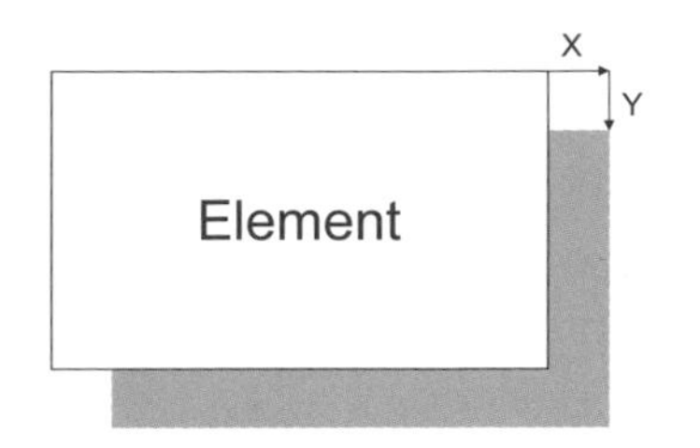

- 模糊半徑：此為選用參數，用來設定陰影的邊緣是平滑（預設值）或是有模糊的效果。
- 陰影顏色：選用參數。

和前面介紹過的濾鏡功能一樣，drop-shadow() 也可應用在非影像的元素上。不過在 CSS 中也有一個專用於文字的 **text-shadow** 屬性，且其屬性值的設定方式和 drop-shadow() 相同，請參考以下範例：

Ch08-10.html

```
<style>
    img {
        width: 240px;
        height: 320px;
        margin: 1em;
    }
    h2{  /* 深灰色文字陰影 */
        text-shadow: 2pt 1pt darkgray;  ← ❶
    }
```

```
    #shadow1 {    /* 在右下方顯示青色陰影 */
        filter: drop-shadow(6px 6px cyan);            ─┐
        -webkit-filter: drop-shadow(6px 6px cyan);   ─┘❷
    }
    #shadow2 {   /* 在左上方顯示黑色陰影 */
        filter: drop-shadow(-12px -16px 5px);            ─┐
        -webkit-filter: drop-shadow(-12px -16px 5px);   ─┘❸
    }
    .right {     float: right     }
    .left  {     float: left      }
</style>
...(中略)...
<img id="shadow1" class="left"
     src="https://www.flag.com.tw/images/cover/middle/F5251.gif">
<img id="shadow2" class="right"
     src="https://www.flag.com.tw/images/cover/middle/F5251.gif">
<h2>鹽檸檬食譜</h2>
```

❶ text-shadow: 2pt 1pt darkgray 建立的灰色文字陰影

❸ drop-shadow(-12px -16px 5px) 建立的黑色模糊陰影

❷ drop-shadow(6px 6px cyan) 建立的青色平滑陰影

轉移特效

在 CSS 中有一組屬性可用來製作轉移 (transition) 特效。轉移指的是狀態的變化，舉個簡單的例子，讓網頁 a 元素的文字，在滑鼠指過去時由藍變紅，這就是一種變化。利用之前介紹過的 :hover 等虛擬類別，可實作出上述的變化，若再結合下列屬性，則可進一步控制轉移的過程 (例如藍色慢慢地變成紅色)，產生視覺上的效果：

- **transition-duration**：指定轉移過程時間長度，預設為 0 秒。
- **transition-delay**：指定轉移延遲多久才開始，預設為 0 秒。設定值時要加上時間單位，5s 表示 5 秒；5ms 表示 5 毫秒。
- **transition-property**：指定轉移的屬性，預設為所有屬性。
- **transition-timing-function**：指定轉移過程的變化速率，可使用下列函式名稱：
  - ease：以先快後慢的方式變化，此為預設值。
  - ease-in：以先慢後快的方式變化。
  - ease-out：同樣是先快後慢，但變化率與 ease 不同，前段加速的部份較 ease 稍緩和。
  - linear：以一致的速度變化。

使用時可用簡寫的 **transition** 屬性一次設定上列各項屬性值，大部份的情況，只需設定 transition-duration 值來指定轉移過程時間長度即可。例如想讓滑鼠指向 p 元素時，將背景顏色由預設的白色變成粉紅色，轉移過程歷時 0.5 秒，可使用如下的樣式設定：

```
p:hover { background: pink; }  /* 滑鼠指到元素時，將背景顏色變成粉紅色 */
p       { transition: 0.5s; }   /* 轉移過程 0.5 秒 */
```

當滑鼠移開時，背景顏色會由粉紅色變回白色，此時的轉移也同樣會歷時 0.5 秒。

若要用 transition 同時設定 transition-duration 和 transition-delay 時間值, 則第 1 個時間為 duration, 第 2 個為 delay 延遲時間。例如:

```
transition: 0.5s 1s  ←—第 2 個時間 (1 秒) 是延遲時間
```

以下範例會在滑鼠指向超連結文字 (書籍名稱) 時改變背景顏色, 同時也會用轉移的特效將書籍封面慢慢放大顯示出來。

Ch08-11.html

```
<style>
    img {
        width:0px;←—❶      /* 圖片大小預設為 0 */
        position:absolute;
        left:210px;
        transition: 0.5s;  /* 轉移時間 0.5 秒 */
        }
    h2  {margin:5px; color:navy}
    li  {width:180px;}
    a   {transition: 0.5s;} /* 轉移時間 0.5 秒 */
    a:hover {background:lime;}←—❷
    a:hover + img {width:180px;}←—❸
                   滑鼠所指的 a 元素之後的 img 元素
</style>           (將圖片寬度大小設為 180px)
<base href="http://www.flag.com.tw">
...
<li>
  <a href="/book/5105.asp?bokno=F5910">
  積木閱讀法 奇蹟 3 步驟 翻轉英文閱讀力!</a>
  <img src="/images/cover/middle/F5910.gif">←—❸
</li>
```

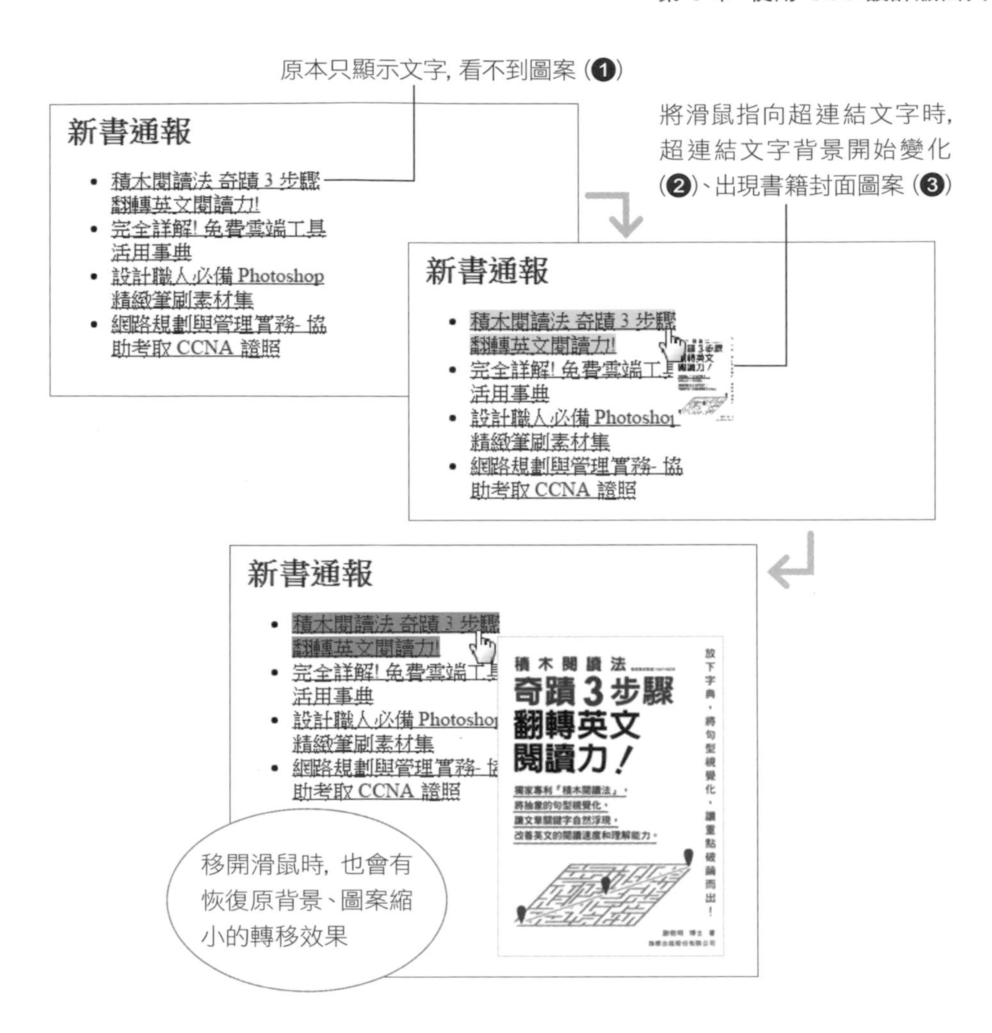

利用 transition 屬性, 可一次指定多個轉移效果, 每一組轉移屬性值需以逗號分隔。舉例來說, 要讓上面範例中的超連結文字, 在滑鼠指過去時, 背景變成藍色, 轉移完成後再讓文字變成白色, 則可寫成:

Ch08-12.html

```
a    {transition: 2s,                /* 第 1 組：轉移時間 2 秒       */
                 4s                  /* 第 2 組：轉移時間 4 秒       */
                 color               /*          轉移 color 屬性     */
                 2s;}                /*          延後 2 秒才開始     */
a:hover {
        background:blue;             /* 第 1 組轉移效果 */◄── ❶
        color:white;                 /* 第 2 組轉移效果 */◄── ❷
        }
```

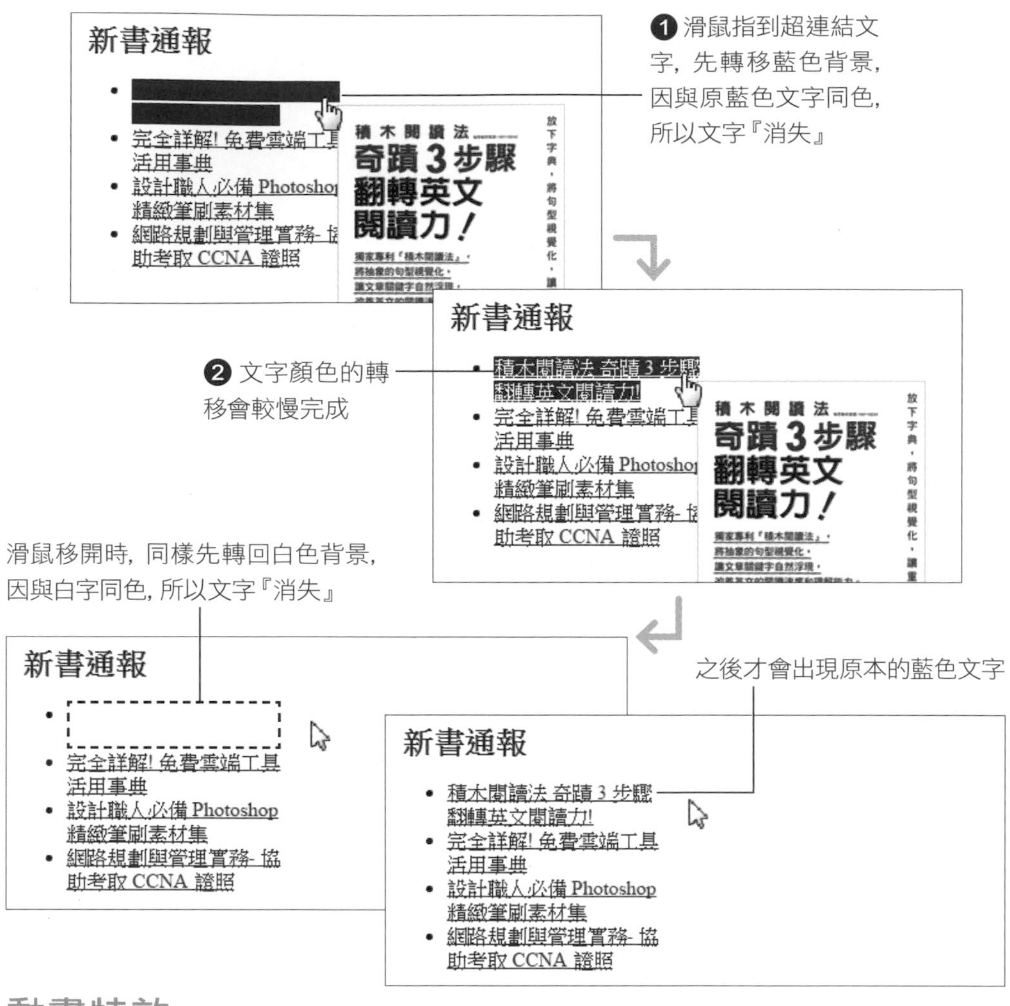

動畫特效

利用 CSS 的 transition 屬性, 只能配合 :hover、:active 等選擇器, 在特定時機產生動態效果。如果想讓動態效果不是只在 :hover、:active 等時機發生, 則可使用 CSS Animations Level 1 規格中定義的屬性來製作『動畫』特效。

本書寫作時, CSS Animations Level 1 規格仍在草案階段, 不過目前主流的瀏覽器都已提供相當程度的支援。其作用有些類似於前面介紹的 transition, 同樣是透過控制 CSS 屬性變化, 達到產生動態 (動畫) 的效果。

TIP 本書寫作時 CSS Animations Level 1 規格內容仍未定案, 因此書上內容可能會與正式規格不同, 要查看正式規格可至官網 http://www.w3.org/TR/css3-animations/。

設定動畫播放方式

CSS 動畫的屬性設定方式, 有一半和 transition 相通:

- **animation-duration**:用來設定動畫播放的時間長度。
- **animation-delay**:動畫延遲開始時間。
- **animation-timing-function**:指定動畫播放過程各階段的快慢, 同樣是用 ease (預設值, 先快後慢)、ease-in (先慢後快)、ease-out (與 ease 不同的先快後慢)、linear (以一致的速度播放) 等名稱設定。
- **animation-iteration-count**:指定重複次數, 預設值為 1, 表示只播 1 次;可用關鍵字 infinite 表示無限次循環播放。
- **animation-name**:用來設定『動畫名稱』, 這個名稱必須另外用 @keyframes 規則指定, 參見稍後說明。

上列屬性同樣可用簡寫的 **animation** 屬性一次設好, 各屬性值以空白分隔即可。例如:

```
body { animation:
        moving     /* animation-name: 動畫名稱 */
        30s        /* animation-duration: 30秒 */
        linear     /* animation-timing-function: 等速播放 */
        infinite;  /* animation-iteration-count: 循環播放 */
    }

@keyframes moving {...}; ◄── 用 @keyframes 定義動畫名稱
```

建立動畫

在 animation-name 屬性中, 必須指定用 @keyframes 自訂的『動畫名稱』。@keyframe 是用來建立動畫的內容, 也就是指定動畫的畫格 (frame) 是如何變化, 同時指定這個動畫的名稱。其基本語法如下:

```
@keyframes 自訂的動畫名稱 {
  ...
  ... /* 畫格的規則 */
  ...
}
```

畫格的規則, 是利用百分比數字 (0%、50%、100% 等) 或關鍵字 from (相當於 0%, 動畫開始處)、to (相當於 100%, 動畫結束處) 來設定不同階段的畫格規則。例如想製作『背景圖案由左移到右』的動畫, 表示動畫要改變的是 background-position 屬性值, 此時就可建立如下的規則:

自訂的動畫名稱

```
@keyframes moving {
  /* 開始時, 背景圖案在最左邊 */
  from {background-position: left  }   ❶

  /* 結束時, 背景圖案在最右邊 */
  to   {background-position: right }   ❷
}
```

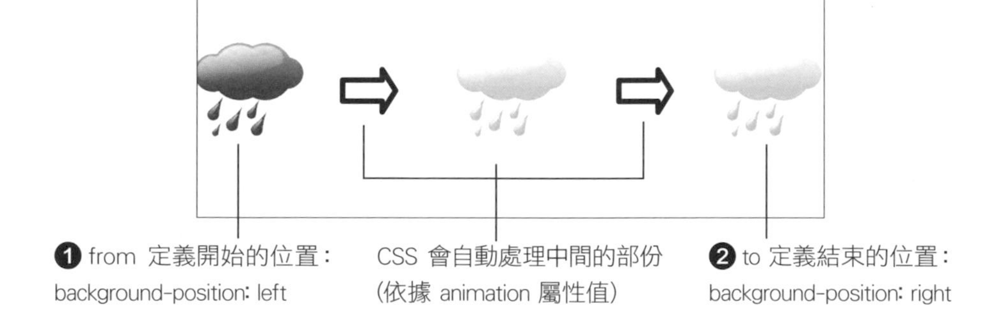

❶ from 定義開始的位置:
background-position: left

CSS 會自動處理中間的部份
(依據 animation 屬性值)

❷ to 定義結束的位置:
background-position: right

總結來說, 完成下列設定即可製作出動態背景圖案的效果:

- 用 @keyframes 建好動畫。
- 用 animation 設好播放方式。
- 設定背景圖案相關屬性。

Ch08-13.html

```
<head>
    <meta charset="utf-8" />
    <title>Ch08-13</title>
    <style>
        @keyframes moving {
            from { background-position: 0% }        ←❶

            to   { background-position: 100% }←❷
        }

        body {
            background-image : url(media/bg-cloud.png);
            background-repeat : no-repeat; ←讓圖案不重覆
            background-position: center center;
            height: 240px;
            animation: moving 30s linear infinite;
        }                        ↑
    </style>                     ❸
</head>
<body>
<p>小雨滴，滴滴滴，是雲的眼淚，一滴一滴飄下來。</p>
</body>
```

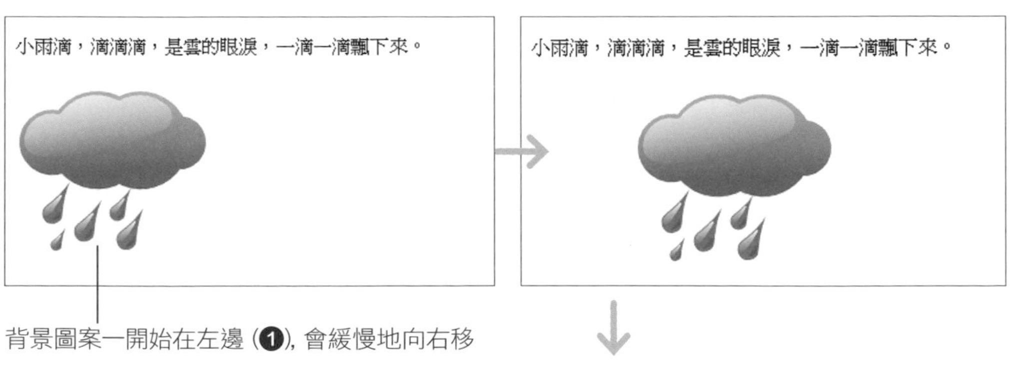
小雨滴，滴滴滴，是雲的眼淚，一滴一滴飄下來。
小雨滴，滴滴滴，是雲的眼淚，一滴一滴飄下來。

背景圖案一開始在左邊 (❶), 會緩慢地向右移

小雨滴，滴滴滴，是雲的眼淚，一滴一滴飄下來。

30 秒後 (❸), 背景圖案移到最右邊 (❷)

由前面的說明可知，animation、@keyframes 也可應用在其它 CSS 屬性，製作出各種不同的動態效果。以下『投票統計』範例，以右框線畫出代表投票結果的得票數長條圖，並試著利用 animation、@keyframes 來控制右框線（長條圖）寬度，做出長條圖『成長』的動畫效果：

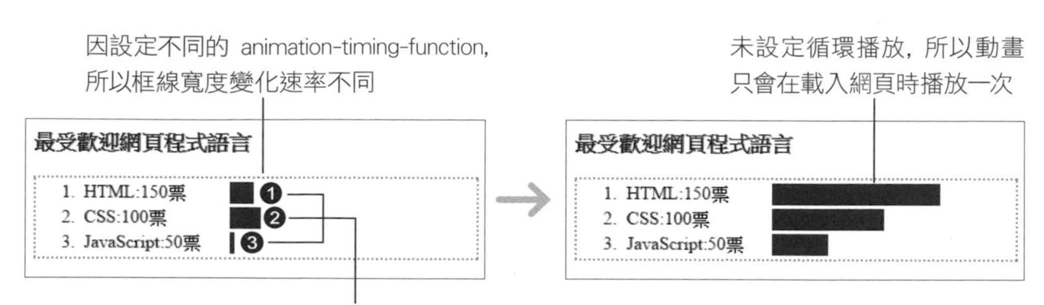

因設定不同的 animation-timing-function，所以框線寬度變化速率不同
未設定循環播放，所以動畫只會在載入網頁時播放一次
最受歡迎網頁程式語言
1. HTML:150票
2. CSS:100票
3. JavaScript:50票
最受歡迎網頁程式語言
1. HTML:150票
2. CSS:100票
3. JavaScript:50票
網頁載入時，代表投票數的長條圖會開始『成長』

Ch08-14.html

```
<head>
    <style>
        ol {border: 2px dotted orange; }
        /* 利用右框線表示投票數 */
        li {
            margin: 3px;
            width: 8em;
            border-right-style: solid;
            border-right-color: red;
        }

        /* 建立 3 個 keyframes, 分別設定不同的框線寬度 */
        @keyframes bar1 {
            from { border-right-width: 0px   }  ❶
            to   { border-right-width: 150px }
        }

        @keyframes bar2 {
            from { border-right-width: 0px   }  ❷
            to   { border-right-width: 100px }
        }

        @keyframes bar3 {
            from { border-right-width: 0px   }  ❸
            to   { border-right-width: 50px  }
        }
```

```
        /*
            用 id 選擇器建立所要的動畫效果
            各動畫時間長度不同，都只會執行 1 次
        */
        #htm {
            animation: bar1 2s ease;  ❶
            border-right-width: 150px
        }

        #css {
            animation: bar2 1.5s ease-out;  ❷
            border-right-width: 100px
        }

        #js {
            animation: bar3 1s ease-in;  ❸
            border-right-width: 50px
        }
    </style>
</head>
<body>
    <h3>最受歡迎網頁程式語言</h3>
    <ol>
        <li id="htm">HTML:150票</li>
        <li id="css">CSS:100票</li>
        <li id="js">JavaScript:50票</li>
    </ol>
</body>
```

因動畫播完後，框線寬度會變回瀏覽器預設值，所以必須設定 border-right-width 讓長條圖『停』在最終票數

CSS 的樣式屬性及應用還有很多，本書無法一一介紹，有興趣的讀者可參考相關書籍或網路上的文章，從下一章開始，我們就要進入 JavaScript 的世界。

學習評量

選擇填充題

1. (　　) 在 CSS Box-Model 中，下列 3 個屬性代表的區域，由外而內的順序何者正確？

   (A) border, margin, padding
   (B) border, padding, margin
   (C) margin, border, padding
   (D) padding, margin, border

2. (　　) 下列何區域，預設會填上和元素相同的背景顏色？

   (A) border　(B) margin　(C) padding

3. (　　) 某網頁中含相鄰的 img、p 元素，要讓 p 段落文字出現在 img 右邊，可替 img 設定什麼樣式？

   (A) float:left　(B) float:right
   (C) clear:right　(D) clear:left

4. (　　) 接上題，若 p 之後又加入 hr 分隔線，且希望分隔線左邊沒有 img 的內容，可替 hr 設定什麼樣式？

   (A) float:left　(B) float:right
   (C) clear:right　(D) clear:left

5. (　　) 想使用絕對定位，可使用 position 屬性，並將其值設為？

   (A) absolute　(B) relative　(C) static　(D) fixed

6. (　　) 想讓彩色圖案在網頁上呈現灰階，可使用 filter 屬性，並將其值設為？

(A) fullcolor(0)　(B) grayscale(1)
(C) invert(0)　(D) blackwhite(1)

7. 使用 @keyframe 建立動畫時，用來表示動畫開始的關鍵字為________；代表動畫結束的關鍵字為________。

8. 小明想用固定定位的方式，將照片固定顯示在瀏覽器視窗右下角位置，可設定樣式規則________，並將________和________屬性的值設為 0px。

練習題

1. 請利用 div 元素建立簡單的『左、中、右』3 欄版面，中間及右邊欄位分別佔 60% 及 20% 的寬度。

2. 請試利用 animation 製作一個文字顏色變化的動畫，讓文字顏色由紅變綠、再由綠變藍、再由藍變紅，並重複循環變化。

MEMO

JavaScript 篇

09

JavaScript 基礎

JavaScript 是專為 HTML 網頁所設計的程式語言 (Programming Language)。相較於多數主流程式語言, JavaScript 簡單、易學, 只需在 HTML 文件中加入簡短的 JavaScript 程式, 就能做出網頁功能或特效。

9-1 認識 JavaScript

JavaScript 是可內嵌於網頁中，供瀏覽器執行的程式語言。利用 JavaScript，可以讓網頁產生更多的動態效果與應用，例如：

- 動態的網頁特效：雖然利用 CSS 已可實作出一些網頁特效，但仍有其限制，而使用 JavaScript 將可更自由地操控網頁上的內容，製作出動畫或甚至互動的網頁遊戲。
- 檢查網頁表單輸入內容：第 5 章介紹表單輸入欄位的 required 等屬性，雖能讓瀏覽器檢查使用者是否有輸入必要的資料、資料格式是否正確等，不過功能仍稍陽春。要做更完整的檢查，以及提醒使用者等，仍需透過 JavaScript 來達成。
- 即時更新網頁狀態：相信大家都有瀏覽新聞網站、使用社群網站的經驗，這類網站都會利用 JavaScript 持續更新網頁的內容，讓使用者可不需手動更新網頁，也能看到新聞快報、好友動態等。
- 補足瀏覽器功能的不足：HTML、CSS 持續在演進，而瀏覽器廠商實作新功能的速度不一，有時某項新功能，在部份瀏覽器上可能未 100% 支援，此時可嘗試利用 JavaScript 實作出這些新功能，讓網頁在不同瀏覽器上都有一致的效果。

JavaScript 小歷史

JavaScript 程式語言是在 1995 年由 Netscape Communications 公司所開發出來，以便用在該公司的 Netscape Navigator 瀏覽器 (現今 Firefox 瀏覽器的前身)，最初的名稱並不是 JavaScript，但由於當年 Java 程式語言正當紅，所以後來改名為 JavaScript。實際上，JavaScript 和 Java 之間雖非完全無關，但兩者的關聯性也不像名稱所『暗示』的那麼深，甚至有人認為 JavaScript 和 Java 是兩種完全不同的程式語言。

Netscape Communications 公司後來將 JavaScript 提交給國際標準組織 ECMA International, 讓其制定公開的程式語言標準, 稱為 ECMAScript。目前各家瀏覽器引擎, 基本上都是依循 ECMAScript 規格, 來實作其 JavaScript 的功能 (例如微軟公司將其實作的 ECMAScript 稱為 JScript), 因此我們撰寫的 JavaScript 程式, 原則上在不同瀏覽器都能執行。

在本書寫作時, ECMA 已推出第 6 版的 ECMAScript 規格 (簡稱 ES6), 不過多數瀏覽器仍只支援到 ES5 的功能, 本書介紹的 JavaScript 也以 ES5 為主。想瞭解各瀏覽器對 ES6 支援的狀況, 可到 https://kangax.github.io/compat-table/es6/ 查看:

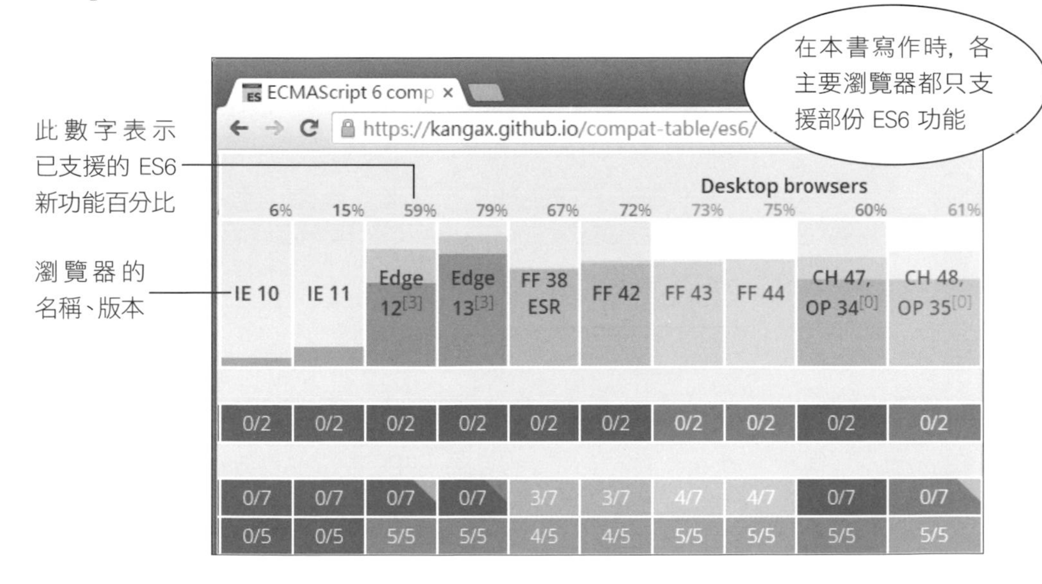

網頁之外的 JavaScript

雖然 JavaScript 原本是為了讓網頁有動態效果而設計的, 但經過多年的發展, JavaScript 的足跡已遍及許多不同的電腦應用領域。例如近年來也很受矚目的 Node.js, 被稱為『伺服器端』的 JavaScript。

TIP 在瀏覽網頁時, 相對於 WWW 網頁伺服器, 瀏覽器就是『用戶端』, 所以網頁 JavaScript 就被稱為『用戶端』JavaScript。而像 Node.js 可獨立執行的 JavaScript 程式, 就稱為伺服器端 JavaScript, 並不是說它只能在伺服器上執行。

在不同平台的 JavaScript，除了應用環境不同外，基本的語法是相同的，所以學會網頁程式 JavaScript，之後要再學習使用 Node.js 等其它平台的 JavaScript，學習門檻就降低許多。簡單的說，學會 JavaScript 後，以後要再學習 JavaScript 家族 (ECMAScript 家族) 中的其它成員，都能很快上手。

語法 (Syntax) 就像是程式語言的文法。撰寫 JavaScript 時，必須遵循 JavaScript 的語法規則，否則電腦會無法解讀程式 (稱為語法錯誤 - Syntax Error)，造成程式無法執行！

9-2 在網頁中加入 JavaScript 程式

簡單認識 JavaScript 後，接著就來看如何在 HTML 文件中加入 JavaScript 程式。至於 JavaScript 的語法，會隨著章節主題的功能，一一加以說明、介紹。在 HTML 中使用 JavaScript 的方式主要有下列 3 種：

1. 以 **script** 元素將 JavaScript 程式內嵌於網頁中。

2. 將 JavaScript 程式另外存檔，透過 **script** 元素載入之。

3. 以**事件屬性**將 JavaScript 程式內嵌於元素標籤中。

1. 以 script 元素將 JavaScript 程式內嵌於網頁中

在 head 元素中加入 Script 元素及程式碼，是最常見的方式之一，其格式如下：

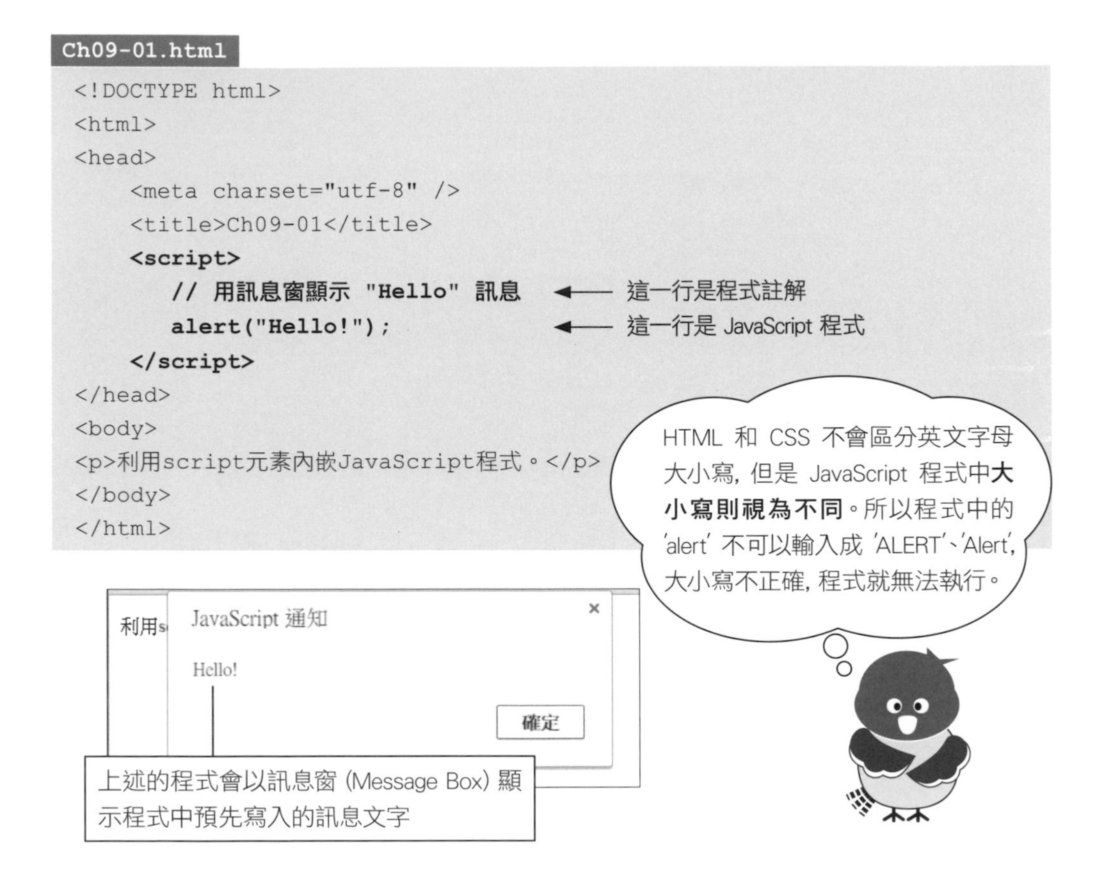

Ch09-01.html

```
<!DOCTYPE html>
<html>
<head>
    <meta charset="utf-8" />
    <title>Ch09-01</title>
    <script>
       // 用訊息窗顯示 "Hello" 訊息
       alert("Hello!");
    </script>
</head>
<body>
<p>利用script元素內嵌JavaScript程式。</p>
</body>
</html>
```


在 script 元素中的內容，會被瀏覽器當作程式來解讀，上述範例只有兩行文字：

- 『**// 用訊息窗顯示 "Hello" 訊息**』：在 JavaScript 中，任何以雙斜線開頭，直到該行行尾的內容，都會被當成程式註解，而不會處理。另外 JavaScript 也支援像 CSS 的『 /* ... */』的註解語法，所以這行註解也可寫成：

```
/* 用訊息窗顯示 "Hello" 訊息 */
```

```
/* 用訊息窗顯示
   "Hello" 訊息
*/
```

使用 /* ... */ 時，註解可跨行，但 //...的註解則不可跨行

■ 『**alert("Hello!");**』:這一行就是 JavaScript 程式敘述 (Statement), 敘述就是程式執行的基本單位, 我們可將敘述看成是下達給電腦的一個指令、要電腦執行的一個動作。將多個指令組合在一起, 就是一個程式。

TIP 有些人會在 <script> 標籤中加入 type="text/javascript" 屬性設定, type 屬性是用來表示 script 程式的種類。在 HTML5 中, 未加此屬性時, 瀏覽器就預設 script 程式為 JavaScript。

noscript 標籤

雖然 JavaScript 幾乎是現代網頁必備要素, 不過基於安全性等理由, 使用者仍是可視情況關閉瀏覽器的 JavaScript 功能。在這種情況下, 網頁中的 JavaScript 將不會被執行, 連帶使您想透過 JavaScript 提供的功能無法運作, 此時可利用 **noscript** 元素, 在網頁中加入相關說明文字:

Ch09-02.html

```
<head>
    <meta charset="utf-8" />
    <title>Ch09-02</title>
    <script>
            // 用訊息窗顯示 "Hello" 訊息
            alert("Hello!");
    </script>
    <noscript>本網頁需使用JavaScript,
    請開啟瀏覽器的JavaScript功能,
    或換用其它支援JavaScript的瀏覽器。</noscript>
</head>
```

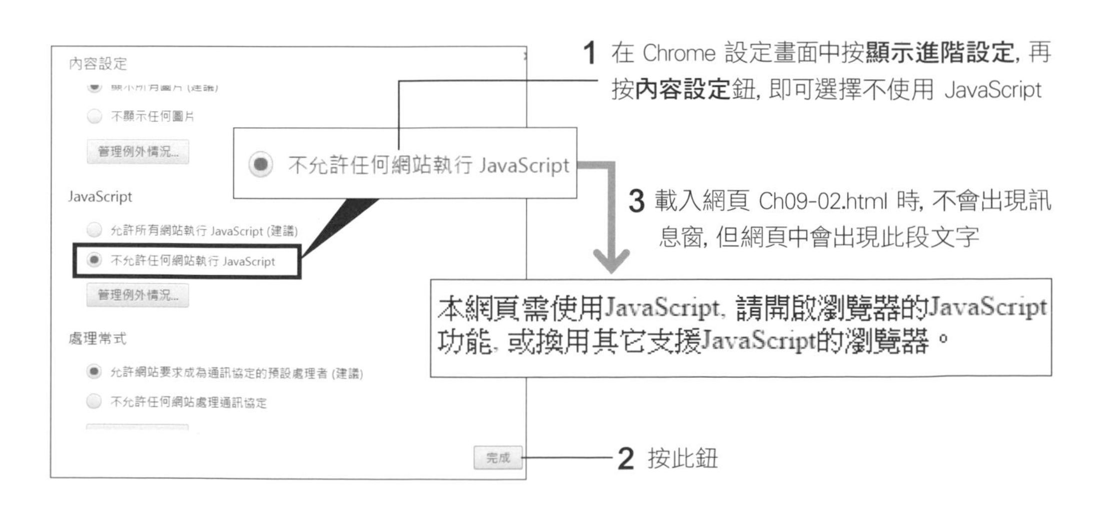
內容設定
不顯示任何圖片
管理例外情況...
JavaScript
允許所有網站執行 JavaScript (建議)
不允許任何網站執行 JavaScript
管理例外情況...
處理常式
允許網站要求成為通訊協定的預設處理者 (建議)
不允許任何網站處理通訊協定
完成
不允許任何網站執行 JavaScript
1 在 Chrome 設定畫面中按顯示進階設定, 再按內容設定鈕, 即可選擇不使用 JavaScript
2 按此鈕
3 載入網頁 Ch09-02.html 時, 不會出現訊息窗, 但網頁中會出現此段文字
本網頁需使用JavaScript, 請開啟瀏覽器的JavaScript功能, 或換用其它支援JavaScript的瀏覽器。

noscript 元素也可放在 body 元素之中, 此時您可自行安排 noscript 訊息出現在網頁中的位置。

JavaScript 語法：JavaScript 敘述結構

每種程式語言的敘述不儘相同, 我們先由『**alert("Hello!");**』來認識 JavaScript 敘述的組成：

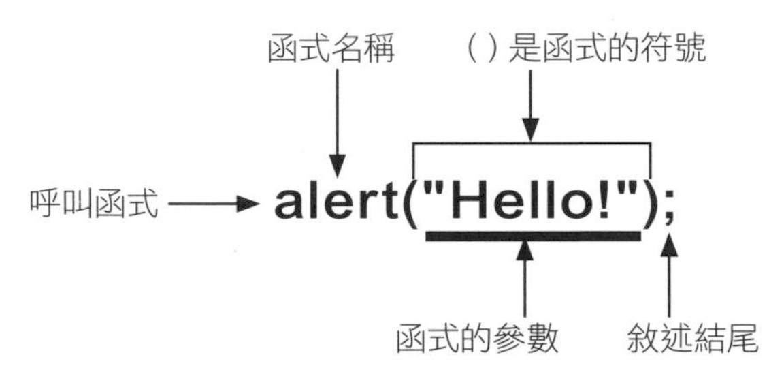

在 JavaScript 中所有敘述都必須以分號 (;) 結尾, 若沒有分號, JavaScript 解譯器將無法辨識敘述, 程式也就無法執行。上面敘述所下達的指令是『呼叫 alert() 函式』：

- 函式名稱 alert()：函式 (function) 就是一組預先撰寫好的程式集合, 它們可完成一項特定的功能。括號是函式的符號, 沒有加上括號, JavaScript 就不會將 alert 視為函式, 並因此產生語法錯誤。

  JavaScript 已內建許多可直接使用的函式, 在程式中使用函式, 稱為**呼叫 (call)** 函式。

- 函式的參數：函式的內容雖然已經寫死 (也就是說函式的內容是固定的), 但只要提供給它不同的資料, 就會有不同的處理結果。傳送給函式的資料就稱為**參數**, 本例的參數是一個文字字串 (String)："Hello!"。

TIP 在 JavaScript 中, 字串必須以雙引號或單引號括起來, 所以字串也可寫成 'Hello!', 但引號不可混用, 例如 "Hello!' 是錯誤的寫法。

另外要注意, 在 JavaScript 中, 會區分英文大小寫。亦即同樣是 'alert', 寫成大寫的 'ALERT' 就會被視為是不同的物件, 而 JavaScript 中並未事先定義 ALERT(), 所以程式輸入成 ALERT() 就會被視為語法錯誤。

2. 連結外部 JavaScript 程式檔

我們也可利用類似外部 CSS 的方式, 將 JavaScript 另外存檔 (一般都以 .js 為副檔名), 再於 script 元素中以 src 屬性指定檔案的路徑。例如:

Ch09-03.js

```
// 獨立儲存的 JavaScript 程式檔 (.js 檔)
// 用訊息窗顯示 "Hello" 訊息
alert("Hello!");
```

Ch09-03.html

```
<head>
    <meta charset="utf-8" />
    <title>Ch09-03</title>
    <script src="Ch09-03.js"></script>
</head>
```

當我們設計好一段通用的程式, 可供不同的網頁使用, 就很適合將這些程式存成 .js 檔, 讓各網頁用 script 連結程式檔, 由瀏覽器替我們載入之。

3. 以事件屬性將 JavaScript 程式內嵌於元素標籤中

在 HTML 元素的通用屬性中, 有一組稱為事件處理器 (Event Handler) 的屬性, 其屬性值可設為 JavaScript 敘述, 當發生該屬性所代表的事件時, 就會執行此段 JavaScript 敘述。這些屬性都是以 on 開頭, 例如 onclick 代表按下滑鼠左鈕的事件處理器:

Ch09-04.html

```
<body>                        屬性值就是 JavaScript 程式碼
<p onclick="alert('Hello!');">你好, </p>  ← ❶
<p onclick="alert('JavaScript!');">JavaScript!</p>  ← ❷
</body>
```

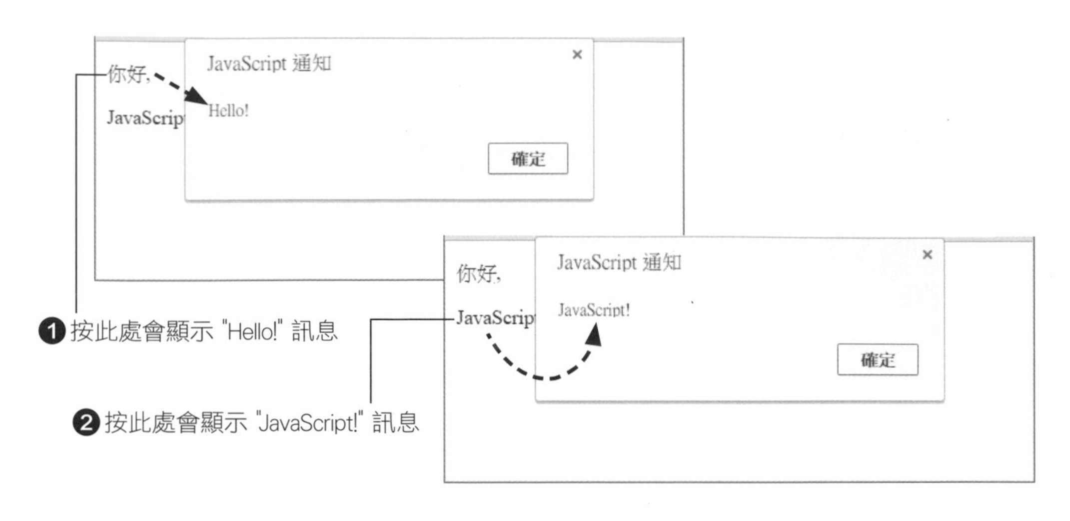

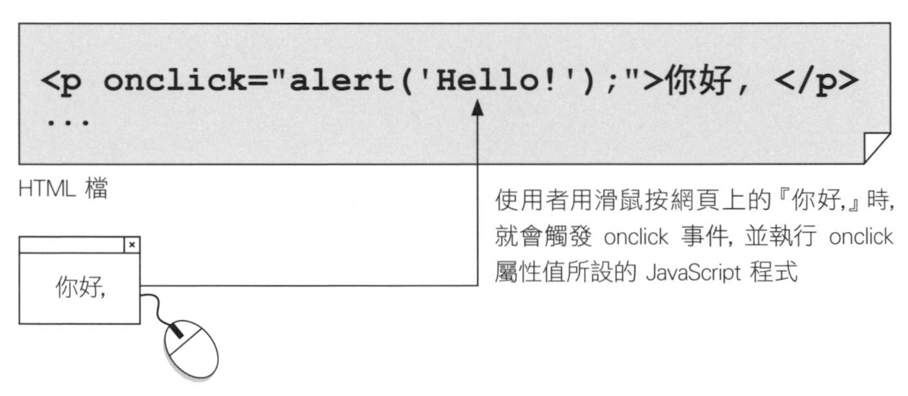

請注意上列的 HTML 片段, 由於 onclick 屬性值已經使用雙引號, 所以 JavaScript 敘述中就不能再使用雙引號括住字串, 而必須改用單引號。

onclick="alert("Hello!");"
若 JavaScript 程式也用雙引號, 瀏覽器在解讀
HTML 時, 會將 onclick 屬性值看成是 "alert("

在 HTML 中支援的事件屬性相當多, 在下一章會做更詳細的介紹。

直接在瀏覽器的網址列輸入:『javascript:敘述』, 也可以執行 JavaScript 程式
1 在網址列輸入 "javascript:", 後面再輸入要執行的敘述
新增分頁
javascript:alert("你好");
應用程式 將書籤放置在書籤列上，即可快速前
Gmail 圖片
2 按 Enter 鍵
新增分頁
https://www.google.com.tw 的網頁顯示：
你好
確定
出現執行結果

9-3 使用 JavaScript 改變網頁內容

在學習 JavaScript 時, 除了程式語言的語法外, 更重要的都是在學習如何使用的各種 **API** (Application Programming Interface)。

簡單的說, API 就是一組預先設計好、可完成某類功能的函式, 例如 alert() 就是現成可用的 API 函式之一。本節開始就要介紹其它基本的 API 用法, 但在這之前, 我們要先認識 API 所提供的物件。

JavaScript 語法：物件與方法

JavaScript 是物件導向程式語言。物件導向程式設計，是為模擬真實世界事物所發展出來的，在真實世界中，常會將事物依其特性歸類為不同的**類別** (Class)，例如我們可定義人、汽車、狗...等『類別』。而類別的實體，就稱為**物件**(Object)，例如老王的古董車、大雄的跑車，是屬於『汽車』類別的『物件』。為了方便撰寫網頁程式，瀏覽器的 JavaScript 已提供像 document、window 這些現成的物件，可直接在程式中使用。

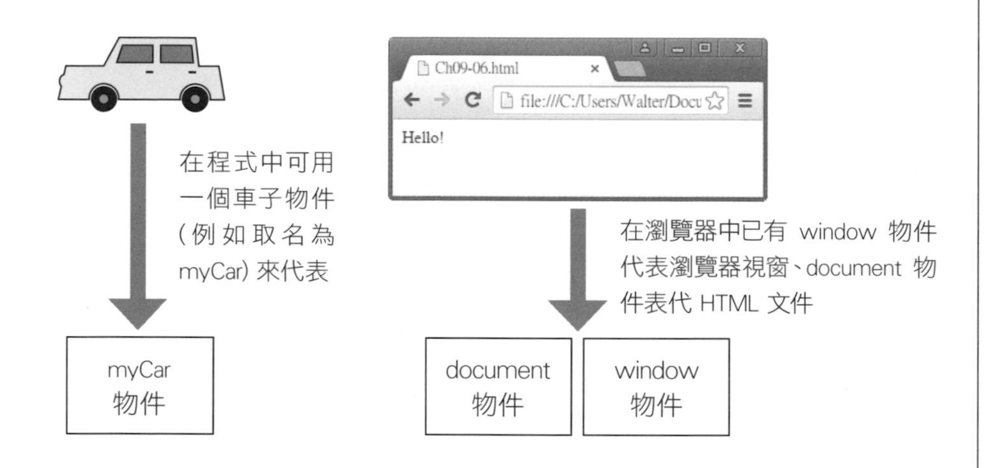

同類的資料會有相同的資料屬性 (稱為**屬性**，例如小美和大明都有名字屬性，但其值不同) 與程式功能 (稱為**方法**，其實就是函式)。而要存取物件的屬性、呼叫物件的方法時，就要透過**.**運算子 (operator，或稱運算符號)，語法為：

```
物件.屬性 = ...  // 例如 p.innerHTML = 'Hello!'; 參見 9-17 頁
物件.方法(參數); // 例如 window.alert("Hello");
```

JavaScript 內建物件

前面範例呼叫 alert() 函式，其實是用簡寫的型式，完整的寫法是 **window.alert()**。其中 **window** 就是 Web API (表示在撰寫網頁會用到的 API) 中所定義的物件。在 Web API 中已定義好如下的物件 (Object)：

■ **window** 物件:網頁文件所在的瀏覽器視窗物件, 透過此物件可顯示像 alert() 的交談窗, 也可開新視窗或甚至關閉視窗。目前瀏覽器所支援的 Tab (頁次) 功能, 讓不同文件顯示在同一瀏覽器視窗的不同頁次下, 原則上每個頁次都是不同的 window 物件, 不過有些方法 (例如改變視窗大小) 影響的是整個視窗, 而非個別的頁次。

對 HTML 網頁中的 JavaScript 式而言, window 是所謂的**全域物件 (Global Object)**, 也就是說程式隨時可使用 window 物件, 一般情況下可省略其名稱, 所以可將『window.alert();』省略成『alert();』。

TIP 第 10 章會再補充説明『全域』的觀念。

■ **document** 物件:代表 HTML 網頁內容的物件, 透過此物件可存取網頁中的元素、屬性、甚至樣式表等, 稍後就會介紹如何透過 document 物件在網頁中寫入文字。

動態加入網頁內容:document.write()

document 物件代表 HTML 網頁內容, 可用以存取網頁中的元素、屬性、甚至樣式規則等, 以下先介紹最簡單的應用:直接在網頁中寫入新的內容。要寫入目前文件, 可使用 document.write(), 參數就是要寫入的字串內容:

呼叫 document.write() 時所用的參數字串，其中也可包含 HTML 元素標籤，讓寫入的內容也是合法的 HTML：

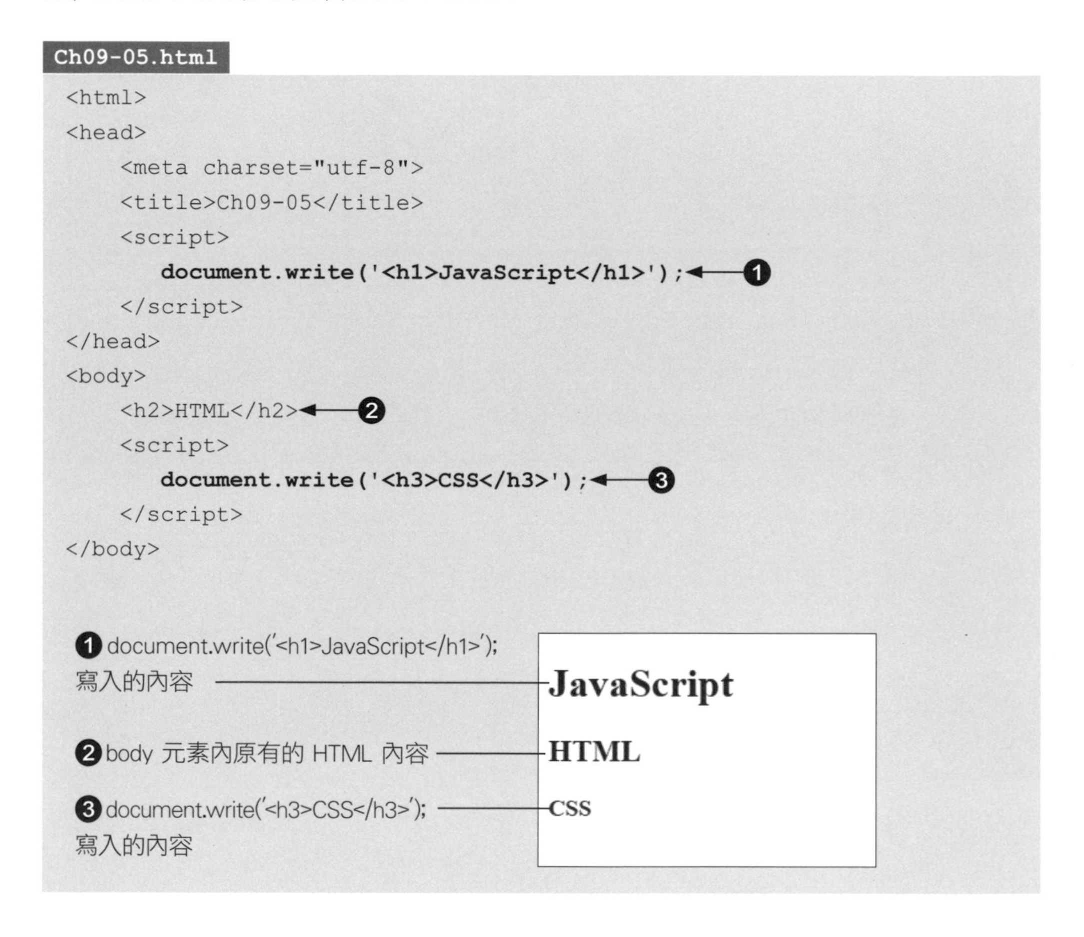

Ch09-05.html

```
<html>
<head>
    <meta charset="utf-8">
    <title>Ch09-05</title>
    <script>
      document.write('<h1>JavaScript</h1>'); ← ❶
    </script>
</head>
<body>
    <h2>HTML</h2> ← ❷
    <script>
      document.write('<h3>CSS</h3>'); ← ❸
    </script>
</body>
```


由上面的例子可發現，利用 document.write() 寫入的內容會直接依序寫到既有的文件內容中，而且在 head 中寫入的內容，會出現在 body 的內容前面。瀏覽器在解析 HTML 內容時，就是從頭依序解析每個標籤並進行處理，所以先讀到 <script> 標籤時，就會先執行其中的程式 (或載入指定的 JavaScript 檔案)。

不過如果換個時間點執行 document.write()，效果就不同了。

Ch09-06.html

```
<body>
    <button onclick="document.write('<p>Hello!</p>');">
        變魔術!
    </button>
</body>
```

button 是用來建立按鈕的元素, 元素內的文字就是按鈕文字, 此處利用 onclick 事件屬性設定當按鈕被按下時, 即用 document.write() 寫入文字訊息 'Hello!', 結果如下:

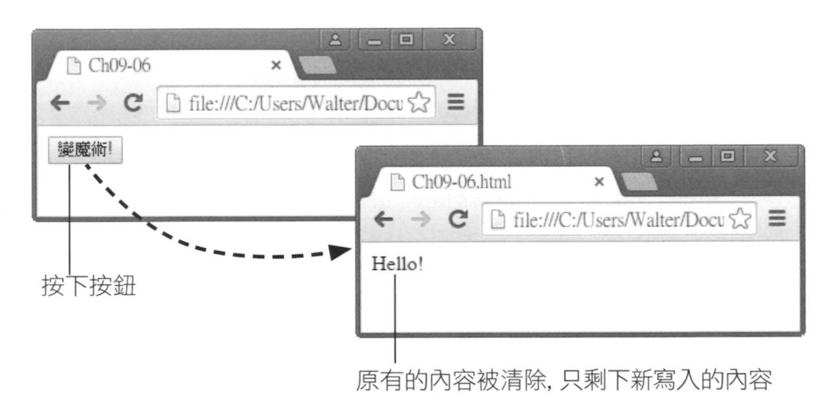

此範例的執行結果之所以和前面範例不同, 主要原因是程式執行時機不同, 在 Ch09-05.html 中, script 元素內的程式是在網頁載入時執行, 此時 document.write() 寫入的內容不會蓋掉 HTML 的內容;但在 Ch09-06.html 中, 程式是在按鈕事件觸發時執行, 整個網頁早已載入、顯示完畢。此時document.write() 就會先做類似『開新檔案』的動作, 再進行寫入, 所以視窗中原有的內容會被清除掉 (但不會寫到磁碟上的檔案)。

TIP 所以在上圖中, 可看到執行 document.write() 後, 連 title 元素設的標題文字都變成檔案名稱了, 因為新寫入的文件內容並沒有 title 元素。

document 物件還有另一個 writeln() 方法, 它會在寫入文字後, 另外寫入換行字元。不過在第 2 章提到過, 在 HTML 文件中換行字元和空白字元一樣, 只有在 pre 元素中才會保有換行字元的效果, 參見以下範例。

Ch09-07.html

```
<pre>     ←用 pre 元素讓瀏覽器顯示時, 保持原有的空白、換行字元的效果
<script>
    // 用 document.writeln() 寫入 3 行文字
    document.writeln("To be,");
    document.writeln(" or not to be,");
    document.writeln("  that is the question");
</script>
</pre>
```

用 writeln() 方法寫入的內容會在最後加上換行字元

```
To be,
 or not to be,
  that is the question
```

修改網頁元素：getElementById()

如果只想修改局部的文件內容, 而不會清除整個文件, 就要**先取得網頁中的元素物件**, 再對元素寫入、附加內容。要取得特定的元素物件, 可呼叫下列的方法:

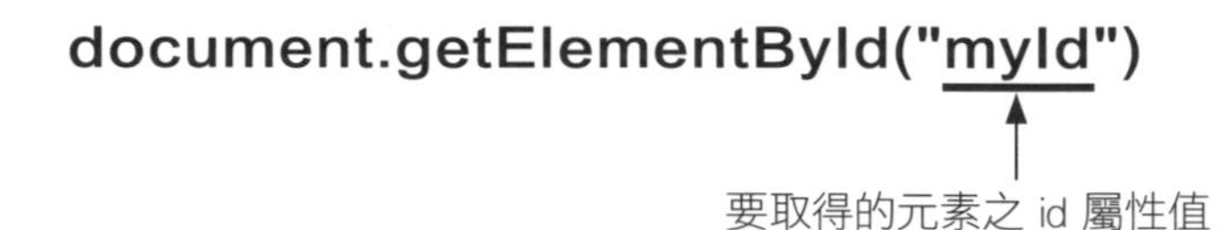
document.getElementById("myId")
要取得的元素之 id 屬性值

```
// 例如要取得 id="x" 的元素
document.getElementById("x")
```

上面 getElementById() **會傳回 (return)** 符合條件的元素物件, 為保留這個物件以供後續程式使用, 我們必須用**變數 (variable)** 來接收方法傳回的物件, 例如:

```
var x;     // 宣告一個名稱為 x 的變數
x = document.getElementById("x");   // 將傳回的元素物件指定給變數 x

// 也可將上面 2 行敘述合併成 1 行
var x = document.getElementById("x");
```

JavaScript 語法：指定運算子 '='

在 HTML 中我們已習慣用 = 來指定屬性值，在 JavaScript 中，" = " 作用也相似。在 JavaScript 中 " = " 稱為**指定**運算子，它的意思是將符號右邊的變數 (或物件) 值，指定給左邊的變數 (或物件)，所以『A=B』就是『將 B 的值指定給 A』。而 "x = 3 + 7;" 則表示將 "3 + 7" 的值指定給 x (所以 x 的值會變成 10)。

在 JavaScript 中，=
是『指定』的意思，
不是『等於』

回頭來看『x = document.getElementById("x");』敘述，右邊的『document.getElementById("x")』會傳回 id="x" 的元素物件，所以該敘述的意思就是『將 id="x" 的元素物件指定給變數 x』。所以在後續的程式，就能透過變數 x 來讀取、寫入該元素的內容。

取得元素物件後，可透過物件的 **innerHTML 屬性 (property)** 來取得元素內容，或寫入新的內容。我們把前面的按鈕範例稍微改寫一下：

Ch09-08.html

```
<body>
<button onclick="
        var p = document.getElementById('text');
        p.innerHTML = '<b>Hello!</b>';
      ">變魔術!</button>
<p id="text"></p>
</body>
```

為方便閱讀，將 button 的標籤內容、JavaScript 程式分成多行，中間 2 行粗體的程式碼，就是按下滑鼠時所要執行的程式：

- 第 1 行就是宣告一個變數 p，並用它儲存 getElementById('text') 傳回的『id="text"』的元素物件。
- 第 2 行將字串內容 "<b>Hello!</b>" 指定給 p.innerHTML 屬性，也就是讓 p 變數所代表的元素內容 (innerHTML) 變成 "<b>Hello!</b>"。

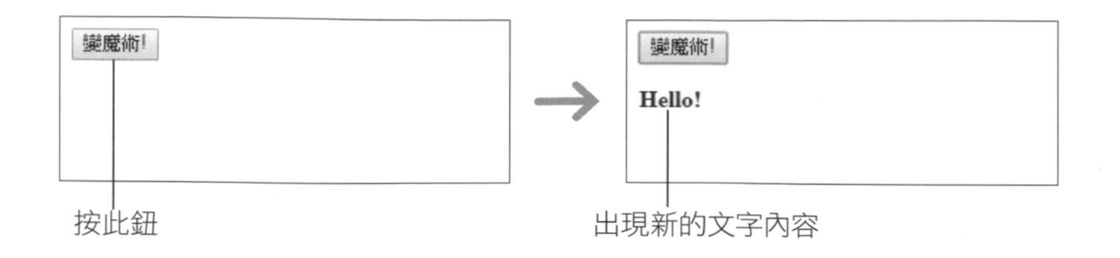

這次只將新的文字內容寫到 p 元素，就不像前面的範例，會將網頁原有的內容清除。不過像上面這個例子，將 2 行程式寫在 onclick 事件屬性中，不管是在閱讀或編寫，都非常不便，因此我們要利用自訂函式 (function) 來簡化 onclick 的內容。

自訂函式與呼叫函式

前面說過，函式就是一群程式敘述的集合，而要將 Ch09-08.html 中 2 行範例程式集合成一個函式，必須用 **function** 關鍵字、自訂的函式名稱、大括號，以如下的語法來定義：

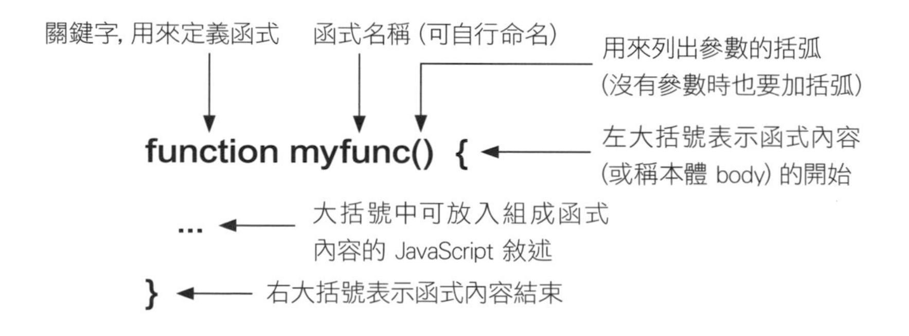

例如將下面這段函式定義放在 script 元素中，元素標籤的屬性設定就可簡化成『onlick="myfunc();』。

```
function myfunc() {
    var p = document.getElementById('text');
    p.innerHTML = '<b>Hello!</b>';
}
```

JavaScript 語法：變數及函式的命名方式

在 JavaScript 中, 我們可依自己的喜好替變數命名。這些自訂的名稱, 統稱為**識別字 (Identifier)**, 識別字的命名有下列限制：

- 名稱可使用文字、數字、底線 (_) 或 $ 符號, 但**第 1 個字元不可使用數字**。例如 3ab 是不法的名稱。

  > **TIP** 雖然可用中文名稱, 但一般並不建議, 畢竟都用英文輸入程式比較方便 (不用切換輸入法)。

- 不可使用 JavaScript 的保留字 (Reserved Word)：在 JavaScript 已定義或預留一些程式語言本身使用的關鍵字, 像是我們用過的 var、function, 這些字就不能再用來做變數、函式的名稱。

雖然變數、函式名稱可依個人喜好自行定義, 但一般都建議儘量以易懂為原則, 也就是儘量使名稱能表現其用途、功能或意義；而馬上要用到的變數則算例外, 可用無意義的名稱, 畢竟寫程式還要想有意義的變數名稱, 也是有點累人！

在後續章節, 我們還會看到很多 JavaScript 的方法、屬性使用像 getElementById 這種大小寫交替的命名方式, 稱為駝峰式命名法 (Camel Case), 也就是以數個首字大寫的英文單字 (大寫的字母是駝峰), 組合成有意義的識別字。此種命名法屬於慣例 (Convention), 而非強制的規則。

讀取輸入欄位的值

到目前為止，我們的程式只能將元素改成固定的內容 ("例如字串 hello")，如果要調整寫入的內容 (如"bye")，就要修改程式，非常不便。因此我們可試著在網頁中加入 input 欄位，讓使用者可輸入任何文字，再加到網頁中。

要讀取 input 欄位的輸入值，同樣要先用 getElementById( ) 取得 input 欄位物件 (當然要記得為元素設定 id 屬性)，接著即可利用元素物件的 value 屬性取得欄位中輸入的內容。

```
var m = document.getElementById("money");
alert(m.value);        // 顯示 id="money" 欄位的輸入值
```

以下範例就是用 input 欄位取得使用者輸入，再用 JavaScript 將輸入的內容加到網頁中：

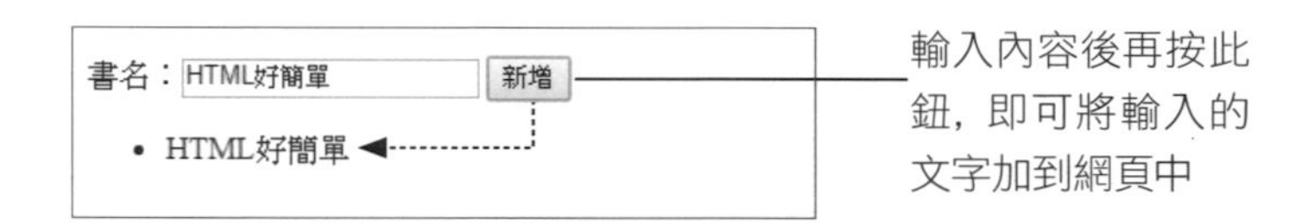
書名：HTML好簡單
新增
• HTML好簡單
輸入內容後再按此鈕，即可將輸入的文字加到網頁中

Ch09-09.html

```
<script>
    function addBook(){            //自定函式:addBook( )
      var list= document.getElementById('list');
      var book= document.getElementById('book');
      list.innerHTML += '<li>' + book.value + '</li>';
    }
</script>
...
<body>
<p>
  書名：<input id="book" type="text">
  <button onclick="addBook()">新增</button>
</p>
<ul id="list"></ul>
</body>
```

❶ 取得 id="list" 的清單物件，並指定給變數 list

❷ 取得 id="book" 的清單物件，並指定給變數 book

將 addBook() 設為按鈕事件處理函式

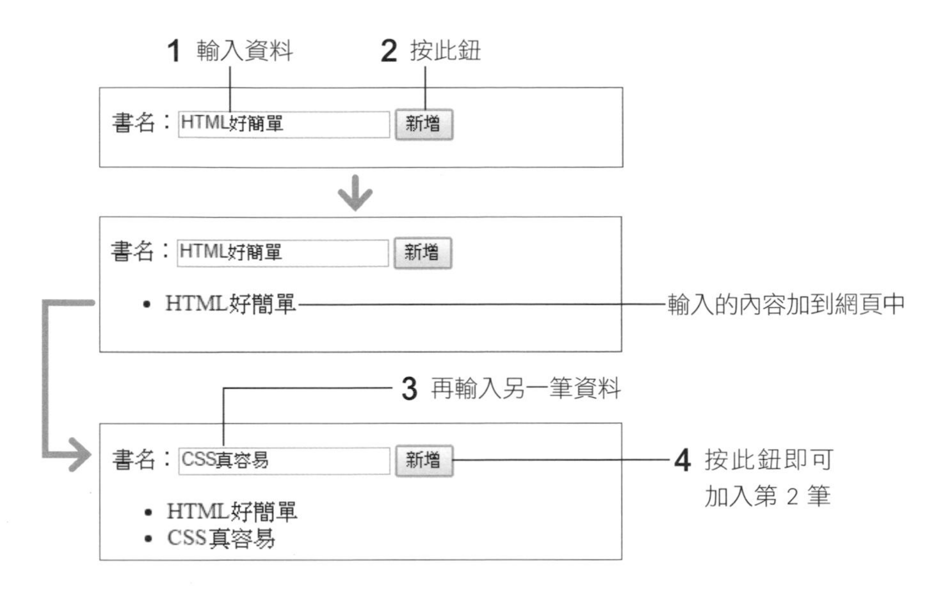

補充說明一下自訂函式的內容：

```
function addBook(){
  var list= document.getElementById("list");
  var book= document.getElementById("book");
  list.innerHTML += "<li>" + book.value + "</li>";
}
```

前 2 行分別是取得指定 id 的元素物件, 第 3 行則是將輸入欄位的 value 值加上 li 元素標籤, 再指定為清單元素的內容, 我們由右往左說明：

■ 『"<li>" + book.value + "</li>"』：加號就是相加的意思, 對數值來說, 就是將數值加總；但對字串而言, 則是將字串『串接』起來, 舉例來說, 如果 book.value 的值是 "你好", 則這段程式就相當於『"<li>" + "你好" + "</li>"』, 結果就是『"<li>你好</li>"』。

■ 『+=』：稱為複合運算子, 它是 + 和 = 的結合, 『A += B;』的意思等同於『A = A + B;』, 也就是 A + B 後再將結果指定給 A。以此處的程式來說, 就是將清單元素本身的內容, 與使用者輸入的內容合併後, 再指定給清單元素的 innerHTML, 結果就是如上圖可持續加入新項目的清單。

TIP 範例程式直接將使用者輸入內容加入網頁, 並非實務上的作法。因為使用者可能輸入各式各樣的內容, 例如輸入含 <> 符號的 HTML 語法, 或甚至輸入 JavaScript 程式等, 造成安全問題。不過如何處理、過濾使用者輸入, 屬進階主題, 本書將不會特別介紹。

9-4 使用開發人員工具協助除錯

在瀏覽器提供的**開發人員工具**中，有一項稱為**主控台 (Console)**的實用工具，可協助我們學習、開發 JavaScript 程式。

在 Chrome 瀏覽器可透過下列方式開啟開發人員工具中的主控台頁次：

方法 1：直接按 Ctrl + Shift + J 組合鍵，即可立即開啟**開發人員工具**並切換到**主控台**面板 (在 Firefox 瀏覽器中需按 Ctrl + Shift + K)

方法 2：先按 F12 鍵開啟**開發人員工具**窗格後，再用滑鼠點選 **Console** 即可切換到主控台面板

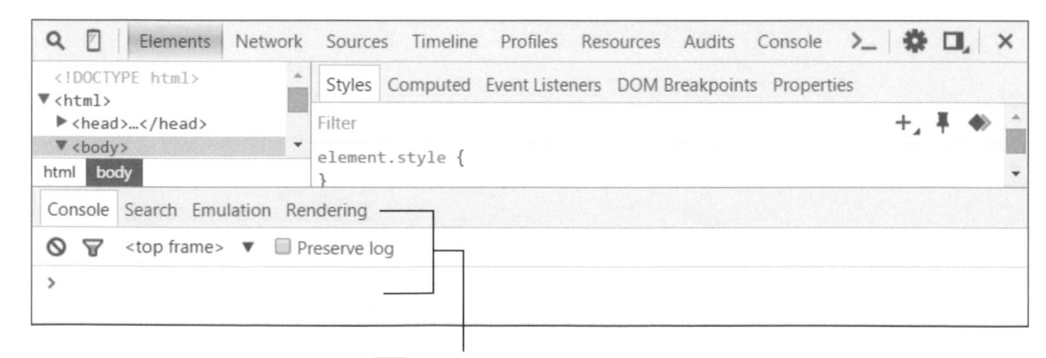

方法 3：先按 F12 鍵開啟**開發人員工具**窗格後，再按 Esc 鍵會開啟另一個窗格，預設會停留在主控台面板

主控台可用來執行、測試程式，甚至可針對現在瀏覽的網頁處理：

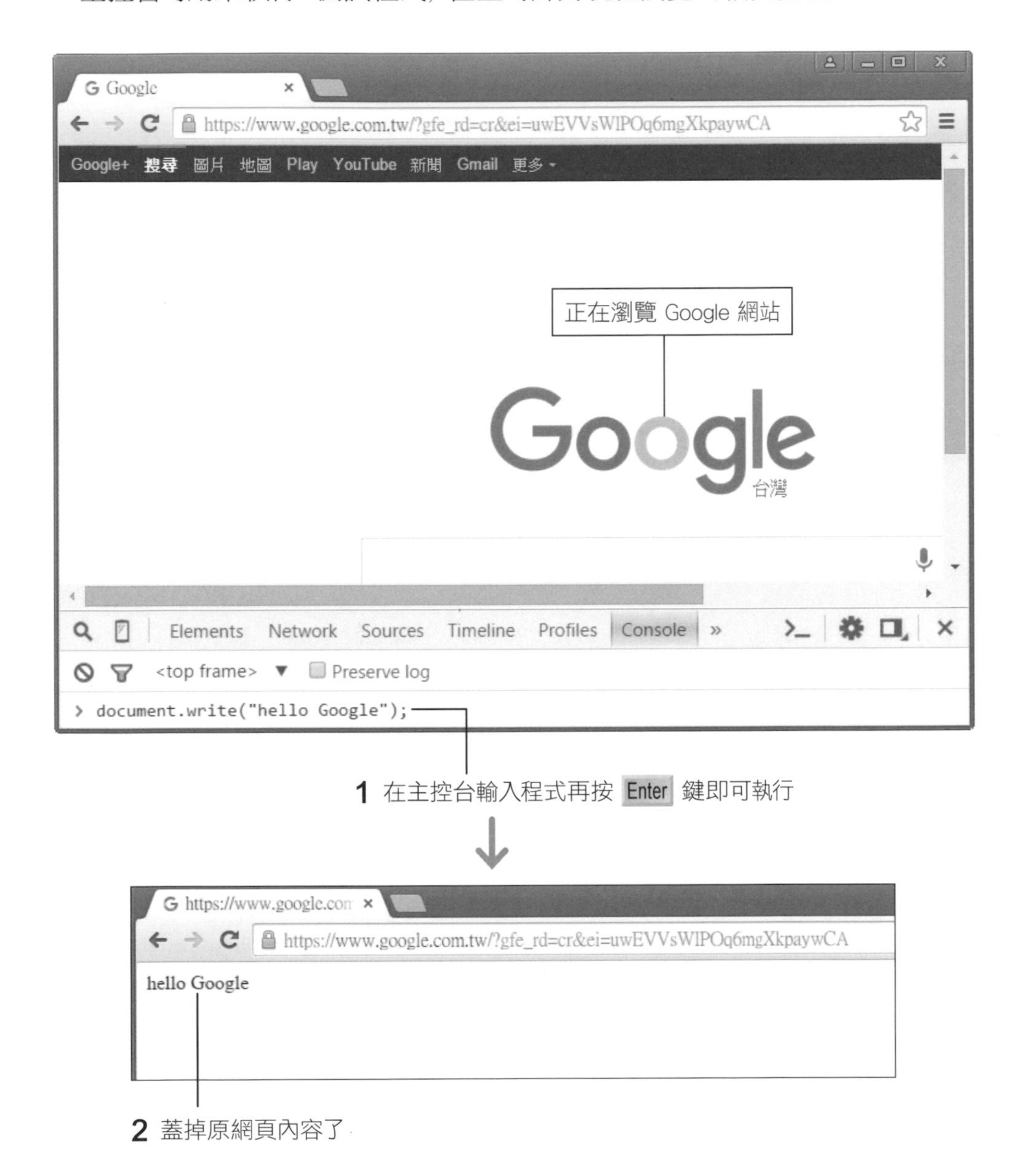

主控台也會顯示 JavaScript 程式執行的錯誤，例如若 Ch09-09.html 程式中第 2 個 book 不小心寫成了 bok，執行時就會在主控台看到如下訊息：

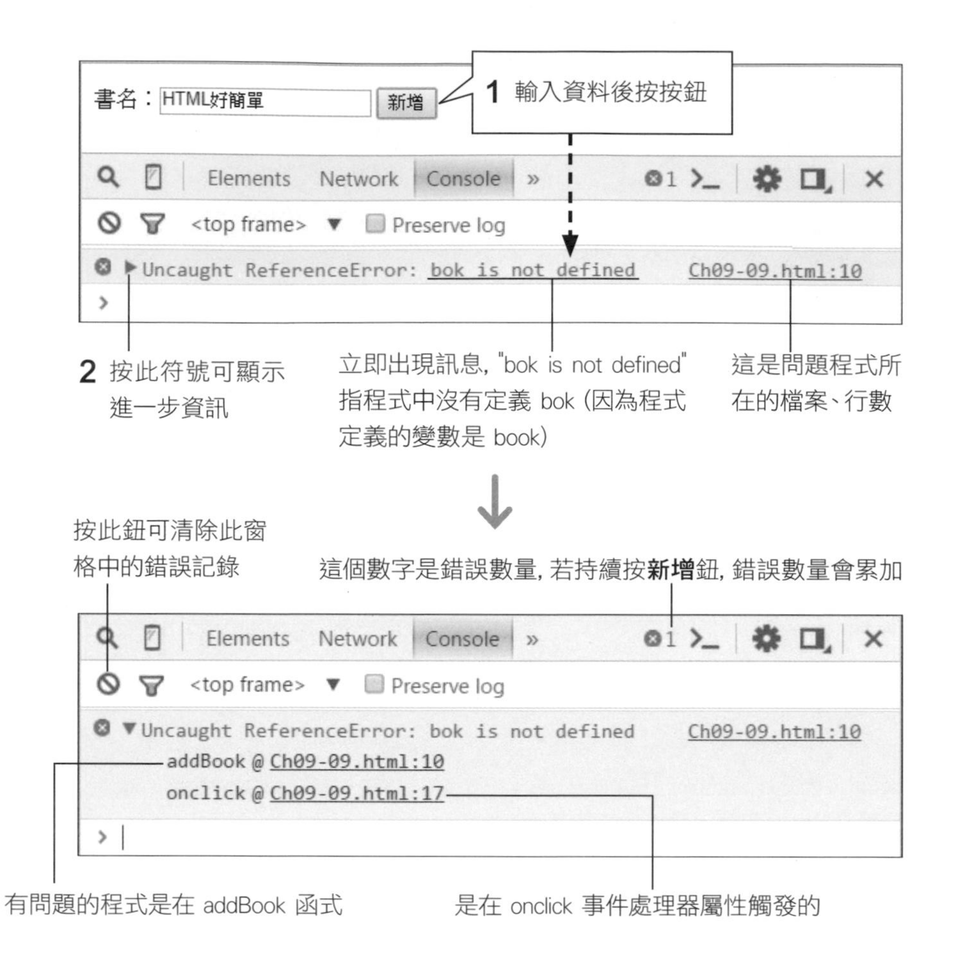

書名：
HTML好簡單
新增
1 輸入資料後按按鈕
Elements
Network
Console
<top frame>
Preserve log
Uncaught ReferenceError: bok is not defined
Ch09-09.html:10
2 按此符號可顯示進一步資訊
立即出現訊息, "bok is not defined" 指程式中沒有定義 bok (因為程式定義的變數是 book)
這是問題程式所在的檔案、行數
按此鈕可清除此窗格中的錯誤記錄
這個數字是錯誤數量, 若持續按新增鈕, 錯誤數量會累加
Uncaught ReferenceError: bok is not defined
Ch09-09.html:10
addBook @ Ch09-09.html:10
onclick @ Ch09-09.html:17
有問題的程式是在 addBook 函式
是在 onclick 事件處理器屬性觸發的

像這樣，藉由主控台顯示的訊息，就能幫助我們找出程式的錯誤。

不過有時候，程式的錯誤並非像上面所示的語法錯誤，可能是某些程式邏輯有問題，此時可在程式中用 **console.log()** 輸出程式執行過程，幫助自己瞭解程式、找出問題。

console.log("Message");
要輸出到主控台的訊息 (若用變數名稱, 表示要輸出變數值)

TIP 雖然利用本章開頭介紹的 alert() 也能輸出任意訊息, 不過每次開啟交談窗還要手動關閉, 便利性比不上 console.log()。

例如我們可在上個範例中，穿插幾個 console.log() 敘述，用以記錄程式執行的過程：

Ch09-10.html

```
<script type="text/javascript">
  function addBook(){
      console.log("開始執行 addBook()...");  ←❶
      var list= document.getElementById("list");
      console.log("目前的清單內容: " + list.innerHTML);  ←❷
      var book= document.getElementById("book");
      console.log("輸入的內容: " + book.value);  ←❸
      list.innerHTML += "<li>" + book.value + "</li>";
      console.log("addBook() 執行結束...");  ←❹
  }
</script>
```

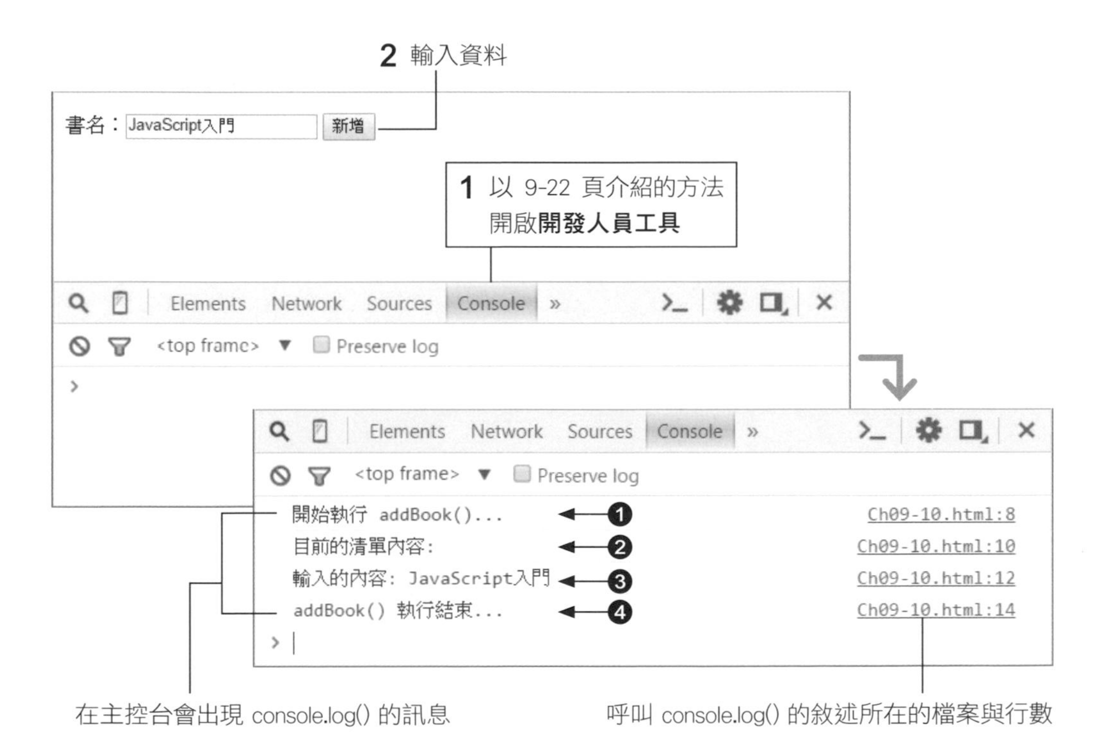
2 輸入資料
書名：
JavaScript入門
新增
1 以 9-22 頁介紹的方法開啟開發人員工具
Elements
Network
Sources
Console
<top frame>
Preserve log
開始執行 addBook()...
目前的清單內容:
輸入的內容: JavaScript入門
addBook() 執行結束...
Ch09-10.html:8
Ch09-10.html:10
Ch09-10.html:12
Ch09-10.html:14
在主控台會出現 console.log() 的訊息
呼叫 console.log() 的敘述所在的檔案與行數

往後撰寫網頁程式時，在開發、測試階段，都可利用 console.log() 輸出訊息，讓我們瞭解程式的執行過程、問題，這對 JavaScript 初學者而言，是個非常實用的技巧。

學習評量

選擇填充題

1. (　　) 下列關於 JavaScript 的敘述, 何者正確?
   (A) 是由 Java 公司推出的程式語言。
   (B) JavaScript 程式碼不分大小寫
   (C) 目前標準是由 ECMA International 制定相關規格, 稱為 ECMAScript。
   (D) 每家瀏覽器所用的 JavaScript 都完全不同。

2. (　　) 想讓使用者按下網頁中的按鈕時, 即執行 JavaScript 程式, 可將程式寫在按鈕標籤的什麼屬性中?
   (A) click (B) run (C) script (D) onclick

3. (　　) 定義自訂的函式時, 必須使用什麼關鍵字為開頭?
   (A) define (B) function (C) proc (D) var

4. (　　) alert() 是什麼物件的方法?
   (A) win (B) wind (C) window (D) windows

5. (　　) 關於 JavaScript 的識別字 (變數名稱), 下列何者是合法的名稱?
   (A) 5million (B) var (C) big-apple (D) 金額

6. (　　) 想輸出文字訊息到瀏覽器的主控台視窗, 可使用什麼方法。
   (A) document.write()　(B) console.log()
   (C) window.alert()　(D) browser.show()

7. 要在網頁文件中加入 JavaScript 程式, 可將程式放在 ______ 元素中；若要使用外部的 JavaScript 程式檔, 則可在元素中以 ______ 屬性指定檔案路徑。

8. 想用 JavaScript 程式取得網頁中 <p id="good">...</> 元素的物件, 可呼叫 document.__________ById() 方法, 呼叫時所用的參數為 __________。

練習題

1. 請練習建立一個包含 2 個 p 元素的 HTML 文件, 並設定元素的 onclick 屬性, 讓使用者在 p 段落上按下滑鼠左鈕時, 分別以訊息窗顯示不同的文字訊息。

2. 請試建立含 2 個輸入欄位及 1 個按鈕的網頁, 使用者可在欄位中輸入文數字, 並按下按鈕就會將兩個欄位的內容文字對調。

MEMO

10

DOM 物件模型與事件處理

前一章簡單介紹了 JavaScript 的基本語法, 以及如何利用 JavaScript 寫入網頁文件、讀取輸入欄位的內容等；若要對網頁文件做更完整的控制, 就必須使用 DOM 介面。

10-1 認識 DOM 物件模型

DOM (Document Object Model) 中文稱為『文件物件模型』，此處的文件指的是 HTML 文件。換句話說，DOM 是一種以物件表現文件結構的方式，以及透過此物件結構存取文件內容的程式介面 (API)。

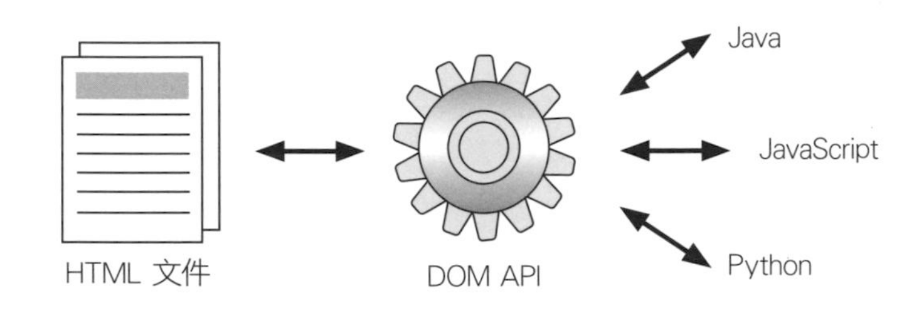

在 JavaScript 發展初期，Netscape 和微軟公司都有實作類似 DOM 的技術，以便讓 JavaScript 程式能存取網頁文件內容，當時並無公認的標準。後來才由 W3C 制定 DOM 標準，目前已發展到 level 3 的階段。

本書中是透過 JavaScript 來使用 DOM 介面，不過就像前面所提到的，DOM 只是定義存取網頁文件內容的方式，因此其它程式語言如 Java、Python 等，只要有實作好 DOM 的 API 介面，就同樣能透過 DOM 介面來操作網頁內容。

以節點組成的 DOM 樹狀結構

我們可以用常見的樹狀圖來表示 DOM 的結構，以第 4 章的清單範例 Ch04-01.html 為例，其 DOM 的結構如下：

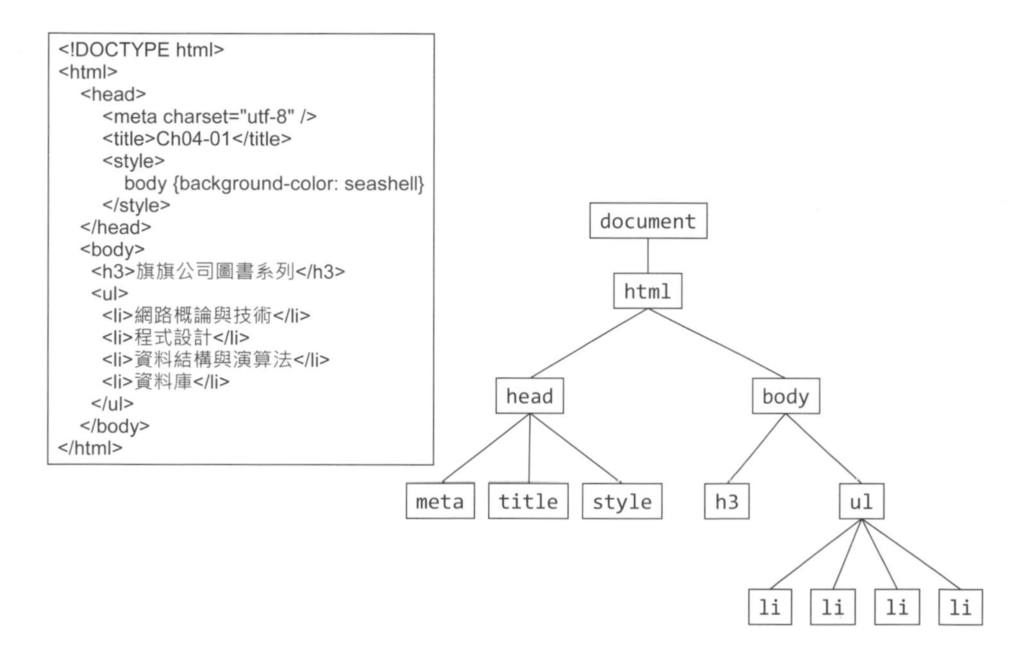
<!DOCTYPE html>
<html>
<head>
<meta charset="utf-8" />
<title>Ch04-01</title>
<style>
body {background-color: seashell}
</style>
</head>
<body>
<h3>旗旗公司圖書系列</h3>
<ul>
<li>網路概論與技術</li>
<li>程式設計</li>
<li>資料結構與演算法</li>
<li>資料庫</li>
</ul>
</body>
</html>
document
html
head
body
meta
title
style
h3
ul
li
li
li
li

如圖所示，整個文件樹是由**節點** (Node) 所組成，最上層的節點就是 document。在上圖中只列出最常使用的元素節點，其實文件樹中也可包含屬性 (Attribute)、文字 (Text)、註解 (Comment) 等類型的節點，甚至連 <!DOCTYPE...> 文件型別宣告，也算是 document 下的一個特殊節點。

上圖可表現出節點的階層關係：在上下的關係中，上層的節點稱為父 (Parent) 節點，其下的節點稱為子 (Child) 節點、子元素。例如 body 是 h3、ul 的父節點，而 h3、ul 則是 body 的子節點；同一父節點的子節點，則彼此為兄弟 (Sibling) 節點。

在程式中, 可由父節點物件的下列屬性來存取子節點:

- firstChild:傳回代表第 1 個子節點的物件。
- lastChild:傳回代表最後 1 個子節點的物件。
- childNodes:傳回包含所有子節點物件的集合。請注意, 其名稱是複數形式, 所以它傳回的並非單一節點, 而是一個 NodeList 類型的清單集合。稍後會說明如何由清單集合中取出個別的節點物件。
- head:專屬於 document 物件的屬性, 可傳回代表 head 元素的子節點。
- body:專屬於 document 物件的屬性, 可傳回代表 body 元素的子節點。

以下範例, 試著用上列的屬性取得 document 的子節點 (或集合), 並以 console.log() 輸出到主控台:

Ch10-01.html

```
<head>
    <script>
      function show(){
        console.log("1 document的子節點");
        console.log(document.childNodes);  // 所有子節點
                              ❶
        console.log("2 document的first:");
        console.log(document.firstChild);   // 第 1 個子節點

        console.log("3 document的last:");
        console.log(document.lastChild);   // 最後 1 個子節點

        console.log("4 body的子節點:");
        console.log(document.body.childNodes);←❷
      }              // 取得 body 節點, 再存取其下的子節點
    </script>
</head>
<body onload="show()">
  <h3>旗旗公司圖書系列</h3>
  <ul>
    <li>網路概論與技術</li>
    <li>程式設計</li>
    <li>資料結構與演算法</li>
    <li>資料庫</li>
  </ul>
</body>
```

請在瀏覽器中開啟網頁後，按 Ctrl + Shift + J 組合鍵 (Firefox 為 Ctrl + Shift + K) 啟動開發人員工具，並切換到主控台，才能看到如下以 console.log() 輸出訊息：

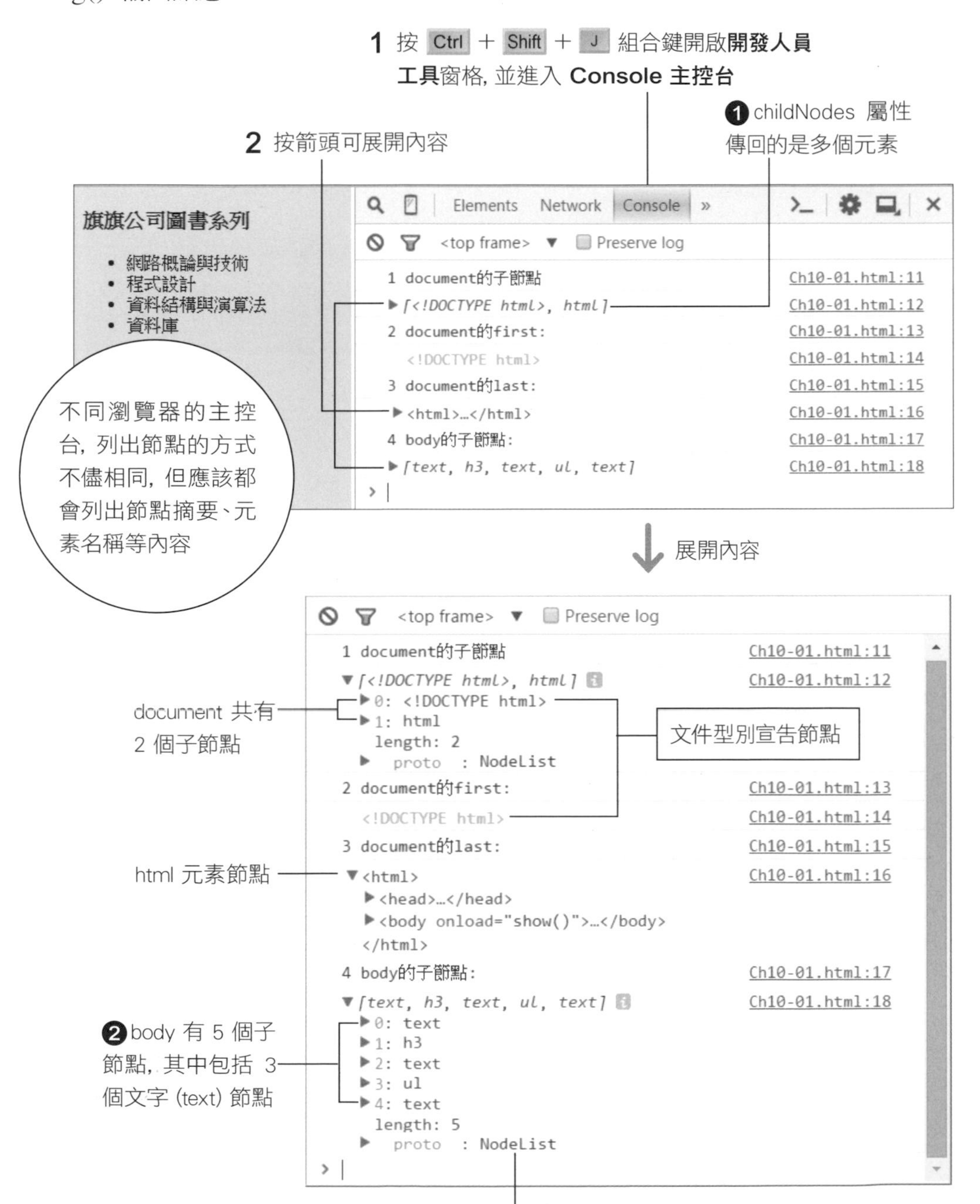
1 按 Ctrl + Shift + J 組合鍵開啟開發人員工具窗格，並進入 Console 主控台
2 按箭頭可展開內容
❶ childNodes 屬性傳回的是多個元素
旗旗公司圖書系列
網路概論與技術
程式設計
資料結構與演算法
資料庫
不同瀏覽器的主控台，列出節點的方式不儘相同，但應該都會列出節點摘要、元素名稱等內容
Elements
Network
Console
<top frame>
Preserve log
1 document的子節點
[<!DOCTYPE html>, html]
2 document的first:
<!DOCTYPE html>
3 document的last:
<html>…</html>
4 body的子節點:
[text, h3, text, ul, text]
Ch10-01.html:11
Ch10-01.html:12
Ch10-01.html:13
Ch10-01.html:14
Ch10-01.html:15
Ch10-01.html:16
Ch10-01.html:17
Ch10-01.html:18
展開內容
document 共有 2 個子節點
0: <!DOCTYPE html>
1: html
length: 2
proto : NodeList
文件型別宣告節點
html 元素節點
<head>…</head>
<body onload="show()">…</body>
</html>
❷ body 有 5 個子節點，其中包括 3 個文字 (text) 節點
0: text
1: h3
2: text
3: ul
4: text
length: 5
proto : NodeList
此項目表示這個物件是 NodeList 類型

由上面的執行結果❷可看到, body 的子節點除了 HTML 元素以外, 還有文字 (text) 節點。因為在編寫 HTML 時, 為方便閱讀而會用空白、換行字元等將標籤分開、對齊, 而這些額外的內容就會變成元素節點前後的文字節點。

```
<h3>旗旗公司圖書系列</h3>[ ]   ←—從結束標籤到 ul 起始標籤間的的換行、
<ul>                               空白等字元, 會變成文字節點
```

存取 DOM 的時機

在上個範例中, 整段輸出訊息的 JavaScript 程式都是放在自訂的 show() 函式中, 然後在 body 元素使用 onload 事件屬性指定要呼叫 show() 函式。body 元素的 onload 事件是指文件載入完成事件, 此時瀏覽器已建構出完整的 DOM 模型, 能讓程式能顯示節點的資訊。

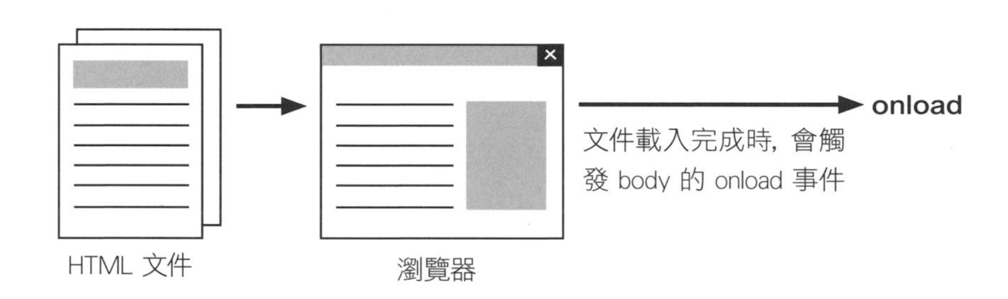

若不想使用 onload 事件, 則可將程式的內容 (script 元素) 移到 body 最後面, 也就是讓瀏覽器先載入 body 元素的部份, 建好 DOM 文件樹才接著執行 JavaScript 程式, 這樣就不用透過 onload 事件來執行程式了。

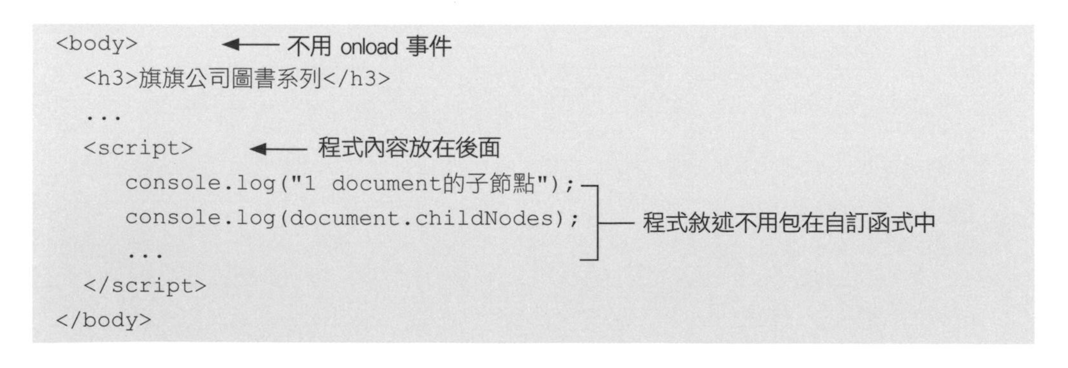

```
<body>
  <h3>旗旗公司圖書系列</h3>
  ...
  <script>
    console.log("1 document的子節點");
    console.log(document.childNodes);
    ...
  </script>
</body>
```


TIP 請注意, 若範例 Ch10-01.html 做如上修改, 程式執行結果會和前頁不太一樣, 例如 body 的子元素數量就會不同。

從節點集合中取得單一節點

由前面以 console.log() 輸出 childNodes 的結果可看到, 集合中的子節點是以 0、1、2... 的方式編號, 此編號稱為**索引 (index)**, 請注意編號是由 0 開始, 而不是從 1 開始。利用 **[索引編號]** 的語法, 即可取得指定編號的子節點物件:

子元素集合
document.childNodes[0]
索引編號, 本例取 document 的第 0 個子節點
(以 Ch10-01.html 為例, 就是文件宣告)

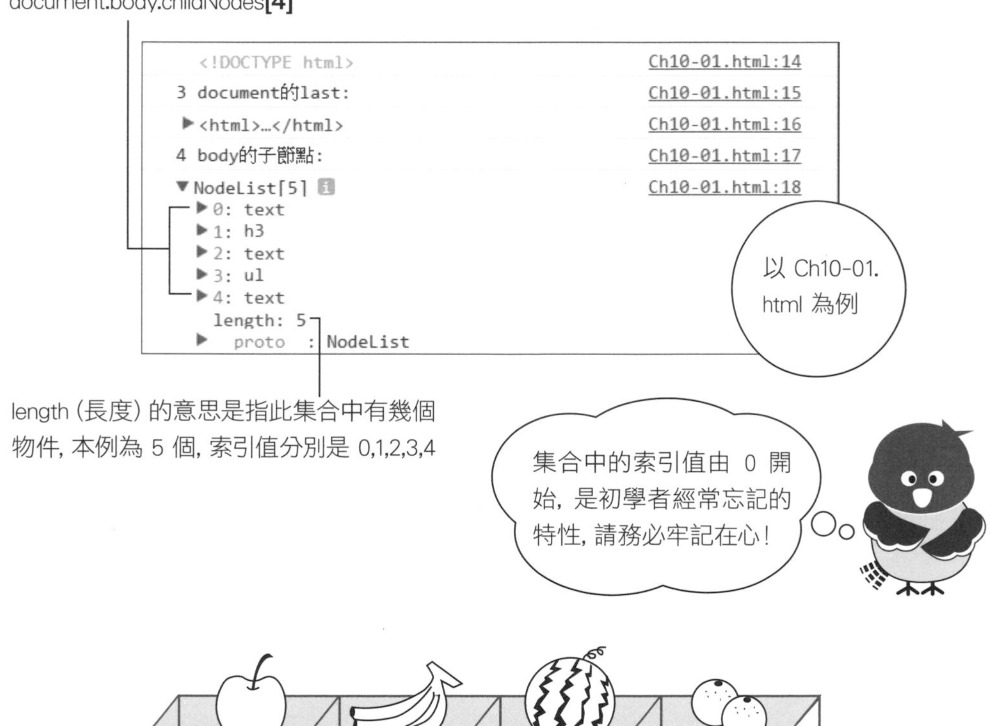
body 之下的 5 個子節點, 分別是 document.body.childNodes[0] ～ document.body.childNodes[4]
<!DOCTYPE html> Ch10-01.html:14
3 document的last: Ch10-01.html:15
▶<html>…</html> Ch10-01.html:16
4 body的子節點: Ch10-01.html:17
▼NodeList[5] Ch10-01.html:18
▶0: text
▶1: h3
▶2: text
▶3: ul
▶4: text
length: 5
▶ proto : NodeList
以 Ch10-01.html 為例
length (長度) 的意思是指此集合中有幾個物件, 本例為 5 個, 索引值分別是 0,1,2,3,4
集合中的索引值由 0 開始, 是初學者經常忘記的特性, 請務必牢記在心!
0
1
2
3
水果集合

元素節點

在 JavaScript 中最常處理的節點是元素節點，因此 DOM API 提供了另一組屬性和方法，可用來取得 document、元素節點的子元素 (也就是元素類型的子節點，不包含文字、文件型別宣告等其它類型的節點)：

- firstElementChild 屬性：傳回第 1 個子元素。
- lastElementChild 屬性：傳回最後 1 個子元素。
- children：所有子元素的集合，用法和上頁介紹的節點集合類似：可用 children.length 取得子元素總數；用 **children[索引編號]** 取得指定的子元素物件。
- getElementsByTagName()方法：以標籤名稱為參數，例如 getElementsByTagName("li")，可取得後代元素 (子元素、孫元素等) 中所有 li 元素的集合。
- getElementsByName()方法：以 name 屬性為參數，例如 getElementsByName("test")，可取得所有 name="test" 的元素之集合。

TIP 注意！前一章介紹的 getElementById()，名稱中的 Element 是單數，因為 id 屬性值是獨一無二的，所以取得的元素只有 1 個；而上面 2 個方法名稱中的 Elements 是複數，取得的元素可能不只一個。

我們將前一個範例略做修改，使用上列屬性來測試結果：

Ch10-02.html

```
<script>
  function test(){
    // 列出 document 的第1個和最後1個子元素
    console.log(document.firstElementChild);   ─┐←❶
    console.log(document.lastElementChild);    ─┘

    console.log("---以下是body的子元素---");
    var b = document.body;         // 將 body 節點設給變數 b
❷→ console.log(b.children);       // 列出 body 所有子元素
❸→ console.log(b.children[0]);    // 列出子元素集合中的第 0 個子元素
❹→ console.log(b.children[1]);    // 列出子元素集合中的第 1 個子元素
  }
</script>
```

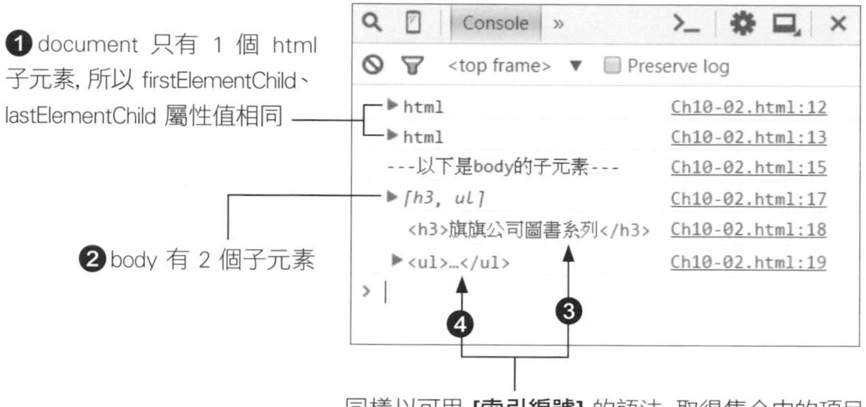

TIP 有些瀏覽器不支援 firstElementChild、lastElementChild 屬性, 例如下圖就是在 IE10 開啟範例網頁的結果, 前 2 行 console.log() 輸出的訊息是 undefined (表示 firstElementChild、lastElementChild 屬性均未定義)。

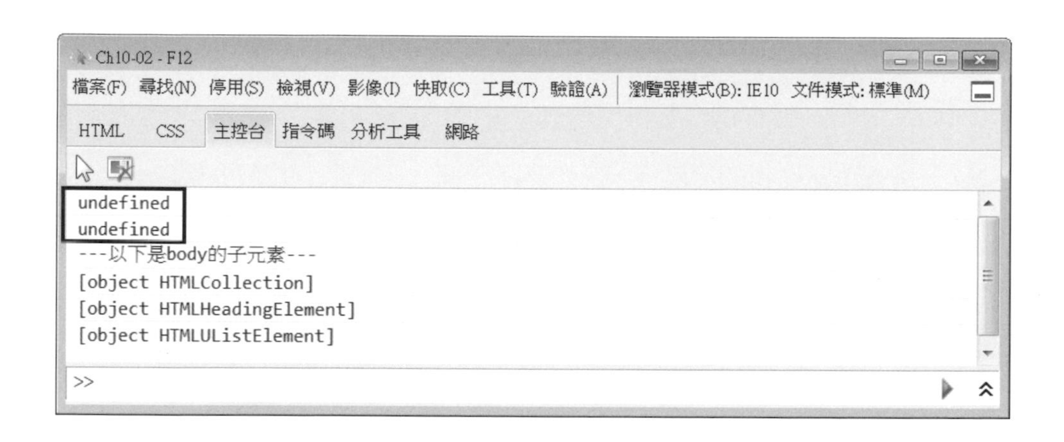

或許有人會覺得透過 DOM 樹狀結構存取元素並不是很方便, 還不如使用 getElementById() 可直接取得想要的元素。不過實際上, 有些情況使用 id 反而會造成不便:例如想用程式處理 ol 或 ul 清單中的 20 個 li 元素, 此時必須為 20 個元素設定 20 個不同的 id, 然後還要呼叫 20 次 getElementById()。本章稍後就會示範如何用程式處理多個元素。

10-2 在 HTML 文件中新增元素

認識由 DOM 取得元素節點的基本方法後，就可透過 DOM 來處理文件內容。本節先介紹如何新增元素，前一章是直接將標籤文字 "<li>...</li>" 指定給 innerHTML 屬性；而如果要透過 DOM 文件樹，就應該是在 ul 元素下新增 1 個 li 子元素。新增元素時可用到下列幾個方法：

- document.createElement()：建立元素節點物件。

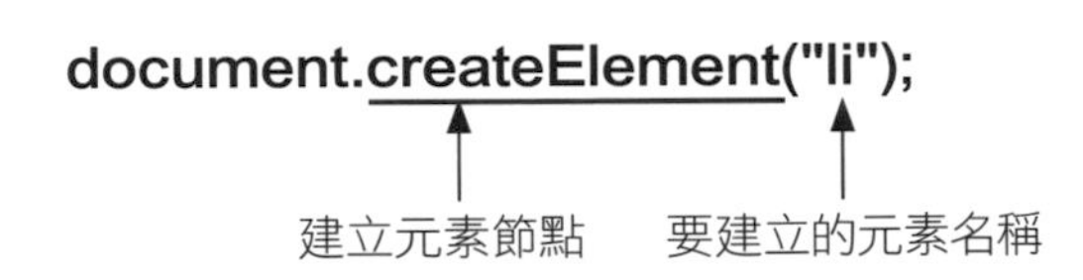

- document.createTextNode()：建立文字節點物件。例如可用以建立開始標籤與結束標籤之間的文字。

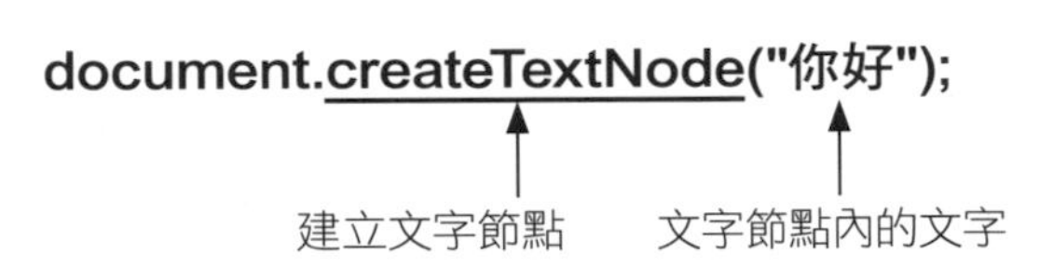

以上述方法建好新的節點後，例如建好一個 li 物件，此時可再用 ul、ol 物件呼叫 appendChild() 方法，即可將 li 加入成為 ul、ol 的子元素：

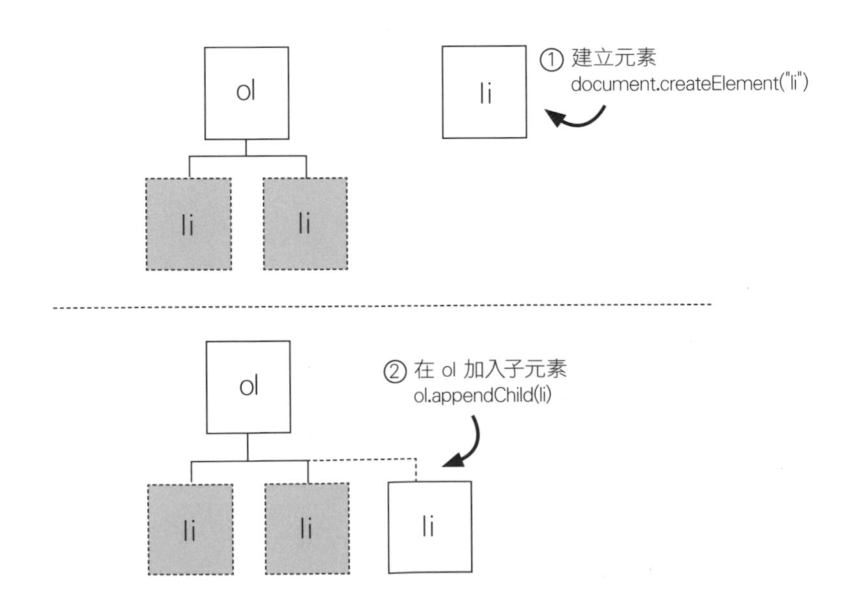

我們就用上述建立節點和附加節點的方法, 改寫前 1 章新增書籍項目的範例:

每新增 1 筆項目, 就會動態更新數量
書名:
我愛JavaScript
新增
現在有1本書
我愛JavaScript
按下按鈕時會建立元素節點和文字節點, 並加到清單元素中

Ch10-03.html

```
<script>
    function addBook(){
      var book= document.getElementById("book");
      // 用輸入欄位的文字建立文字節點
      var txtNode = document.createTextNode(book.value);  ← ❶

      // 建立新的 li 元素節點
      var li = document.createElement("li");  ← ❷
      // 將文字節點加入成為 li 元素的子節點  ← ❷
      li.appendChild(txtNode);

      // 取得 id="list" 的清單元素節點
      var list = document.getElementById("list");
      // 將 li 元素節點加入成為清單元素的子節點
      list.appendChild(li);  ← ❸

      // 將目前清單子元素的總數顯示在網頁上
      document.getElementById("bookCount").innerText =
                                    list.children.length;  ← ❹
    }
</script>
...
<body>
<p>
  書名:<input id="book" type="text">
  <button onclick="addBook()">新增</button>
</p>
<ul id="list"></ul>
<p>現在有<span id="bookCount">0</span>本書</p>
</body>
```

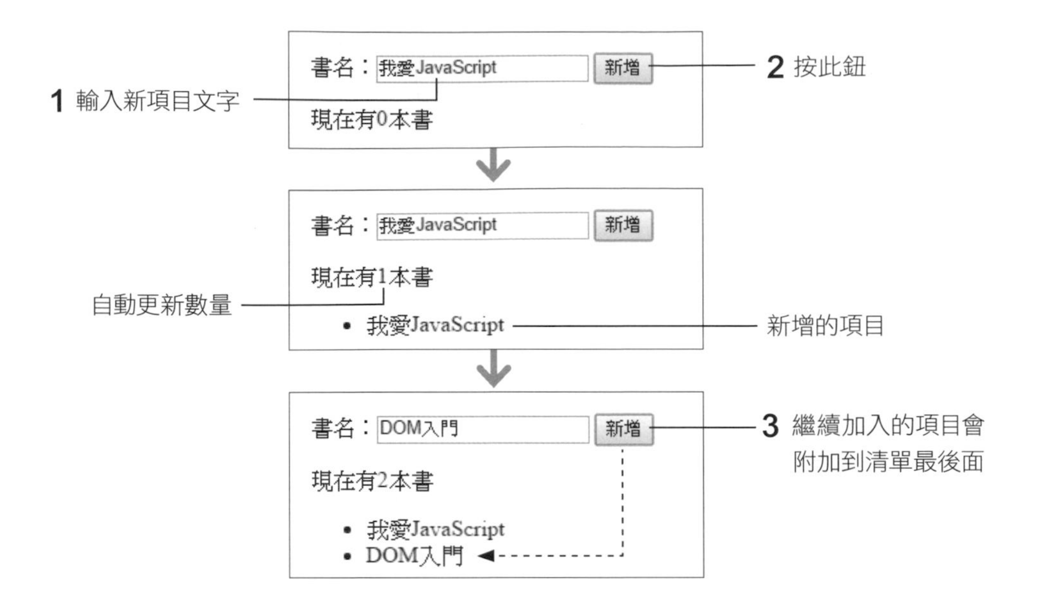

在按鈕 onclick 事件所呼叫的 addBook() 函式中，會做如下處理：

❶ 首先取得輸入欄位文字，並呼叫 document.createTextNode() 建立文字節點。

❷ 接著呼叫 document.createElement("li") 建立 li 元素，並用它呼叫 appendChild() 將上一步建立的文字節點，加入成為 li 的子節點。

❸ 取得網頁中的 ul 清單元素物件，並透過它呼叫 appendChild()，將上 1 步建立的 li 元素，加入成為 ul 的子元素，成為清單中的一個項目。

❹ 最後用 ul 的 children.length 屬性，取得 ul 的子元素數量，也就是清單中的項目數量，並將它顯示在網頁中預先建立的 span 元素。

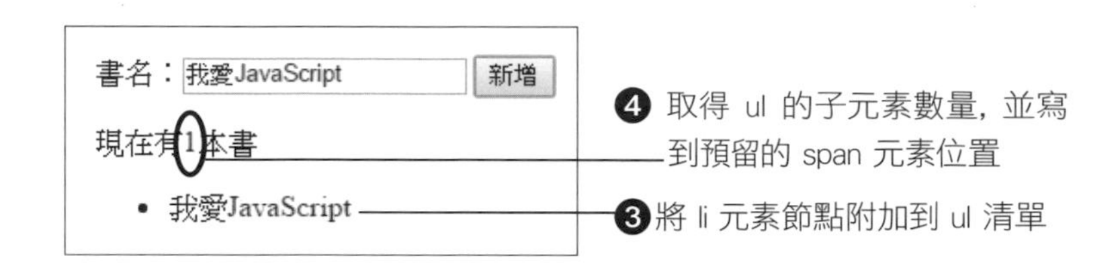

顯示數量的程式用到了 JavaScript 串接的語法：

```
document.getElementById("bookCount").innerText =
                                        list.children.length;
```

『document.getElementById("bookCount")』傳回的是代表 id="bookCount" 的物件，所以我們可立即再用 . 符號取得其 innerText 屬性，所以上面的敘述就相當於：

```
var x = document.getElementById("bookCount");
x.innerText = list.children.length;
```

同理，= 右邊的『list.children』傳回的是清單集合的物件，接著再串接『.length』取得清單集合的長度 (子元素個數)。

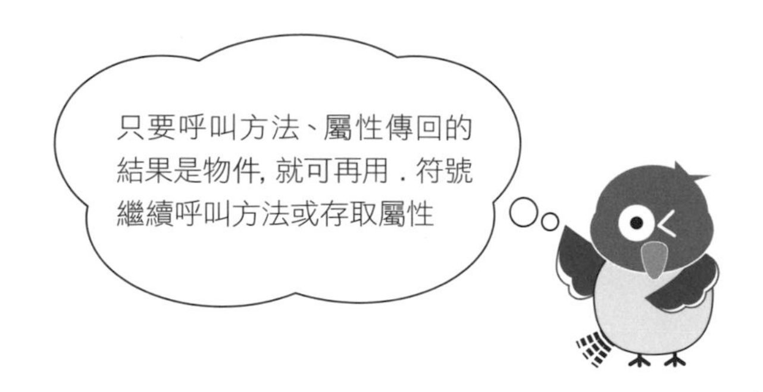

只要呼叫方法、屬性傳回的結果是物件，就可再用 . 符號繼續呼叫方法或存取屬性

上面範例有個缺點，就是當使用者沒有輸入資料時，也能按按鈕新增一個空白的項目，以下就來看如何用 JavaScript 判斷空白的欄位內容並做相關處理。

10-3 表單資料驗證

JavaScript 條件判斷與流程控制

在 JavaScript 中, 可用 == 運算子 (2 個等號) 來比對 2 個資料是否相等。例如若要檢查輸入欄位是否為空白, 可用『欄位物件.value == ""』運算式來判斷, 雙引號是字串的標示符號, 而 "" 表示沒有內容的字串, 也就是空白的內容。

比對結果若是相等 (輸入欄位為空白), 運算式的結果就是 true (真);比對不符, 則結果為 false (假)。我們可用開發人員工具中的**主控台**來測試:

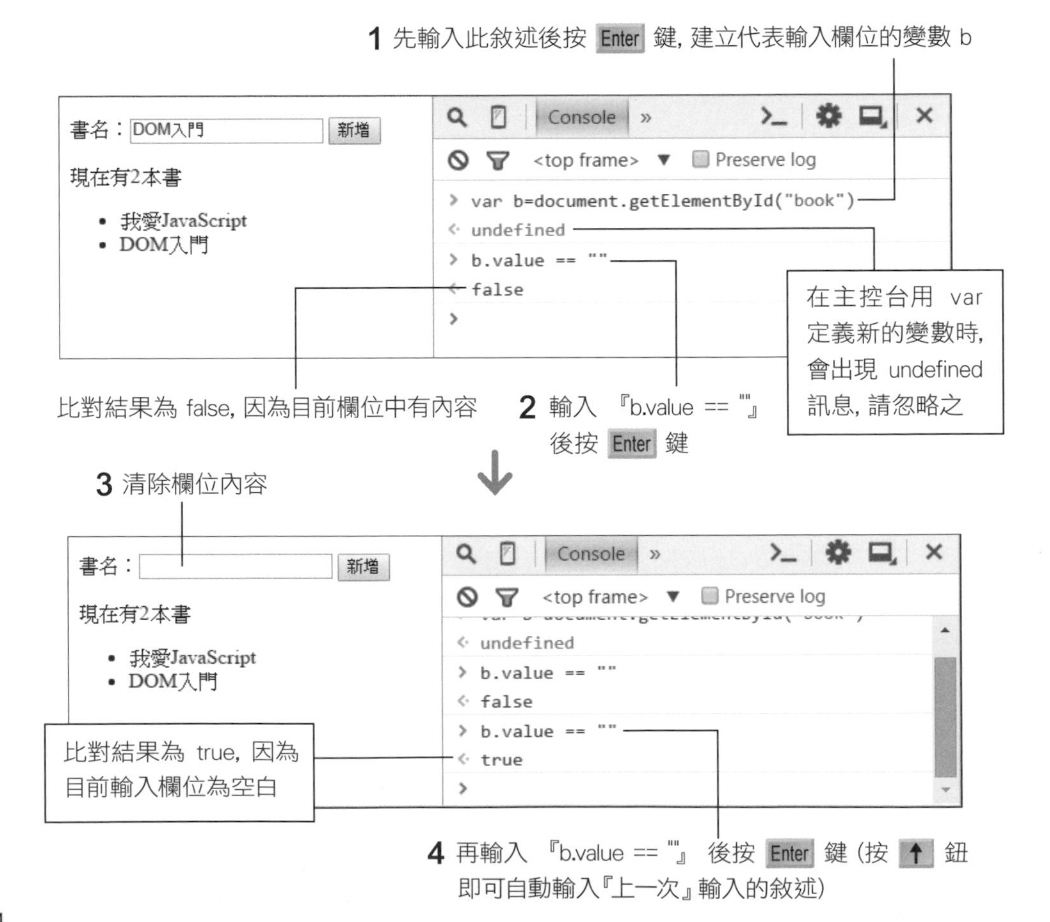
1 先輸入此敘述後按 Enter 鍵, 建立代表輸入欄位的變數 b
書名:DOM入門 新增
現在有2本書
我愛JavaScript
DOM入門
Console
<top frame>
Preserve log
var b=document.getElementById("book")
undefined
b.value == ""
false
在主控台用 var 定義新的變數時, 會出現 undefined 訊息, 請忽略之
比對結果為 false, 因為目前欄位中有內容
2 輸入 『b.value == ""』 後按 Enter 鍵
3 清除欄位內容
書名: 新增
現在有2本書
我愛JavaScript
DOM入門
Console
<top frame>
Preserve log
undefined
b.value == ""
false
b.value == ""
true
比對結果為 true, 因為目前輸入欄位為空白
4 再輸入 『b.value == ""』 後按 Enter 鍵 (按 ↑ 鈕即可自動輸入『上一次』輸入的敘述)

知道如何判斷輸入欄位內容後，在程式中就能用 **if-else** 敘述來改變程式執行流程，讓空白不會被加入清單中。if-else 敘述在程式語言中稱為『決策』(decision)，它就像我們生活中常做的決策判斷，在程式中的用法有下列 2 種：

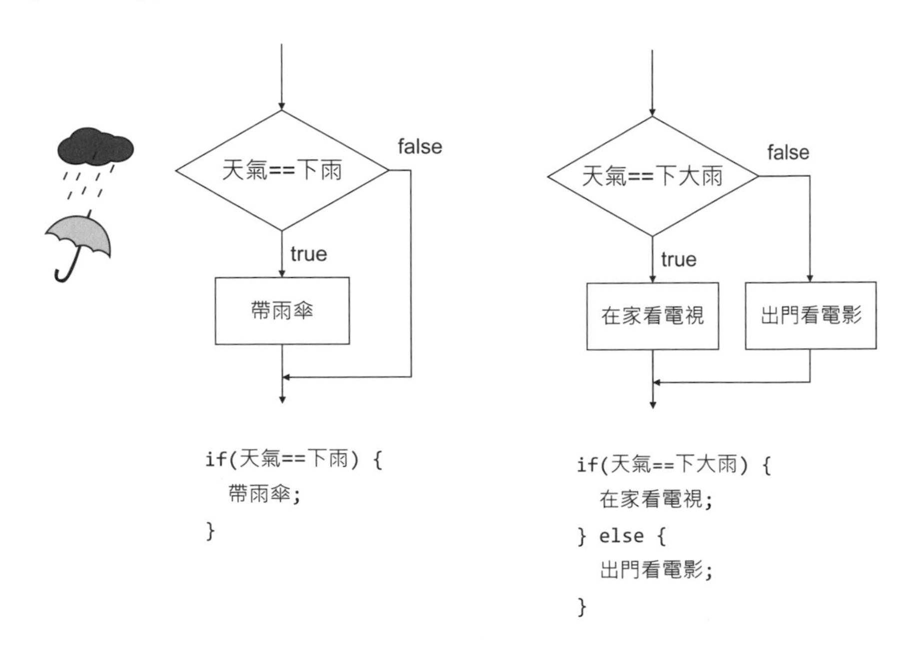


```
if(天氣==下雨) {
  帶雨傘;
}
```

```
if(天氣==下大雨) {
  在家看電視;
} else {
  出門看電影;
}
```

在我們的例子中，可用 if-else 控制程式執行流程：當輸入欄位為空白時，顯示警告訊息；非空白時，才用輸入的文字建立新元素。

Ch10-04.html

```
<script>
  function addBook(){
    var book= document.getElementById("book");

❶→if(book.value == "" ) { // 若輸入欄位為空白
      alert("請先輸入書名!");
    }
❷→else {                    // 輸入欄位非空白
      // 用輸入欄位的文字建立文字節點
      var txtNode = document.createTextNode(book.value);

      // 建立新的 li 元素節點
      var li = document.createElement("li");
      // 將文字節點加入成為 li 元素的子節點
      li.appendChild(txtNode);
```

```
        // 取得 id="list" 的清單元素節點
        var list = document.getElementById("list");
        // 將 li 元素節點加入成為清單元素的子節點
        list.appendChild(li);

        // 將目前清單子元素的總數顯示在網頁上
        document.getElementById("bookCount").innerText =
          list.children.length;
      }
    }
</script>
```

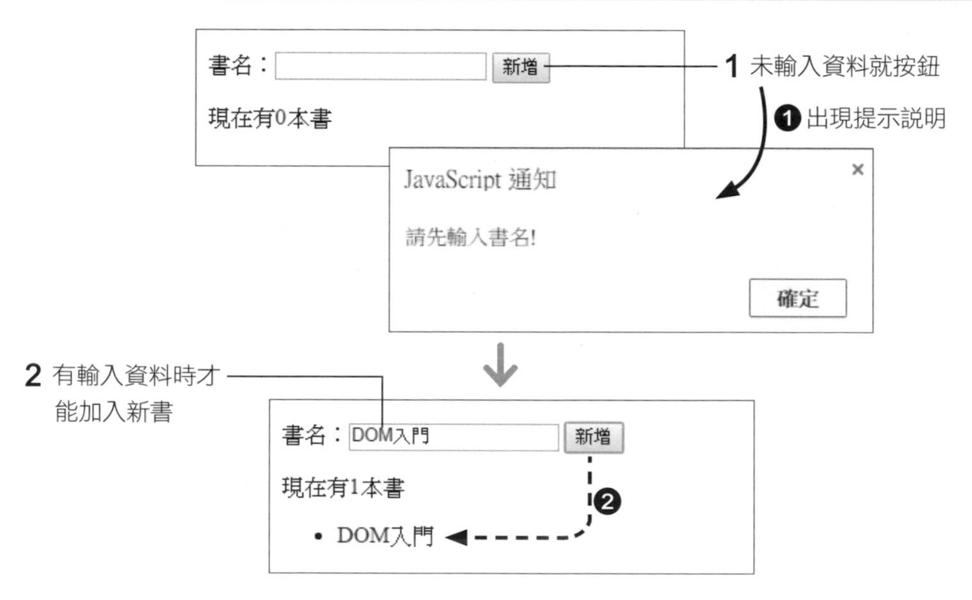

使用 DOM 存取表單

上面的範例使用到 input 欄位，而未用到表單 form 元素。若使用 form 元素建立完整的表單，則直接利用第 5 章介紹的輸入欄位之 required 屬性，即可讓瀏覽器替我們檢查輸入欄位是否為空白，但此時 JavaScript 程式的處理方式也要調整。本小節就來認識如何透過 DOM 來存取表單內容，及相關的程式控制。

由於表單處理是經常用到的功能，因此在 DOM 中提供下列物件屬性，可用以取得網頁中的表單、表單內的輸入欄位：

- document.forms：傳回網頁中表單元素的清單集合，例如 document.forms[0] 代表網頁中第一個表單元素物件。而且若表單有設定 name 或 id 屬性，可直接用此屬性值當索引取得表單：

```
<form name="form1"...> ... </form>

document.forms["form1"]  ← 用表單的 name 或 id 屬性值當索引
```

- 表單.elements：表單物件的 elements 屬性會傳回表單所有子元素的集合，例如 document.forms[0].elements[0]。若元素有設定 name 或 id 屬性，同樣可直接用此屬性值當索引取得其物件。

```
document.forms["form1"].elements[0]       ← form1 表單中的第一個元素
document.forms["form1"].elements["test"]  ← form1 表單中的 id="test" 或
                                             name="test" 的輸入欄位
```

TIP 請注意，此處的 elements 屬性僅能用於表單元素物件，且 elements 屬性和前面介紹的 children 略有不同，例如 children 不支援上述以 name 或 id 當索引的語法。

處理表單的 JavaScript 程式，通常都是在表單被送出時執行 (type="submit" 按鈕被按下時)，也就是利用表單元素的 onsubmit 屬性，指定表單送出事件所要執行的程式。

```
function check() {...}
         ↑ 用 onsubmit 屬性指定在表單被送出時，要先執行指定的程式敘述
                                   (本例是呼叫自訂的 check() 函式)
<form onsubmit="check();">...
```

onsubmit 屬性指定的敘述會在 type="submit" 按鈕被按下時執行 (表單送出前)。如果想讓瀏覽器只執行我們的程式，而不要真的送出表單 (提出 HTTP 要求)，可在 onsubmit 屬性值最後面，加上 "return false;" 敘述，參見以下範例：

Ch10-05.html

```
<head>
    <script>
    function validate(){
      // 取得所有 name="answer" 單選鈕的物件
      var all = document.forms["form1"].elements["answer"];← ❷
```

```
        if(all[1].checked)        // 若是第 1 項(36)被選取 ←❸
          alert("Good Job!");
        else                      // 若是選了其它答案
          alert("Try Again!");
      }
    </script>
</head>
<body>
<h3>小學生加法練習</h3>
<form name="form1" onsubmit="validate();return false;"> ←❶
  20 + 16 = ?
  <input type="radio" name="answer" value="2016" required>2016
  <input type="radio" name="answer" value="36" required>36
  <input type="radio" name="answer" value="216" required>216
  <input type="submit">
</form>
</body>
```

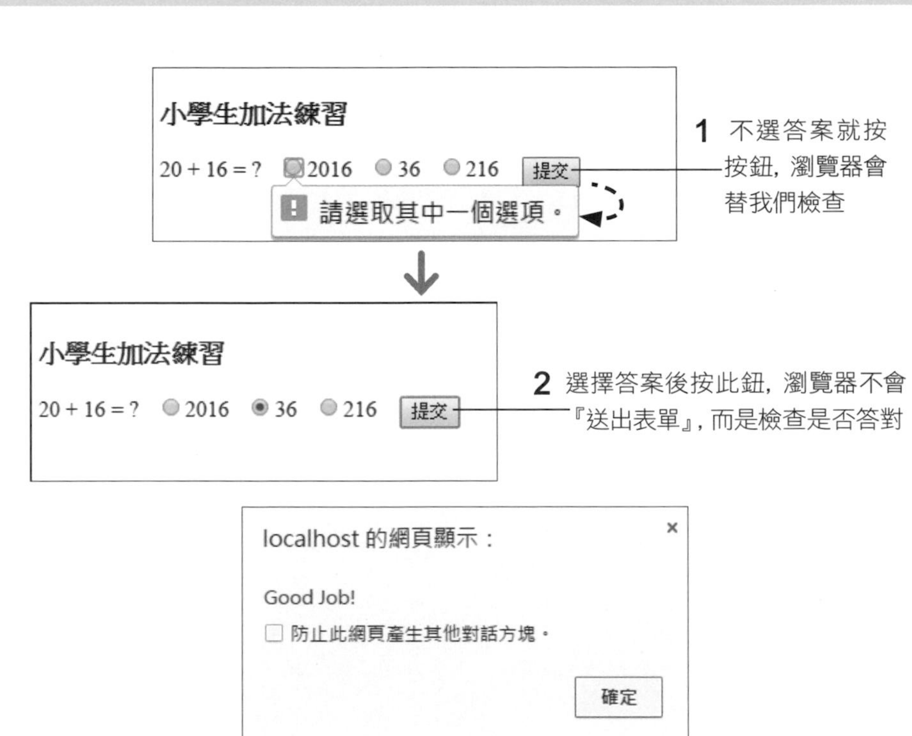

❶ form 元素中『onsubmit="validate();return false;"』的意思是：當使用者觸發表單送出事件時，會呼叫 validate() 函式，函式執行完再執行 "return false;" 敘述，傳回『假』會讓瀏覽器不執行預設送出表單的動作。

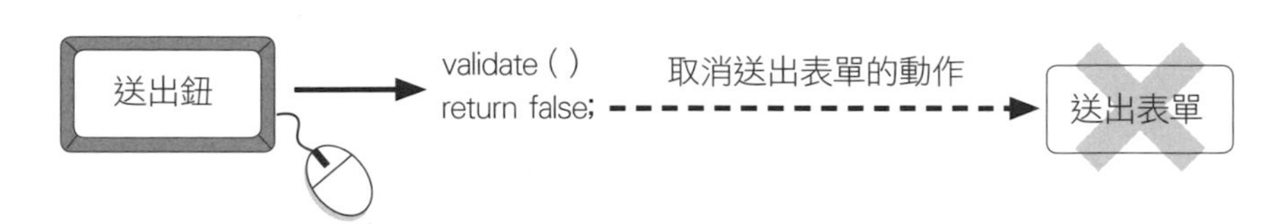

表單中使用 type="radio" 輸入欄位建立選項，並設定 required 屬性。此處依慣例將 name 屬性都設為相同的值 "answer"，所以 ❷ document.forms["form1"].elements["answer"] 會傳回 3 個選項的集合。

radio (或 checkbox) 輸入欄位被選取時，物件的 checked 屬性值就會是 true，所以 ❸ 程式檢查集合中索引 1 選項的 checked 是否為 true，以判斷是否答對：答對就顯示 "Good Job!" 訊息；答錯則顯示 "Try Again!"。

TIP 如果不想在 onsubmit 屬性中寫 2 個敘述，也可將程式改成如下，效果相同：

```
function validate() {
  ...
  return false;     ← 1. 在函式最後新增一行傳回 false 的敘述
}
...
<form name="form1" onsubmit="return validate()">
```
（2. 表單中改成 return validate() 的執行結果 (也就是 false)）

使用迴圈處理多個欄位

有些時候，我們必須逐一處理集合中的所有元素，此時要寫好幾行相同程式來處理索引 0、1、2...，的元素物件，一來效率不佳，二來有時無法事先確認集合長度 (元素個數)，此時就要用 JavaScript 的**迴圈 (loop)** 來處理。

迴圈的功用就是用來重複執行一段程式。利用 Java Script 的 **for** 迴圈可重複執行『指定次數』的動作。例如服務生替桌上每個杯子裝滿茶的動作 (假設有 4 杯), 用 for 迴圈可表示成:

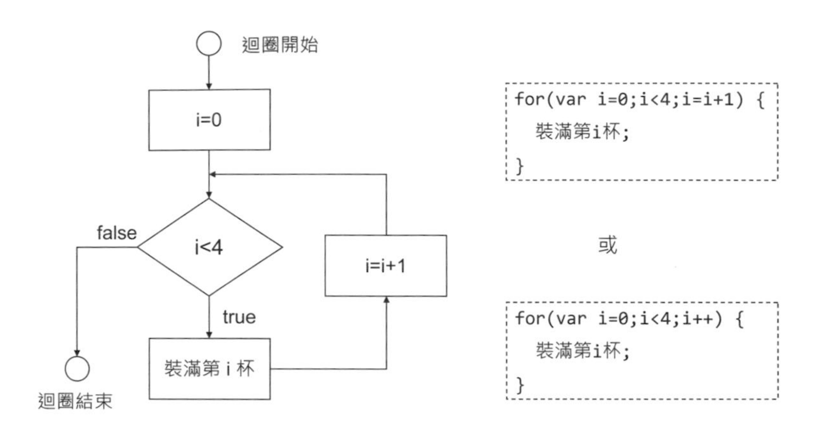

如上圖所示, for 迴圈的結構包括幾個部份:

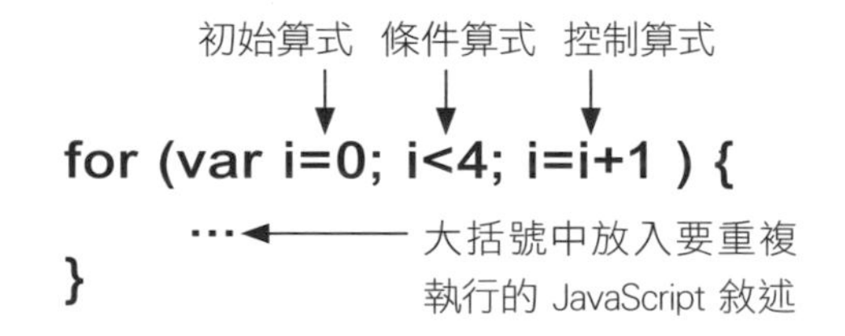

- 大括號:和函式定義類似, 我們要用大括號 {...} 括住要重複執行的程式碼, 不過如果要執行的敘述只有一個, 可省略大括號。
- 初始算式:一進入迴圈就會執行的敘述, 通常是如上宣告一個變數 i, 之後就用此變數控制迴圈執行次數, 在大括號中的程式也可利用此變數 (例如用它當做存取元素集合的索引值)。
- 條件算式:決定迴圈是否要繼續執行的敘述。類似 if 的條件判斷, 此條件算式結果為 true, 才會繼續執行迴圈;若是 false 就結束。例如上例用 "i<4" 做判斷 (i 是否小於 4), 所以 i 的值為 0、1、2、3 時都會符合條件。
- 控制算式:每一輪迴圈執行完, 所執行的敘述, 通常就是如上例將變數 i 的值遞增或遞減。上例中使用 "i=i+1" 將 i 的值加 1 後再指定給 i。由於 i 的值一直增加, 到 i 的值為 4 時, 就會使條件算式結果為 false 而結束迴圈。

JavaScript 語法：遞增與遞減運算

包括 JavaScript 在內的眾多程式語言, 為了方便將變數遞增或遞減 (加 1 或減 1), 都提供 ++ (遞增) -- (遞減) 的運算符號。i++ 就相當於 i=i+1, i-- 就相當於 i=i-1。遞增、遞減通常都是和其它運算符號搭配使用, 以簡化程式碼 (可少寫一行 i=i+1 或 i=i-1), 這時候就要注意遞增、遞減的運算時機, 例如以下程式片段：

```
var i=1, j; // i 為 1
j = i++;    // i 遞增為 2, j 的值是？
```

在『j = i++;』敘述中, 執行的順序是：**先將 i 的值指定給 j, 再將 i 的值加 1**。因此 j 的值會是 i 遞增前的 1, 而不是 2。同理如果上面這行敘述改成『j = i--;』, 則是**先將 i 的值指定給 j, 再將 i 的值減 1**。因此 j 的值會是 i 遞減前的 1, 而 i 則會減 1 變成 0。

以下範例就利用 for 迴圈來處理一次加入多筆資料的情形。此範例修改自前面的新增書籍網頁, body 標籤中加入 onload 事件屬性, 讓網頁載入時就利用程式以迴圈的方式加入多個 input 輸入欄位；使用者可在多個欄位輸入書籍名稱, 並一次全部加入網頁中, 因此按鈕事件處理函式亦改用迴圈處理：

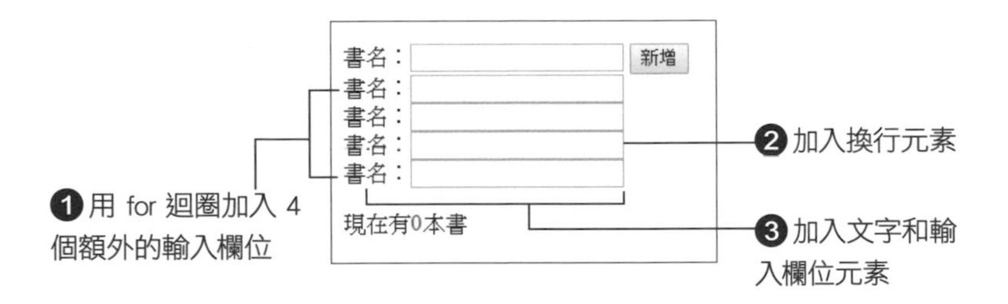

Ch10-06.html

```
<body onload="addInputField()">
    <p>
      書名：<input id="book" type="text">
      <button onclick="addBook()">新增</button>
    </p>
    <p>現在有<span id="bookCount">0</span>本書</p>
    <ul id="list"></ul>

    <script>
    function addInputField(){
      var parent = document.getElementById ("book").parentNode;
```

```
    // 利用迴圈加入 4 個輸入欄位
    for(var i=0;i<4;i++){ ← ❶
      parent.appendChild(document.createElement("br")); ← ❷
      parent.appendChild(document.createTextNode("書名：")); ┐
      parent.appendChild(document.createElement("input")); ┘← ❸
    }
  }

  function addBook(){
    // 取得所有 input 欄位
    var inputs = document.getElementsByTagName("input");
    var len = inputs.length;    // input 欄位總數
    // 取得清單物件
    var list = document.getElementById("list");
    var counter=0;      //計數器：用來計算新增了幾本書

    // 利用迴圈逐一讀取，處理所有輸入欄位
    for(var i=0;i<len;i++) { ← ❹
      if(inputs[i].value != "") { // 輸入欄位非空白
        // 用輸入欄位的文字建立文字節點
        var txtNode = document.createTextNode(inputs[i].value);

        // 建立新的 li 元素節點，並加入文字節點 (書籍名稱)
        var li = document.createElement("li");
        li.appendChild(txtNode);

        // 將 li 元素節點加入成為清單元素的子節點
        list.appendChild(li);

        counter++;      // 計數器值加 1
        inputs[i].value = "";   // 將輸入欄位的資料清除 ← ❺
      }
    }

    if(counter == 0 ) { // 若計數器值為 0，表示所有欄位都是空白
      alert("請先輸入書名!");
    }
    else {                    // 若計數器值不是 0，更新書籍數量
      // 將目前清單子元素的總數顯示在上span 元素中
      document.getElementById("bookCount").innerHTML =
        list.children.length;
    }
  }
  </script>
</body>
```

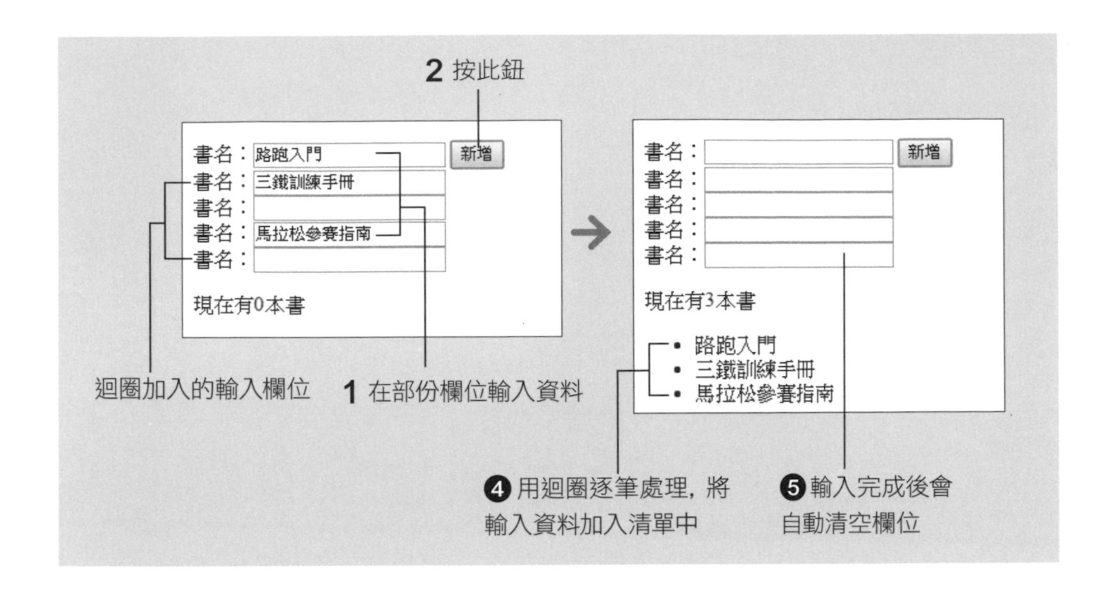

範例利用迴圈控制執行流程，就不需為每個元素都設定 id，也能逐一處理所有的輸入欄位。

處理數值資料

到目前為止，我們取得的表單輸入都是字串資料，如果要將輸入的資料當做數值來進行計算，必須先用下列內建函式進行轉換：

- **parseInt()**：將參數字串轉成整數傳回，例如 parseInt("123") 會傳回數字 123。
- **parseFloat()**：將參數字串轉成浮點數 (Float) 傳回，浮點數就是有小數點的數字，例如 parseInt("3.14159") 會傳回浮點數 3.14159。

若參數字串的內容不是數字型式，例如 parseInt("你好")，則上述 2 個函式都會傳回一個特別的物件 **NaN** (Not a Number 的意思)。在程式中可利用 **isNaN()** 函式判斷某個變數是否為 NaN，是則傳回 true；否則傳回 false。

```
var value = parseInt("你好");
isNaN(value);      // 傳回 true
```

以下就利用上述功能設計一個簡易的 BMI (身體質量指數) 計算網頁

Ch10-07.html

```
<head>
    <script>
    function calculateBMI(){
      var inputH = document.getElementById("height") // 取得身高欄位
      var height = parseFloat(inputH.value); // 將欄位內容轉成浮點數

      var inputW = document.getElementById("weight") // 取得體重欄位
      var weight = parseFloat(inputW.value); // 將欄位內容轉成浮點數

      // 若 height、weight 任一變數非數值, 即結束函式
      if(isNaN(height) || isNaN(weight)) return;
                       ↑ 此運算符號的意義請參見下頁說明

      // 若任一變數小於 0 即結束函式
      if(height<0 || weight<0) return;

      // 將身高由公分換算為公尺
      height = height / 100;

      // BMI 指數 = 體重(公斤)/身高(公尺)平方
      document.getElementById("bmi").innerHTML =
                                  weight / (height * height); ← ❷
    }
    </script>
</head>
<body>
    <p>身高(公分):<input id="height" type="number"></p>
    <p>體重(公斤):<input id="weight" type="number"></p>
    <p><button onclick="calculateBMI()">計算BMI</button> ← ❶
       BMI指數 = <span id="bmi">0</span></p>
</body>
```

身高(公分):169.5
體重(公斤):71
計算BMI BMI指數 = 0

→

身高(公分):169.5
體重(公斤):71
計算BMI BMI指數 = 24.712628675350892

❶ 輸入資料再按鈕

❷ 計算結果

JavaScript 語法：邏輯運算

範例 Ch10-07.html 的程式用到 JavaScript 的邏輯運算符號 || (2 個按 Shift + \ 所輸入的符號), || 的意思是『或』(OR)：

```
// isNaN(height) 或 isNaN(weight)
isNaN(height) || isNaN(weight)
```

此時只要 isNaN(height) 或 isNaN(weight) 的結果是 true, 運算結果就是 true；若兩者都是 false, 運算結果就是 false。

常用的邏輯運算還有 **&&** (且, AND) 和 **!** (否)。例如若上例改成：

```
// isNaN(height) 且 isNaN(weight)
isNaN(height) && isNaN(weight)
```

此時必須 isNaN(height) 且 isNaN(weight) 兩者的結果都是 true, 運算結果才是 true；若任一為 false, 運算結果就是 false。

至於 NOT 運算則只能用在單一變數上, 它會傳回相反的結果。例如：

```
!isNan(height);
```

此時只要 isNaN(height) 是 true, 運算結果就是 false；若 isNaN(height) 是 false, 運算結果就是 true。

若一時無法瞭解這些邏輯運算的意思, 可在後面用到時, 再回頭參考此頁的說明。

您也可直接在開發人員工具的主控台中, 直接利用 "true && false" 這樣的算式,來測試(認識) ||、&&、! 運算。

10-4 透過 DOM 設定元素屬性和樣式

存取元素屬性

雖然透過 DOM 介面也能取得元素的屬性節點，不過通常都是直接利用元素物件呼叫下列方法來取得或設定元素的屬性值：

- **getAttribute()**：取得屬性值。以屬性名稱為參數，函式會傳回指定的屬性值，如果屬性不存在，則會傳回 null (在 JavaScript 中稱為『空值』，表示沒有值)。例如：

```
var href = ele.getAttribute("href");  // 取得 href 屬性值
```

- **setAttribute()**：設定屬性值。呼叫時要用到 2 個參數，第 1 個參數是要設定的屬性名稱，第 2 個參數就是要指定的屬性值。例如：

```
ele.setAttribute("href", "http://www.w3c.org");
```

- **removeAttribute()**：移除參數指定的屬性。

以下我們就利用上面的方法來設計一個相片輪播的網頁，其功能很簡單：首先網頁中有數張相片縮圖 (範例使用 4 張)，另外還會顯示其中一張完整的放大圖，而 JavaScript 程式會定時切換放大圖顯示的圖案，讓縮圖輪流被秀出：

用程式控制，定時切換顯示的相片

更換顯示相片的方式，就是用前面介紹的函式改變 img 元素的 src 屬性。至於定時切換相片的動作，則需用到 JavaScript 的『計時器』函式 setInterval()，其用法如下：

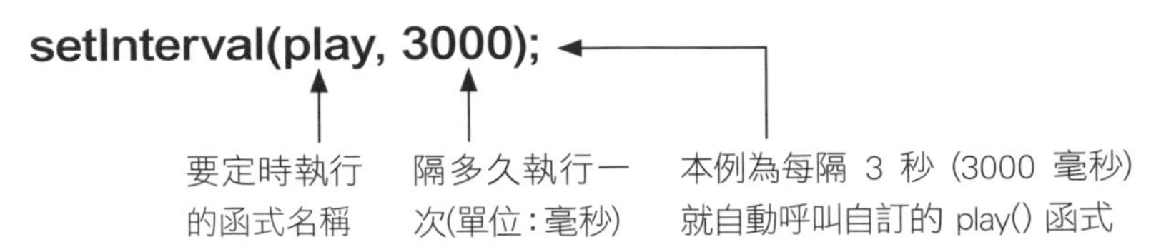
setInterval(play, 3000);
要定時執行的函式名稱
隔多久執行一次(單位：毫秒)
本例為每隔 3 秒 (3000 毫秒) 就自動呼叫自訂的 play() 函式

注意，指定要定時執行的函式名稱，不必再加上括號 ()；此外指定時間間隔的單位是用毫秒 (千分之一秒)。以下就是相片輪播網頁的內容：

Ch10-08.html

```
<head>
    <script>
      setInterval(play, 3000);  // 每隔 3 秒呼叫 1 次 play()   ❸
      var index=1;              // 用來控制每次要顯示的圖片索引

      function play(){
        // 取得縮圖的 img 元素集合
        var imgs = document.getElementById("thumbs").     ← 取得 id="thumbs" 的 div 區塊
                          getElementsByTagName("img");     ← 取得區塊中所有 img 子元素

        // 取得大圖的 img 元素
        var bigImg = document.getElementById("big");

        index++;  // 遞增索引值，以播下一張照片

        // 若索引值超過範圍，則設為0，表示再重頭開始播放
        if(index == imgs.length) index=0;

        // 將大圖 img 的 src 屬性設為小圖之 src 屬性值
        bigImg.setAttribute("src",     ← ❹
                          imgs[index].getAttribute("src"));
      }
    </script>
</head>
<body>
  <h3>看蜂炮<h3>
  <div id="thumbs">     ← ❶
    <img class="small" src="media/DSCF3350.jpg">
    <img class="small" src="media/DSCF3359.jpg">
    <img class="small" src="media/DSCF3392.jpg">
```

```
    <img class="small" src="media/DSCF3396.jpg">
  </div>
  <div>
    <img id="big" src="media/DSCF3350.jpg">←❷
  </div>
</body>
```

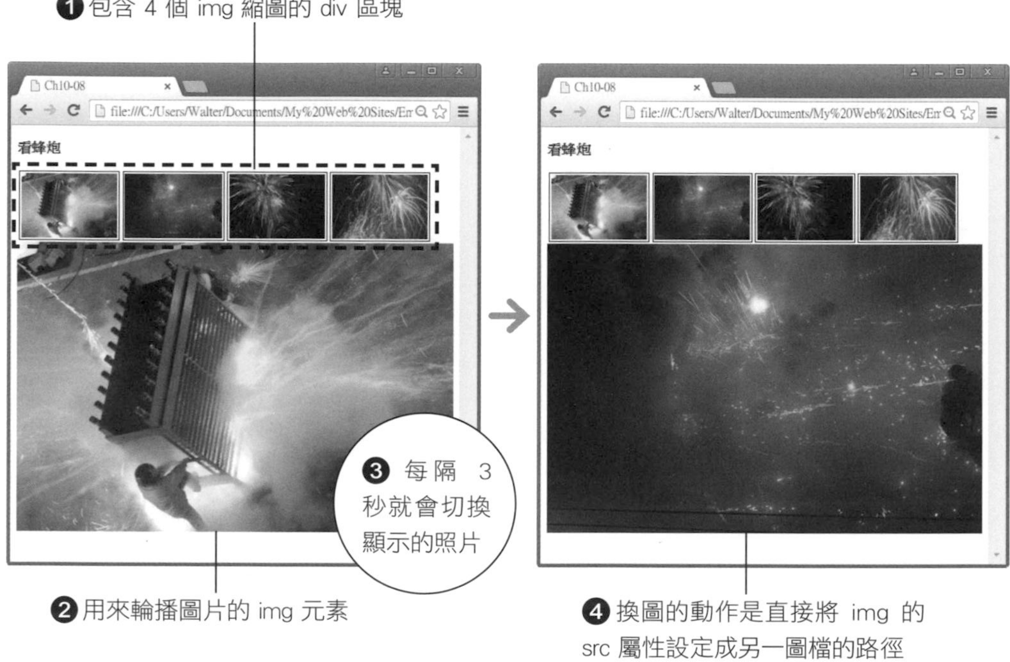

❶包含 4 個 img 縮圖的 div 區塊
Ch10-08
file:///C:/Users/Walter/Documents/My%20Web%20Sites/Er
看蜂炮
❸ 每隔 3 秒就會切換顯示的照片
❷用來輪播圖片的 img 元素
❹換圖的動作是直接將 img 的 src 屬性設定成另一圖檔的路徑

在 <script> 標籤內有 2 行敘述並非放在函式中，表示它們會在載入網頁時就被執行。第 1 行就是呼叫 setInterval()；第 2 行則是定義一個 index 變數，並將其值設為 1。這種定義在 <script> 標籤中的變數稱為**全域變數 (Global Variable)**，表示在各部份的程式都可使用此變數，所以在自訂函式中也可使用這個 index 變數：

```
<script>
  var index=1;        ← 宣告全域變數

  function play() {
    index++;          ← 存取全域變數
  }
</script>
```

JavaScript 語法：變數的可見範圍 (Scope)

在程式中，變數依其宣告的位置，會有不同的**可見範圍 (Scope)**，也就是可使用該變數的範圍：

- 全域變數 (Global Variable)：表示在程式中任何位置都『看得到』這個變數，所以可以使用該變數。例如直接在 <script> 標籤內 (但不在任何函式中) 宣告的變數，在整個 JavaScript 程式都能使用它。
- 局部變數 (Local Variable)：或稱區域變數，表示只有某一部分的程式看得到該變數，在範圍外的程式都看不到它。例如函式中宣告的變數，只有在該函式的大括號內才能使用。

```
function func1() {
   var x;        ←— func1() 的局部變數，只能在 func1() {...} 中使用
   for (var i=0;...) {
     ....
   }
   ...          ←— 在這邊仍可存取 x
}

function func2() {
    ...         ←— 在 func2() 中已不能使用 (看不到) func1() 中的變數 x
}
```

設定樣式

要設定元素的 CSS 樣式，不需透過 setAttribute() 來設定 style 屬性，可直接用元素物件的 style 屬性來設定樣式規則。style 屬性本身則是樣式規則集合，可用『元素物件.style.樣式名稱』的語法來設定元素的 CSS 樣式：

```
var x=document.findElementById("x");
x.style.color = red;      ←— 相當於設定 "color:red" 樣式規則
```

在 CSS 中很多樣式都用到 - 連字號，例如 border-width，不過在 JavaScript 中 - 則被視為『減號』，所以這類樣式名稱在 JavaScript 中都改用 Camel Case 的名稱如 borderWidth：

```
x.style.borderWidth = "3px";       // 設定 border-width : 3px
x.style.marginLeft  = "5px";       // 設定 margin-left  : 5px
```

使用 CSS 樣式表時，常利用類別選擇器來設定樣式，並設定元素 class 屬性值，讓元素套用不同的樣式。在 JavaScript 中也可使用此技巧，DOM 介面中特別為元素物件提供了一個 classList 屬性，可取得元素的類別集合，接著可用 add()、remove() 方法新增、移除類別名稱：

x.classList.add("myClass");
要新增的類別名稱
x.classList.remove("myClass");
要移除的類別名稱

如果樣式表中設定了『.myClass {color:red;}』，則上面的 add("myClass") 就會讓 x 元素的文字顏色變成紅色；而 remove("myClass") 則取消該類別設定，使其回復為原本的樣式。

以下就將前面的相片輪播範例略做修改，加上 classList.add() 和 classList.remove() 的應用，讓目前播放的相片縮圖，會有個橘色方框表示其為『被選取』的相片。(以下僅列出異動的部份，其它程式內容可參見 10-27 頁，或書附完整的範例檔)

Ch10-09.html

```
<style>
  .selected  {background: orange; }←❸
</style>
<script>
  function play(){
    // 播下一張照片前，先取消目前相片的橘色背景
    imgs[index].classList.
                  ❷→remove("selected");

    index++;   // 遞增索引值，以播下一張照片

    // 若索引值超過範圍，則設為0，
       表示再重頭開始播放
    if(index == imgs.length) index=0;

    // 讓下一張照片套上橘色背景
    imgs[index].classList.add("selected");←❶
    ...
  }
</script>
```

用新增 ❶、移除 ❷ 類別的方式，控制相片縮圖背景顏色 ❸，以表現目前播放中相片

看蜂炮

10-5 DOM 事件設定

至目前為至，本書用過 onclick、onload、onsubmit 等屬性，在 HTML 中設定事件處理函式。這種寫法的主要缺點，就是讓 HTML 和 JavaScript 混在一起，編輯、修改時非常不便。例如要變更 onclick 呼叫的函式名稱，必須在 JavaScript 程式中修改，也要到 HTML 中修改；如果有好幾個元素都要修改、或是 JavaScript 程式是存於另一個檔案，就很容易出錯。

為解決這方面的問題，可改用 DOM 介面來設定事件處理函式。

透過物件的事件屬性設定

要以元素物件的事件屬性設定，其格式為『元素物件.事件屬性 = 處理函式;』。例如想讓元素被按下時呼叫 hello() 函式，可寫成：

```
var aButton = document.getElementById("aButton");
aButton.onclick = hello;
                      將屬性值設為函式名稱
function hello() { alert("hello"); }
```

在 JavaScript 程式中，有時為了方便，像上述這類只用一次的函式，會以**匿名函式 (Anonymous function**，沒有名字的函式) 來定義：

```
aButton.onclick = function () {        ← 建立一個沒有名字的函式
                      alert("hello");
                  }; ← 最後的分號是這行敘述的結尾
```

上面『function () { alert("hello"); }』就是定義了一個匿名函式物件，並將它設定給 onclick 事件屬性，所以按鈕被按下時，就會呼叫這個匿名函式。

以 addEventListener() 設定

我們也可用元素物件呼叫 addEventListener() 來設定事件處理函式：

addEventListener(click, hello);

事件名稱　處理函式的名稱

> **TIP** 對事件處理函式這類『由我們撰寫，讓瀏覽器或 API 呼叫』的函式，有個特別的名詞稱為 callback函式。在後面幾章，還會有很多使用 callback 函式的例子。

在 addEventListener 中的事件名稱就不需加 'on' 這個字首了，例如設定按鈕事件處理可寫成：

function hello() { alert("hello"); }
aButton.addEventListener('click', hello);
匿名函式寫法
aButton.addEventListener('click',
function () { alert("hello"); });
匿名函式

> **TIP** 通常匿名函式的內容也會有好幾行，因此實際撰寫時，就會變成 addEventListener() 的敘述分成好幾行撰寫，參見下頁程式範例。

綜合範例：飲料訂購網頁

以下就試著用上面介紹的方式來設計一個簡單的飲料訂購網頁：程式中會用到按鈕事件，以及輸入欄位值變動事件 (change)。程式同時示範 onclick 屬性和 addEventListener()、匿名函式/具名函式的用法：

Ch10-10.html

```
<body>
  <ol>
  <li>珍珠奶茶(NT$30):
       <input type="number" id="tea" value="0"> 杯</li>
  <li>招牌拿鐵(NT$45):
       <input type="number" id="latte" value="0"> 杯</li>
```

```
</ol>
<p>小計 <span id="subtotal">0</span>元</p>
<button id="order">訂購</button>
<button id="cancel">清除</button>
<script>
  ┌var subtotal=document.getElementById("subtotal");// 金額小計元素
  │var tea=document.getElementById("tea");           // 奶茶杯數元素
❶─┤var latte=document.getElementById("latte");       // 拿鐵杯數元素
  └var teaCups=0, latteCups=0, money=0; // 奶茶杯數, 拿鐵杯數, 金額小計變數

  // 用匿名函式設定 '清除' 鈕的動作
  document.getElementById("cancel").onclick =
    function (){
        tea.value=0;     ─┐─ 將欄位的 value 設為 0, 讓
        latte.value=0;   ─┘  欄位內的數值重設為 0
        teaCups=0;
        latteCups=0;
    };

  // 用匿名函式設定 '訂購' 鈕的動作
  document.getElementById("order").onclick =
    function (){
        if(money==0) return;     // 金額為 0 時不處理
        var msg="";
        if(teaCups > 0)          // "\n" 是換行字元的表示法
          msg += "珍珠奶茶 "  + teaCups +  "杯\n"; ◄─┐
        if(latteCups > 0)                             │
          msg += "招牌拿鐵 "  + latteCups +  "杯\n";◄─┴❷

        // (teaCups+latteCups) 加括號表示先加總杯數, 再用杯數組成字串
        msg += "總共 " + (teaCups+latteCups) + " 杯, "
               + money + "元";
        alert(msg);
    };

  // 將兩個輸入欄位的change事件處理器都設為 calc() 函式
  tea.addEventListener('change', calc);
  latte.addEventListener('change', calc);
```

❶ 先定義程式中要用到的元素物件、及記錄杯數、計算金額的變數

```
    function calc() {
      console.log(this);          // 在主控台顯示 this 物件

      var cups = parseInt(this.value);

      if (this==tea) {   // 若是珍珠奶茶的欄位
        if( cups< 0)     // 若杯數為負數
          this.value=teaCups;    // 將欄位值回復為改變前的值
        else
          teaCups=cups;
      }
      else {               // this==latte, 招牌拿鐵
        if( cups< 0)     // 若杯數為負數
          this.value=latteCups;    // 將欄位值回復為改變前的值
        else
          latteCups=cups;
      }
      money = teaCups*30 + latteCups*45;   // 計算金額
      subtotal.innerHTML = money;          // 顯示金額
    }
  </script>
</body>
```

this 變數代表目前觸發事件的物件，參見 10-35 頁的說明

❸ 計算金額、顯示金額

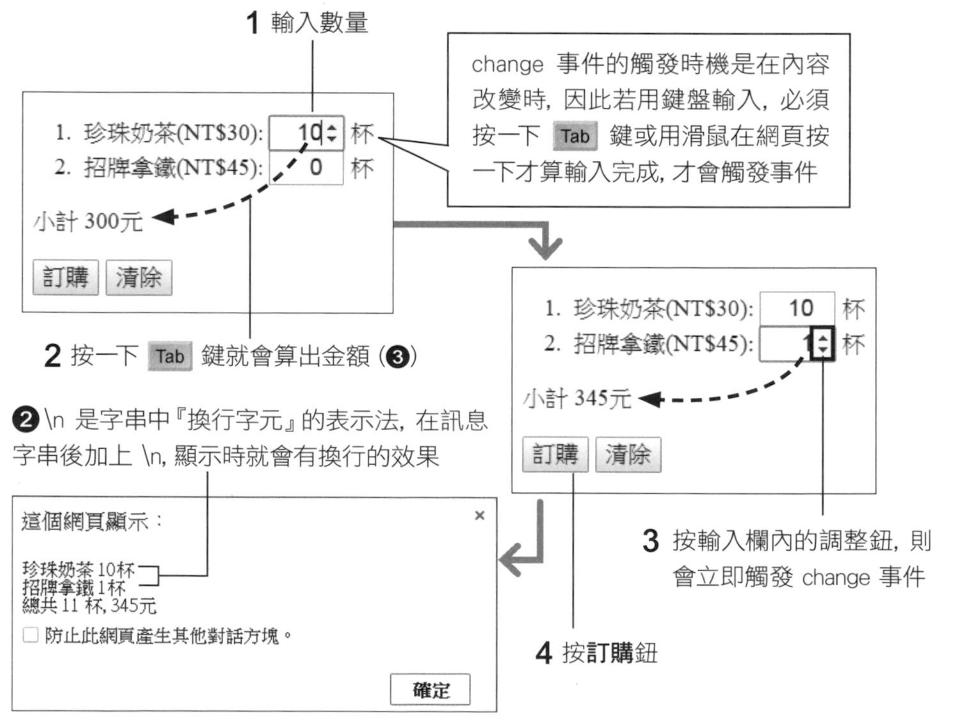

1 輸入數量
change 事件的觸發時機是在內容改變時，因此若用鍵盤輸入，必須按一下 Tab 鍵或用滑鼠在網頁按一下才算輸入完成，才會觸發事件
1. 珍珠奶茶(NT$30): 10 杯
2. 招牌拿鐵(NT$45): 0 杯
小計 300元
訂購 清除
2 按一下 Tab 鍵就會算出金額 (❸)
1. 珍珠奶茶(NT$30): 10 杯
2. 招牌拿鐵(NT$45): 1 杯
小計 345元
訂購 清除
❷ \n 是字串中『換行字元』的表示法，在訊息字串後加上 \n，顯示時就會有換行的效果
這個網頁顯示：
珍珠奶茶 10杯
招牌拿鐵 1杯
總共 11 杯, 345元
防止此網頁產生其他對話方塊。
確定
3 按輸入欄內的調整鈕，則會立即觸發 change 事件
4 按訂購鈕

在輸入欄位 change 事件的處理函式 calc(), 用到了一個特別的變數 **this**, 這個變數代表『目前物件』, 以事件處理函式而言, 就是指觸發事件的元素物件。函式中特別加一行 console.log(this); 敘述, 以便讀者可用**開發人員工具**檢視這個 this 物件:

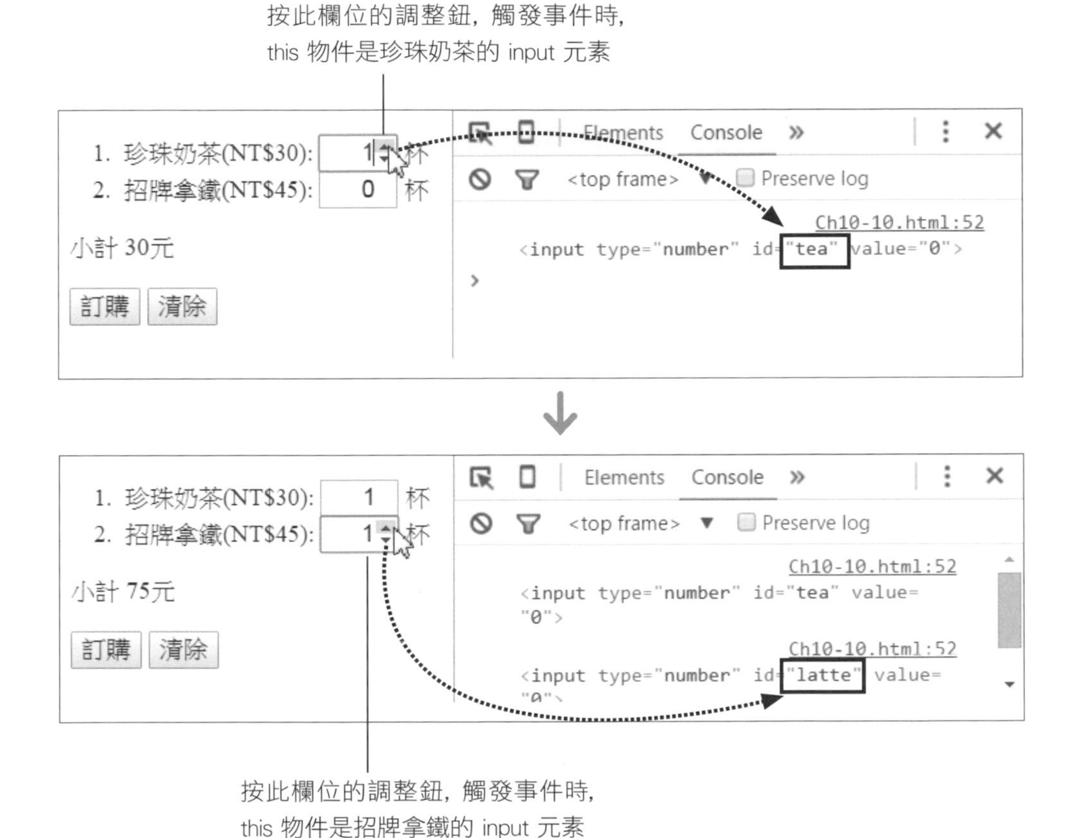

在後面章節, 還會用到匿名函式、this 物件, 請務必熟悉其用法。

10-6 使用 window 物件控制瀏覽器

本章最後來介紹 window 物件, window 物件不屬於 DOM 模型, 而是定義在 HTML 規格中, 算是基本的 Web API 物件。window 就是視窗的意思, 透過它可控制瀏覽器視窗的行為。

window 物件的屬性和方法很多, 像前面用過的 alert()、setInterval() 等都是 window 物件的方法 (函式)。因為網頁中的 JavaScript 是在瀏覽器中執行, 其預設就載入全域的 window 物件, 所以呼叫這些函式時, 可省略物件名稱。

開啟網頁

要開啟網頁, 可使用 open() 方法:

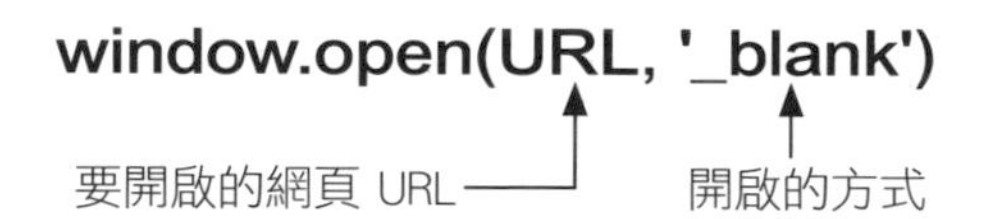
window.open(URL, '_blank')
要開啟的網頁 URL
開啟的方式

open() 方法第 1 個參數 URL 就是網址, 第 2 個參數則和第 3 章介紹的 a 元素的 target 屬性類似, 可指定開啟網頁的方式, 預設值 '_blank' 表示會開新視窗 (頁次), '_self' 表示會在目前頁面開啟。

不過因為目前瀏覽器預設都會封鎖彈出式交談窗, 所以 open() 開新視窗的動作不一定能成功:

1 按 Ctrl + Shift + J 開啟開發人員工具, 並切換到主控台 Console
about:blank
about:blank
Elements
Console
<top frame>
Preserve log
window.open('http://w3.org')
2 輸入此行敘述再按 Enter 鍵

另一個開啟網頁的方法，則是利用 window.location.href 屬性 (同樣可省略前面的 window)，將此屬性值設為其它網址，即可變更目前瀏覽的網頁，例如：

```
location.href="http://google.com";      //瀏覽 Google 首頁
```

使用計時器

前面介紹過用 setInterval() 設定定時執行程式, window 物件還有另一個類似的方法:setTimeout(), 參數同樣是定時呼叫的函式, 以及延遲的時間。兩者的主要差異是 setTimeout() 僅是『**一次性**』的定時延遲, 例如下面的例子只會在 3 秒後顯示 1 次 Hello 訊息, 之後不會再執行:

```
setTimeout(
   function(){alert("Hello");},
   3000);  // 3 秒後執行匿名函式, 不會重複
```

我們可利用這個一次性的計時器來製作如下的自動轉址功能:

Ch10-11.html

```
<body>
  <h3>本購物網站維護中,
    請至<a href="http://www.flag.com.tw/shop/">旗標購物網</a>選購!
  </h3>
  <script>
    setTimeout(function() {
      location.href = "http://www.flag.com.tw/shop/";
    }, 3000);  // 3 秒後執行匿名函式
  </script>
</body>
```

開啟網頁後, 3 秒後自動切換到指定網址

實務上也有很多人會用 setTimeout() 做重複定時執行的功能，技巧是在定時執行的函式中，再呼叫一次 setTimeout()：

```
function showTime() {    ◄── 設定 1 秒後
  ...                        再執行 showTime() 函式,
  setTimeout(showTime, 1000); ── 因此會重覆執行
}
```

以下範例就利用這個技巧，加上 JavaScript 內建日期物件 Date 提供的功能，讓網頁顯示目前時間，並每秒更新一次，使網頁呈現數字鐘的效果：

Ch10-12.html

```
<body>
<h2 id="mytime"></h2>  ◄──程式會將時間字串顯示在 h2 元素中
<script>
    showTime();  // 呼叫 showTime() 函式

    function showTime() {
      var d = new Date();   // 取得日期物件
      document.getElementById("mytime").innerHTML=
              d.toLocaleTimeString();    // 將目前時間轉成字串後輸出
      setTimeout(showTime, 1000);◄─❶    // 1 秒後執行 showTime()
    }
</script>
</body>
```

❶ 每秒自動更新時間

下午12:00:34

透過上述這種重複用 setTimeout() 再呼叫自己的方式，即可達到類似 setInterval() 的效果。

JavaScript 語法：內建的 Date 物件

Date 是 JavaScript 內建可用來取得日期、時間的物件，範例 Ch10-12.html 中用『new Date()』取得一個新的物件，並直接用 toLocaleTimeString() 取得目前時間的字串。這個函式取得的是目前時區設定的時間；另外還有一個 toTimeString() 函式，但此函式的傳回的時間字串後面，會附加如右的時區資訊：

12:12:03 GMT+0800 (台北標準時間)

學習評量

選擇填充題

1. (　　) 若 HTML 文件中有 2 個 ol 清單，下列何者可取得最後一個 ol 元素的物件？

   (A) document.getElementsByTagName('ol')[1]

   (B) document.getElementsByTagName('ol')[2]

   (C) document.getElementsByName('ol')[1]

   (D) document.getElementsByName('ol')[2]

2. (　　) 呈上題，要在該 ol 中加入新的 li 子元素，可呼叫什麼函式？

   (A) append()　(B) appendChild()　(C) add()　(D) addChild()

3. (　　) 透過元素物件的什麼屬性，可呼叫 add()、remove() 替元素新增、移除類別？

   (A) class　(B) classNames　(C) classNodes　(D) classList

4. (　　) 想利用 window.open() 方法在目前視窗開啟 Google 網站，括號中的參數應為？

   (A) 'http://google.com', 'self'　(B) 'http://google.com', '_self'

   (C) 'self', 'http://google.com'　(D) '_self', 'http://google.com'

5. (　　) 請問如下程式片段中，會輸出幾次 "Hello"？

```
for(var i=10;i<20;i++)
  console.log("Hello");
```

   (A) 0 次 (B) 10 次 (C) 20 次 (D) 30 次

6. (　　) 請問如下程式片段中, 最後 console.log() 的輸出會是什麼?

```
var i=9,j=1;
j = i++;
console.log(i*j);
```

(A) 0 (B) 9 (C) 81 (D) 90

7. 想讓 JavaScript 定時重複呼叫我們指定的函式, 可使用 set________(); 若要讓 JavaScript 在指定時間後呼叫一次我們指定的函式, 可使用 set________()。

8. 若變數 a 為網頁中某個 a 元素的物件, 要將其文字顏色變成黑色, 程式可寫成『a.______.color = 'black';』; 要將其所指的連結改成指向 Google 網站, 可寫成『a.____(____, 'http://google.com');』。

練習題

1. 請練習用 JavaScript 在一個空的 ol 元素中, 加入 5 個 li 項目, 每個項目顯示的文字為 1、2、3、4、5。

2. 呈上題, 加入 li 項目的同時, 將 5 個 li 項目文字顏色分別設為『紅、綠、紅、綠、紅』。

MEMO

11

jQuery：JavaScript 必用的程式庫

前兩章介紹了 JavaScript 的基本用法, 以及如何透過 DOM 介面存取網頁內容。如果您覺得用 document.getElementById() 等一長串的語法實在是『落落長』很不方便, 那麼 jQuery 就是您的救星了。

11-1 jQuery 簡介

jQuery 是開放原始碼的 JavaScript 函式庫，它最大的特色就是提供簡單、易用的語法，來完成原本需複雜 JavaScript 程式才能完成的工作。此外 jQuery 也相當程度解決在不同瀏覽器上，JavaScript 程式執行結果不同的問題。

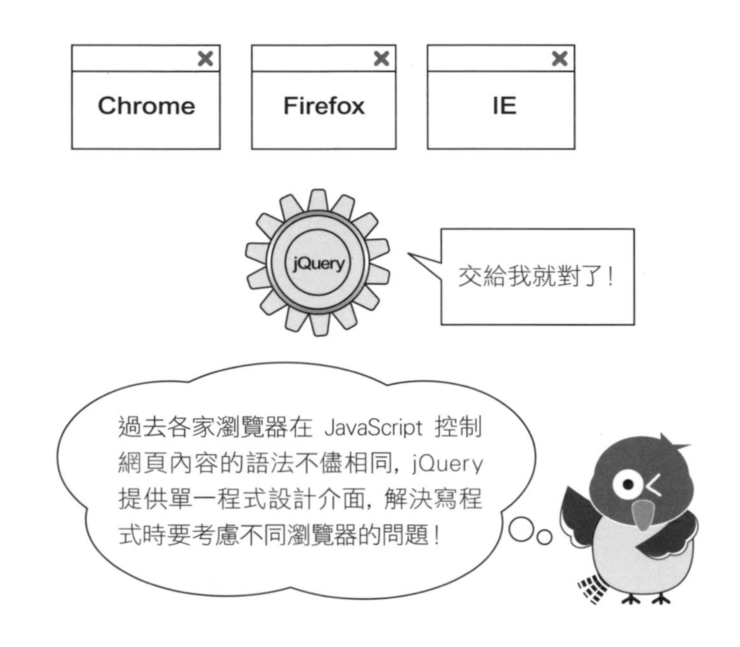

另一方面，jQuery 也提供了許多擴充功能，讓程式設計人員只需利用數行程式，即可做出原本需透過 HTML+CSS+JavaScript 才能實作出來的網頁效果。

TIP 函式庫（Library）就是一群函式的集合，例如數學計算的函式庫，就提供計算次方、開根號之類的函式；而 jQuery 提供的則是與控制網頁相關的功能。

隨著 JavaScript 的流行，應用面日益廣大，各種 JavaScript 函式庫也如雨後春筍般不斷出現。對網頁 JavaScript 設計人員而言，就算不跟上潮流學個幾套 JavaScript 函式庫，至少也要學會 1 套萬用的 jQuery。簡單的說，在目前網頁程式設計領域，jQuery 可說是人人必學必備的萬用工具箱。

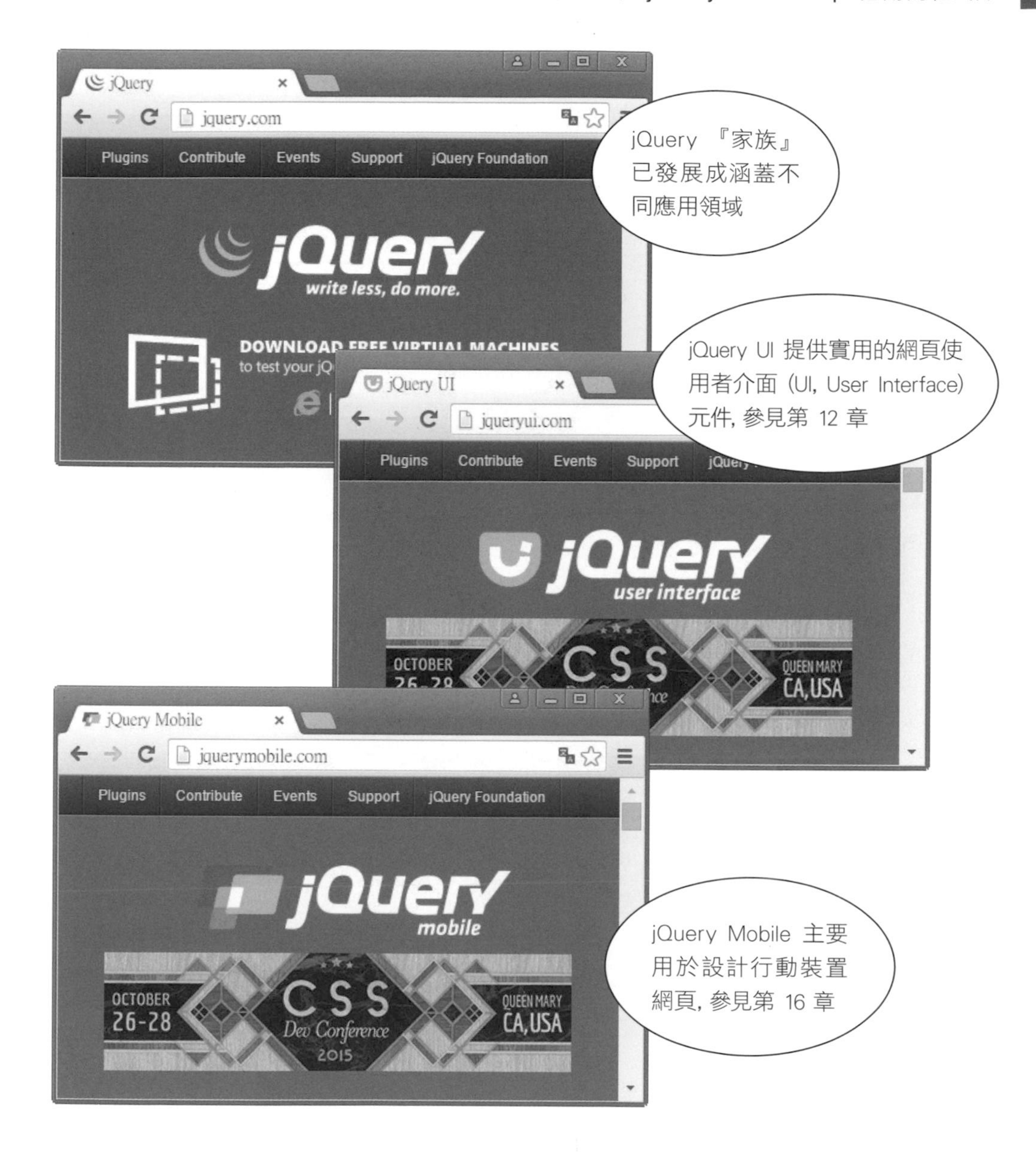

使用 jQuery 前置工作

想在網頁程式中使用 jQuery, 必須先用 script 元素的 src 屬性指定載入 jQuery 函式庫檔。目前最普遍的作法, 是使用公開的 CDN (內容傳遞網路, Content Delivery Network), 也就是從網路上公用的伺服器下載 jQuery：

```
<!-- 使用 jQuery 官方 CDN -->
<script src="http://code.jquery.com/jquery-2.1.4.min.js">
</script>

<!--
  微軟的 CDN：
  http://ajax.aspnetcdn.com/ajax/jQuery/jquery-2.1.4.min.js
  Google 的 CDN：
  https://ajax.googleapis.com/ajax/libs/jquery/2.1.4/jquery.min.js
-->
```

當瀏覽器載入網頁時，就會到 CDN 載入 jQuery 檔案。當然您也可由官網下載一份 jQuery 檔案，將檔案存於自己的網頁伺服器上，讓瀏覽器由自己的伺服器下載 jQuery。不過使用 CDN 有下列優點：

- CDN 伺服器分佈在全球主要網路節點，在不同地方瀏覽網頁的人，瀏覽器會連到最近的伺服器下載，加快載入速度。
- 由於瀏覽器自 CDN 下載檔案，連帶也使我們自己的伺服器減少許多送出資料的流量，相對地也提高伺服器的服務效率。
- 根據維基百科，全球超過 6 成的網站使用 jQuery，這些網站中，有許多也都選擇由 CDN 載入 jQuery。所以對瀏覽器而言，可能在使用者上網四處瀏覽的過程中，早已將 jQuery 存於瀏覽器本身的快取中，所以當我們的網頁又指定由 CDN 下載 jQuery 時，瀏覽器直接由快取中讀出 jQuery 即可。

jQuery 的版本

在上面所列的 CDN URL 中，可看到 jQuery 的版本編號："jquery-2.1.4.min.js" 意指 2.1.4 版，3 個數字代表『主要版本.次要版本.修正版本』。目前 jQuery 的主要版本分為 2.X 和 1.X，兩者的主要差異在於 2.X 不支援 IE6~IE8 版本，除此之外，兩者的功能基本上都相同，本書將以 2.X 版為例。

TIP 本書寫作時，jQuery 已推出 3.0 的預覽測試 (Alpha)，讀者可至官網 jquery.com 或其部落格 blog.jquery.com 查看最新發展。

檔名中另一個『版本』文字則是 min，表示這是文字精省版。由於 jQuery 強大的功能來自於大量的 JavaScript 程式敘述，以 2.1.4 版為例，其原始檔案大小約 71K Bytes，雖然檔案不算太大，但如果能再小一些，更能加快載入速度提昇瀏覽效能，因此 jQuery 另外提供文字精簡的函式庫版本 (名稱中加上 min)，例如 2.1.4 的 min 版檔案大小約 28K Bytes。

若想學習別人如何撰寫程式，可下載『正常版』的 jQuery 回來好好研讀一番；若只是要用在網頁中，使用 min 的版本就可以了。

11-2 jQuery 基本用法

在網頁中用 script 元素至 CDN 下載 jQuery 後, 就能用 jQuery 撰寫程式了, 馬上就來看如何使用 jQuery。

以 CSS 選擇器取得元素

jQuery 的一大特色, 就是能利用 CSS 的選擇器來取得所要操作的元素物件, 其語法如下:

$ 是 jQuery 的簡寫語法, 一般大家都會用此種寫法, 比起每次都要打 'jQuery' 5 個字要方便許多。以下複習一下 6-2 節所介紹的幾個基本選擇器語法:

- 元素選擇器 $("h3"):取得 h3 元素。
- ID 選擇器 $("#booklist"):取得 id="booklist" 的元素。
- 類別選擇器 $(".db"):取得 class="db" 的元素。
- 組合選擇器 $("ul li"):取得 ul 之下的 li 子元素。
- jQuery 擴充選擇器:除了使用 CSS 的選擇器語法外, jQuery 也另外定義一些特殊的選擇器語法。例如 $(":header") 表示所有 h1~h6 的標題元素;之後會再補充介紹其它 jQuery 擴充選擇器。

這種語法比起透過 DOM 介面取得元素要方便許多。

使用 jQuery 變更網頁內容

和 DOM 類似，以選擇器取得元素物件後，即可利用 jQuery 提供的方法來取得或改變元素內容等。jQuery 提供的方法有個特色，就是同一個方法可用來做讀取或寫入。例如不加參數時是讀取，加參數則是寫入：

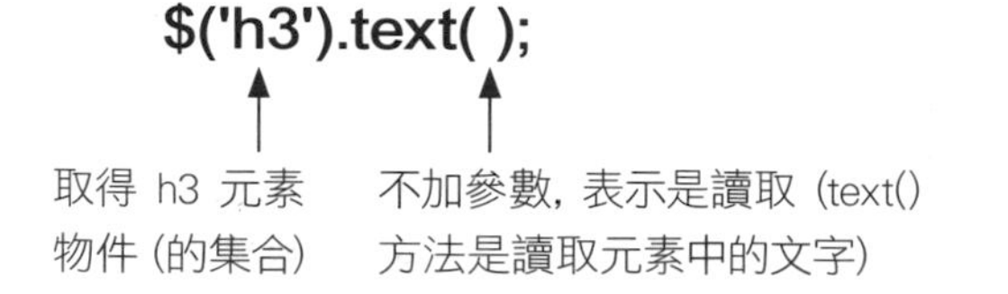
$('h3').text( );
取得 h3 元素物件 (的集合)
不加參數，表示是讀取 (text() 方法是讀取元素中的文字)

$('h3').text('Hello');
取得 h3 元素物件 (的集合)
加上參數，表示是寫入(將元素的文字都寫入成為 'Hello')

部份方法使用時一定要加參數 (例如下面介紹的 attr() 方法)，此時則是參數較少時是讀取；參數較多時則是寫入。以下就來介紹一些常用的元素操作方法。

- text()：不加參數時，可取得元素內的文字。加參數則可設定文字。就上例『$("h3").text()』而言，若文件中有多個 h3 元素，則傳回的是所有 h3 文字串接在一起的字串；而『$('h3').text('Hello')』會讓所有 h3 元素的文字都變成 Hello。

- val()：不加參數時，可取得指定的 input 欄位值。加參數則可設定欄位值。例如『$('#title').val('jQuery')』會讓 id 為 title 的輸入欄位值變成 jQuery。

- attr('屬性名稱')：查詢或設定元素的屬性值，查詢時只要指定屬性名稱參數；若要設定，則如下面的例子要加上第 2 個參數指定屬性值：

```
#('a').attr('href');     // 查詢第 1 個 a 元素的 href 屬性值
#('a').attr('href',      // 將所有 a 元素的 href 屬性值都設為
         'http://google.com');     // 'http://google.com'
```

- $('<元素名></元素名>')：建立新元素物件。參數的標籤字串中，可直接加入元素內容；或另外以 text() 設定之。建好的元素物件，可再用後面介紹的方法，將之加到 HTML 文件中。

```
// 建立新的 h1 元素，文字內容為 'Hello'
var elem1 = $('<h1>Hello</h1>');

// 建立新的 span 元素，並將其內的文字設為 'World'
var elem2 = $('<span></span>').text('World');
```

■ append()：加入新的子元素，並加在現有子元素之後。參數可以是新建的元素物件，或新元素的標籤字串。

```
// 方法1：先建立新元素物件，再加入元素物件
var elem = $('<b>Hello</b>');
$('p').append(elem);              // 將 b 元素物件附加到所有的 p 元素之後

// 方法2：直接用新元素的標籤字串當參數
$('p').append('<b>World</b>');
```

■ prepend()：加入新的子元素，用法同上，但新的子元素是加在原有子元素之前。

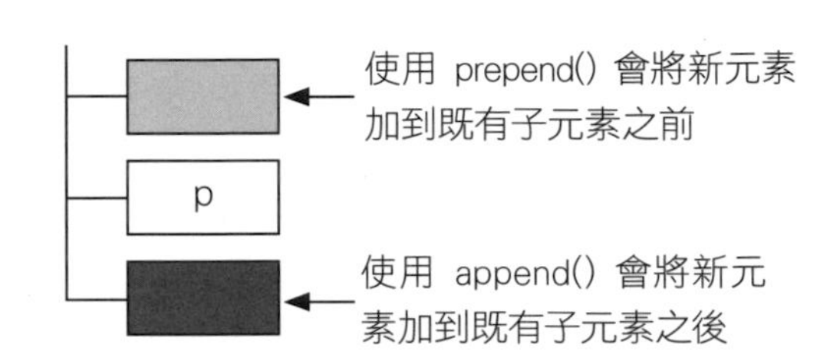
使用 prepend() 會將新元素加到既有子元素之前
p
使用 append() 會將新元素加到既有子元素之後

■ after()：在指定元素後加入新的相鄰元素 (同層的元素)。

■ before()：在指定元素前加入新的相鄰元素 (同層的元素)。

■ wrap()：在目前元素外層加上一層父元素，例如：

```
$('p').wrap('<div></div>');    // 在 p 元素外加一層新的 div
                               // 使 p 變成 div 的子元素
```

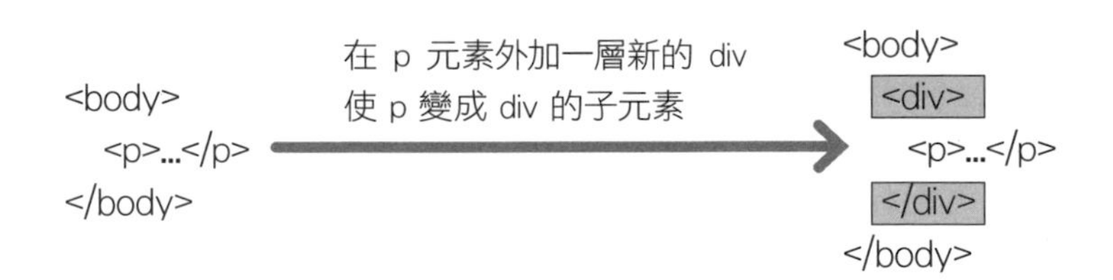
<body>
<p>...</p>
</body>
在 p 元素外加一層新的 div
使 p 變成 div 的子元素
<body>
<div>
<p>...</p>
</div>
</body>

■ remove()：移除指定的元素，例如：

```
$('#foo').remove();    // 移除文件中 id 為 foo 的元素
```

以下試著將前一章新增書籍名稱至清單的範例，用 jQuery 改寫，以進一步熟悉 jQuery 的語法：

Ch11-01.html

```
<head>
    <script src="http://code.jquery.com/jquery-2.1.4.min.js">
    </script>
</head>
<body>
<p>
  書名：<input id="book" type="text">
  <button>新增</button>
</p>
<p>現在有<span id="bookCount">0</span>本書<p>
<ul id="list"></ul>
<script>
    // 指定按鍵的 click 事件處理函式
    $('button').click(function (){ ←❶

      // 附加新的 li 子元素，子元素內容為輸入欄位值
      $('#list').append($('<li>'+$('#book').val()+'</li>')); ←❷

      $('#book').val(''); // 清空輸入欄位內容 ←❸

      // 顯示（更新）清單項目的數量
      $("#bookCount").text($('#list li').length); ←❹
    });
</script>
</body>
```

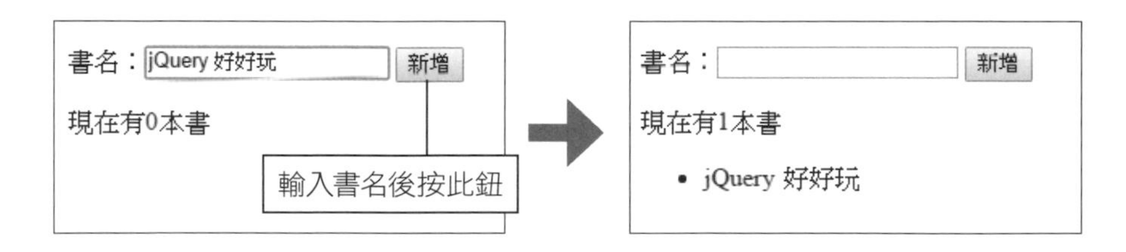

除了開頭用 script 元素指定由官方 CDN 載入 jQuery 外，還用到下列敘述完成各項功能：

❶ 首先以 $('button').click(function (){...}); 敘述指定按鈕事件處理函式，$('button').click() 是 jQuery 設定按鈕事件處理函式的語法，click() 方法的參數使用上一章介紹的匿名函式語法，表示發生按鈕事件時，會呼叫指定的匿名函式。

TIP 若網頁中有多個 button 元素，$('button').click(...) 表示設定所有 button 元素的按鈕事件。

❷ 在函式中先以 $('#list').append(...); 加入新的 li 元素，參數是用 '<li>'+ $('#book').val() +'</li>' 組成的標籤字串；當然您也可用標籤字串為參數呼叫 $() 建立新的元素物件，再附加到清單中。

❸ 加入項目後，以 $('#book').val(''); 清空輸入欄位。

❹ 呼叫 $("#bookCount").text() 設定顯示清單項目數量，此數量則是透過 $('#list li') 的 length 屬性取得。

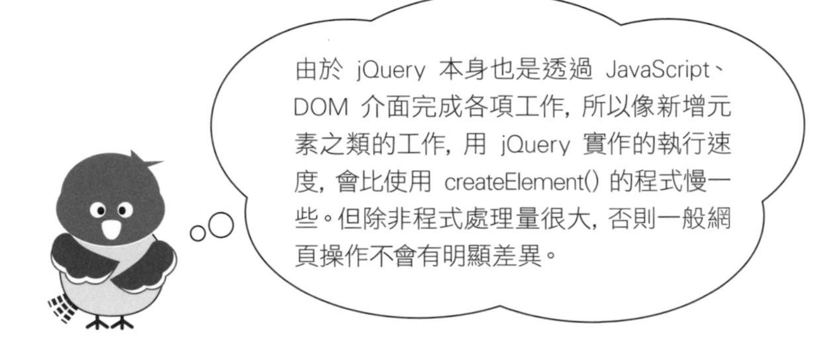

由於 jQuery 本身也是透過 JavaScript、DOM 介面完成各項工作，所以像新增元素之類的工作，用 jQuery 實作的執行速度，會比使用 createElement() 的程式慢一些。但除非程式處理量很大，否則一般網頁操作不會有明顯差異。

jQuery 物件與 DOM 物件

補充説明一下，$() 方法傳回的是 jQuery 自行定義的『jQuery 物件』，和透過 DOM 介面 getElementById() 等方法取得的元素物件、集合物件不同。因此若想將 jQuery 物件，應用在上一章介紹的 DOM API，例如用 $('#myid') 取得元素後使用 innerHTML 屬性，必須先用 get() 或 [ ] 語法取得 DOM 元素物件：

```
$('#myid').get(0).innerHTML = 'hello';
$('p').get(3).style.color = 'red';
$('p')[3].style.color =....
```

雖然 '#myid' 只有 1 個，也仍要指定索引參數 0

取得集合中第 4 個 (索引值 3) p 元素物件

相對的，若要將 getElementById()、getElementsByTagName() 方法取得的 DOM 物件用於 jQuery，只需將它們放進 $() 括號中即可：

```
$(document.getElementById('myid')).val()
```

使用 jQuery 變更 CSS 樣式

jQuery 與樣式相關的功能很多, 以下列出幾個基本的方法：

- css()：可用以查詢或設定樣式屬性。不過查詢時是傳回**第 1 個**符合選擇器條件的元素之樣式；而設定時則是將**所有**元素都設定成指定樣式。例如：

```
$('a').css('font-size');       // 傳回第 1 個 a 元素的 font-size 屬性值
$('a').css('font-size', '2em'); // 將所有 a 元素 font-size 屬性值設為 2em
```

- width()：查詢或設定元件區塊 (不含 padding, border) 寬度值 (單位為 px)。查詢時同樣是傳回第 1 個符合選擇器條件的元素之寬度：

```
$('div').width();            // 傳回第 1 個 div 元素的寬度值, 例如 300
```

設定時則是設定全部符合的元素：

```
$('div').width(100);         // 將 div 元素寬度都設為 100px
$('div').width('10em');      // 也可用含單位的字串設定
```

- height()：與 width() 類似, 可查詢或設定元素的高度。

TIP 進行查詢時, width()、height() 傳回的都是以 px 為單位的『數值』, 例如 200、100；而 css('width')、css('height') 傳回的則是含單位的字串, 例如 '200px'、'100px'。

使用 css() 方法時, 若需設定多個樣式, 可利用串接的方式連續呼叫多次 css()：

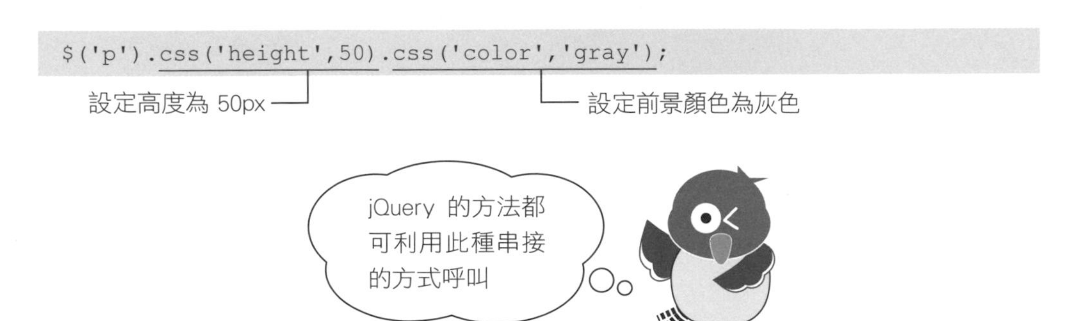
$('p').css('height',50).css('color','gray');
設定高度為 50px
設定前景顏色為灰色
jQuery 的方法都
可利用此種串接
的方式呼叫

或是以類似 CSS 樣式規則的 {...} 語法來設定：

參數前後加大括號
$('p').css({'height':30 , 'color':'green'});
屬性名稱及屬性值要用引號括住
以冒號分隔屬性和屬性值
數值類型的屬性值，可以只寫數值 (本例 30 表示是 '30px')

下面範例簡單示範上面介紹的語法：

Ch11-02.html

```
<body>
  <h3>旗旗公司圖書系列</h3>
  <ul id="booklist">
    <li>網路概論與技術</li>
    <li>程式設計</li>
    <li>資料結構與演算法</li>
    <li>資料庫</li>
  </ul>
  <script>
    $('li:even').css('color','red');                          // 設定紅色
    $('li:odd').css({'color':'blue',                          // 設定藍色
                    'text-shadow': 'gray 4px 4px'});          // 設定陰影

    // 用 each() 方法替每個 li 元素做不同字型大小設定
    $('li').each(function(index){
        var size=1+index*0.5;
        $(this).css('font-size', '' + size + 'em');
    });
  </script>
</body>
```

這是 jQuery 自訂的擴充選擇器，參見下頁說明

❶ (li:even / li:odd 兩行)

❷ (each 方法)

將空字串與數值 size 相加，會成為表示數值的字串 (例如 ''+1.5 的結果是字串 '1.5')

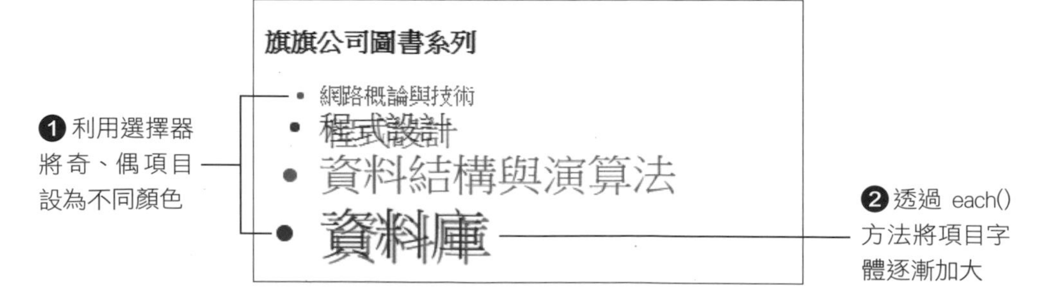
旗旗公司圖書系列
網路概論與技術
程式設計
資料結構與演算法
資料庫
❶ 利用選擇器將奇、偶項目設為不同顏色
❷ 透過 each() 方法將項目字體逐漸加大

程式中利用 :even (偶數) :odd (奇數) 擴充選擇器 (奇、偶數是用索引值計算, 例如索引值為 0 的物件是『第偶數個』), 將 li 交替設為紅色或藍色。接著利用 jQuery 的 each() 方法替 li 清單項目設定不同的字型大小, each() 的功能類似前一章介紹的 for() 迴圈, 但不需設定條件算式等等, 它就會自動逐筆呼叫參數函式來處理集合中的所有物件。

```
$('li').each(function(index){ … });
```

若 $('li') 中有 4 個元素物件, 就會執行匿名函式 4 次

匿名函式可指定參數 index, 我們可將它看成集合物件的索引值。第 1 次執行指定函式時, index 值就是 0；第 2 次執行 index 就是 1,...依此類推。範例程式就利用此參數產生不同的字型大小。

在每一輪的函式呼叫中, 可透過 this 變數取得這一輪所處理的物件。範例程式中用 $(this).css() 替這一輪的物件設定樣式。

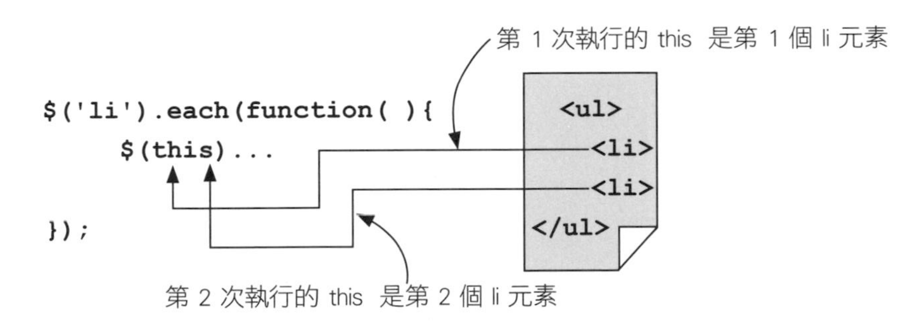
第 1 次執行的 this 是第 1 個 li 元素
$('li').each(function( ){
$(this)...
});
<ul>
<li>
<li>
</ul>
第 2 次執行的 this 是第 2 個 li 元素

TIP 在事件處理函式中的 this 是 DOM 物件, 要用它呼叫 jQuery 的方法, 必須如 11-10 頁說明將它放到 $() 中寫成 $(this)。

上一章提到的以設定元素 class 的方式, 來變化 CSS 樣式, 同樣也可利用 jQuery 達成, 且 jQuery 還提供更方便的切換方法：

- addClass()：以類別名稱為參數即可替元素新增類別。
- removeClass()：以類別名稱為參數即可替元素移除類別。
- toggleClass()：切換類別, 若呼叫的元素已具備參數指定的類別, 則相當於 removeClass()；否則 (未具備參數指定的類別) 就相當於呼叫 addClass()。

JavaScript 語法：物件

前面程式中 css() 方法參數內的大括號使用的是 JavaScript 的**物件 (Object)**語法，物件其實就像是可存放多個屬性值的變數，建立物件時必須指定屬性名稱和屬性值，例如要建立代表個人資料的物件，可寫成：

```
var person = {name : '小明',    // 姓名屬性 name, 值為 '小明'
              age : 18,         // 年齡屬性 age, 值為 18
              height : 170,     // 身高屬性 height, 值為 170
              weight : 65};     // 體重屬性 weight, 值為 65
```

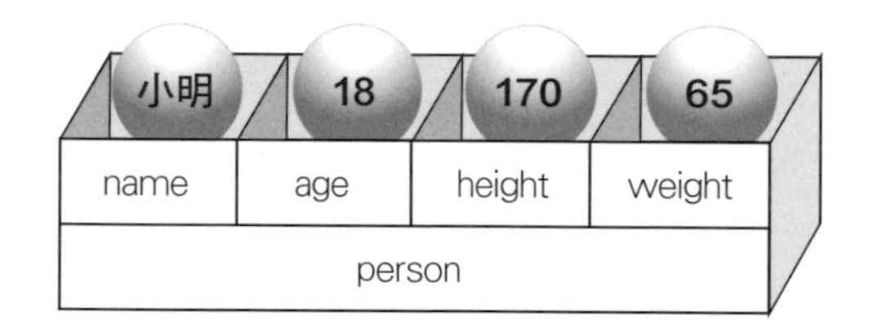

物件就像一個儲物櫃，每個儲物格 (屬性) 都有名字，要存取其內容就要指定名字 (屬性名稱)

物件建好後，可用『物件.屬性』或『物件['屬性']』的方式，取得屬性值，以下是在瀏覽器**開發人員工具主控台**測試的範例：

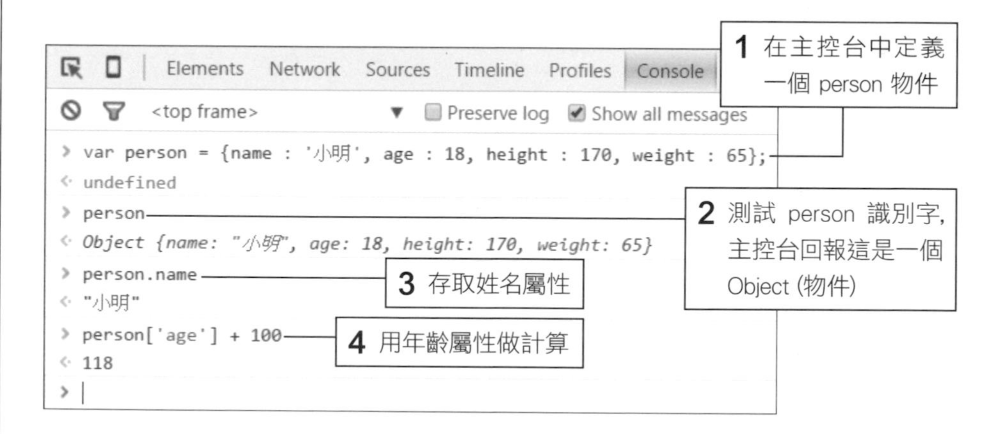

在範例程式 Ch11-02.html 中直接以大括號 {...} 建立物件後，即當成參數傳遞給 css() 方法，並未像上圖範例將物件保存於變數。在後面章節，陸續還會有利用物件當參數的應用，因此請至少熟悉建立物件的基本語法。

11-3 使用 jQuery 處理事件

使用 jQuery 可以很方便地設定事件處理函式，或是由程式觸發事件。例如前面用過的 click() 方法，以函式為參數呼叫它，就是設定滑鼠按鈕事件處理器；若是沒有指定參數，就是觸發按鈕事件。右表列出一些常見的事件方法 (在 jQuery 中稱為事件的輔助方法 - Helper)：

方法	事件
click()	按鈕事件
change()	內容改變事件
dbclick()	滑鼠雙按事件
load()	載入事件
mouseenter()	滑鼠進入事件
mouseleave()	滑鼠離開事件
submit()	表單送出事件

實際應用可參考以下範例，此範例利用 mouseenter() 和 mouseleave() 來模擬 CSS 的 .hover 效果：

Ch11-03.html

```
<script>
    // 設定 a 元素滑鼠進入事件處理器
    $('a').mouseenter(function(){
        // 將事件元素設為粗體
        $(this).css('font-weight','bold');   ❶
    });

    // 設定 a 元素滑鼠離開事件處理器
    $('a').mouseleave(function(){
        // 將事件元素設為一般字體
        $(this).css('font-weight','normal');   ❷
    });
</script>
```

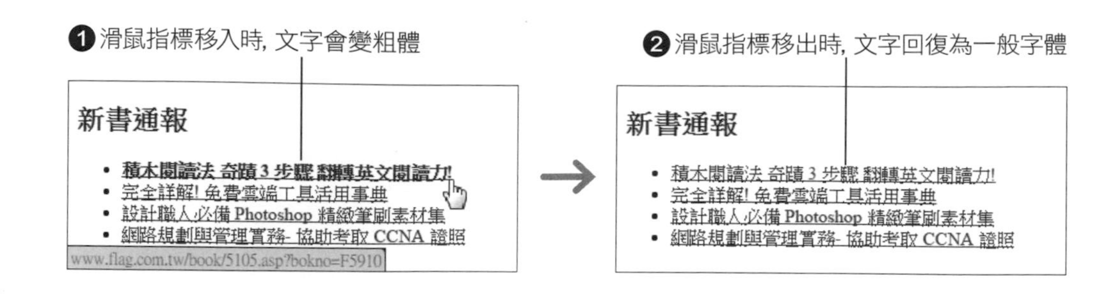

jQuery 的 ready 事件

除了與 HTML、DOM 規格相通的事件外, jQuery 也自行定義了一些事件, 其中最常用的就是 document 的 ready 事件。ready() 是用來取代 <body onload="..."> 的功能, body 元素的 onload 事件是指文件全部載入完成時觸發的事件, 而 ready 事件則是在 DOM 結構備妥 (ready)、可立即使用時觸發, 一般而言都是在 body onload 之前。

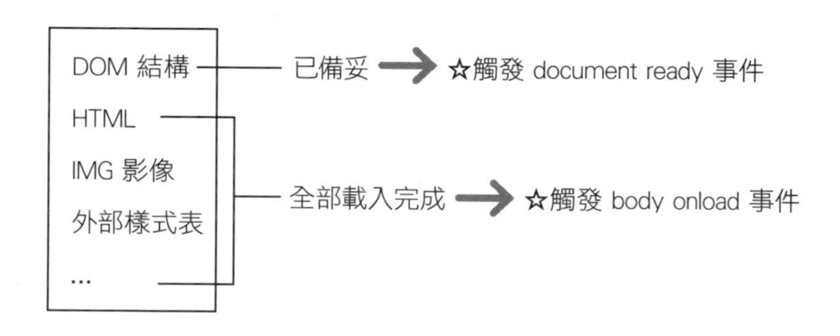

使用 jQuery 時, 通常就是利用 ready 事件來進行各項初始化的動作, 像是設定各項事件處理函式, 執行初始化程式敘述等。因為 ready 事件經常用到, jQuery 還特別提供簡寫的語法:

```
// 『完整』寫法
$( document ).ready(function() {
  // 各項初始化工作
});
```

```
// 簡寫法
$(function() {
   // 各項初始化工作
});
```

以下就來練習用 ready 事件改寫上一章的相片輪播範例, 並加上可用滑鼠點選相片的功能。被點選的相片會立即顯示, 程式也會重新調整播放的順序:

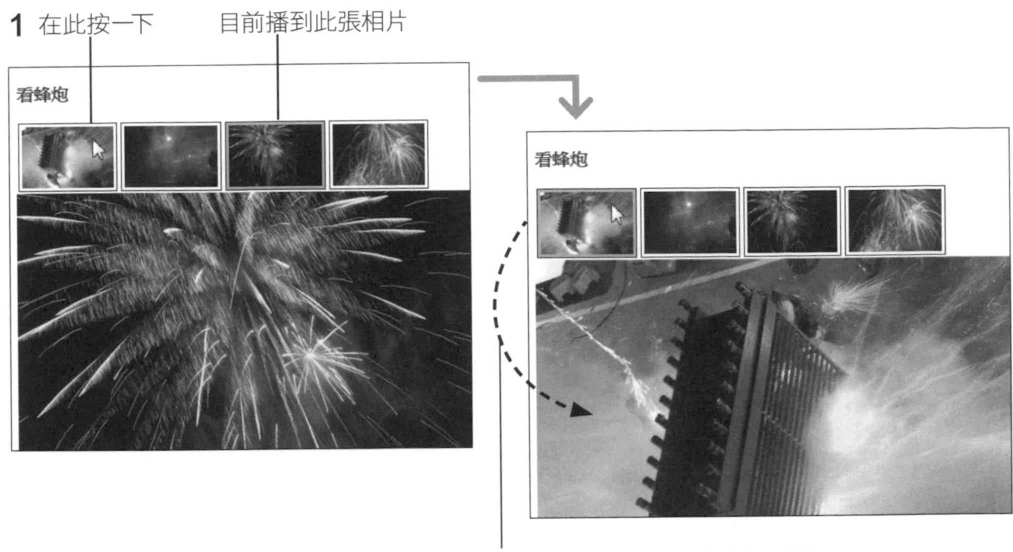
1 在此按一下
目前播到此張相片
看蜂炮
看蜂炮
2 立即切換到此張相片, 並重設播放次序由此相片開始

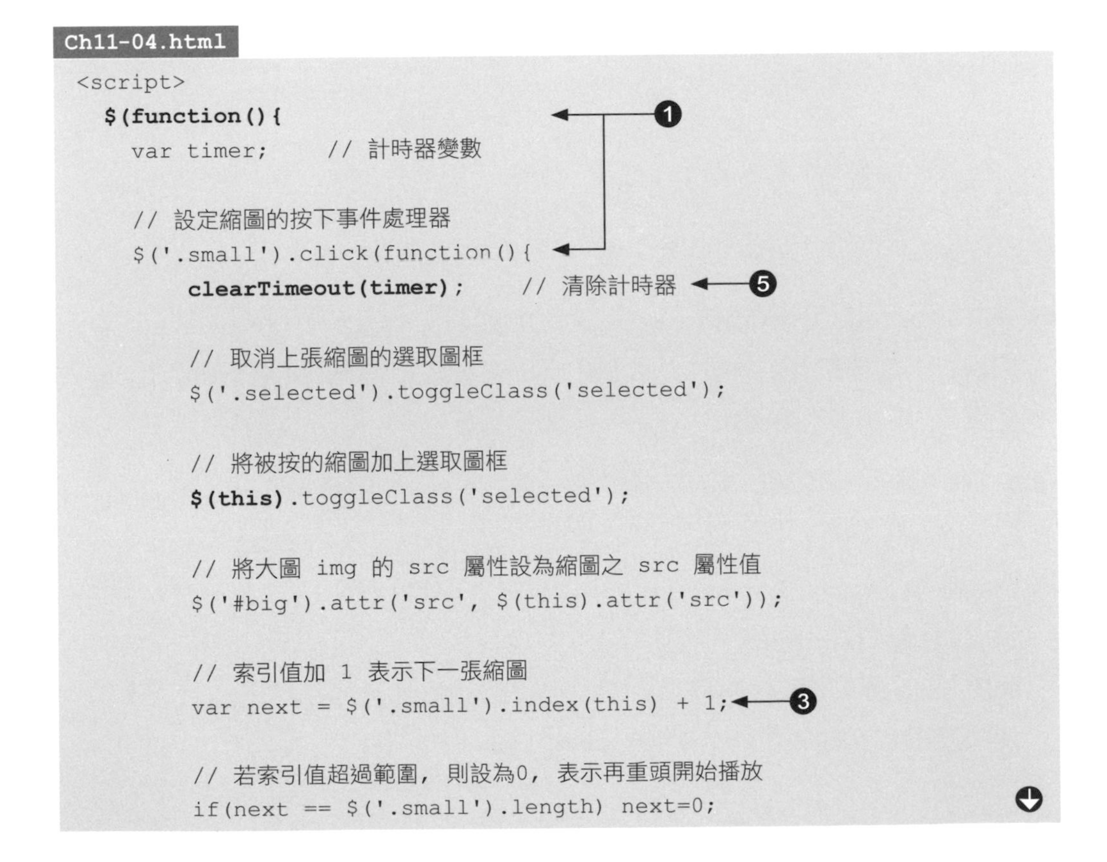

Ch11-04.html

```
<script>
  $(function(){                                    ← ❶
    var timer;      // 計時器變數

    // 設定縮圖的按下事件處理器
    $('.small').click(function(){                  ← ❶
      clearTimeout(timer);      // 清除計時器       ← ❺

      // 取消上張縮圖的選取圖框
      $('.selected').toggleClass('selected');

      // 將被按的縮圖加上選取圖框
      $(this).toggleClass('selected');

      // 將大圖 img 的 src 屬性設為縮圖之 src 屬性值
      $('#big').attr('src', $(this).attr('src'));

      // 索引值加 1 表示下一張縮圖
      var next = $('.small').index(this) + 1;      ← ❸

      // 若索引值超過範圍, 則設為0, 表示再重頭開始播放
      if(next == $('.small').length) next=0;
```

```
        // 設定 3 秒後觸發下一張縮圖的 click 事件
        timer=setTimeout(function(){◄——❹
          $('.small')[next].click()
        }, 3000);
    });    // $('.small').click( )的結尾

    //一開始先選第 1 張縮圖
    $('.small')[0].click();◄——❷
  });
</script>
...
<div id="thumbs">
  <img class="small" src="media/DSCF3350.jpg">
  <img class="small" src="media/DSCF3359.jpg">
  <img class="small" src="media/DSCF3392.jpg">
  <img class="small" src="media/DSCF3396.jpg">
</div>
<div>
  <img id="big" src="media/DSCF3350.jpg">
</div>
```

除了樣式、屬性的修改動作改成用 jQuery 完成外，程式的主要修改包括：

❶ 在 ready 事件中初始化縮圖 img 的 click 事件處理函式。

❷ 在 ready 事件最後呼叫了 $('.smal')[0].click()，未加參數呼叫 click() 表示用程式觸發按鈕事件，所以此敘述相當於觸發第 1 張縮圖 (索引值 0) 的按鈕事件，理由參見第 ❹ 點。

TIP 此敘述還有一個寫法是 $('.small:eq(0)').click()，:eq() 為 jQuery 擴充選擇器，'.small:eq(0)' 表示選取第 0 個 small 類別元素物件，參見下頁方框說明。

❸ 此處呼叫 $('small').index(this) 表示是查看 this 物件在 $('small') 中的索引編號。例如若 this 物件是網頁中第一個 class="small" 的 img 元素，則此處呼叫 index() 就會傳回 0。程式將此索引值加 1 設定給 next 變數，以便稍後用它來觸發下一張相片的 click() 事件。

❹ 全部的播放動作都變成在 click 事件處理函式中完成，在函式最後會用 setTimeout() 設定 3 秒後觸發下一張相片的 click 事件，透過此種方式即可達到自動輪流播放的效果。

利用 setTimeout() 在 3 秒後呼叫下一張相片的 click() 事件，模擬是使用者選了下一張相片，做出輪播的效果

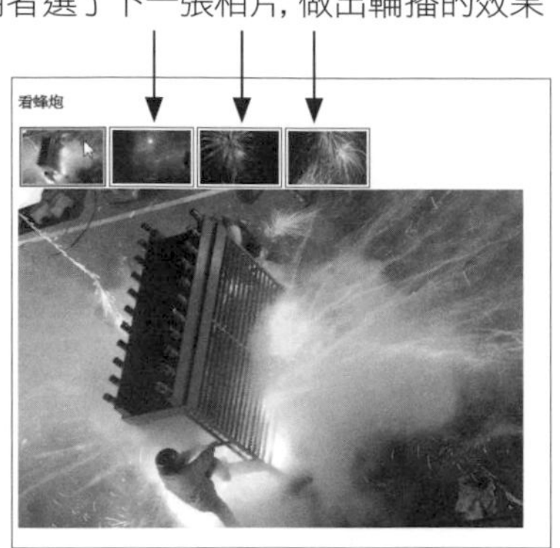

❺ 為了讓使用者手動點選縮圖時，可重新安排自動播放的次序，程式將 setTimeout() 回傳的計時器物件存於全域的 timer 變數，並於進入按鈕事件處理函式時，呼叫 clearTimeout(timer) 清除計時器。如果是計時器時間到而觸發 click 事件，clearTimeout() 就沒有作用；但若是計時到一半，使用者觸發 click 事件，clearTimeout() 就會中止目前的計時，所以不會突然跳到『下一張』相片。

jQuery 擴充選擇器：eq()、:lt()、:gt()

除了前面用過的 :even、:odd 選擇器外，此處再補充介紹 3 個同樣是利用索引值來選取元素的 jQuery 擴充選擇器：

- :eq() 是等於 (equal) 的意思，表示選擇『等於指定索引』的物件。參數索引可設為負值，表示從後面往前數，例如若 $('img') 總共有 4 個物件時，則 $('img:eq(-1)') 表示是最後一項，$('img:eq(-4)') 則是第一項。
- :lt() 是小於 (less than) 的意思，表示選擇『小於指定索引』的物件。例如 $('img:lt(2)') 表示包含索引為 0 和 1 的物件 (小於 2)。
- :gt() 是大於 (greater than) 的意思，例如 $('img:gt(2)') 表示索引值大於 2，因此可包含索引為 3、4、5... 的物件。

11-4 使用 jQuery 特效

為方便用程式控制動畫等效果, jQuery 也提供許多特效相關的支援。

切換顯示的特效

在 CSS 中常用特效之一, 就是以切換 display 屬性值, 做出讓元素可動態顯示或隱藏的效果。在 jQuery 中可用下列方法控制:

- hide():立即隱藏元素物件。
- show():立即顯示元素物件。
- toggle():依目前狀態切換顯示或隱藏。
- fadeIn():淡入效果, 讓元素由看不到, 漸漸變成清楚地顯示在網頁中。可利用選用參數控制漸入效果時間長短, 例如 'fast'、'slow' 或時間值 (單位毫秒, 例如 1000 表示 1 秒)。
- fadeOut():淡出效果, 可用的參數同 fadeIn()。
- slideDown():讓元素以由上往下滑動的方式進入或移出畫面, 可用的參數同 fadeIn( )。
- slideUp():讓元素以由下往上滑動的方式進入或移出畫面, 可用的參數同 fadeIn( )。

以下範例將第 8 章以 CSS transition 製作的書籍封面動態效果 (參見 8-21 頁), 改用滑鼠事件及 fadeIn()/fadeOut()、slideDown()/slideUp() 的方式實作:

Ch11-05.html

```
<script>
$(function(){
    //第偶數項的滑鼠進入事件
❶→$('li:even').mouseenter(function(){
        $(this).children('img').slideDown(500);     //由上往下移入
    });

    //第偶數項的滑鼠離開事件
❶→$('li:even').mouseleave(function(){
        $(this).children('img').slideUp(500);       //由下往上移出
    });

    //第奇數項的滑鼠進入事件
❷→$('li:odd').mouseenter(function(){
        $(this).children('img').fadeIn('slow');     //淡入效果
    });

    //第奇數項的滑鼠離開事件
❷→$('li:odd').mouseleave(function(){
        $(this).children('img').fadeOut('fast');    //淡出效果
    });

});
</script>
<style>
    img {display:none;}     /* 預設不顯示 img */
    }
</style>
...
```

children() 是 jQuery 用來選取指定子元素的方法, 此處表示選取 this 物件的 img 子元素

```
<ul>
  <li>
    <a href="/book/5105.asp?bokno=F5910">
      積木閱讀法 奇蹟 3 步驟 翻轉英文閱讀力!
    </a>
    <img src="/images/cover/middle/F5910.gif">
  </li>
  <li>
    <a href="/book/5105.asp?bokno=F5166">
      完全詳解! 免費雲端工具活用事典
    </a>
    <img src="/images/cover/middle/F5166.gif">
  </li>
...
```

❶ 偶數項 (索引值0,2) 使用 slideDown(), 是由上往下『滑進』畫面, 其實是將高度由 0 變為完整顯示

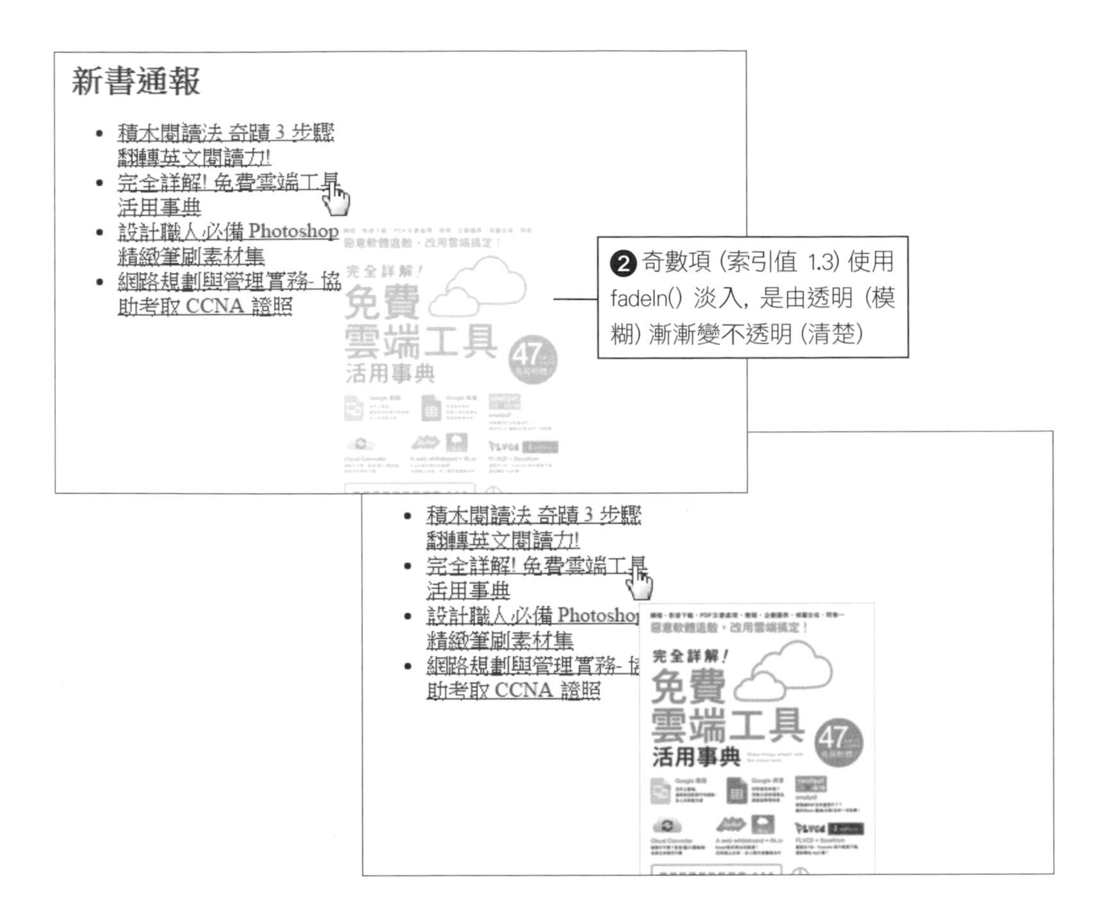

動畫特效

jQuery 另一個常用的特效方法 animate() 提供類似於 CSS animation 的功能，最簡單的用法，就是直接在參數中指定要變動的屬性，參數的設定語法和前面介紹的 css() 相同，必須以 {...} 括住屬性設定內容：

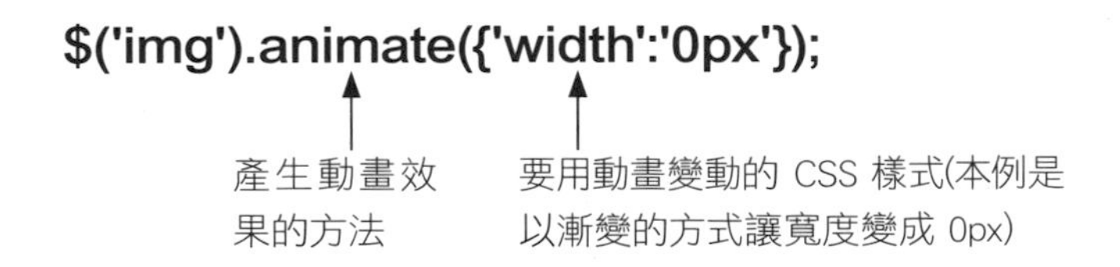

此外還可加上第 2 個參數設定動畫持續的時間 (單位為毫秒)，或是在 CSS 參數物件中加入多個樣式設定，表示同時要變化多個樣式屬性。

```
$('img').animate({'width':'0px'}, 2000);   //變化時間為 2 秒

$('img').animate({'width':'0px',            //可變化多個樣式屬性
                  'height' : '0px'});
```

雖然仍是以 CSS 樣式屬性的變化來產生動態效果，但搭配 jQuery 程式控制，可製作的效果就更具彈性。而且有時候以 jQuery 設定動畫特效會比用 CSS animation 來得方便。

在此我們就來示範如何利用 animate() 進一步替 Ch11-04.html 的相片輪播功能加入橫向換圖的功能。

橫向換圖其實是讓全部的 img 都由左至右放在一個 div 區塊，但透過 CSS 限制只能顯示單張圖片的範圍；最後再用 animate() 控制區塊的相對定位位置 (例如 left 屬性)，就能做出圖片橫向捲動換圖的效果：

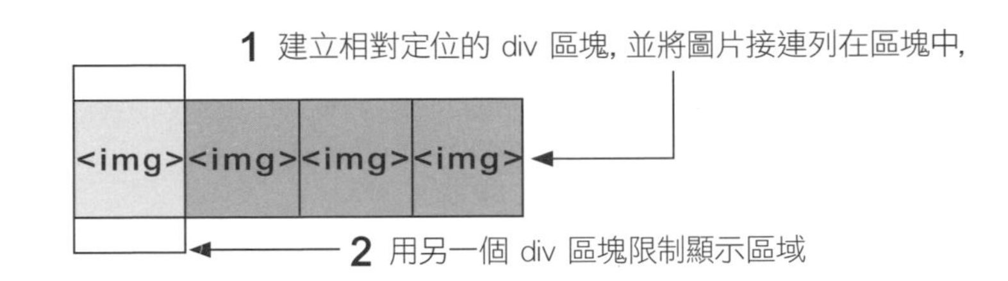
1 建立相對定位的 div 區塊，並將圖片接連列在區塊中，
<img><img><img><img>
2 用另一個 div 區塊限制顯示區域

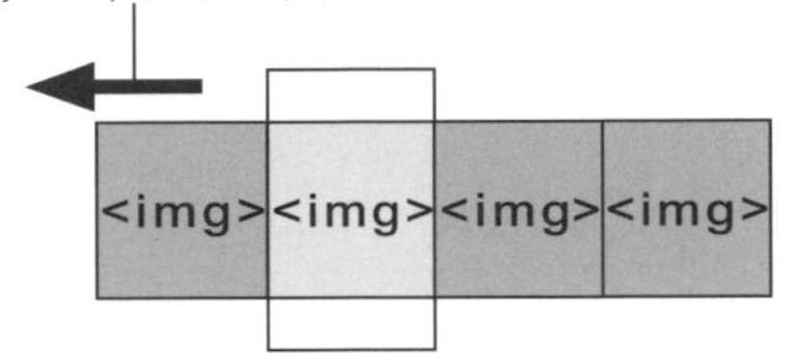
3 以 jQuery 控制含圖片的 div 區塊之 left 屬性，即可做出水平捲動效果
<img><img><img><img>

為了限制顯示的區域，要用到 CSS 樣式屬性 **overflow**，其功用是控制當元素內容超出寬、高範圍時，要如何顯示其內容，可使用的屬性值包括：

- visible：表示超出範圍的內容仍會顯示出來，此為預設值。
- hidden：表示超出範圍的內容不會顯示出來，這是稍後範例使用的值。
- scroll：表示有超出範圍的內容時，雖然不會顯示，但畫面上會出現捲動軸，讓使用者可捲動要檢視的部份。

以下就是修改過的相片輪播網頁內容：

Ch11-06.html

```
<head>
    <style>
        div      {clear:left;}
        .selected  {background: orange; }
        .small {
            width:100px;
            float:left;
            margin:2px;
```

```
        padding:3px;
        border: 1px black solid;}
     #viewer{width:640px;
            overflow:hidden;}        /* 將超出範圍的內容隱藏 */ ←❶

     #all    {width:2560px;          /* 容納全部大圖的區塊    */
             height:427px;
             position:relative;}     /* 使用相對定位          */
</style>
<script>
  $(function(){
    var timer;     // 計時器變數

    // 為每張縮圖製作一個大圖的 img 標籤, 並加到 #all 區塊中
    $('.small').each(function() {   ←❷
      var tag = $('<img></img>');        // 建立 img 元素
      tag.attr('src',
            $(this).attr('src'));        // 複製縮圖的 src 屬性
      $('#all').append(tag);             // 附加元素
    });

    // 設定縮圖的按下事件處理器
    $('.small').click(function(){
        clearTimeout(timer);      // 清除計時器

        // 取消上張縮圖的選取圖框
        $('.selected').toggleClass('selected');

        // 將被按的縮圖加上選取圖框
        $(this).toggleClass('selected');

        // 計算要移動的位置left 屬性值減 640px, 表示區塊向左移 640 px
        var pos=$('.small').index(this)*-640; ←┐
        $('#all').animate({'left':pos+'px'}); ←┴❸

        // 索引值加 1 表示下一張縮圖
        var next = $('.small').index(this) + 1;

        // 若索引值超過範圍, 則設為0, 表示再重頭開始播放
        if(next == $('.small').length) next=0;
```

```
            // 設定 3 秒後觸發下一張縮圖的 click 事件
            timer=setTimeout(function(){
              $('.small')[NEXT].click()
             }, 3000);
        });

        //一開始先選第 1 張縮圖
        $('.small')[0].click();
      });
    </script>
</head>
<body>
  <h3>看蜂炮</h3>
  <div id="thumbs">
    <img class="small" src="media/DSCF3350.jpg">
    <img class="small" src="media/DSCF3359.jpg">
    <img class="small" src="media/DSCF3392.jpg">
    <img class="small" src="media/DSCF3396.jpg">
  </div>
  <div id="viewer">       <!-- 限制顯示寬度的區塊 -->     ❶
    <div id="all"></div> <!-- 用來容納全部大圖的區塊 -->
  </div>
</body>
```

和前面輪播網頁的差異說明如下：

❶ 首先是 HTML/CSS 的部份，如前述，我們要用到限制顯示區域的區塊及包含全部大圖的區塊。前者用 overflow:hidden 限制顯示範圍；後者則需用相對定位，且需設定寬度以便放下全部圖片：

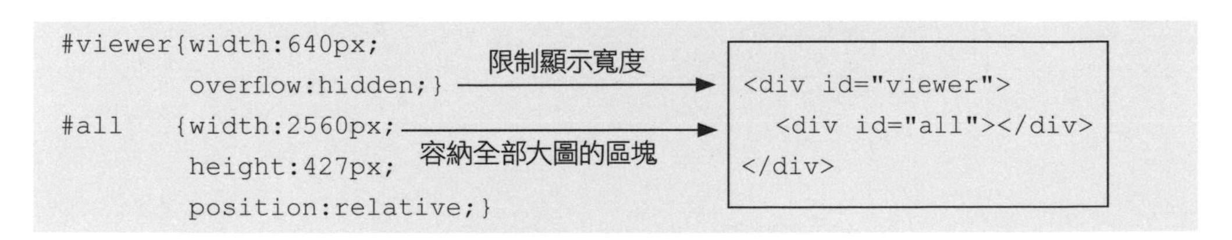

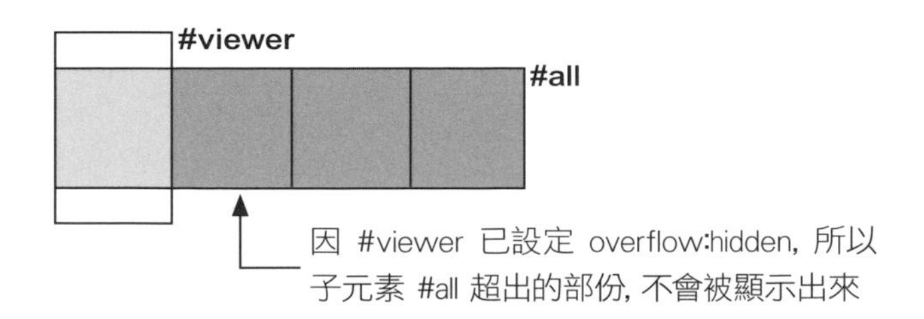

❷ 程式內容仍是在 ready 事件中完成各項工作，這次增加了替一開始沒有內容的 <div id="all"></div> 區塊加入 4 個 <img> 標籤的功能：

```
// 為每張縮圖製作一個大圖的 img 標籤，並加到 #all 區塊中
$('.small').each(function() {
    var tag = $('<img></img>');     // 建立 img 元素
    tag.attr('src',
       $(this).attr('src'));        // 複製縮圖的 src 屬性
    $('#all').append(tag);          // 附加元素
    $('#all').append(tag);          // 附加標籤
});
```

如果想將 <img> 標籤直接寫在 HTML 中也可以，但編寫時要注意，從 <div id="all"> 到 </div>，所有標籤前後都不能有空白或換行字元 (因為空白和換行字元也會佔空間，會使 CSS 設定的寬度 2560px 裝不下 4 張圖片，導致換圖的效果不如預期)。

❸ 按鈕事件的內容大半未變動 (例如仍是定時觸發下一次的 click 事件)，變動的內容就是將輪播的處理換成以 animate() 控制 left 屬性，每次都是將整個區塊移動相片的寬度 (-640px，負值表示向左移)。已播到最後一張時，則會跳回 left: 0px 以顯示第 1 張相片。

```
// 計算要移動的位置
var pos=$('.small').index(this)*-640;
$('#all').animate({'left':pos+'px'});
```

關於 jQuery 的用法，暫先介紹到此，下一章先介紹 jQuery UI 函式庫，第 14 章則會再介紹 jQuery 中有關 Ajax 的應用。

學習評量

選擇填充題

1. (　　) 下列何者是使用 CDN 載入 jQuery 函式庫的優點?
   (A) 不用下載 jQuery 到自己的伺服器
   (B) 瀏覽器可從最接近的伺服器下載 jQuery 函式庫
   (C) 使用者瀏覽器快取有很高機率已載入 jQuery 函式庫
   (D) 以上皆是

2. (　　) 用 jQuery 選取第 x 個 li 元素的語法為?
   (A) $('li:eq(x)')　(B) $('li:(x)')　(C) $('li:[x]')　(D) $('li:x')

3. (　　) 若網頁中有 5 個 li 元素, 則 $('li:gt(3)').length 的值為?
   (A) 0　(B) 1　(C) 3　(D) 5

4. (　　) jQuery 中可切換目前顯示狀態 (顯示變隱藏、隱藏變顯示) 的方法為?
   (A) show()　(B) hide()　(C) toggle()　(D) change()

5. (　　) 要用 jQuery 查看文件中第 1 個 p 元素的文字顏色, 可使用?
   (A) $('p').color()　(B) $('p').css('color')
   (C) $('p').style('color')　(D) $('p').val('color')

6. (　　) 用 jQuery 新建 li 元素物件的語法為?
   (A) $.wrap('<li></li>')
   (B) $('<li></li>')
   (C) $.new('<li></li>')
   (D) $.create('<li></li>')

7. 想用 jQuery 程式取得網頁中 class="test" 的元素，可使用 $('________')；若要將該類元素立即隱藏，可接著呼叫 .________() 方法。

8. 要以 jQuery 取得 id='x' 元素的文字內容，可寫成________；若該元素為輸入欄位，可呼叫________方法取得輸入的資料內容。

練習題

1. 請建立含 3x3 儲存格的 table 表格，利用 jQuery 在各儲存格中分別填入 1～9 的平方值。

2. 請試建立含 2 個輸入欄位的網頁，讓使用者可輸入數字，並用 jQuery 計算 2 數字的乘積，再顯示計算結果於網頁中。若乘積為正，顯示數字為綠色；若乘積為負，顯示數字為紅色。

12

使用 jQuery UI 專業美觀的網頁元件

jQuery 本身支援外掛功能 (plugin), 可自行利用開發出新的方法, 以擴充功能與應用。而 jQuery UI 則是 jQuery 官方自行開發、提供與使用者介面 (User Interface) 相關擴充應用的外掛, 本章就來介紹 jQuery UI 的用法。

12-1 認識 jQuery UI

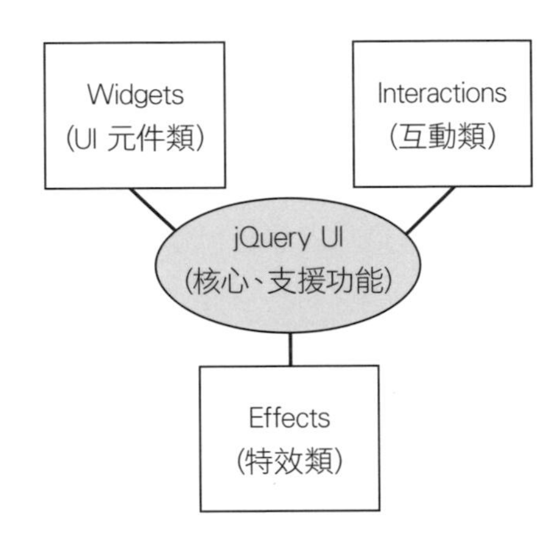

jQuery UI 的功能大致如圖分為互動、元件、特效 3 大類, 分別提供不同的使用者界面設計上的需求, 另外還有一些附屬支援的工具性方法。

本章的內容以元件 (Widgets) 為主, 也就是利用 jQuery UI 來建立各種網頁上常見的元件, 其中使用到一些選項、功能設定, 則會涵蓋 jQuery UI 的核心及支援功能。

使用 jQuery UI

要在網頁中使用 jQuery UI, 除了必須載入 jQuery、jQuery UI 函式庫檔, 還必須載入 jQuery UI 的佈景主題樣式表, 例如:

```
<!-- 使用官方 CDN -->
<link rel="stylesheet"
      href="//code.jquery.com/ui/1.11.4/themes/
            smoothness/jquery-ui.css">
<script src="//code.jquery.com/jquery-1.10.2.js"></script>
<script src="//code.jquery.com/ui/1.11.4/jquery-ui.js"></script>
```

若要下載檔案到自己的伺服器，記得 CSS 和 JavaScript 檔都要下載。另外請注意，jQuery UI 的版本編號並未與 jQuery 同步，本書寫作時的最新版本為 1.11.4。另外也要注意，在HTML 文件中必須先載入 jQuery，再載入 jQuery UI。

客製化 jQuery UI 檔案版本

由於 jQuery UI 函式庫檔比較大 (min 版約 235KB)，因此對於不使用 CDN，而要自行下載一份檔案到網頁伺服器的使用者，jQuery UI 特別提供客製化服務 - 也就是可自行選擇有需要用到的功能模組，移除未用的部份，達到縮小檔案的目的：

使用佈景主題

在 12-2 頁程式片段中使用的 CSS 樣式表，是稱為 **Smoothness** 的佈景主題：

```
<link href= "../themes/smoothness/jquery-ui.css">
```

只要將路徑中的佈景主題名稱換掉，即可改用不同的主題。在官網可看到預建的佈景主題名稱：

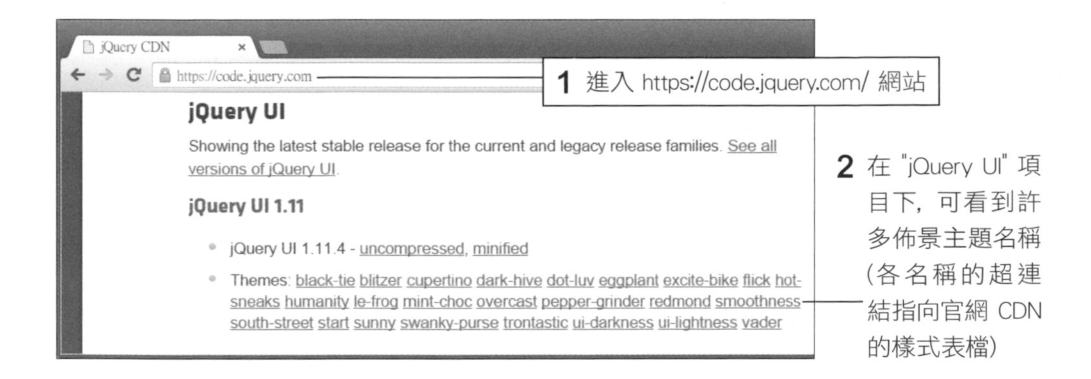

在 http://jqueryui.com/themeroller/ 則可預覽各主題的效果：

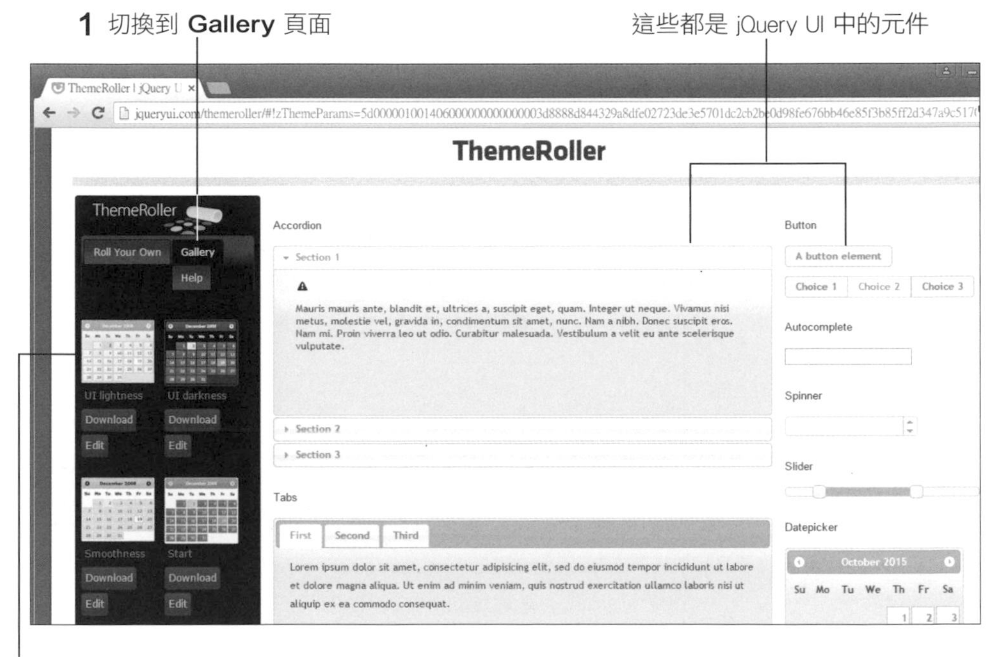

ThemeRoller 是 jQuery 提供的客制化佈景主題網頁服務，讓網頁設計者可自訂佈景主題再下載到自己的伺服器使用。本書只使用預建的佈景主題，讀者看到滿意的佈景主題，只要將其名稱替換到下載佈景主題的路徑中 (或複製官網 CDN 的網址)，即可採用不同的佈景主題。例如：

```
<link href= "../themes/redmond/jquery-ui.css">
```

```
<link href= "../themes/ui-lightness/jquery-ui.css">
```

12-2 設計功能表

使用 jQuery UI 提供的功能、元件時, 其程式語法結構大多都相同, 熟悉一種以後再學習其它的, 很快就能上手。本節先介紹最簡單的功能表元件 (Menu)。

jQuery UI 元件的基本用法, 就是先利用 HTML 在文件中定義出元件的內容 (結構、文字、項目等), 接著再呼叫『$(元素).元件方法();』。以功能表元件而言, 就是先用 ul、li 定義好功能表內容、結構, 再呼叫 menu() 方法即可：在 ul、li 清單中, 若有如下的巢狀清單內容, jQuery UI 會將下層的功能表內容以子功能表的方式呈現。參見以下範例：

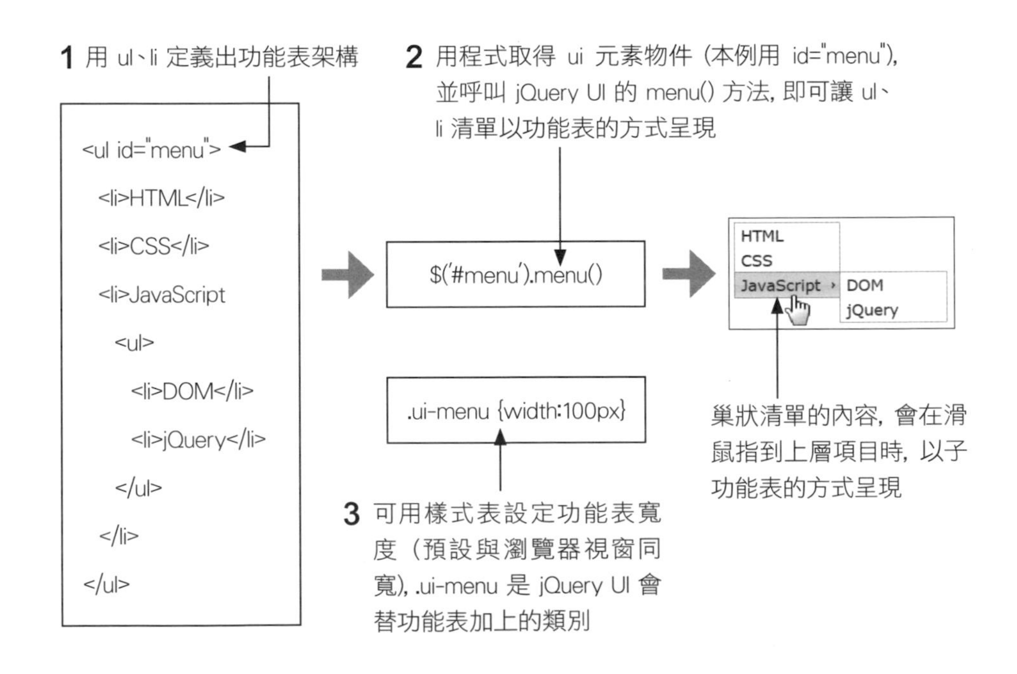
1 用 ul、li 定義出功能表架構
<ul id="menu">
<li>HTML</li>
<li>CSS</li>
<li>JavaScript
<ul>
<li>DOM</li>
<li>jQuery</li>
</ul>
</li>
</ul>
2 用程式取得 ui 元素物件 (本例用 id="menu"), 並呼叫 jQuery UI 的 menu() 方法, 即可讓 ul、li 清單以功能表的方式呈現
$('#menu').menu()
.ui-menu {width:100px}
3 可用樣式表設定功能表寬度 (預設與瀏覽器視窗同寬), .ui-menu 是 jQuery UI 會替功能表加上的類別
HTML
CSS
JavaScript
DOM
jQuery
巢狀清單的內容, 會在滑鼠指到上層項目時, 以子功能表的方式呈現

Ch12-01.html

```
    <link rel="stylesheet"
      href="//code.jquery.com/ui/1.11.4/themes/smoothness/jquery-ui.css">
    <script src="//code.jquery.com/jquery-1.10.2.js"></script>
    <script src="//code.jquery.com/ui/1.11.4/jquery-ui.js"></script>
    <style>
      .ui-menu {width:200px}   /* 設定功能表寬度 */
    </style>
...
<ul id="menu">        <!-- 用 ul 定義功能表內容 -->
  <li>課程總覽</li>  <!-- 用 li 定義功能表命令 -->
  <li>網頁設計課程
    <ul>              <!-- 巢狀的 ul/li 會變成子功能表 -->
      <li><a href="http://www.w3.org/html/" target="_blank">HTML5</a></li>
      <li><a href="http://www.w3.org/Style/CSS/" target="_blank">CSS</a></li>
❶→   <li>--           <!-- 用 2 個減號定義功能表項目中的分隔符號 -->
      <li>JavaScript
          <ul>
          <li>ECMA/JavaScript
          <li>jQuery
          </ul>
      </li>
    </ul>
  </li>
  <li>手機程式設計課程
    <ul>
      <li>iPhone
      <li>Android
      <li>HTML手機程式
    </ul>
</ul>
<script>
  $('#menu').menu();    // 將清單 '#menu' 變成功能表
</script>
```

TIP 後續範例程式列表會省略載入 jQuery、jQuery UI 的 link、script 標籤。

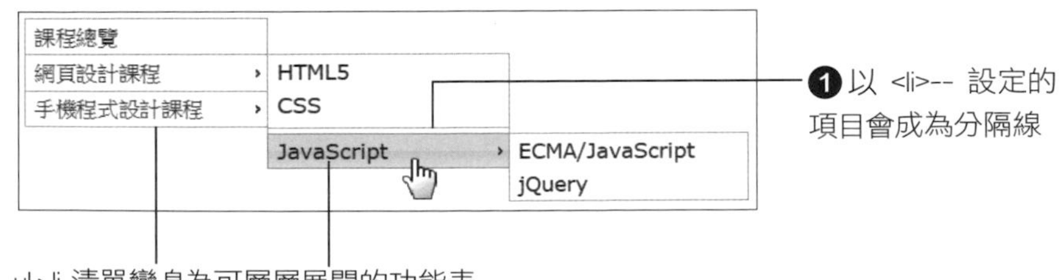

jQuery UI 建立功能表時預設以文件 (視窗) 寬度為寬度, 上面範例是利用樣式表以 jQuery UI 替 ul 元素加上的 ui-menu 類別, 指定 {width:200px} 樣式來設定功能表、子功能表寬度。

設定元件選項

若要設定功能表的外觀、行為等 (Options, 選項), 則需在呼叫 menu() 方法時, 如下進行初始化:

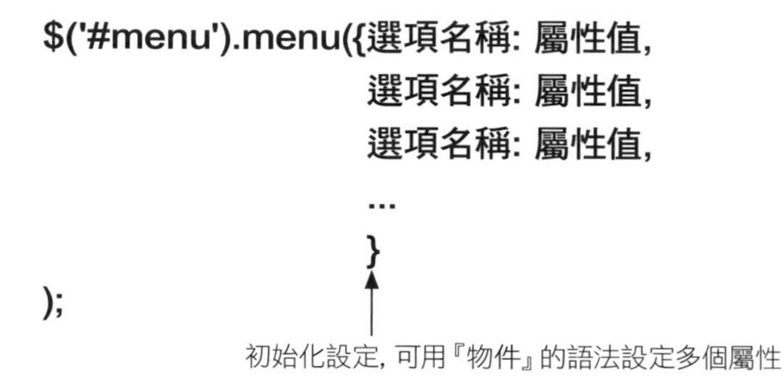
$('#menu').menu({選項名稱: 屬性值,
選項名稱: 屬性值,
選項名稱: 屬性值,
...
}
);
初始化設定, 可用『物件』的語法設定多個屬性

已呼叫過 menu() 方法建立、初始化功表後, 仍可如下呼叫 menu() 方法來修改或讀取選項的設定值:

```
// 修改單一選項
$('#menu').menu('option', '選項名稱', 設定值);

// 讀取單一設定值
$('#menu').menu('option', '選項名稱');

// 讀取所有設定值
$('#menu').menu('option');
```

以下是幾個可控制選單外觀的選項設定：

■ **icons**：可指定代表子功能表的圖示名稱，語法如下：

```
$('#menu').menu('option', 'icons', {submenu: '圖示名稱'});
```

▸ 圖示名稱可參見官網 http://api.jqueryui.com/theming/icons 上的清單，預設使用的是 'ui-icon-carat-1-e' 。

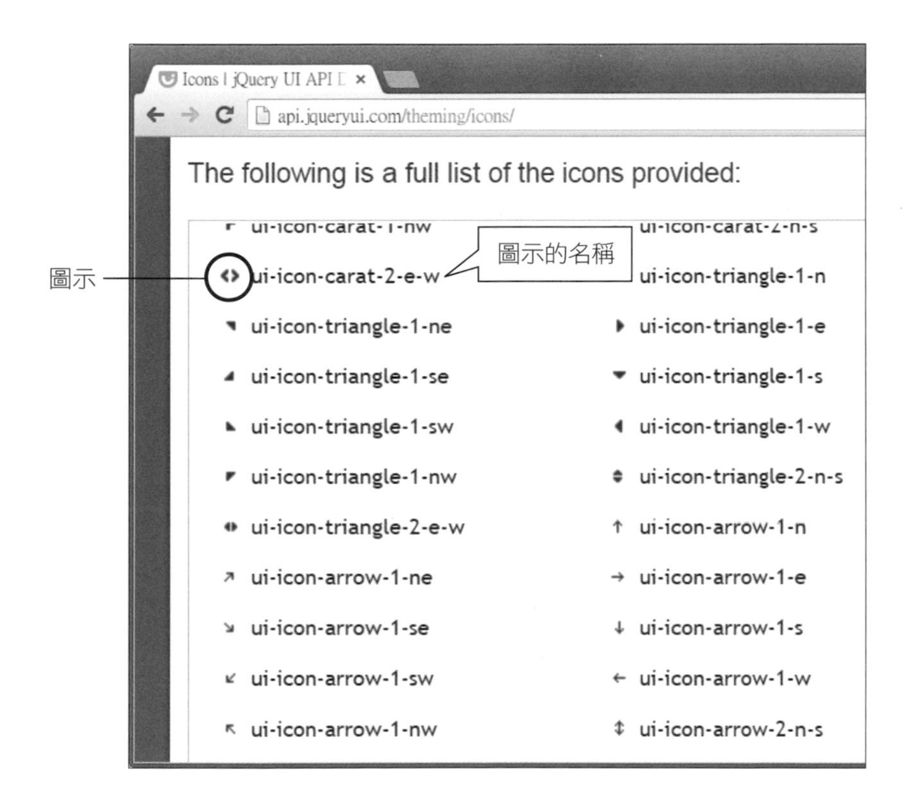

■ **position**：設定子功能表出現的位置，預設如 12-7 頁圖所示：子功能表『左上角』(left top) 會貼齊上層功能表項目的『右上角』(right top)，其表示法為 { my: "left top", at: "right top" }。my 屬性表示要從子功能表的什麼位置對齊，at 則是指要對齊上層元素的什麼位置。設定時可使用第 8 章所介紹的 CSS 定位的 left、top，且可再加上數值、百分比表示偏移量，例如 "right-20 top+25%"。

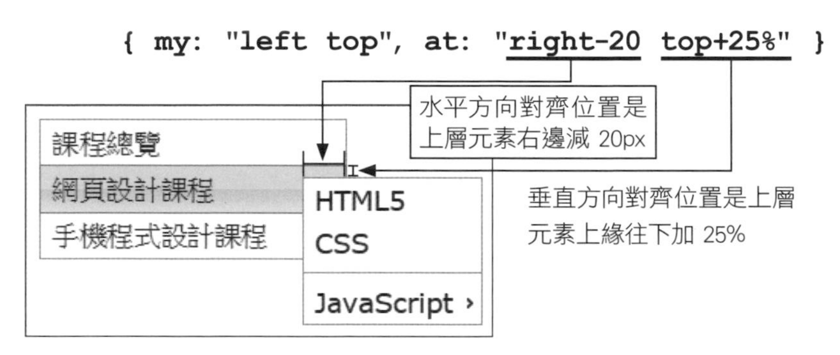

TIP my、at 為 jQuery UI 定位功能 (Position) 的屬性，其他可用的定位屬性請參見官網說明 http://api.jqueryui.com/position/。

■ **menu**：定義代表功能表的 HTML 元素，預設值為 ul。

以下範例試著在 menu() 方法中初始化 icons 和 positions，並利用簡單的 CSS 樣式設定，將原本縱向的功能表改成橫向：

Ch12-02.html

```
<style>
    h2 {background:mediumpurple;
        margin:0;
        padding:10px
       }
    #menu li {float:left;                ← ❶ 用 float:left 讓 li 項目『漂』到
              padding-left:0.5em;}          左邊，讓功能表內容變成橫向排列
</style>
...
<h2>橫向功能表</h2>
<ul id="menu">
  <li> 本班介紹 
    <ul>
```

```
        <li>上課需知
        <li>聯絡我們
    </ul>
...
<script>
    $('#menu').menu({
                    icons: {submenu: 'ui-icon-triangle-1-s' },   ❷
                    position: { my:'left top',
                                at: 'left+10% bottom'}          ❸
                    });
```

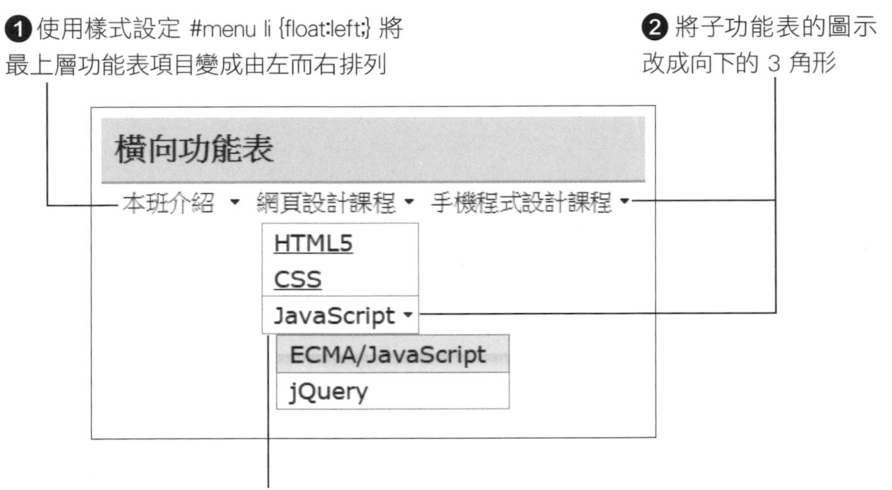

❶ 使用樣式設定 #menu li {float:left;} 將最上層功能表項目變成由左而右排列
❷ 將子功能表的圖示改成向下的 3 角形
橫向功能表
本班介紹
網頁設計課程
手機程式設計課程
HTML5
CSS
JavaScript
ECMA/JavaScript
jQuery
❸ 將子功能表的左上角 (my'left top') 水平對齊上層元素左邊+10%, 垂直對齊上層元素的下緣 (at: 'left+10% bottom'})

12-3 使用日期選擇器 - DatePicker

DatePicker 元件是用於建立月曆式的介面，方便我們用它來建立日期輸入欄位，當然也可單純當成顯示月曆。

要使用此元件，可先用 input、div、span 元素定義出日期選擇器元件在網頁中的位置，再於程式中呼叫 datepicker() 方法即可：

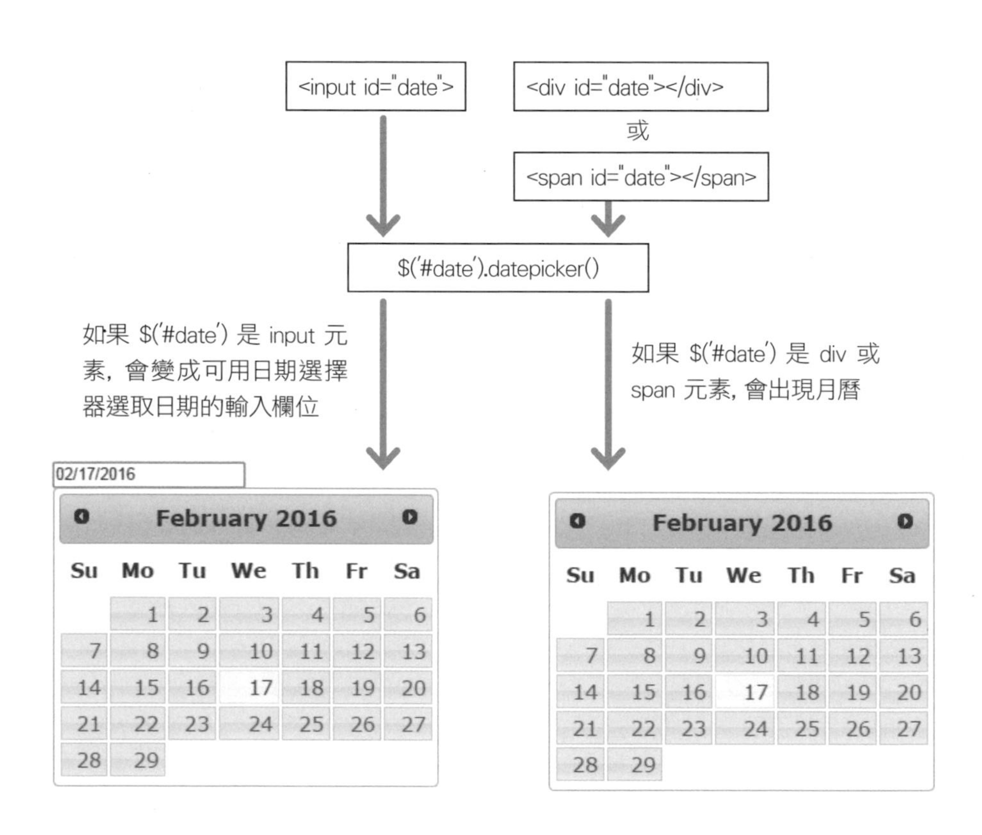

參見以下範例：

Ch12-03.html

```
<body>
  <table border="1">
    <tr>
    <td><!-- 固定顯示的月曆 -->
      <div id="calendar"></div>←❶
    <td><!-- 用來幫助輸入日期的月曆 -->
      <p>請選擇日期：<input id="popup_date"></p>←❷
    </tr>
  </table>
  <script>
    $('#calendar').datepicker();←❶
    $('#popup_date').datepicker();←❷
  </script>
</body>
```

❶ div 的 DatePicker 元件，是載入網頁時就會顯示

請選擇日期：02/01/2016

自動填入所選的日期，預設是用『月/日/年』的格式

若想改用中文的年、月、星期名稱，或是改變輸入的日期格式等，同樣必須在初始化時做相關設定。

調整日期選擇器選項

要在呼叫 datepicker() 方法時設定日期選擇器選項，同樣是以 datepicker({屬性:值, ...}) 的形式設定，可使用的選項包括：

- **firstDay**：設定每週的第 1 天是星期幾，預設值 0 表示是星期天；設為 1 表示每週由星期一開始，其它依此類推。
- **changeMonth**：若設為 true，則月曆上的月份欄會變成下拉選單，可直接選取同一年的其它月份，預設值為 false。
- **changeYear**：若設為 true，則月曆上的年份欄會變成下拉選單，可直接選取前後十年，預設值為 false。

設定 {changeMonth: true, changeYear: true} 的效果

- **numberOfMonths**：設定每次顯示幾個月的內容，預設值為 1。

- **showOtherMonths**：設定是否顯示月曆上不同月份的日期，預設值為 false 不顯示，設為 true 則會如右圖**顯示**其它月份的日期。

設定 {showOtherMonths: true} 會出現其它月份的日期

- **selectOtherMonths**：設為 true 時，則會讓上圖中『其它月份的日期』也變成可讓使用者**選取**。

- **showAnim**：設定在 input 欄位按滑鼠鈕時，讓顯示月曆的動作有動畫效果。例如設定 'fadeIn' 可有淡入效果；'slideDown' 為下拉效果。

- **duration**：設定上述動畫效果播放時間，可設為 "slow"、"normal"、"fast" 或以毫秒為單位的時間長度。

日期選擇器也有提供修改顯示的星期文字等選項，不過若想使用中文版的月曆，可直接在 HTML 文件中再加入另一個 script 標籤載入專為國際化日期選擇器而設的 JavaScript 程式：

```
<script src="http://ajax.googleapis.com/ajax/libs/jqueryui/1.11.1/
           i18n/jquery-ui-i18n.min.js"></script>
```

加入此 JavaScript 程式後，程式就會自動偵測語系，並顯示對應的月份、星期名稱，若想自行以程式指定其他語系，可使用如下敘述：

```
$('選擇器').datepicker( $.datepicker.regional[ "de" ] );
```

語系縮寫：en 英文、de 德文、fr 法文、ja 日文...

以下範例就引入這個國際化程式，並設定幾個選項：

Ch12-04.html

```
<p>請選擇日期：<input id="mydate"></p>
<script src="http://.../jquery-ui-i18n.min.js"></script>  ←❶
<script>
$('#mydate').datepicker({
                firstDay: 1,                    // 以週一為每週首日 ←❷
                numberOfMonths: 2,              // 顯示的月數 ←❸
                showOtherMonths: true,          // 顯示其它月份日期
                selectOtherMonths: true,        // 可選其它月份日期
                changeMonth: true,              // 月份選單
                changeYear: true,               // 年份選單
                showAnim: 'fadeIn',             // 淡入效果 ←❹
                duration: 750
});
</script>
```

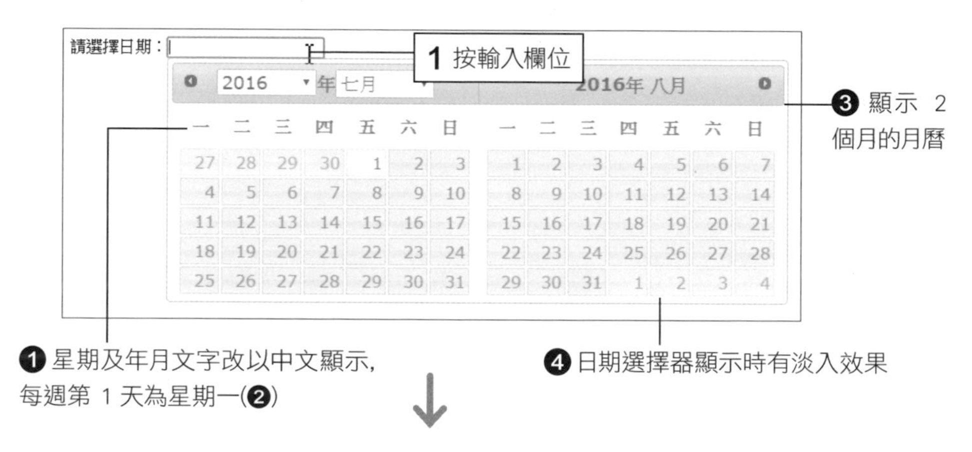

請選擇日期：
1 按輸入欄位
2016 年 七月
2016年 八月
一 二 三 四 五 六 日
❸ 顯示 2 個月的月曆
❶ 星期及年月文字改以中文顯示，每週第 1 天為星期一(❷)
❹ 日期選擇器顯示時有淡入效果

請選擇日期：
2016 年 七月
2016年 八月
一 二 三 四 五 六 日
2 選取日期

❶ 引用國際化程式，讓輸入的格式也換成『年/月/日』了

請選擇日期：2016/08/31

選定日期後，日期選擇器隱藏時也有淡出效果

除了依各語系預設的日期格式外，您也可用 dateFormat 選項指定輸入日期格式，可用的屬性值 (格式字串) 相當多，請見官網文件說明 (http://api.jqueryui.com/datepicker/#utility-formatDate)：

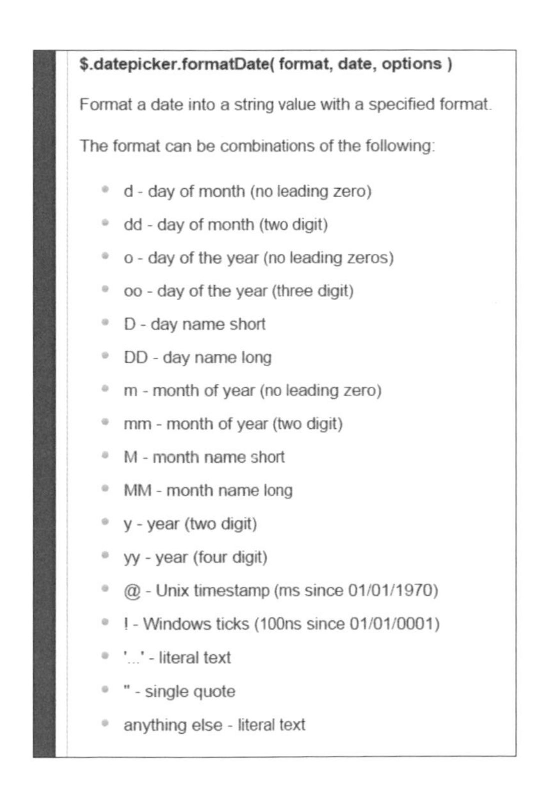

$.datepicker.formatDate(format, date, options)

Format a date into a string value with a specified format.

The format can be combinations of the following:

- d - day of month (no leading zero)
- dd - day of month (two digit)
- o - day of the year (no leading zeros)
- oo - day of the year (three digit)
- D - day name short
- DD - day name long
- m - month of year (no leading zero)
- mm - month of year (two digit)
- M - month name short
- MM - month name long
- y - year (two digit)
- yy - year (four digit)
- @ - Unix timestamp (ms since 01/01/1970)
- ! - Windows ticks (100ns since 01/01/0001)
- '...' - literal text
- '' - single quote
- anything else - literal text

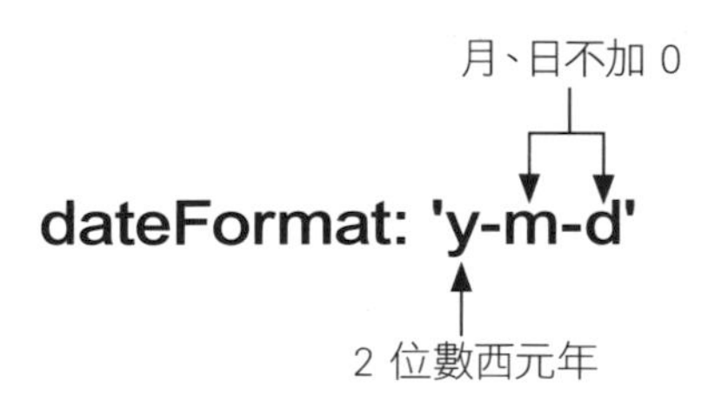

TIP 以上例來說，若在日曆中選 2016/08/31，會輸入 16-8-31。

12-4 進度棒 - ProgressBar

進度棒元件 (Progress Bar) 是以視覺化的方式表示某項工作執行的進度。

前面介紹的元件都是只要用 HTML 定義好元件內容，再呼叫 jQuery UI 的方法，jQuery UI 就會完成主要的工作。進度棒元件則不同，因為 jQuery UI 不會知道我們要用進度棒表示什麼工作的進度、目前進度為何。單用下面 HTML、JavaScript 語法只會建立一個不會動的進度棒：

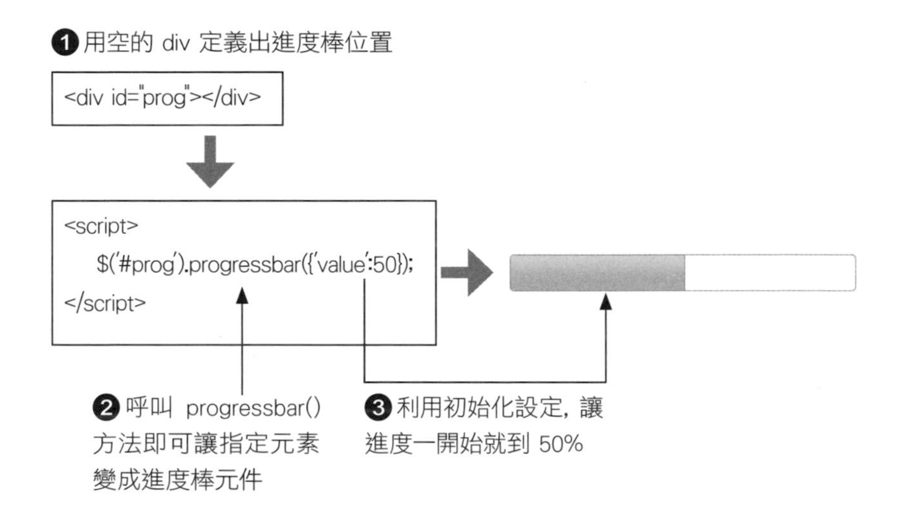

❶ 用空的 div 定義出進度棒位置
<div id="prog"></div>
<script>
$('#prog').progressbar({'value':50});
</script>
❷ 呼叫 progressbar() 方法即可讓指定元素變成進度棒元件
❸ 利用初始化設定，讓進度一開始就到 50%

若要讓進度棒顯示的進度會動態變化，必須自行以程式控制要顯示的進度狀態。進度棒的選項及設定進度的方式如下：

- **value**：代表進度值的選項，預設範圍為 0～100(%)。若初始化就設定 {'value':10}，表示一開始的進度就有 10%。讀值時可直接呼叫 progressbar('value') 來讀取目前的進度值。

- **max**：設定進度最大值，預設為 100。例如想用來代表下載的資料量，像是 500 (MB)，就可設定 {max:500}，此時 {value: 50} 就變成只有 10% 的進度。

■ **change**：用來設定進度棒 change 事件的處理函式，也就是進度值 (value) 改變時，就會呼叫指定的函式。

以下範例利用 setInteval() 函式來模擬定時執行的工作以更新進度棒進度：

Ch12-05.html

```
<style>
  #progbar  {width:250px} /*設定進度棒寬度*/
  #progmsg  {width:250px; text-align:center}
</style>
...
<body>
<p id="progmsg">進度：<span id="prognum"></span>%</p>◀─❶
<div id="progbar"></div>
<script>
$('#progbar').progressbar({
        value：10,              // 設定初始進度◀─❷
        change:function() { // 進度改變時，即更新顯示的數字
                            $('#prognum').text(
                                $(this).progressbar('value'))◀─❺
                        }
});

var timer=setInterval(    // 利用定時器模擬進行中工作
       function(){
              var barValue=$('#progbar').progressbar('value')+1;┐
              $('#progbar').progressbar('value',barValue);      ┘─❹
              if( barValue==100)   // 已達 100 時，即取消計時器
                clearInterval(timer);
                },50);   // 每 0.05 秒呼叫一次◀─❸
</script>
</body>
```

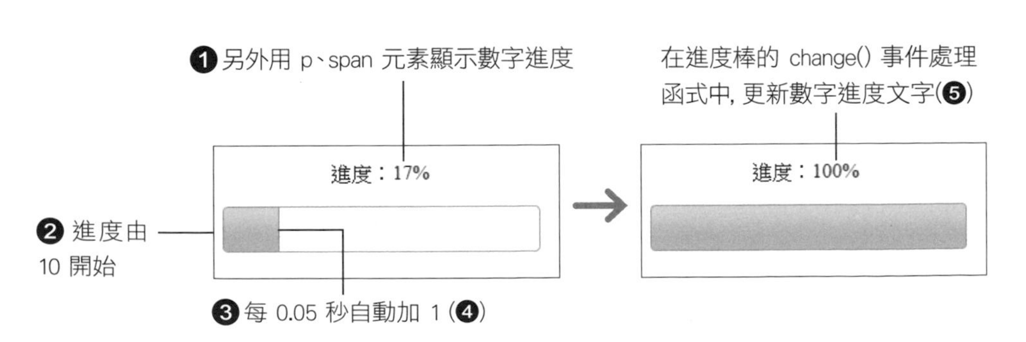
❶ 另外用 p、span 元素顯示數字進度
在進度棒的 change() 事件處理函式中，更新數字進度文字(❺)
進度：17%
進度：100%
❷ 進度由 10 開始
❸ 每 0.05 秒自動加 1 (❹)

12-5 使用滑桿 - Slider

jQuery UI 滑桿元件 (Slider) 和進度棒在某些行為很類似，它們都是利用元件的橫向變化表示數值的變化。不過進度棒是顯示資訊的元件，而滑桿則是讓使用者操作的輸入元件。建立時以 div 元素定義滑桿元件位置，再呼叫 slider() 方法即可建立元件：

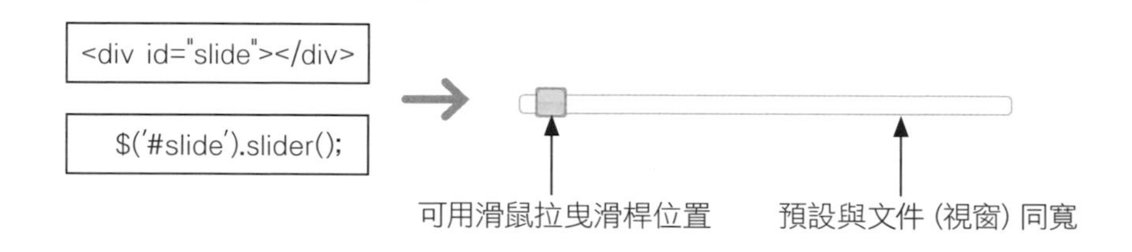
<div id="slide"></div>
$('#slide').slider();
可用滑鼠拉曳滑桿位置
預設與文件 (視窗) 同寬

滑桿和進度棒相似，可利用 value 初始化或讀取數值、以 max 設定最大值 (預設 100)，以及由 change 設定改變事件的處理函式。以下範例就是利用這幾個基本功能，製作一個可讓使用者調整背景顏色的滑桿應用：

Ch12-06.html

```
<style>
      #selection {margin:15px}
      .colorSlider {width:255px}
      p {
         width: fit-content;   ← fit-content 表示讓元素寬度恰好是足夠顯示(放入)其內容的大小
         background-color:white
        }
</style>
...
<body>
<div id="selection"><p>自選背景色：</p>
   <p>RED: <span id="rval" class="colorVal">255</span></p> ← ❶
```

```
┌<div class="colorSlider"></div> <!-- 用 div 定義紅色的滑桿 -->
│
│<p>GREEN: <span id="gval" class="colorVal">255</span></p>
❷<div class="colorSlider"></div> <!-- 用 div 定義綠色的滑桿 -->
│
│<p>BLUE: <span id="bval" class="colorVal">255</span></p>
└<div class="colorSlider"></div> <!-- 用 div 定義藍色的滑桿 -->

<script>
// 3 個滑桿共用的 change 事件處理函式
function onchange(){
    // 依序取得紅綠藍 3 色滑桿數值
    var red   = $('.colorSlider:eq(0)').slider('value');
    var green = $('.colorSlider:eq(1)').slider('value');
    var blue  = $('.colorSlider:eq(2)').slider('value');

    // 將滑桿值顯示在對應的 span 元素
    $('.colorVal:eq(0)').text(red);    ┐
    $('.colorVal:eq(1)').text(green);  ├◀─❸
    $('.colorVal:eq(2)').text(blue);   ┘

    // 更新 body 的背景顏色
    $('body').css('backgroundColor',◀─❹
            // 以字串組合的方式, 將滑桿值組成 'rgb(r,g,b)' 字串
            'rgb('+ red   + ',' +
                    green + ',' +
                    blue  + ')' );
}

$('.colorSlider').slider({           // 初始化
                max:255,             // 最大值 255
                value:255,           // 初始值 255
                change:onchange      // 設定事件處理函式
              });
</script>
</body>
```

將所有 class="colorSlider" 的元素變成滑桿元件（指向 `$('.colorSlider').slider(`）

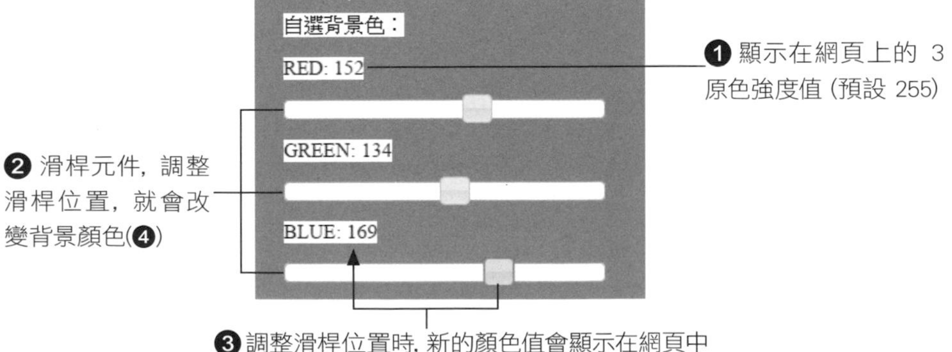

自選背景色：
RED: 152
GREEN: 134
BLUE: 169
❶ 顯示在網頁上的 3 原色強度值 (預設 255)
❷ 滑桿元件, 調整滑桿位置, 就會改變背景顏色(❹)
❸ 調整滑桿位置時, 新的顏色值會顯示在網頁中

12-6 使用標籤頁 - Tabs

標籤頁 (Tabs) 也是網頁上常見的元件，使用 jQuery UI 建立標籤頁，在程式方面只需用標籤頁的 div 元素物件呼叫 tabs() 即可。但 HTML 的部份要多花一點工夫設計，除了最外層代表標籤頁的 div 元素外，必須用 ul、li、a 元素定義每一個標籤的內容，並用 div 建立個別頁面內容，我們直接用範例來說明：

Ch12-07.html

```
<div id="my_tabs"> <!-- 利用 div 建立標籤頁元件 -->
  <ul> <!-- 利用 ul, li 建立換頁標籤, 以 a 建立各頁內容的 id -->
        <li><a href="#t1"><span>第 1 頁</span></a></li>
        <li><a href="#t2"><span>第 2 頁</span></a></li>
        <li><a href="#t3"><span>第 3 頁</span></a></li>
  </ul>

  <!-- 用 div 建立頁面內容, id 屬性需與上列 href 屬性對應 -->
  <div id="t1">      <!-- 第 1 頁的內容 -->
    <h3>小橋</h3>
  </div>

  <div id="t2">      <!-- 第 2 頁的內容 -->
    <h3>流水</h3>
  </div>

  <div id="t3">      <!-- 第 3 頁的內容 -->
    <h3>人家</h3>
  </div>
</div>
<script>
$('#my_tabs').tabs();   // 啟用標籤頁功能
</script>
```

❶ ul、li 清單定義標籤項目，並用 a 元素定義指向 div (頁面內容) 的超連結

第 1 頁 第 2 頁 第 3 頁

小橋

❷ 3 個 div 分面是 3 個頁次的內容

以上是標籤頁預設的行為與外觀，我們同樣可在初始化時，利用各項屬性來調整之：

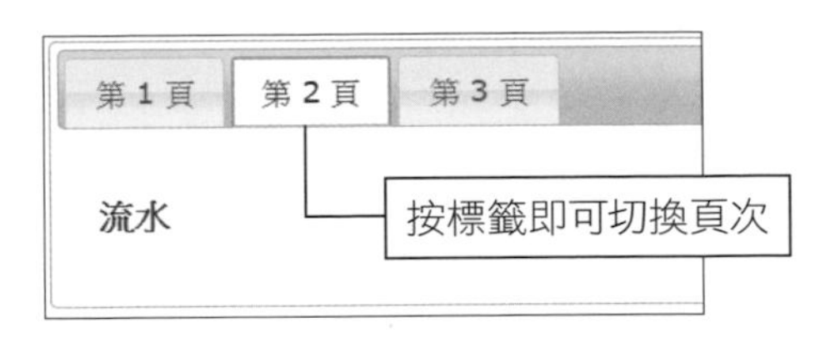

- **collapsible**：表示標籤頁的內容是否可收起 (只剩下最上面可切換的頁面)，或稱可摺疊，預設值為 false；若設為 true，只要在標籤上按一下，即可收起或展開標籤的內容。

- **event**：設定觸發切換頁次的事件，預設為 "click"，表示要在標籤上按一下才能換頁；若設為 "mouseover" 表示只要滑鼠指到標籤，就會自動切換到該頁次。

設定 collapsible:true 時，以滑鼠點選標籤即可收起或展開下方頁面內容。

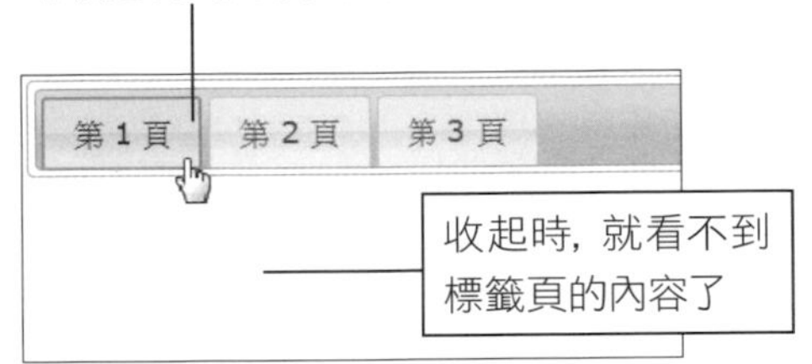

- **heightStyle**：設定各頁面高度的格式。可設為下列 3 種：
  - "auto"：以高度最高 (內容最多) 的那一頁為準，設定標籤頁的高度。
  - "fill"：以外部的 div 高度為準設定高度，若頁面內容太多，會自動出現捲軸以便捲動內容。參見以下範例。
  - "content"：此為預設值，每一頁的高度會依各自的內容多寡自動調整。

- **hide**：設定切換頁面時，被隱藏頁面的特效，可設定數字或字串，設為數字時表示使用淡出特效，數字為特效時間 (毫秒)。字串可使用如下的特效名稱：(參見官網文件 http://api.jqueryui.com/category/effects/)。

- **show**：設定切換頁面時，被選取頁面顯示時的特效，設定方式同 hide。

bounce	頁面內容彈跳後移出 (或移入)
puff	頁面內容放大並『飛』出 (或飛入)
slideUp	向上移出

以下直接修改前一範例，試著加入 event、heightStyle、show 選項設定，讓頁面呈現不同的效果：

Ch12-08.html

```
<style>
    #my_tabs{height:16em;}   /* 設定標籤頁元件的高度 */  ←❸
</style>
<div id="my_tabs"> <!-- 利用 div 建立標籤頁元件 -->
  <ul> <!-- 利用 ul, li 建立換頁標籤，以 a 建立各頁內容的 id -->
        <li><a href="#poem1"><span>秋夕</span></a></li>
        <li><a href="#poem2"><span>天淨沙</span></a></li>
        <li><a href="#poem3"><span>飲酒詩</span></a></li>
  </ul>

  <div id="poem1">  <!-- 第 1 頁的內容 --> ... </div>
  <div id="poem2">  <!-- 第 2 頁的內容 -->
    <h5 class="author">馬致遠</h5>
    <h3>枯藤老樹昏鴉，</h3>
    ...
  </div>
  <div id="poem3">  <!-- 第 3 頁的內容 --> ... </div>
</div>
<script>
$('#my_tabs').tabs({event:'mouseover',    // 滑鼠移到標籤上即換頁 ←❶
                    heightStyle:'fill',   // 頁面高度以最高的頁面為準 ←❸
                    show:'slideDown'});   // 顯示時有下拉的特效 ←❷
</script>
```

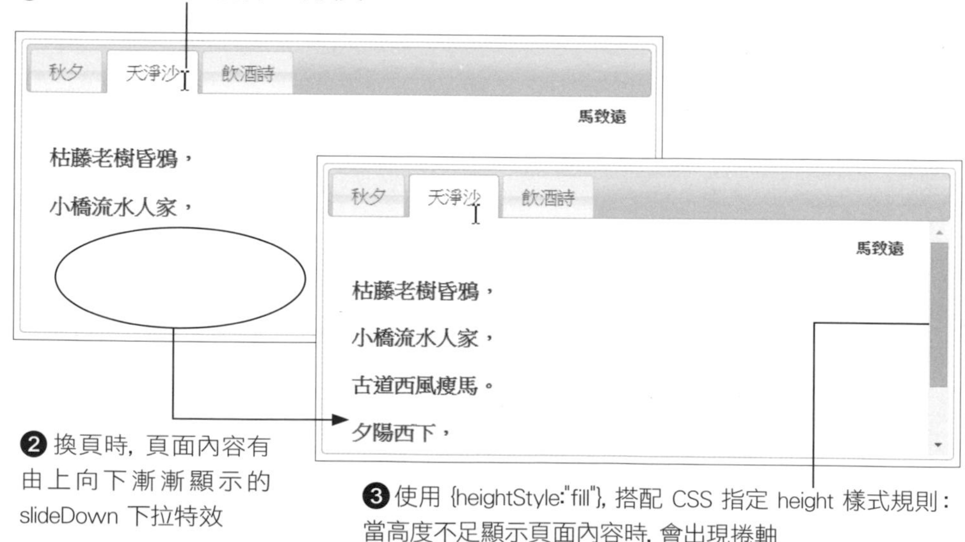
❶ 滑鼠移到標籤上就會立即換頁
秋夕
天淨沙
飲酒詩
馬致遠
枯藤老樹昏鴉，
小橋流水人家，
古道西風瘦馬。
夕陽西下，
❷ 換頁時，頁面內容有由上向下漸漸顯示的 slideDown 下拉特效
❸ 使用 {heightStyle:"fill"}，搭配 CSS 指定 height 樣式規則：當高度不足顯示頁面內容時，會出現捲軸

12-7 設計交談窗 - Dialog

前幾章曾使用 alert() 顯示交談窗，是透過瀏覽器物件顯示內建的交談窗，而 jQuery UI 的 Dialog 元件，則讓我們自行利用 HTML 元素定義交談窗內容。

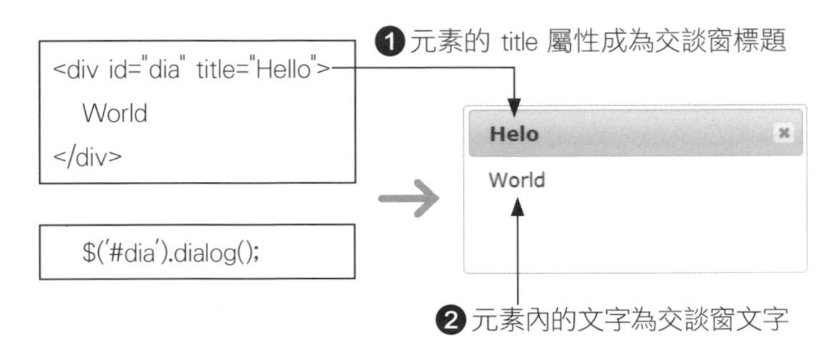

和前面介紹的元件有個小小的差異，在用來呼叫 dialog() 方法的 div 元素中，可利用 title 屬性指定交談窗標題。參見以下的陽春版範例：

Ch12-09.html

```
<body>
<p>歡迎使用jQuery UI！</p>
<div id="myDialog" title="jQuery 交談窗">
  <p>使用jQuery UI, 要先載入 jQuery 函式庫 JavaScript 程式,
     也要載入 jQuery UI 函式庫 JavaScript 程式和佈景主題 CSS。</p>
</div>
<script>
    $('#myDialog').dialog();
</script>
</body>
```

在瀏覽器中開啟以上網頁，就會看到如下交談窗，其內容就是 div 的內容：

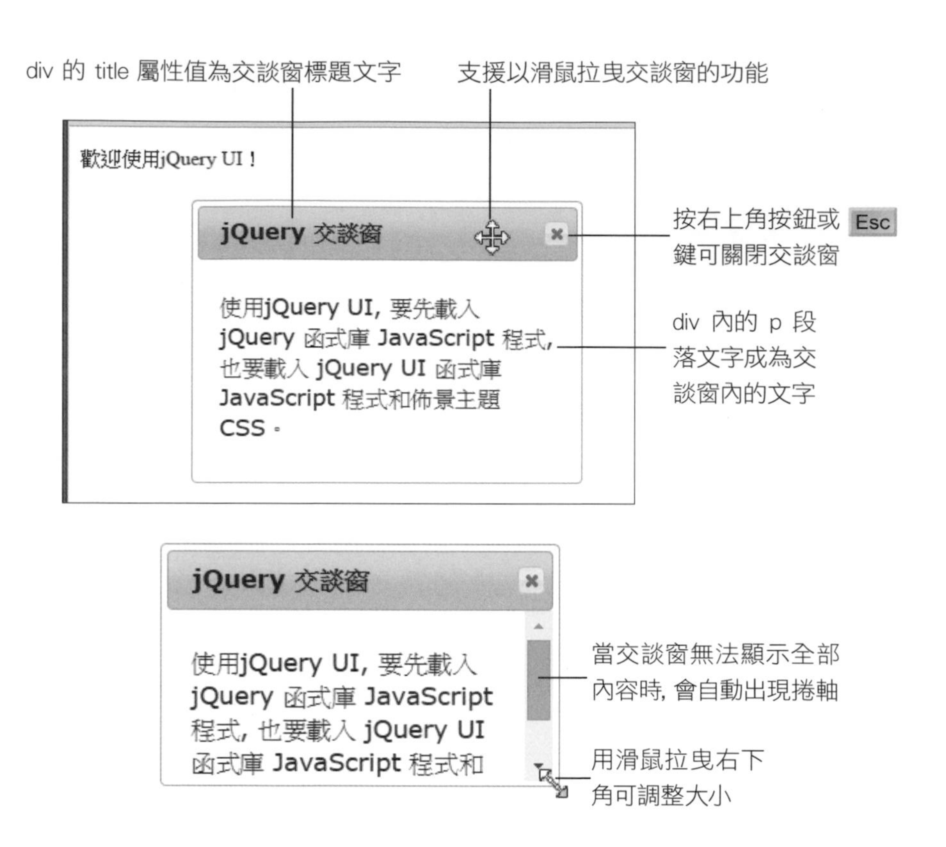
div 的 title 屬性值為交談窗標題文字
支援以滑鼠拉曳交談窗的功能
歡迎使用jQuery UI！
jQuery 交談窗
按右上角按鈕或 Esc 鍵可關閉交談窗
使用jQuery UI, 要先載入 jQuery 函式庫 JavaScript 程式, 也要載入 jQuery UI 函式庫 JavaScript 程式和佈景主題 CSS。
div 內的 p 段落文字成為交談窗內的文字
jQuery 交談窗
使用jQuery UI, 要先載入 jQuery 函式庫 JavaScript 程式, 也要載入 jQuery UI 函式庫 JavaScript 程式和
當交談窗無法顯示全部內容時, 會自動出現捲軸
用滑鼠拉曳右下角可調整大小

若要讓交談窗不要一開始就顯示出來，就必須在呼叫 dialog() 方法時，初始化相關的選項。以下是幾個基本的選項設定：

- **autoOpen**：設定是否在呼叫 dialog() 方法時，即自動開啟交談窗，預設值為 true，所以像 Ch12-09.html，一載入網頁時就會開啟交談窗；若設為 false 就不會自動開啟，而必須在想顯示交談窗時（例如在按鈕事件中）另外呼叫 dialog("open") 開啟交談窗。

- **title**：設定交談窗標題文字，預設值為 null（表示使用 div 元素中用 title 屬性設定的標題）。

- **closeOnEscape**：預設值為 true，表示當使用者按下 Esc 鍵時可關閉交談窗；若設為 false 就只能透過交談窗的按鈕來關閉。

- **modal**：modal 交談窗表示交談窗開啟時，就不能操作背景網頁。預設值為 false，表示交談窗開啟時，仍可操作使用網頁內容。

Ch12-09.html 使用非 modal 交談窗，所以交談窗開啟時，仍可操作網頁，本例是用滑鼠選取網頁文字

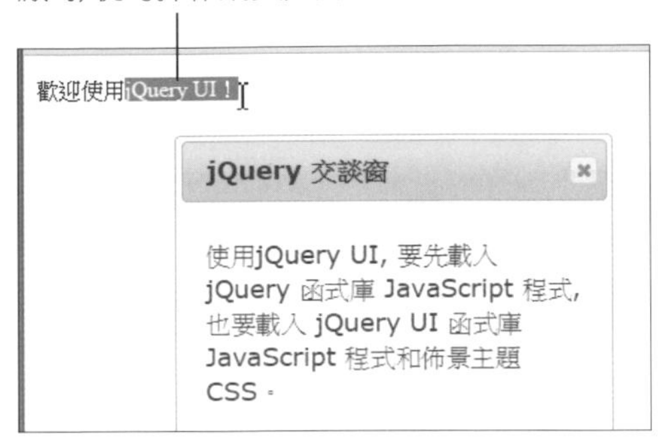

若改成 modal 交談窗，則交談窗開啟時，網頁內容預設會變成灰色且無法操作

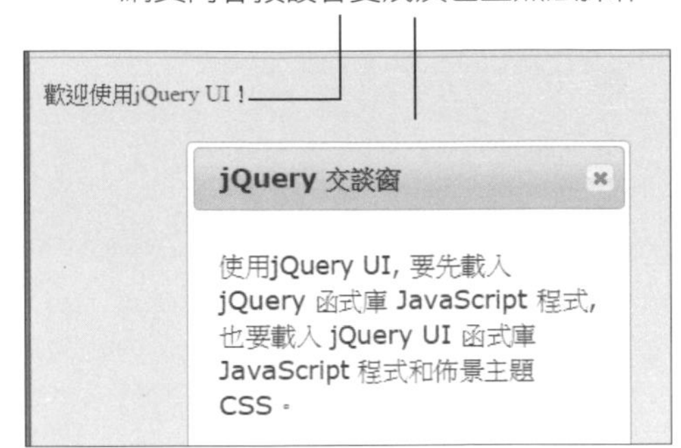

- **resizable**：可否手動調整交談窗大小，預設為 true；設為 false 表示不允許用滑鼠調整交談窗大小。
- **width**：交談窗寬度，預設值為 300 (單位 px)。
- **height**：交談窗高度，預設值為 'auto'，表示由 jQuery UI 依交談窗內容自行調整；若要自行設定，同樣是指定以 px 為單位的數值。

以下範例就利用上面介紹的選項，將交談窗設為 modal 交談窗、以按鈕事件開啟：

Ch12-10.html

```
<body>
  <button id="but">顯示交談窗</button>
  <div id="myDialog" title="jQuery 交談窗">
    <p>使用jQuery UI, 要先載入 jQuery 函式庫 JavaScript 程式,
    也要載入 jQuery UI 函式庫 JavaScript 程式和佈景主題 CSS。</p>
  </div>
  <script>
    // 建立交談窗, 並做初始設定
    $('#myDialog').dialog({autoOpen:false,
                           draggable:false,
                           modal:true,          ←❷
                           resizable:false      ←❸
                           width:360});

    // 設定按鈕事件, 按下時開啟交談窗
    $('#but').click(function(){
      $('#myDialog').dialog('open');←❶
    });
  </script>
</body>
```

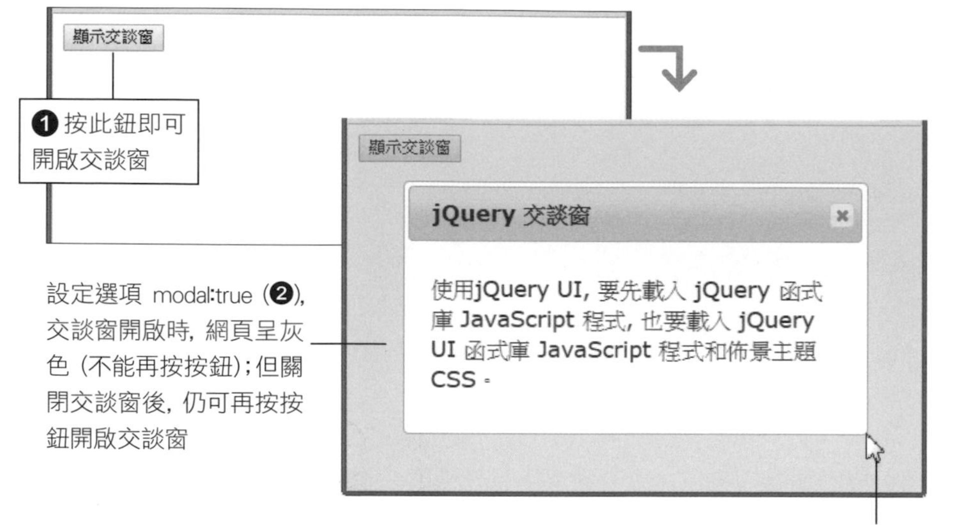
顯示交談窗
❶ 按此鈕即可開啟交談窗
顯示交談窗
jQuery 交談窗
使用jQuery UI, 要先載入 jQuery 函式庫 JavaScript 程式, 也要載入 jQuery UI 函式庫 JavaScript 程式和佈景主題 CSS。
設定選項 modal:true (❷), 交談窗開啟時, 網頁呈灰色 (不能再按按鈕);但關閉交談窗後, 仍可再按按鈕開啟交談窗
滑鼠移到交談窗右下角, 已不能再調整大小(❸)

交談窗按鈕與事件

最後要來介紹 jQuery UI 交談窗的按鈕設定及事件處理。要在交談窗中加入按鈕, 必須使用 button 屬性。按鈕可設定多個, 每個按鈕本身又有 1 或多個屬性需以物件語法指定之, 因此在指定 button 屬性值是用 JavaScript 的**陣列 (array)** 語法, 格式如下:

```
$('#myDialog').dialog('option', 'button',
                     [{...按鈕 1 的物件...},
                      {...按鈕 2 的物件...},
                      ...]);
```

陣列中的元素以逗號分隔

陣列是以方括號定義

在每個按鈕物件中, 可用下列屬性設定其行為:

- 'text':設定按鈕文字。
- 'icons':設定出現在按鈕左、右兩邊的圖示, 左邊的圖示屬性為 'primary', 右邊的圖示屬性為 'secondary', 可依實際需要選擇是否設定, 屬性值可使用的圖示名稱可參見官網 http://api.jqueryui.com/theming/icons 上的清單。
- 'click':設定按鈕被按下時要執行的函式。

例如若在 Ch12-10.html 中插入如下的設定敘述，則交談窗顯示時，就會有如圖的按鈕與圖示：

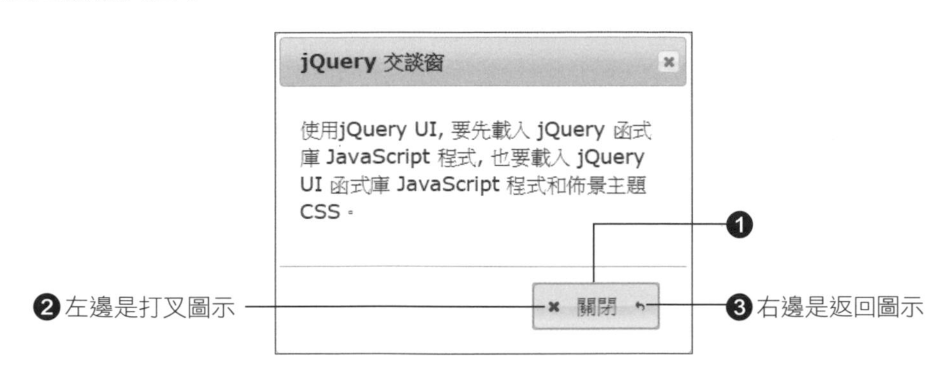


```
$('#myDialog').dialog('option','buttons',
[{text:'關閉',  ←❶
  icons:{primary:'ui-icon-closethick',                 ←❷
         secondary:'ui-icon-arrowreturnthick-1-w'      ←❸
        },
  click:function(){$(this).dialog('close');}
 }]);
```

↑設定按下按鈕時會關閉交談窗

↑本例僅設定一個按鈕物件，但仍要用陣列語法方括號將物件括住

JavaScript 語法：使用陣列

陣列 (Array) 和前幾章使用的集合類似，陣列變數也是由一群變數組合而成。同樣能用 0、1、2... 索引來存取、設定陣列中的元素（以下是在瀏覽器開發人員工具的**主控台**測試）：

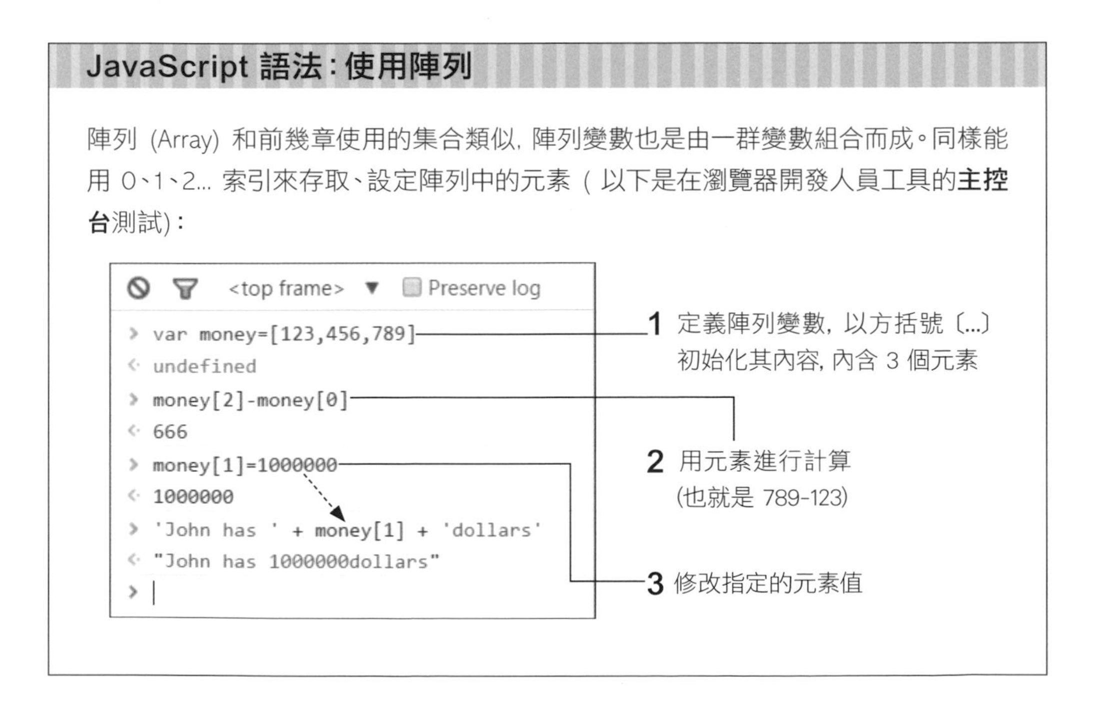

應用範例：登入交談窗

最後，就來練習用上面介紹的內容，製作一個登入交談窗：使用者必須用帳號/密碼登入，登入成功才能進入網頁；取消登入則會被導向到 Google 網站：

會員登入
帳號:
密碼:
登入 取消

程式首先要做的就是設定交談窗選項，定義 2 個按鈕及其按下事件處理函式。實務上會員登入驗證都是在伺服器端進行，本例只是模擬登入動作，所以在**登入**鈕的事件處理函式中預建含帳號/密碼的陣列，在使用者登入時進行比對，比對成功即關閉交談窗進入網頁。

Ch12-11.html

```
<style>
      .ui-dialog-titlebar-close   { display:none}
</style>
...
<body>
  <p id="msg"><span id="usrName"></span>會員，您好！</p>

  <div id="myDialog" title="會員登入">
    帳號:<input id="usr" type="text"><br>
    密碼:<input id="pss" type="password">
  </div>
  <script>
    // 建立含帳號名稱的陣列
    var arrUser = ['foo@flag.com.tw', 'bar@flag.com.tw'];
    // 建立含密碼文字的陣列
    var arrPass= ['foo123'          , 'bar456'];

    $('#msg').hide();       // 先將網頁中的 p 元素隱藏，登入成功才顯示
    // 建立交談窗，並做初始設定
    $('#myDialog').dialog({autoOpen:false,
                           draggable:false,
                           modal:true,
                           resizable:false,
                           buttons: [
                            {
```

交談窗元件內建右上角 X 關閉鈕的類別名稱（指向 .ui-dialog-titlebar-close）

設定不顯示關閉鈕（指向 display:none）

```
                text: '登入',
                click: function() {
                  // 找使用者名稱在 usr 陣列中的索引
                  var i = arrUser.indexOf($('#usr').val());

                  // 比對對應的密碼是否與輸入的相同
                  if(arrPass[i]==$('#pss').val()){    ─❶
                    $(this).dialog('close');
                    $('#usrName').text(arrUser[i]);   ─❷
                    $('#msg').show();
                  }
                } // 登入鈕的按鈕事件處理函式結尾
              }, // 登入鈕的物件結尾
              {
                text: '取消',
                click: function() {
                  window.open('http://google.com',
                              '_self');
                }
              }
            ]   // buttons 屬性值陣列結尾
          });

    $('#myDialog').dialog('open');
  </script>
</body>
```

『陣列.indexOf(變數值)』是在陣列中尋找是否存在與變數值相等的元素, 若有相等的元素, 就傳回該元素的索引值;若沒有則傳回 -1

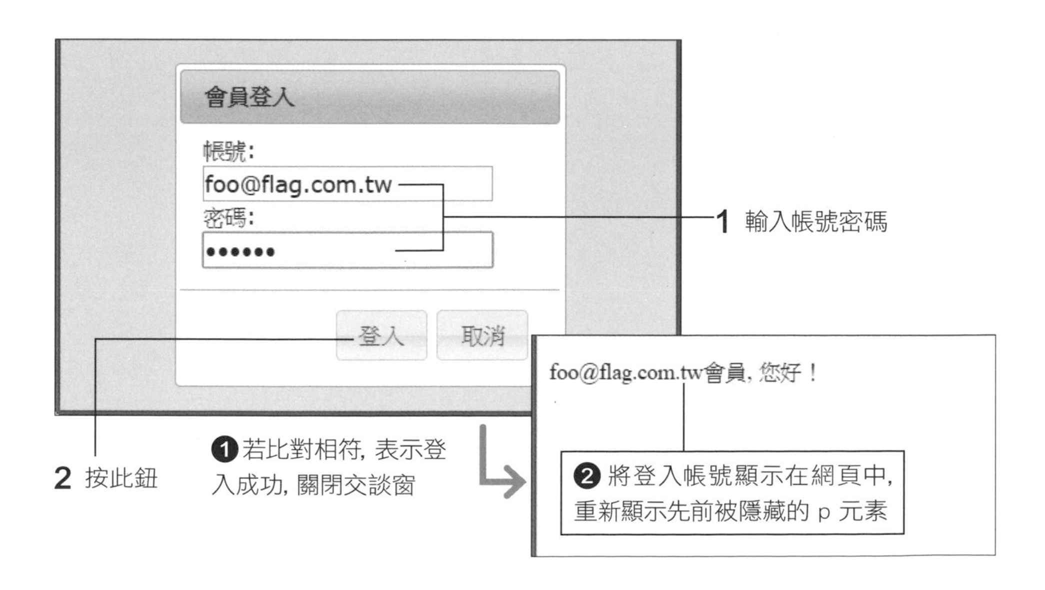

會員登入
帳號:
foo@flag.com.tw
密碼:
••••••
登入
取消
1 輸入帳號密碼
2 按此鈕
❶若比對相符, 表示登入成功, 關閉交談窗
foo@flag.com.tw會員, 您好！
❷將登入帳號顯示在網頁中, 重新顯示先前被隱藏的 p 元素

在 JavaScript 程式開頭, 定義了如下含 2 組帳號密碼的陣列:

```
// 建立含帳號名稱的陣列
var arrUser = ['foo@flag.com.tw', 'bar@flag.com.tw'];
// 建立含密碼文字的陣列
var arrpass= ['foo123'          , 'bar456'];
```

而在 '登入' 鈕的 click 事件處理函式中, 會先取使用者輸入的帳號名稱, 並以它為參數呼叫 usr.indexOf(), 也就是在 usr 陣列中尋找有無相同的元素, 若有找到就會傳回該元素的索引值。若找不到則傳回-1。

```
// 找使用者名稱在 usr 陣列中的索引
var i = arrUser.indexOf($('#usr').val());
```

接著程式再用 arrpass[i] 由 arrpass 密碼陣列取出對應索引的密碼, 若此密碼與使用者輸入的相同, 就會關閉交談窗並顯示歡迎訊息。

```
// 比對對應的密碼是否與輸入的相同
if(arrpass[i]==$('#pss').val()){
  $(this).dialog('close');           ← 關閉交談窗
  $('#usrName').text(arrUser[i]);    ← 將使用者名稱加到網頁
  $('#msg').show();                  ← 顯示歡迎訊息
}
```

若帳號、密碼不符, 則交談窗就會維持開啟。若按**取消**鈕, 則會改連到 Google 網站。

TIP 若使用者輸入不在陣列中的名稱, 使 indexOf() 傳回 -1, 則 arrPass[-1] 會傳回 undefined, 此時 == 比較也會傳回 false。

學習評量

選擇填充題

1. (　　) jQuery UI 函式庫除了 JavaScript 程式檔外, 還包含什麼檔案?

   (A) CSS　(B) HTML　(C) ICON　(D) XML

2. (　　) 使用 jQuery UI 函式庫內的元件 (Widget) 功能時, 以元件同名的方法 (例如 dialog()) 讀取或設定選項時, 第 1 個參數為?

   (A) 'option'　(B) 'property'　(C) 'setting'　(D) 'parameter'

3. (　　) 續上題, 要將交談窗選項 title 設為 'Hello' 時, 第 2 個參數可寫成?

   (A) title:'Hello'　(B) title='Hello'

   (C) { title:'Hello'}　(D) { title='Hello'}

4. (　　) 在 JavaScript 中, 定義陣列的符號為?

   (A) ( )　(B) { }　(C) * *　(D) [ ]

5. (　　) 在 JavaScript 中, 定義物件的符號為?

   (A) ( )　(B) { }　(C) * *　(D) [ ]

6. (　　) 使用 jQuery UI 交談窗, 若希望交談窗顯示時, 使用者無法選取網頁文字, 可設定什麼選項及設定值?

   (A) modal:true　(B) modal:false

   (C) autoOpen:true　(D) autoOpen:false

7. 使用 jQuery UI 功能表 (Menu) 時, 要用 HTML 的____元素定義功能表內容, 並用 ____ 元素定義功能表中的命令項目;在 JavaScript 程式用功能表元素物件呼叫 ______________方法, 即可讓它顯示為功能表介面。

8. 使用 jQuery UI 的 dialog() 方法建立交談窗, 若想讓交談窗預設不開啟, 需在初始化時將 autoOpen 選項設為______;在要開啟交談窗時, 再呼叫 dialog(___________); 顯示交談窗。

練習題

1. 請建立一個年曆網頁, 使用 jQuery UI 列出半年 6 個月份的月曆內容。
2. 請用 jQuery UI 的滑桿建立一個可改變網頁文字大小的使用者介面, 讓使用者可由滑鼠調整文字大小。

13

Responsive Web Design 與 Bootstrap 網頁框架

Responsive Web Design (RWD, 適應性網頁設計) 就是指利用 CSS 和 JavaScript 等工具, 讓網頁能在桌上電腦、手機、平板等不同螢幕畫面上, 自動調整版面、內容, 使網頁在不同平台上都能以最佳的方式呈現。

Bootstrap 則是設計 RWD 網頁的工具, 利用 Bootstrap, 網頁設計者不需自行撰寫 CSS、JavaScript 程式, 就能設計出 RWD 網頁。

13-1 什麼是 RWD (Responsive Web Design)？

簡單的說，RWD (Responsive Web Design) 就是指設計在不同裝置 (桌上電腦、手機、平板) 上都能正常瀏覽、檢視，且可取得相同資訊的網頁，有人釋譯成『適應性網頁設計』，表示網頁會依瀏覽的裝置，自行調整成適合瀏覽的版面、大小等等。

雖然行動裝置 (手機、平板) 上網是近幾年才開始流行，但早期以桌上電腦、筆記電腦上網的年代，也是有畫面大小不同的問題，有些人的電腦螢幕是 1024x768、有些是 800x600...，不過其間差異不算太大，且電腦螢幕的解析度大多都是 85 dpi (dot per inch，每英寸的點數)。因此當時的網頁通常都會設計成固定的寬度，使用不同螢幕瀏覽，頂多是兩邊是否有留空的區域，瀏覽的體驗幾無差別。

行動裝置瀏覽網頁的問題

但手機、平板不但是畫面尺寸明顯與電腦螢幕不同，解析度也相差很多。而手機上的瀏覽器為了『忠實』呈現網頁內容，會以相當於桌面螢幕的尺寸產生畫面，再縮小顯示在其螢幕上，因此若用手機瀏覽為電腦設計的網頁，就會有網頁被縮小至不容易閱讀的情形：

瀏覽 http://www.ecma-international.org/ 網站
用手機檢視時，因螢幕尺寸太小，使圖片、文字都變得很小
電腦上的瀏覽器視窗
Welcome to Ecma Intern
www.ecma-international.org/default.htm
Standards@Internet Speed
What is Ecma
Activities
News
Printer Friendly Version
History
Presentation
Organigram (Technical Committees)
Members
Join
Meeting calendar
How to find us
routing planner
Welcome
www.ecma-international.

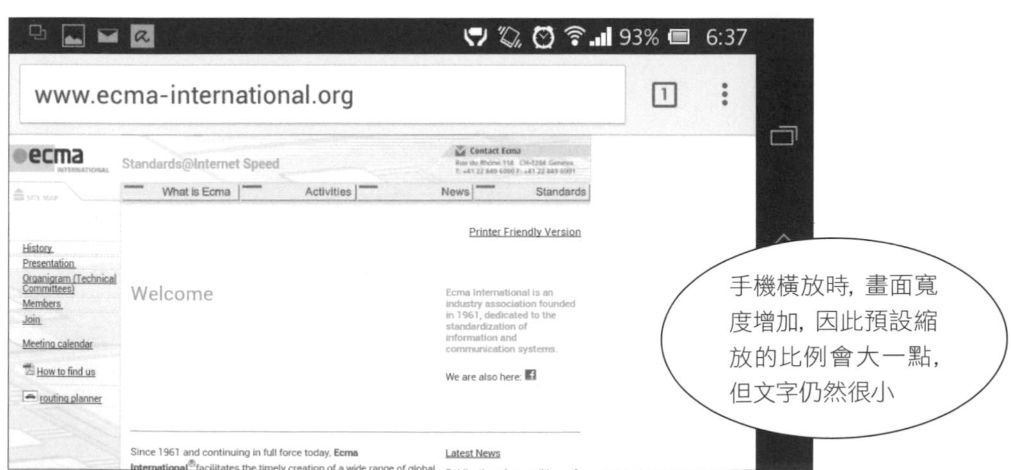
手機橫放時，畫面寬度增加，因此預設縮放的比例會大一點，但文字仍然很小
www.ecma-international.org
93% 6:37
Standards@Internet Speed
What is Ecma
Activities
News
Standards
Printer Friendly Version
Welcome
Latest News

雖然手機瀏覽器都允許縮放畫面，讓使用者仍能將網頁放大以檢視這類網頁的內容，但讓訪客在局限的畫面上張大眼睛、上下左右滑動以找到有興趣的內容，多數人可能在幾秒後就離開了。

而 RWD 的目的，就是讓網站/網頁在不同的裝置上都能正常瀏覽、操作，因此網頁必須能偵測瀏覽的裝置類型、並據此調整版面及內容。另一方面，考慮行動上網的數量已不下於電腦上網，如何讓行動裝置上網的使用者能取得網站要提供的內容 (而非精省縮水的內容)，也是 RWD 設計上要考慮的。

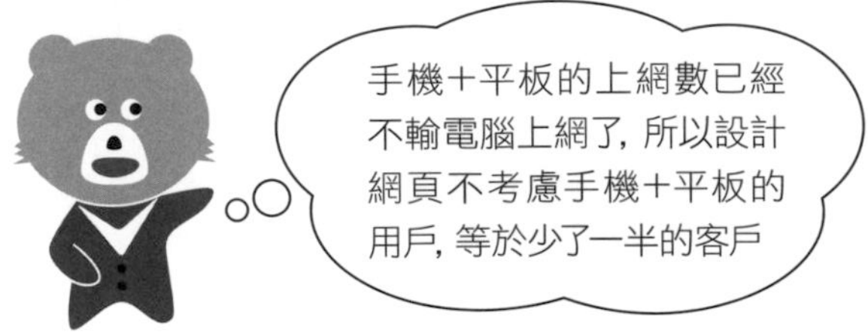

手機+平板的上網數已經不輸電腦上網了，所以設計網頁不考慮手機+平板的用戶，等於少了一半的客戶

本章將先說明如何利用 HTML/CSS 進行基本的 RWD 設計，之後則會介紹如何利用目前熱門的 Bootstrap 框架來設計 RWD 網頁。

13-2 使用 viewport 指定畫面尺寸

手機瀏覽器會以一個預設的解析度 (例如 800~1200px 的寬度) 來建構網頁 (元素的方塊模型等), 再縮放至手機螢幕上, 因此瀏覽未針對手機設計的網頁, 就會出現如前述網頁被縮小的情形。

瀏覽器中用來顯示網頁的部份, 稱為 Viewport, 使用者就是透過 Viewport 的區域來瀏覽網頁。在電腦上可調整瀏覽器的視窗大小來改變 Viewport;在手機上, Viewport 相當於整個螢幕 (扣掉上方的手機訊息、網址列等), 無法任意縮放。

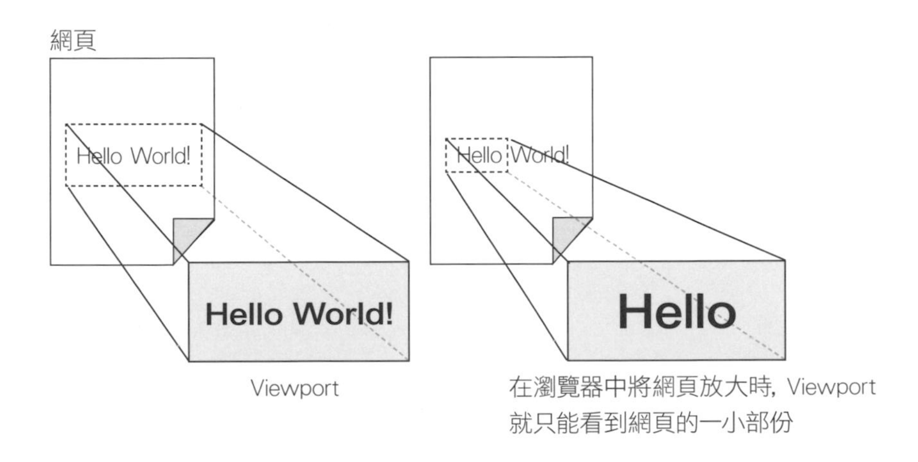

要控制手機瀏覽器的縮放動作, 可在網頁中加入含 viewport 參數的 <meta> 標籤:

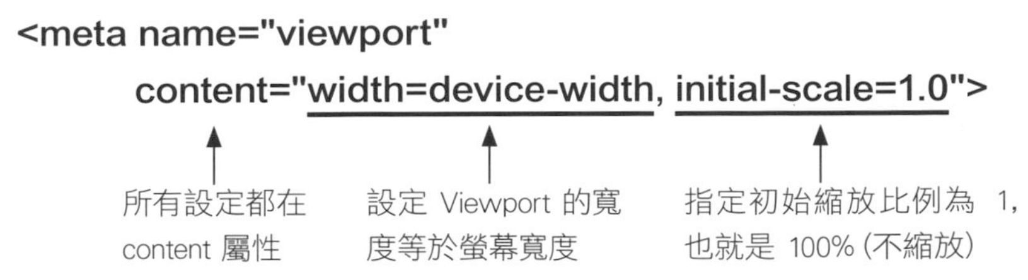

我們將這個 <meta> 標籤放到範例網頁 Ch13-01.html 中, 手機載入時就會有如下圖所示不縮小的效果:

Ch13-01.html

```
<head>
<meta charset="utf-8">
<meta name="viewport"
        content="width=device-width, initial-scale=1.0">
</head>
...
```

在電腦檢視的情形

在手機載入時
預設的大小

在進一步說明 viewport 參數設定前，先說明一下如何在電腦上測試手機瀏覽網頁的效果。

在電腦上測試手機瀏覽網頁的效果

使用瀏覽器中的開發人員工具

想測試網頁在手機上的效果，可利用瀏覽器的**開發人員工具**進行測試。在 Chrome 中按 F12 進入開發人員工具後，按其工具列上的手機圖示，即可模擬手機瀏覽的情形 (因 Chrome 經常改版，您看到的畫面、功能可能與書上不同)：

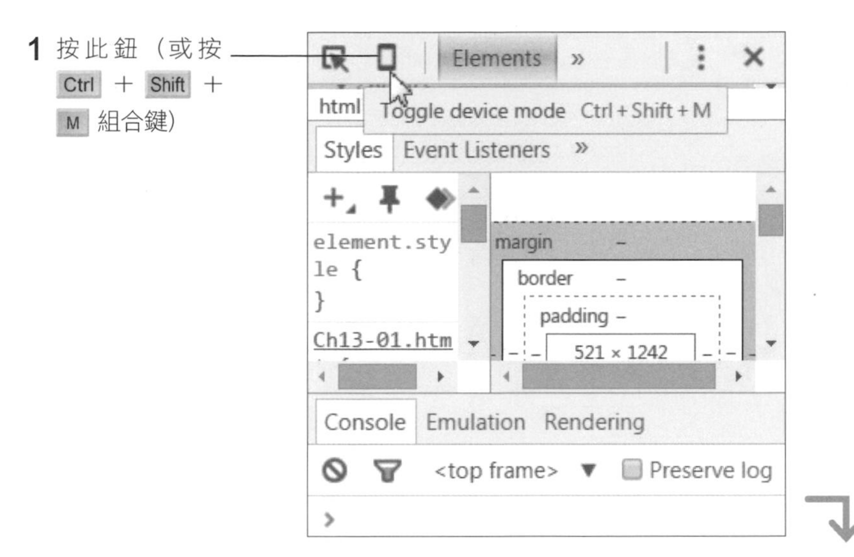

3 若出現此訊息，請按 F5 重新整理

也可自行在 Screen 欄輸入解析度

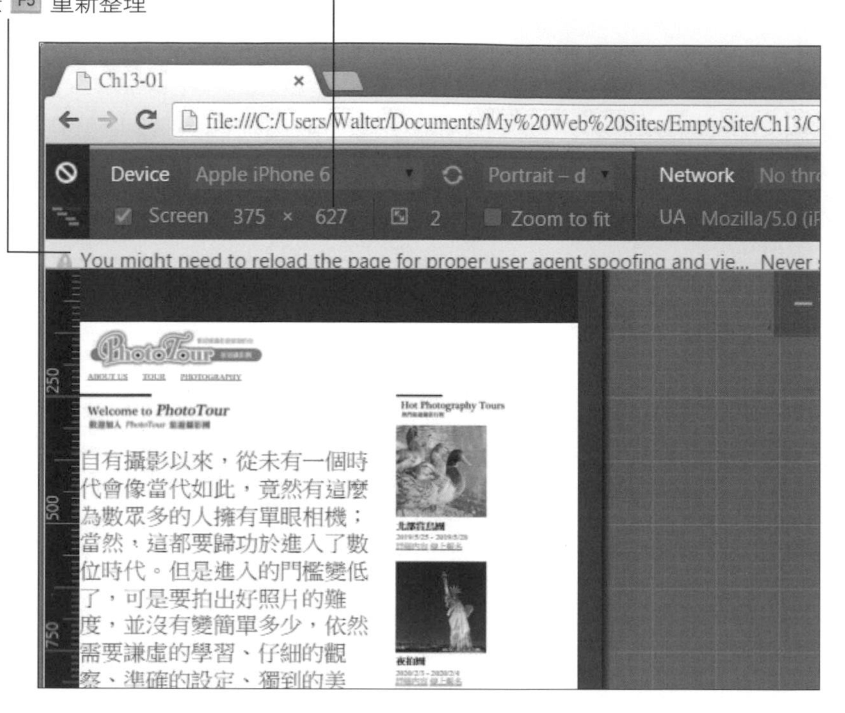

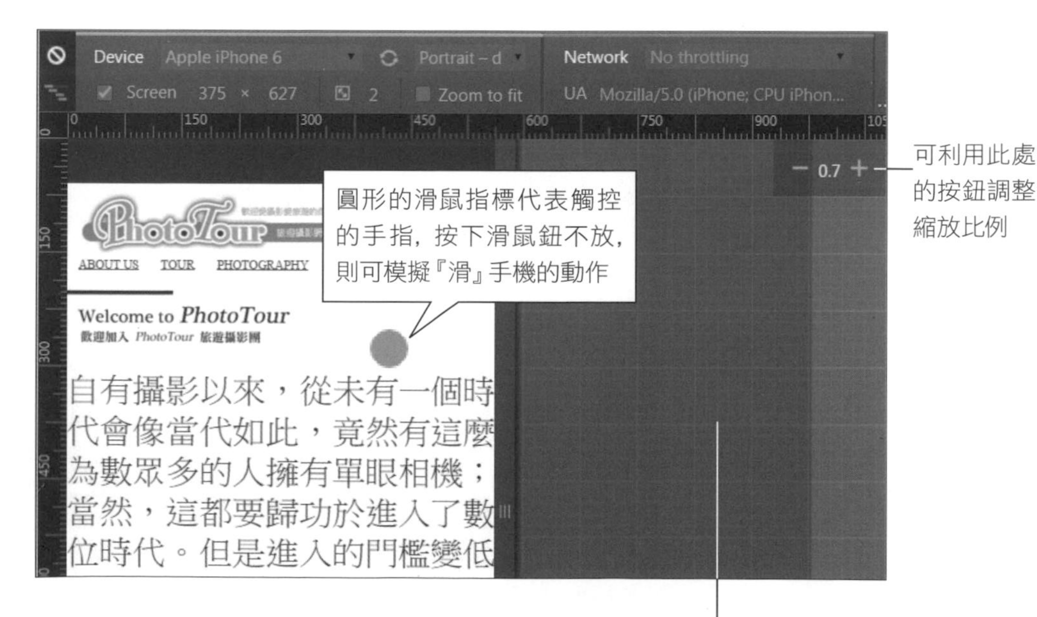

可利用此處的按鈕調整縮放比例

若有深色的陰影，即表示未顯示在螢幕中的網頁其它部份

使用 Opera Mobile Emulator 工具軟體

另外 Opera 推出的 Opera Mobile Classic Emulator 軟體 (可至 http://www.opera.com/zh-tw/developer/mobile-emulator 免費下載), 能在電腦上模擬手機、平板行動裝置瀏覽網頁的情形：

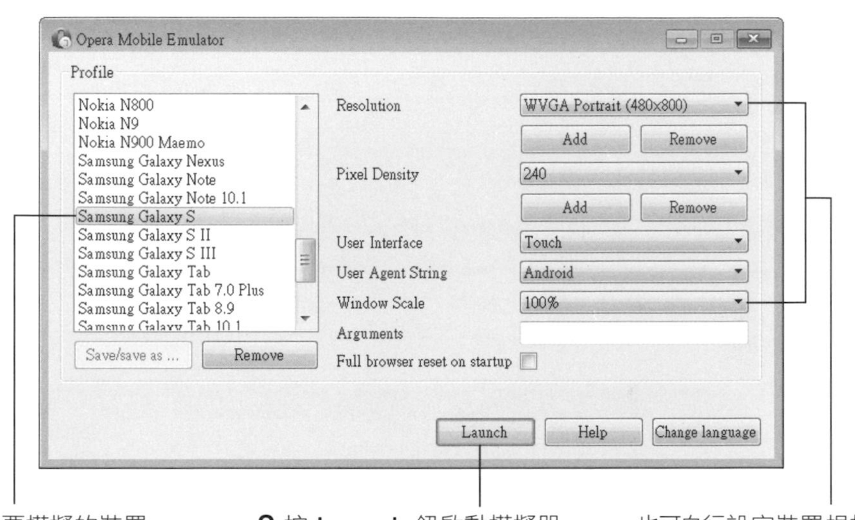

1 選取要模擬的裝置　2 按 Launch 鈕啟動模擬器　也可自行設定裝置規格

有類似手機、平板的操作介面

在行動裝置上測試網頁

若想實際用行動裝置開啟網頁, 正常的作法當然是架設網站或租用網站空間, 將網頁上傳到伺服器後, 再於行動裝置瀏覽伺服器上的網頁。限於篇幅, 本書不介紹如何架設網站或租用網站空間, 在此提供另一種替代的測試方式 (可用於測試第 16 章介紹的手機感測器等功能):

1. 將手機用 USB 傳輸線連接電腦。
2. 將網頁及等網頁中用到的圖片等檔案複製到手機內部記憶體中, 例如將 Ch13-01.html 及其用到的圖片 (在 media 子資料夾) 複製到手機內部記憶體中 Download 資料夾。
3. 接著再於手機瀏覽器的**網址**列輸入 "file:///sdcard/路徑/檔名" 格式的 URL。延續上一步, 就是輸入 "file:///sdcard/Download/Ch13-01.html" 即可開啟該網頁。

於手機瀏覽器的**網址**列輸入 "file:///sdcard/路徑/檔名" 格式的 URL, 以開啟內部記憶體中的網頁

viewport 的設定選項與參數

meta 標籤中的 viewport 設定, 並非 W3C 的標準, 不過目前主流的手機瀏覽器都有支援, 電腦上的瀏覽器一般都會忽略之。在 viewport 的設定中可設定的參數包括:

- width: 表示 viewport 的寬度, 可設為數值 (表示多少 px), 或如前面的範例設為 device-width 表示手機螢幕寬。
- height: 表示 viewport 的高度, 同樣可設為數值或設為 device-height 表示螢幕高度。請注意, 當手機橫放時, 此時螢幕高度就是畫面的『寬』。

- initial-scale：顯示網頁的縮放比例可設為 0～10.0 之間的數值，數值小於 1 時，表示將網頁縮小顯示；數值大於 1 則是放大。
- maximum-scale：上述的比例值是一開始顯示網頁時的比例，使用者仍能用觸控操作改變縮放比例，此時可利用此設定限制使用者最大可放大到多大。
- minimum-scale：與上一項類似，可用此設定限制使用者最小可縮小到什麼比例。
- user-scalable：設定是否允許使用者縮放網頁，預設為 yes 表示允許縮放；若設為 no 則不可縮放。但除非功能上有此需要，一般不會限制使用者不能縮放網頁。

例如以下範例就是將先前的範例加上縮放限制的效果：

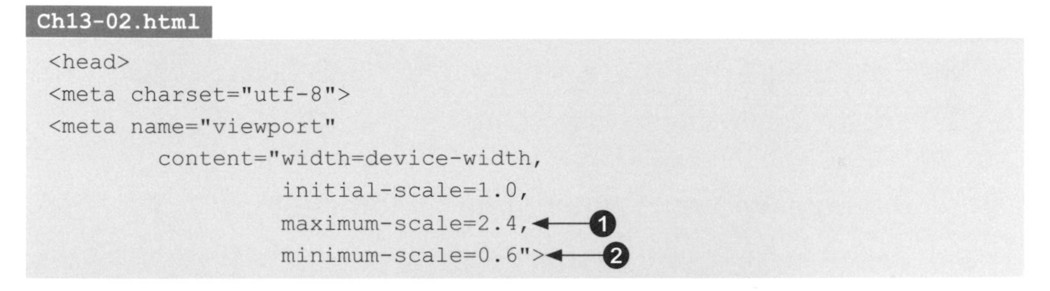

Ch13-02.html

```
<head>
<meta charset="utf-8">
<meta name="viewport"
        content="width=device-width,
                    initial-scale=1.0,
                    maximum-scale=2.4,←❶
                    minimum-scale=0.6">←❷
```

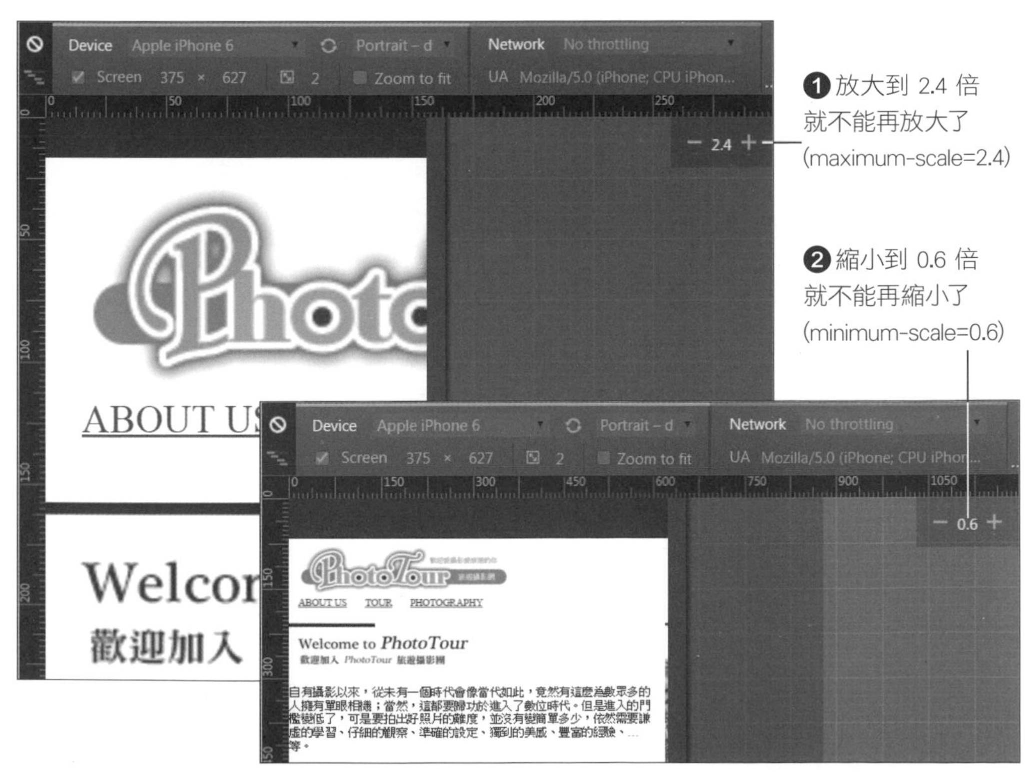

13-3 CSS3 Media Query 機制

設定 viewport 只是讓網頁在手機上瀏覽時, 不會因為文字、圖片太小而難以閱讀, 算是比較消極的作法。若要積極處理網頁在手機上的瀏覽問題, 可進一步利用 CSS3 Media Query (媒體查詢) 機制, 替不同的裝置設計各自合適的版面。

『媒體』(media) 指的是顯示網頁的媒介 (包括電腦螢幕、手機、印表機...等等), 而媒體查詢就是在樣式表中使用 **@media** 規則, 定義在不同媒體類型或尺寸所使用的樣式表內容, 例如大畫面時 div 區塊寬度為 500px、小畫面時則為 250px, 或使用不同的字型大小...等等。 @media 的基本語法為:

@media (width: 1920px) { img { width: 25%; } ... }

指定**媒體種類**名稱 (如下列), 或以括弧括住指定的媒體特徵, 例如此處指定的特徵為寬度 1920 的畫面

在大括弧中加入指定媒體所使用的各項樣式規則

媒體種類、尺寸可使用如下名稱或格式設定:

- **all**:表示適用於所有裝置。
- **print**:表示適用於印表機, 在瀏覽器列印網頁, 就會看到以 print 設定的樣式。
- **screen**:表示電腦螢幕。
- (媒體特徵):可在括弧中列出媒體的特性, 最常用的就是以 width、height 指定適用的媒體寬高, 可在前面加上 max-、min- 表示適用此樣式的最大寬高或最小寬高:

```
<style>
body { font-size: 12px }

/* 適用於寬度為 1920px 的媒體 */
@media (width: 1920px) {
```

```
  body { font-size: 16px }    /* 將字型改為16px */
}

/* 適用於寬度等於或小於 600px 的媒體 */
@media (max-width: 600px) {
  .sidebar { display: none; }  /* 不顯示側邊欄 */
}
</style>
```

有時也會將尺寸與 screen 合併使用，以明確表示是用於螢幕的場合：

```
/* 加上 screen and */
@media screen and (width: 1920px){...}
@media screen and (max-width: 600px){...}
```

前面範例 Ch13-01、Ch13-02 採用固定寬度的設計方式，因此在手機瀏覽時，若要保有一定的縮放比例，必須左右滑動才能看到全部的網頁內容。現在我們就試著利用 @media 指定另一組樣式規則，讓網頁中部份區塊、img 改用百分比的方式來設定寬度：

Ch13-03.html

```
<style>
/**** 書上僅列出部份程式碼，完整內容請參見書附範例檔 ****/
    #content { width:860px;
               padding: 10px 20px 0 0;
    }
    aside {
        width: 240px;
        float: right;            ─❶
        padding: 0 0 0 15px;
    }
    section p { padding: 15px 0;     }
    .tour_box { margin-bottom:20px; }
    /*** 上面是原本的樣式表內容 ****/

    @media (max-width:600px){
           #content, section img {
               width:96%;      /* 用百分比指定寬度 */
           }
```

```
        aside {      /* 將側邊欄改成橫列在畫面上 */
            width:100%;
            float: none;
            padding: 0;
        }
        .tour_box { /* 側邊欄中的 div 區塊縮小 */
            float:left;
            width:30%;
            margin-left:2%;
        }
                    /* 側邊欄中的圖片縮小 */
        .thumbnail img{ width:75%; }
    }
    </style>
</head>
```

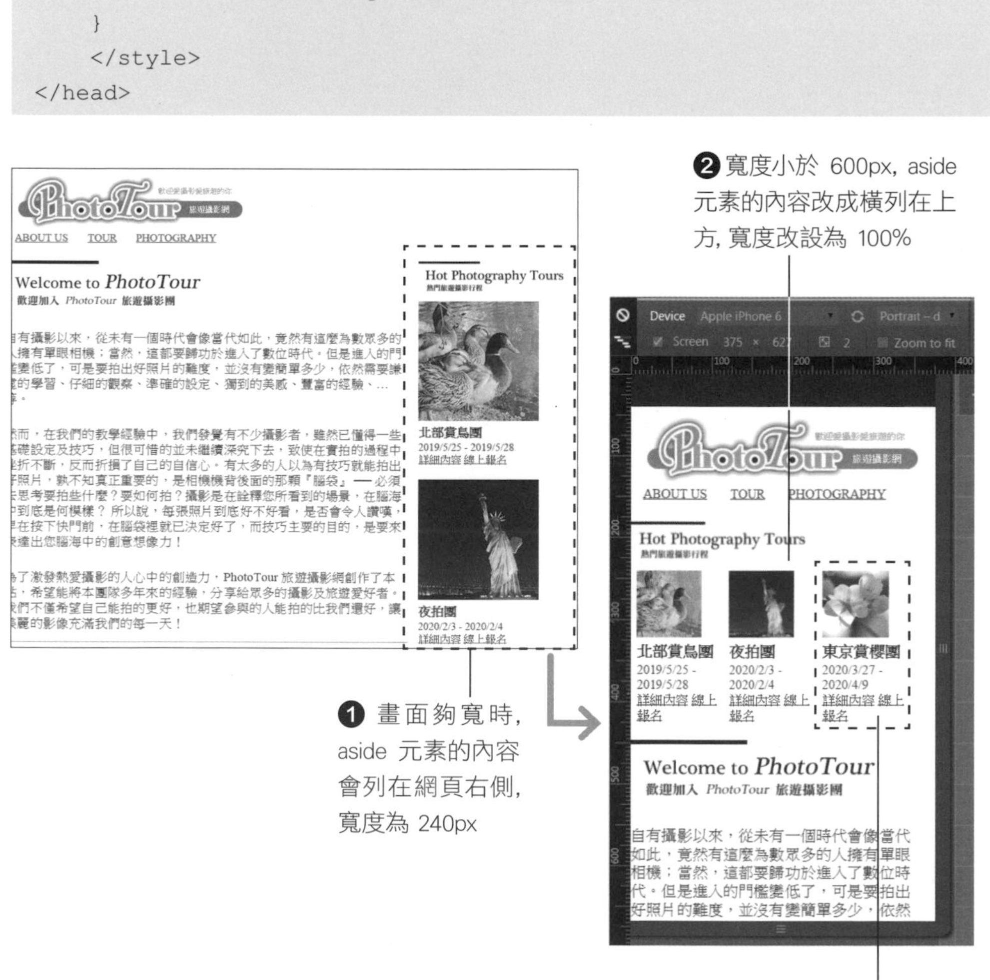

❷ 寬度小於 600px, aside 元素的內容改成橫列在上方, 寬度改設為 100%
❶ 畫面夠寬時, aside 元素的內容會列在網頁右側, 寬度為 240px

❸ 側邊欄內的 div 區塊也改成橫列排放

上例中用 CSS 將側邊欄 (aside 元素) 在小畫面時改成橫列在畫面上的做法稱為流動式版面。顧名思意，就是讓網頁中的區塊在不同大小的螢幕畫面上，以不同的排列方式呈現，讓使用不同裝置的人都能很方便地瀏覽網頁內容。

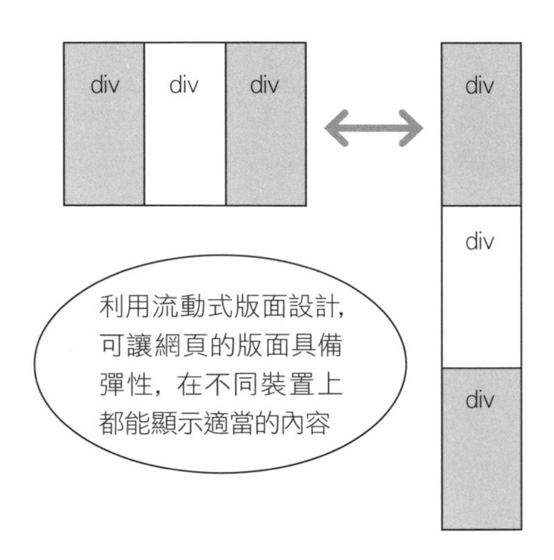

在範例中另一項配合不同裝置調整內容的技巧，就是以 CSS 自動調整圖片大小，原本固定版面未設定樣式，所以 img 會使用原圖尺寸 (固定寬度)；在 @media 的樣式規則中，則將寬度都改用百分比值來設定，這樣能讓圖片依畫面大小自行縮放調整其大小，同時仍能維持整體的版面外觀。

```
@media (max-width:600px){
        #content, section img {
            width:96%;        ←── 主文中的圖片大小
        }
        .thumbnail img {
            width:75%;        ←── 側邊欄內圖片大小
        }
    }
```

依網站的內容、設計不同，有時為了要讓網頁能適用於多種不同裝置，可能需設計好幾套 @media 的規則。這時候可利用一些工具來協助完成 RWD 的設計，下一節就會介紹如何使用 Bootstrap Framework (框架) 來完成 RWD 網頁設計。

13-4 使用 Bootstrap 自動調整網頁版面

Bootstrap 是一套建構於 jQuery 之上的網頁設計框架 (Framework), 我們可利用它快速完成 RWD 手機網頁。Bootstrap 官網 (http://getbootstrap.com) 本身就是用 Bootstrap 設計的, 瀏覽該網站, 可對 Bootstrap 的 RWD 效果有一些基本的認識:

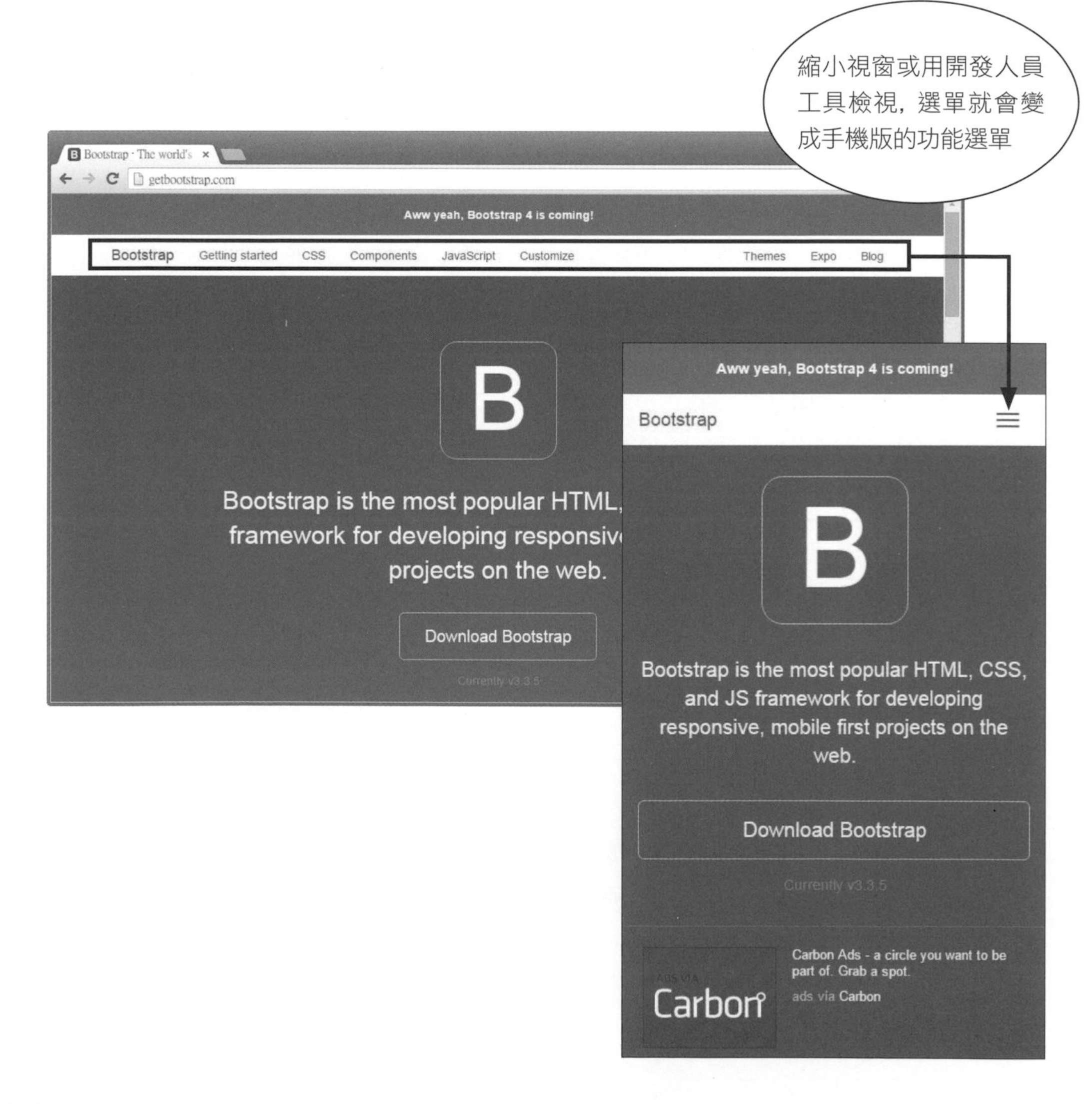

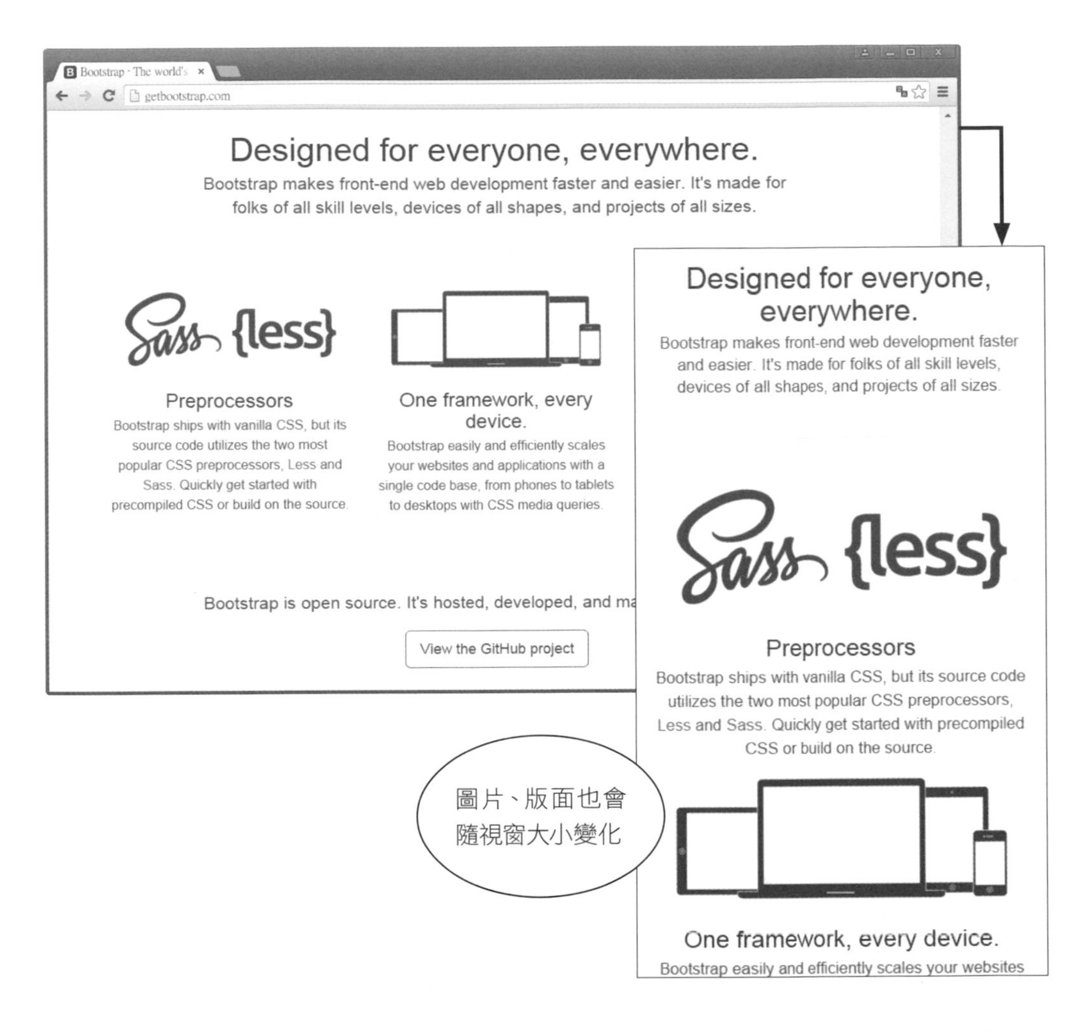

如上頁圖所示，本書寫作時的主要版本為 3，而第 4 版已在 Alpha 測試階段。Bootstrap 也已公開表示，即使第 4 版推出後，也仍會維護第 3 版，包括錯誤修正等。

TIP 框架和函式庫的意思不同，函式庫是一群特定功能函式的集合，例如 jQuery 函式庫提供了各種與網頁處理相關的函式；而框架則是包含特定的設計方法，**使用者必須遵循其設計方法，在已架構好的框架下完成所要的工作**。用做勞作來比喻，函式庫像是工具箱，您可以用它完成不同的作品和設計；框架則類似買套件，基本上已具備一定的雛型，但製作者仍可發揮創意、賦與其不同目的來完成個人的作品。

使用 Bootstrap 的基本工作

使用 Bootstrap 和使用 jQuery UI 類似，網頁中除了需引入 jQuery 函式庫外，也必須加入 Bootstrap 的 CSS 和 JavaScript 程式。例如：

```
<link href="http://maxcdn.bootstrapcdn.com/bootstrap/3.3.4/css/
                   bootstrap.min.css" rel="stylesheet">
<script src="//code.jquery.com/jquery-2.1.4.min.js"></script>
<script src="//maxcdn.bootstrapcdn.com/bootstrap/3.3.4/js/
               bootstrap.min.js"></script>
```

TIP 您也可由官網 (http://getbootstrap.com/getting-started/) 下載 Bootstrap 的檔案到自己的網站使用。提醒您下載的是一個壓縮檔，其內包含程式檔、CSS 樣式表檔、字型檔。

Bootstrap 設計時即已考量行動裝置設計，所以使用 Bootstrap 的網頁 head 元素中，除了加入前述 link、script 元素，也必須在開頭加入以下 meta 標籤：

```
<meta http-equiv="X-UA-Compatible" content="IE=edge">
<meta name="viewport" content="width=device-width, initial-scale=1">
...
```

第 1 項 http-equiv="X-UA-Compatible" 是為了 IE 瀏覽器而設的，此項目是用來指定要以什麼 IE 版本的相容模示來顯示網頁，此處設定 "IE=edge" 表示以微軟最新版的 Edge 瀏覽器模式，來顯示網頁內容。而 IE11、IE10、IE9...等舊版瀏覽器，也會使用其所能支援的最新模式來顯示網頁。

認識 Bootstrap 的格狀版面

為了方便製作 RWD 網頁, Bootstrap 已定義好一套 CSS 樣式, 只要利用其中預先定義好的類別, 即可建立基本的 RWD 網頁版面。

Bootstrap CSS 採用格狀系統 (Grid system) 來規劃版面, 將畫面依寬度平分為 12 等分, 在製作網頁時, 就是以這 12 等分的格子來劃分版面。

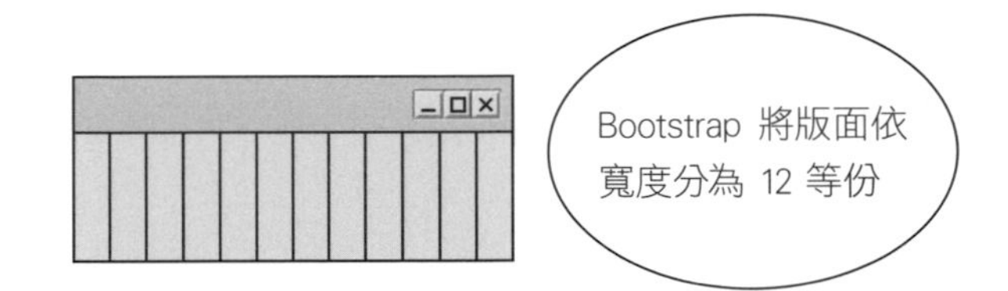
Bootstrap 將版面依寬度分為 12 等份

例如想利用 2 個 div 製作 1:1 的雙欄版面, 就是將每一欄 div 設為佔 6 格的空間;而要製作 1:3:2 的 3 欄版面, 就是讓各欄 div 分別佔 2、6、4 格的空間。

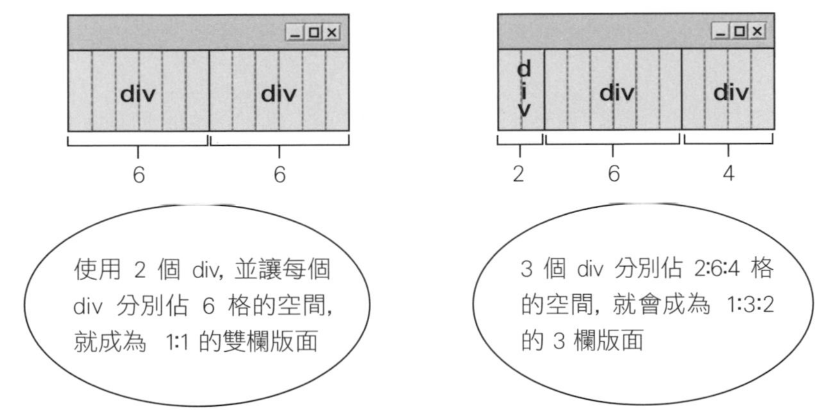
div
div
6
6
使用 2 個 div, 並讓每個 div 分別佔 6 格的空間, 就成為 1:1 的雙欄版面
div
div
div
2
6
4
3 個 div 分別佔 2:6:4 格的空間, 就會成為 1:3:2 的 3 欄版面

要設定 div 區塊寬度, 只需指定類別 (class) 名稱即可, 類別名稱的格式如下:

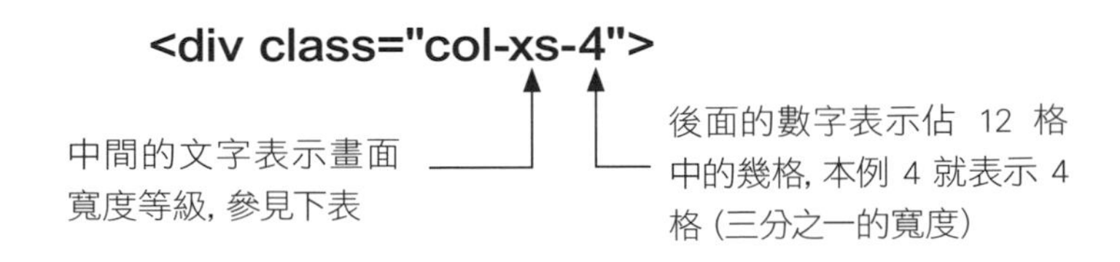
<div class="col-xs-4">
中間的文字表示畫面寬度等級, 參見下表
後面的數字表示佔 12 格中的幾格, 本例 4 就表示 4 格 (三分之一的寬度)

類別名稱中的版面寬度等級有下表所列的 4 種：

縮寫	每一格的寬度	容器寬度(後詳)	適用畫面寬度
xs (Extra small)	依手機畫面寬度調整	手機畫面寬度	<768px
sm (Small)	~ 62px	750px	≧768px
md (Medium)	~ 81px	970px	≧992px
lg (Large)	~ 97px	1170px	≧1200px

例如剛才舉的 1:1 的雙欄版面以及 1:3:2 的三欄版面, 其 div 標籤可寫成：

```
<!-- 1:1 的雙欄 large 版面 -->
<div class="col-lg-6">...</div>
<div class="col-lg-6">...</div>


<!-- 1:3:2 的三欄版面, 採 small 版面 -->
<div class="col-sm-2">...</div>
<div class="col-sm-6">...</div>
<div class="col-sm-4">...</div>
```

上表中提到容器 (Container), 容器就是包含格狀系統的區塊。上列以 col-xx-x 格狀系統配置的 div 區塊, 必須放在容器 div 中, 容器 div 的類別有：

- **container**：採用固定版面寬度 (如上表所示)。若螢幕、瀏覽器視窗寬度大於容器寬度, 畫面兩側會出現空白。

- **container-fluid**：以畫面寬為容器寬度的流動性版面, 與 container 的差異可參見下面範例 Ch13-04.html。

- **row**：代表橫列的第 2 層容器, 例如上面 1:1 雙欄版面, 就要將 2 個 div 欄位都放在類別為 row 的容器中, 而 row 則是放在 container 或 container-fluid 容器中。

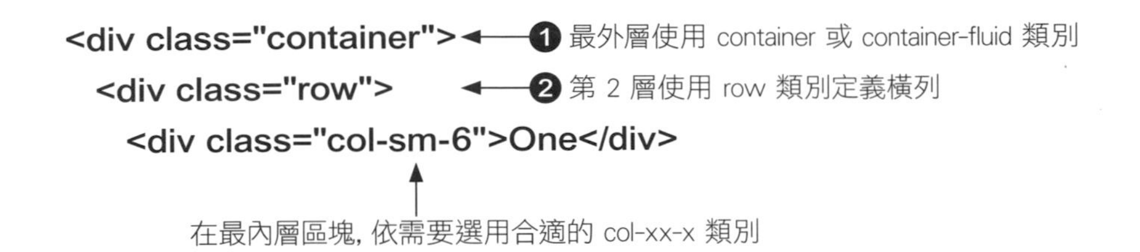
<div class="container">
❶ 最外層使用 container 或 container-fluid 類別
<div class="row">
❷ 第 2 層使用 row 類別定義橫列
<div class="col-sm-6">One</div>
在最內層區塊, 依需要選用合適的 col-xx-x 類別

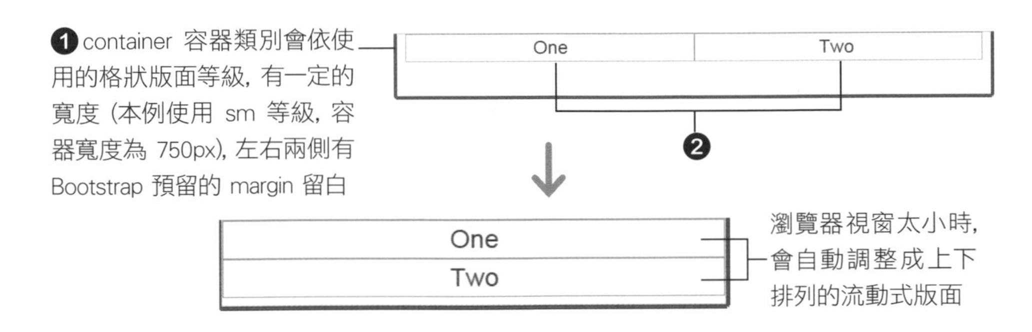
❶ container 容器類別會依使用的格狀版面等級, 有一定的寬度 (本例使用 sm 等級, 容器寬度為 750px), 左右兩側有 Bootstrap 預留的 margin 留白
One
Two
❷
One
Two
瀏覽器視窗太小時, 會自動調整成上下排列的流動式版面

以下就是一個簡單的 Bootstrap 版面應用範例, 本例使用 md (Medium, 中等) 和 xs (Extra Small) 區塊建構網頁。為方便檢視 div 區塊的大小, 另外利用 CSS 樣式規則將單數、偶數的區塊分別設定不同的背景顏色:

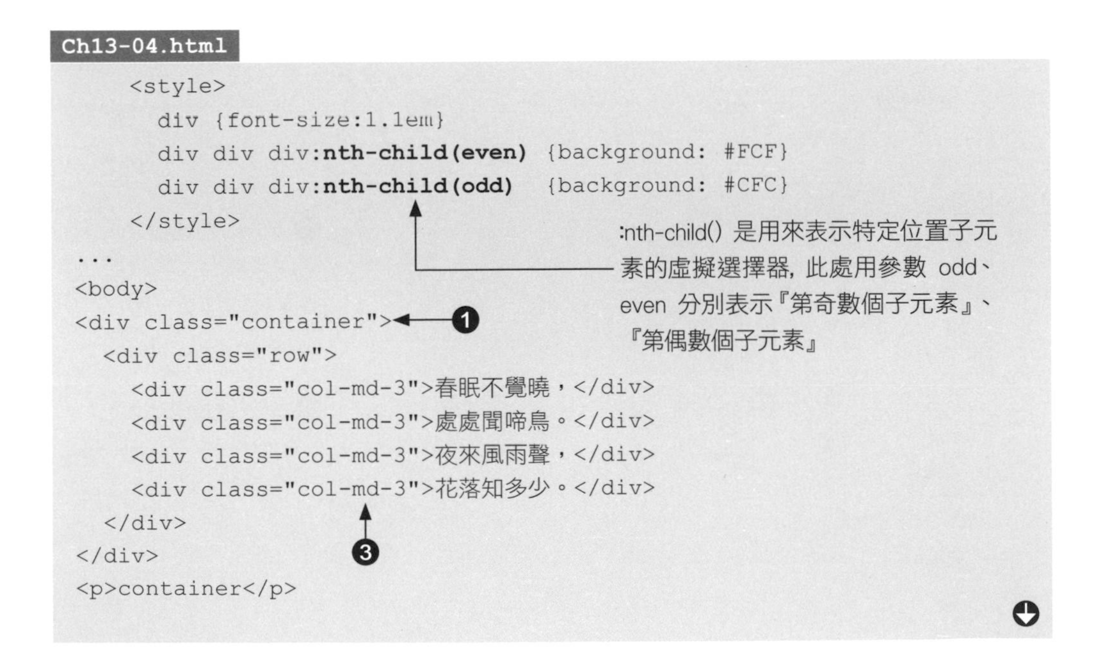

Ch13-04.html

```
    <style>
      div {font-size:1.1em}
      div div div:nth-child(even) {background: #FCF}
      div div div:nth-child(odd)  {background: #CFC}
    </style>
...
<body>
<div class="container">
  <div class="row">
    <div class="col-md-3">春眠不覺曉，</div>
    <div class="col-md-3">處處聞啼鳥。</div>
    <div class="col-md-3">夜來風雨聲，</div>
    <div class="col-md-3">花落知多少。</div>
  </div>
</div>
<p>container</p>
```

:nth-child() 是用來表示特定位置子元素的虛擬選擇器, 此處用參數 odd、even 分別表示『第奇數個子元素』、『第偶數個子元素』
❶
❸

```
<div class="container-fluid">
  <div class="row">
    <div class="col-xs-2">空山不見人，</div>
    <div class="col-xs-3">但聞人語響。</div>
    <div class="col-xs-4">返景入深林，</div>
    <div class="col-xs-3">復照青苔上。</div>
  </div>
</div>
<p>container-fluid</p>
</body>
```

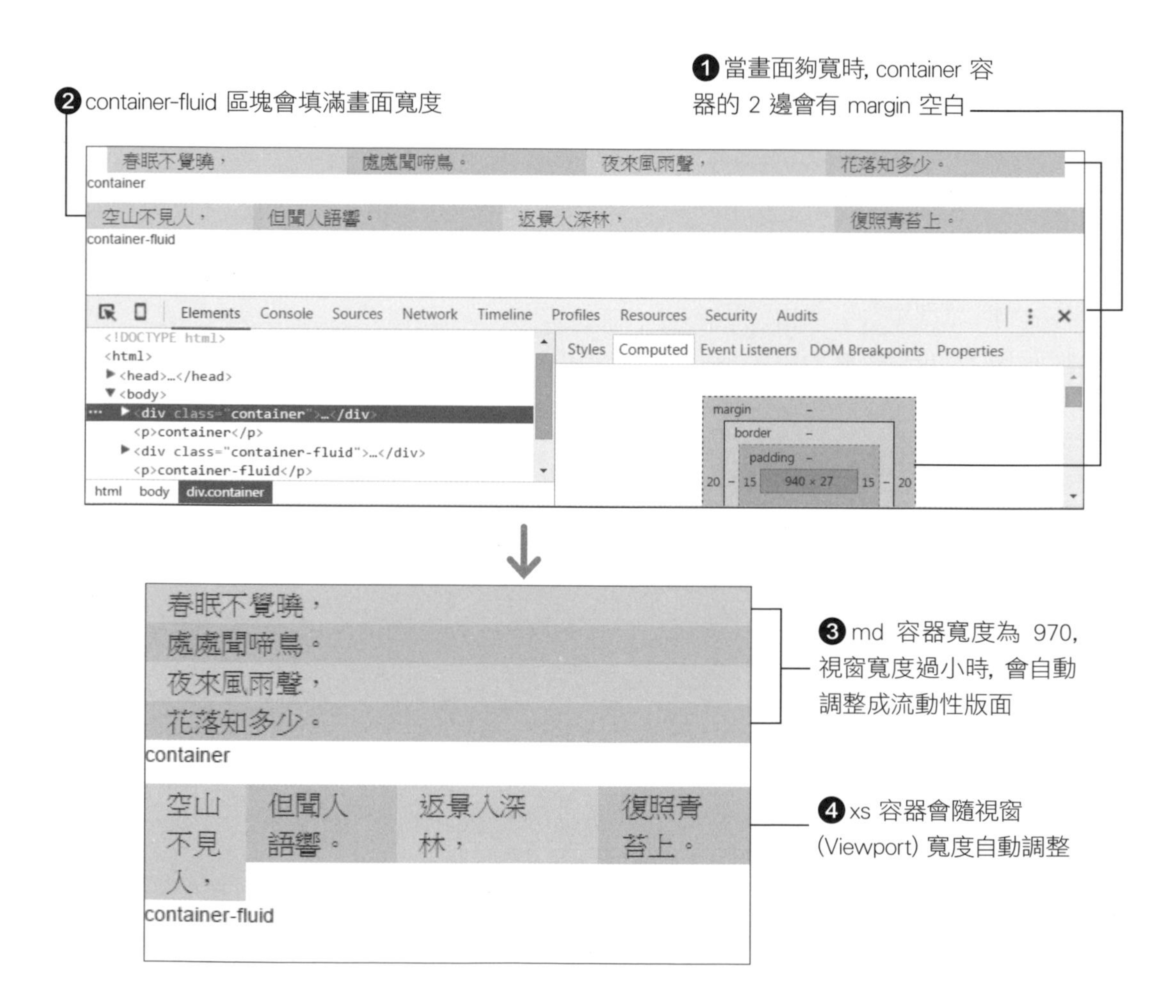

使用格狀系統時，請儘量保持每列 row 容器中的區塊，其所佔的格數恰好滿 12。若超過或不足 12，則瀏覽時會有非預期的效果。例如將範例中最後一個 col-xs-3 改成 col-xs-4，此時該列 4 個 div 所佔的格數就變成 2+3+4+4=13，在瀏覽器中就會出現如圖所示的不規則排列。

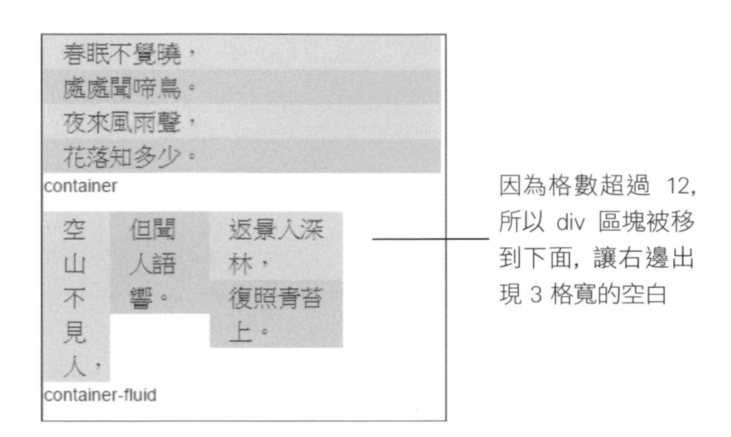

區塊類別可合併使用，例如 class="col-sm-3 col-xs-6"，此時 Bootstrap 會根據畫面寬度 (參照 13-20 頁表格，sm 適用於畫面寬度大於等於 768px 的場合，xs 適用於小於 768px)，選擇合適的排版方式：

Ch13-05.html

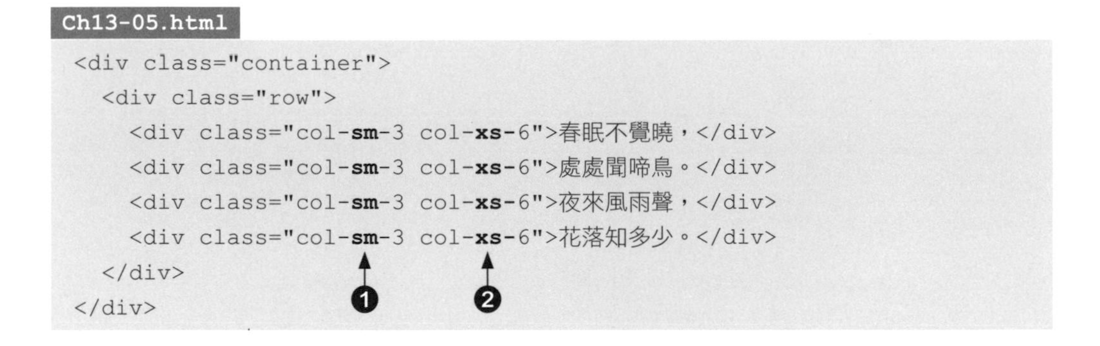

```
<div class="container">
  <div class="row">
    <div class="col-sm-3 col-xs-6">春眠不覺曉，</div>
    <div class="col-sm-3 col-xs-6">處處聞啼鳥。</div>
    <div class="col-sm-3 col-xs-6">夜來風雨聲，</div>
    <div class="col-sm-3 col-xs-6">花落知多少。</div>
  </div>              ❶          ❷
</div>
```

❶ 在畫面寬大於等於 768px 時，會採用 "col-sm-3"，也就是分成 4 欄

春眠不覺曉， 處處聞啼鳥。 夜來風雨聲， 花落知多少。

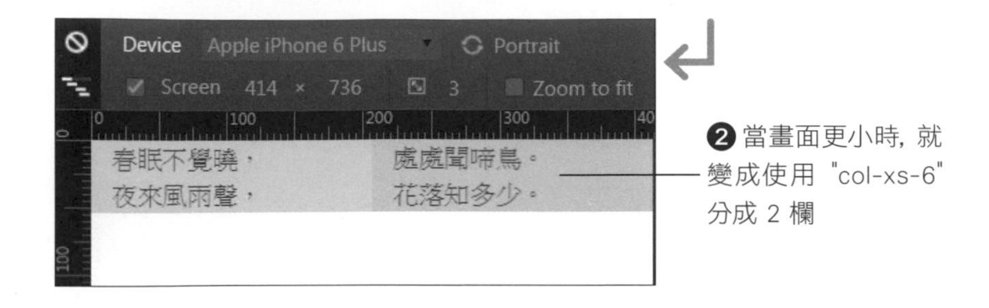

使用多個類別時, 套用 xs、sm、md、lg 的分界分別是 768px、992px、1200px。

設定圖片版面

若要讓網頁中的圖片會隨版面調整大小, 需在 img 元素設定為 Bootstrap 的 img-responsive 類別, 並可搭配下面 3 個類別來制作圖片效果：

- **img-circle**：將圖片裁成圓形。
- **img-rounded**：將圖片 4 角設為圓角。
- **img-thumbnail**：將圖片加上外框。

Ch13-06.html

```
<div class="container">
    <div class="row">
      <div class="col-xs-4">
        <img src="media/thumbnail_pic1.jpg" alt="Ducks"
             class="img-responsive img-circle" >◄── ❶
        ...
      <div class="col-xs-4">
        <img src="media/thumbnail_pic2.jpg" alt="Liberty"
             class="img-responsive img-rounded" >◄── ❷
        ...
      <div class="col-xs-4">
        <img src="media/thumbnail_pic3.jpg" alt="Sakura"
             class="img-responsive img-thumbnail" >◄── ❸
        ...
</div>
...
<img src="media/wallpaper_pic1.jpg"
    class="img-responsive center-block">◄── ❹
```

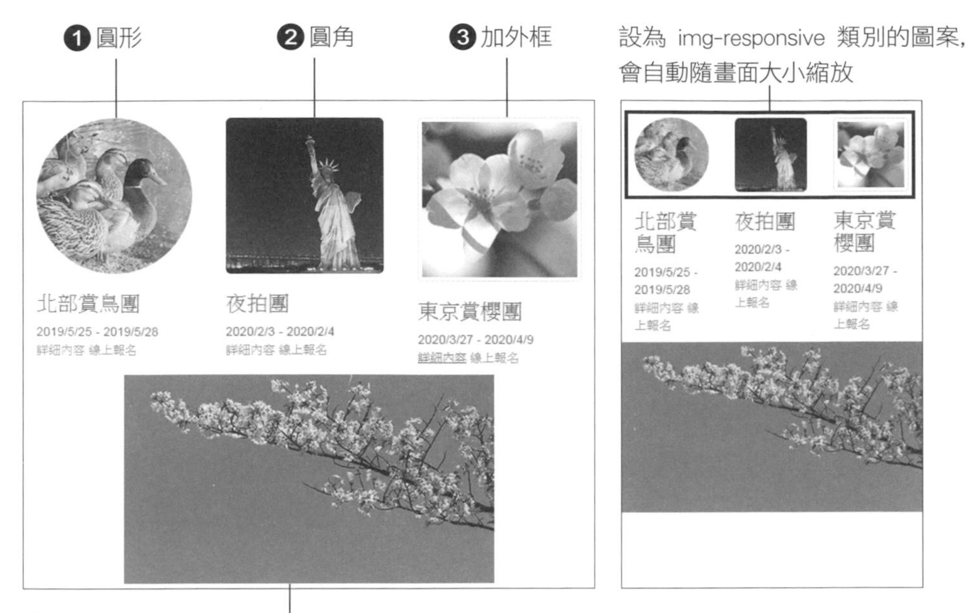
❶圓形
❷圓角
❸加外框
設為 img-responsive 類別的圖案,
會自動隨畫面大小縮放
北部賞鳥團
2019/5/25 - 2019/5/28
詳細內容 線上報名
夜拍團
2020/2/3 - 2020/2/4
詳細內容 線上報名
東京賞櫻團
2020/3/27 - 2020/4/9
詳細內容 線上報名
❹使用 Bootstrap 提供的 center-block 類別, 可讓 img 區塊置中排列

表格樣式

為方便在 RWD 網頁中加入便於瀏覽的表格, Bootstrap 提供下列建構表格的語法:

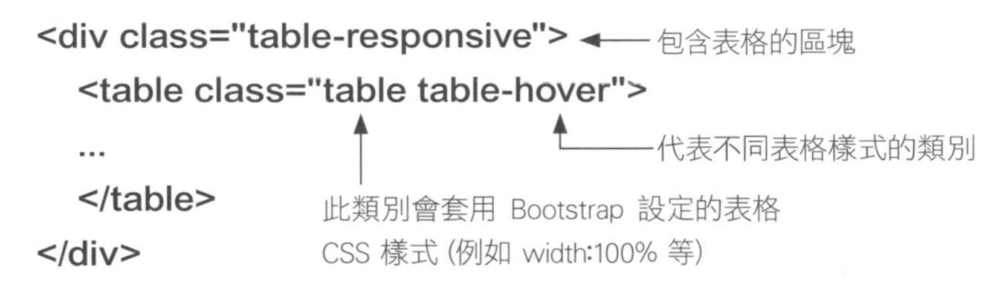
<div class="table-responsive">
包含表格的區塊
<table class="table table-hover">
...
</table>
</div>
代表不同表格樣式的類別
此類別會套用 Bootstrap 設定的表格
CSS 樣式 (例如 width:100% 等)

在最外層要用類別為 table-responsive 的 div 區塊包住表格, 此區塊的效用是在畫面寬度不足時, 提供捲軸功能, 讓使用者可用捲動的方式檢視表格內容 (參見下頁範例)。在內部的 table 元素, 除了使用 table 類別外, 也可加上下列 3 個類別以產生不同的表格樣式:

- **table-hover**:提供滑鼠指向的效果, 也就是滑鼠所所指的那一列, 會有灰色背景。
- **table-striped**:含水平格線的簡易表格樣式。
- **table-bordered**:含水平加垂直格線的表格樣式。

以下範例就是套用 table-hover 類別樣式的效果：

Ch13-07.html

```
<p class="h3">Bootstrap 表格測試</p>  ←❶
<div class="table-responsive">  ←❷
<table class="table table-hover">  ←❸
  <tr>
    <td><!-- 空白欄 -->
    <td><img src="media/thumbnail_pic1.jpg" alt="Ducks"
             class="img-responsive img-circle" >
    <td><img src="media/thumbnail_pic2.jpg" alt="Liberty"
             class="img-responsive img-rounded" >
    <td><img src="media/thumbnail_pic3.jpg" alt="Sakura"
             class="img-responsive img-thumbnail" >
  <tr>
    <th>團名
    <td>北部賞鳥團
    <td>夜拍團
    <td>東京賞櫻團
  <tr>
    <th>出發日期
    <td>2019/5/25 - 2019/5/28
    <td>2020/2/3 - 2020/2/4
    <td>2020/3/27 - 2020/4/9
</table>
</div>
```

❶ "h3" 類別會讓文字有 HTML h3 標題文字的效果

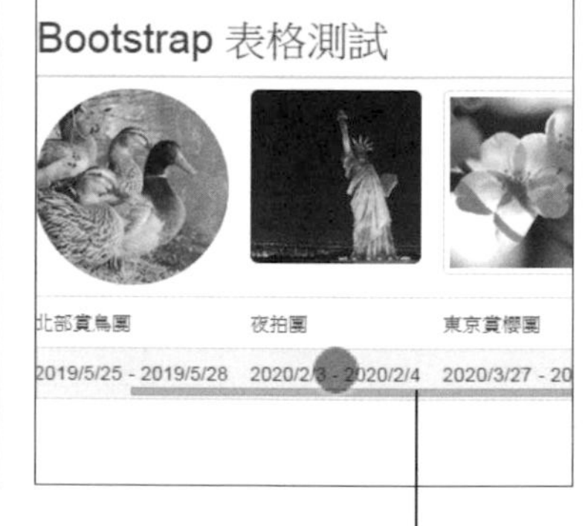

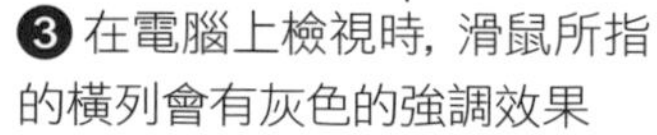

❸ 在電腦上檢視時，滑鼠所指的橫列會有灰色的強調效果

❷ 畫面變小時，表格的部份可獨立橫向捲動 (網頁不會捲動)

TIP Bootstrap 還提供許多樣式類別，有些是方便做出類似的 html 元素樣式，像是 h1～h6 類別可產生 h1～h6 元素的預設樣式；或是製作出手機上常見元件的外觀，像是按鈕、輸入欄位等，這些類別的用法及範例可參見官網 http://getbootstrap.com/css/ 中的介紹及示範。

13-5 使用 Bootstrap 製作手機網頁巡覽列

使用 navbar 巡覽列元件

前面曾提到 Bootstrap 官網首頁，有自動將網站導覽連結調整成手機選單按鈕的效果，此功能是利用 Bootstrap 提供的 navbar (巡覽列) 元件製作出來的，本節就來介紹如何製作巡覽列，讓您的網站在手機上瀏覽也有專業的感覺。

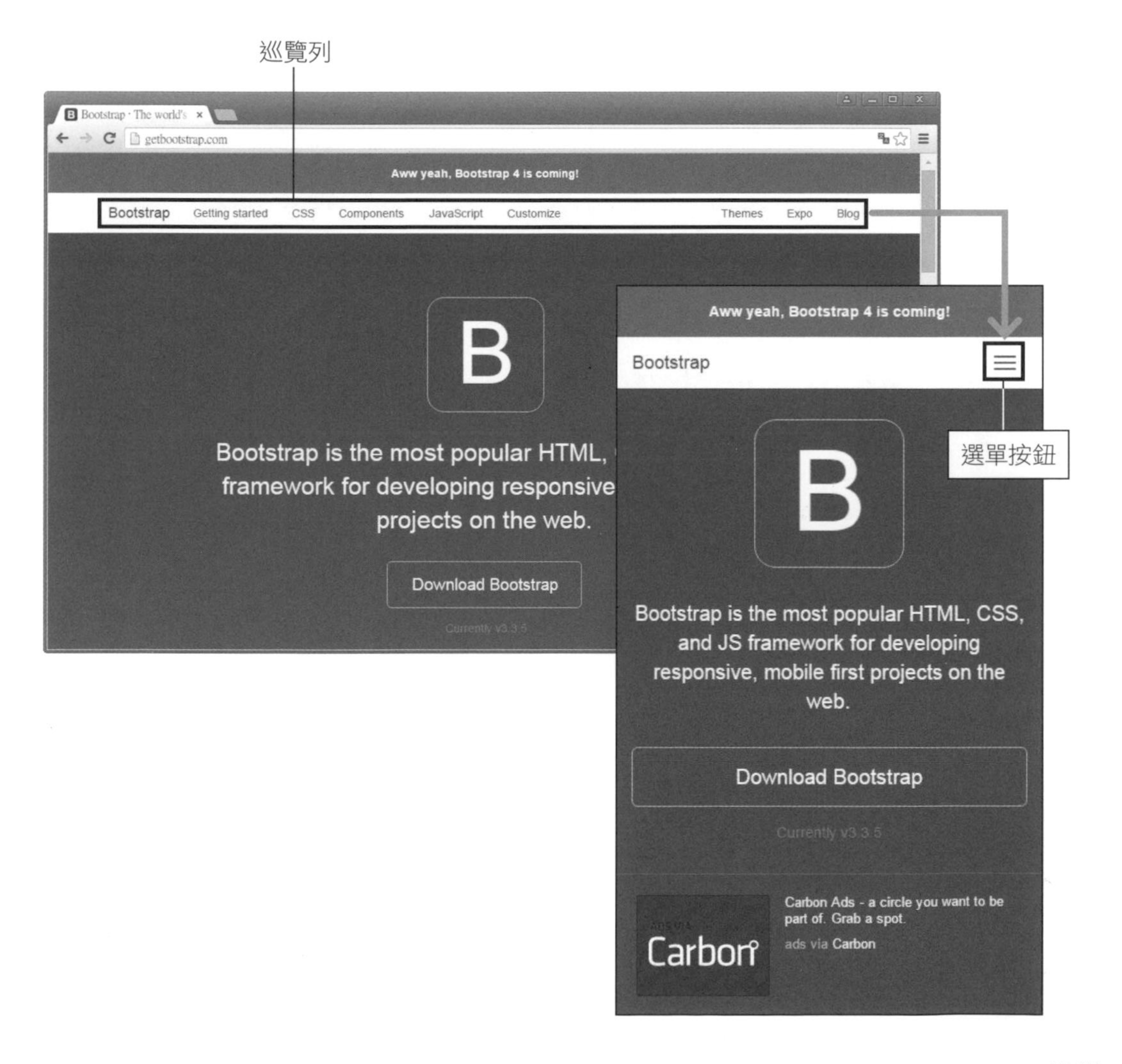

由於 navbar 元素的架構較複雜，需用到多個 HTML 元素，以及 Bootstrap 的內建類別和客製的元素屬性（後詳）。所以本節將以 3 個範例分段說明，逐步建立如下的巡覽列內容：

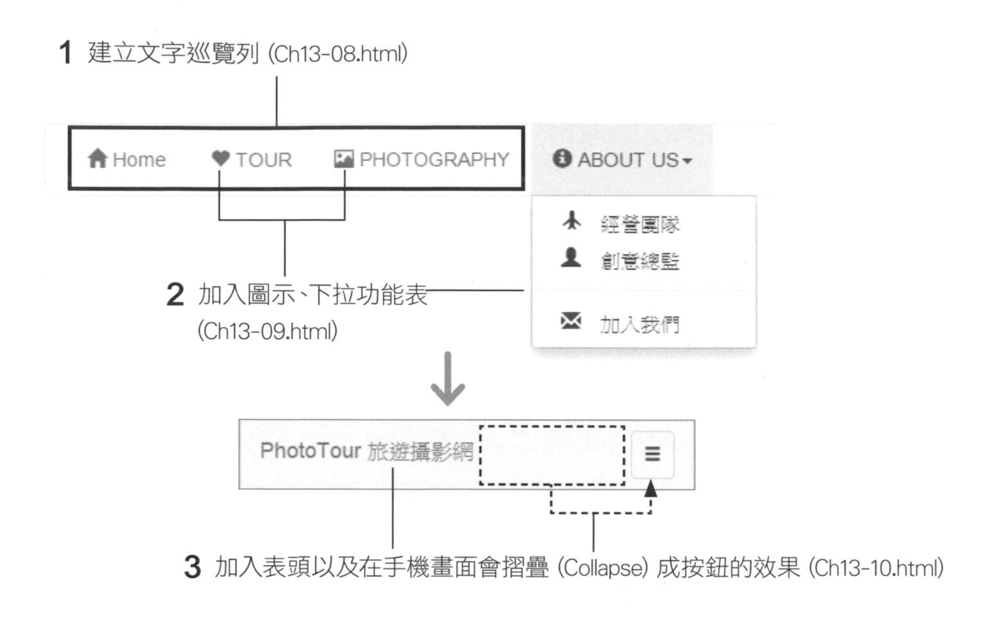

1. 建立 navbar 元件中的選單項目

navbar 元件中的選單是定義在 div 區塊中，在其中再用 ul、li 清單元素來定義。div 元素中需定義 id 屬性，並設定如下 Bootstrap 內建的類別：

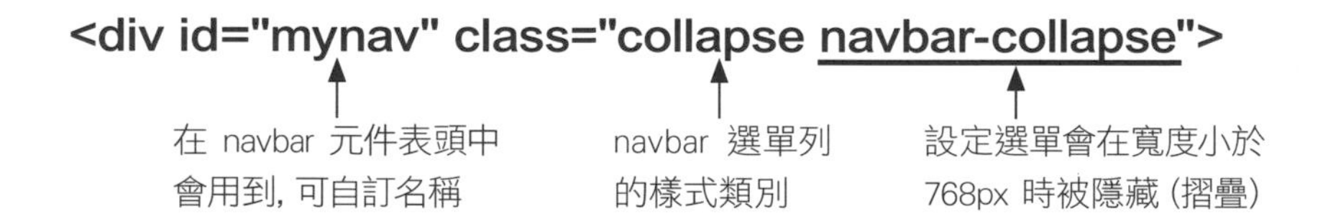

在 ul、li 清單中, 則可用 a 元素定義指向網站中各網頁的連結, 在稍後範例中都只設定 herf="#", 您可自行代換成實際的連結:

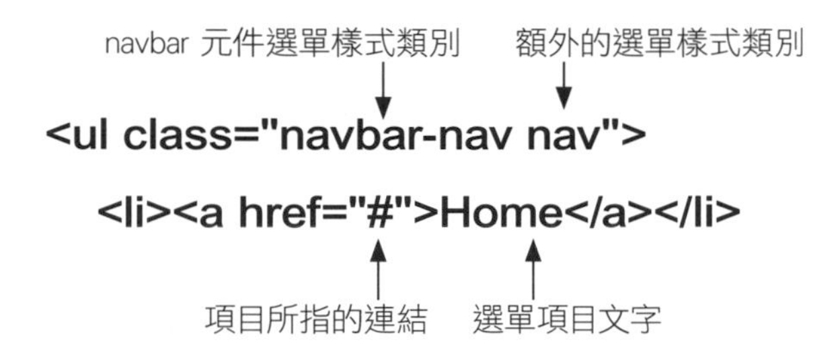

用這幾個元素標籤及類別, 就能建立如下的 navbar 元件。

Ch13-08.html

```
<body>
<p class="h3">Bootstrap Navbar元件：選單區塊</p>
<nav class="navbar navbar-default"> ←❶
  <!-- 選單 -->
  <div id="mynav" class="navbar-collapse collapse"> ←❸
    <ul class="navbar-nav nav">
      <li><a href="#"><!-- 選單項目 1 -->Home</a></li> ←❷
      <li><a href="#"><!-- 選單項目 2 -->TOUR</a></li>
      <li><a href="#"><!-- 選單項目 3 -->PHOTOGRAPHY</a></li>
    </ul>
  </div>
</nav>
</body>
```

❶ 巡覽列, navbar-default 類別表示白底黑字樣式

Home TOUR PHOTOGRAPHY

❷ 清單內容以橫向選單的方式呈現

❸ 設定 collapse 類別, 當畫面寬小於 768px 時, 選單內容就會被隱藏

Bootstrap Navbar元件：選單區塊

由於摺疊 (Collapse) 成按鈕的效果要在後面第 3 步才建立 (Ch13-10.html), 所以本範例在畫面小於 768px, 選單內容被隱藏時 (上圖), 不會出現手機版的選單鈕。以下先接著說明如何加入圖示和下拉式子選單。

2. 替選單項目加入圖示及下拉式子選單

Bootstrap 提供了一組圖示, 可應用在網頁中, 在此我們則將它加到選單項目中, 用以修飾選單項目。Bootstrap 圖示一般都是用 span 元素來設定, 將下列 span 元素放在要顯示圖示的位置 (例如項目文字前) 即可:

Bootstrap 的 Glyphicon 圖示, 其實是利用字型的方式提供, 完整的圖示可至 http://getbootstrap.com/components/ 查看:

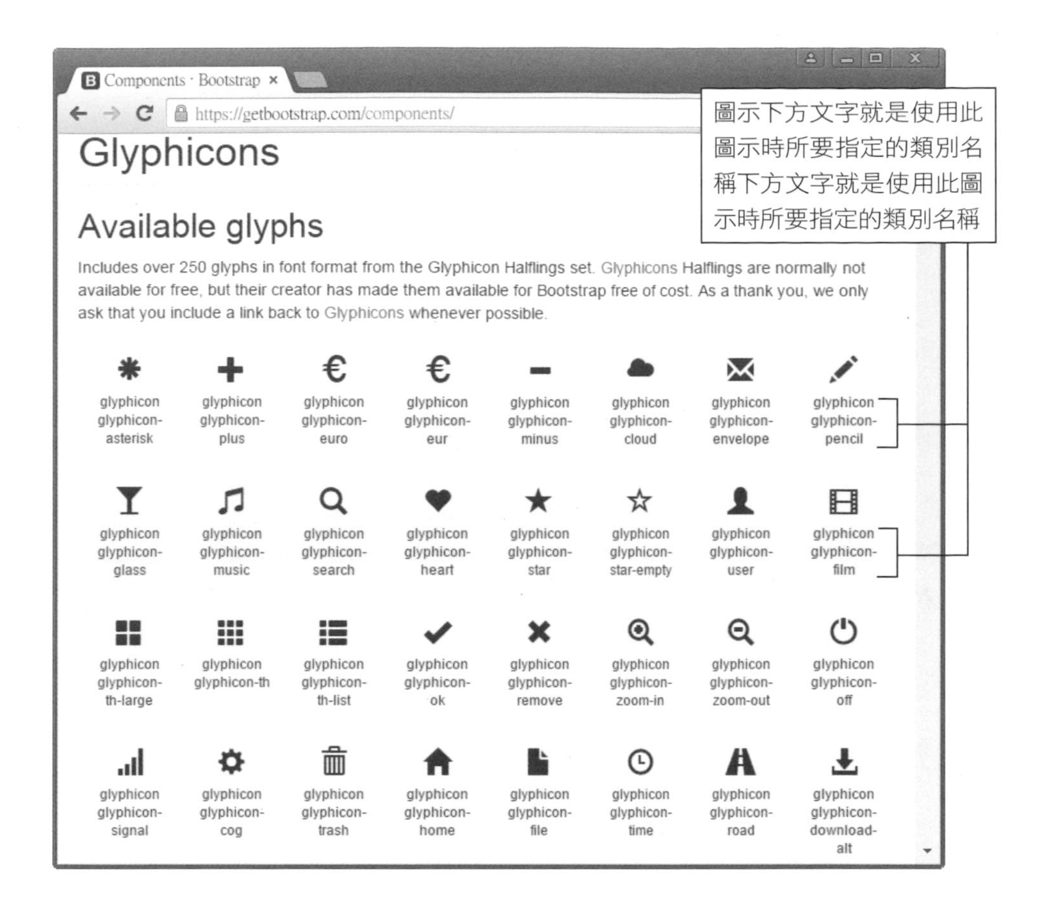

若想在 navbar 元件的選單中加入子選單，原則上就是用第 5 章介紹的巢狀清單，再加上 Bootstrap 提供的下拉選單元件類別來設定，其結構如下：

```
<li>  ◄── 巡覽列中, 代表下拉選單的上層選單項目
  <a href="#" class="dropdown-toggle"
        data-toggle="dropdown"> ◄──❶ 表示此項是下拉選單
        ABOUT US
        <b class="caret"></b>◄──❷ 代表有子功能表的小圖示
  </a>
  <ul class="dropdown-menu">
    <li><a href="#">經營團隊</a></li>─┐
    <li><a href="#">創意總監</a></li>─┘──❸ 下拉選單的內容
  </ul>
</li>
```

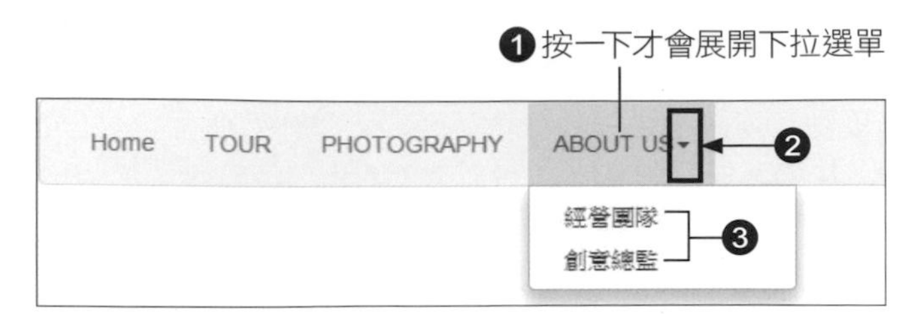

在 Bootstrap 元件中, 經常利用 **data-toggle** 屬性來設定使用者操作的動作, 例如上面的例子設定屬性值 dropdown, 表示按下會『展開』或『收起』下拉功能表。

TIP 在 HTML5 中, 允許網頁設計者自訂以 'data-' 為開頭的屬性名稱, 目前許多 JavaScript 函式庫/Framework 都會利用 'data-' 屬性來設計各種同功能, 像第 16 章介紹的 jQuery Mobile 也用到許多 'data-' 開頭的屬性。

以下範例 Ch13-09.html, 就將上面介紹的 Bootstrap 圖示、子功能表結合, 做出如圖的 navbar 元件 (表頭部份會在下一小節加入)。

Ch13-09.html

```
<div id="mynav" class="navbar-collapse collapse">
<ul class="navbar-nav nav">
  <li><a href="#"><!-- 選單項目 1 -->            ❶ 插入圖示
    <span class="glyphicon glyphicon-home"></span> Home</a>
  </li>
  <li><a href="#"><!-- 選單項目 2 -->
    <span class="glyphicon glyphicon-heart"></span> TOUR</a>
  </li>
  <li><a href="#"><!-- 選單項目 3 -->
    <span class="glyphicon glyphicon-picture"></span> PHOTOGRAPHY</a>
  </li>
  <li>            <!-- 選單項目 4：下拉子選單 -->
      <a href="#" class="dropdown-toggle" data-toggle="dropdown">
        <span class="glyphicon glyphicon-info-sign"> ABOUT US
        <b class="caret"></b></a>
```

```
        <ul class="dropdown-menu">
          <li><a href="#">
              <span class="glyphicon glyphicon-plane">經營團隊</a></li>
          <li><a href="#">
              <span class="glyphicon glyphicon-user">創意總監</a></li>
          <li class="divider"></li>          ← ❷用 class="divider" 建立分隔線
          <li><a href="#">
              <span class="glyphicon glyphicon-envelope">加入我們</a></li>
      </ul>
    </li>
  </ul>
</div>
```

3. 建立 navbar 元件表頭

前面範例只建立 navbar 元件中的選單，且設定了 collapse 類別，當畫面縮小至 768px 以下時，就會看不選單項目。若要顯示手機版選單鈕，必須在 navbar 元件建立如下的表頭區塊：

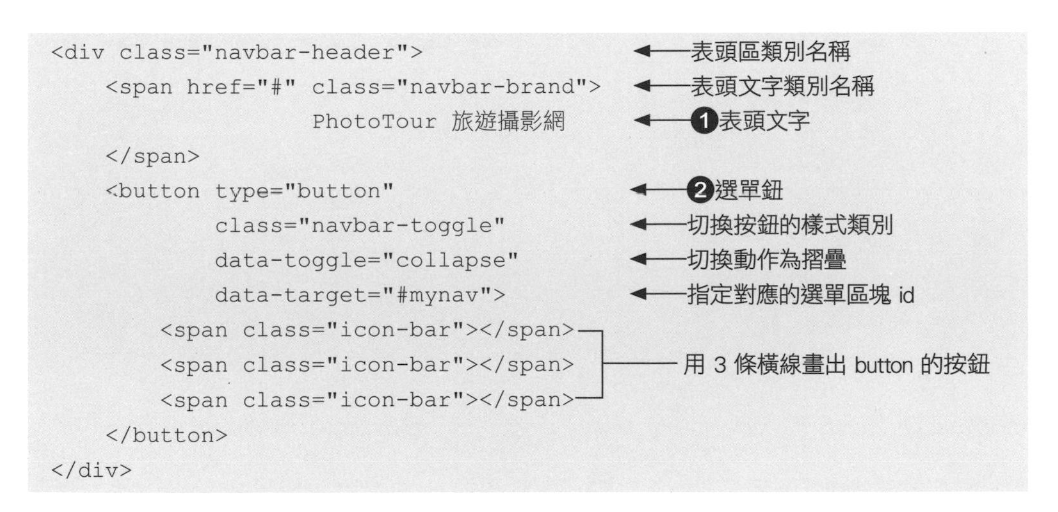

```
<div class="navbar-header">
    <span href="#" class="navbar-brand">
                   PhotoTour 旅遊攝影網
    </span>
    <button type="button"
            class="navbar-toggle"
            data-toggle="collapse"
            data-target="#mynav">
        <span class="icon-bar"></span>
        <span class="icon-bar"></span>
        <span class="icon-bar"></span>
    </button>
</div>
```

在手機 APP 和手機版網站上，以三條橫線 ≡ 表現的選單鈕幾乎是必備的使用者介面要素 (由於三條粗線像是漢堡，所以也稱之為漢堡按鈕 - Hamburger button)。在上一節介紹的 Bootstrap Glyphicon 字型中雖然也有漢堡按鈕的圖示，不過其外觀和常見的樣式稍有不同，因此通常都改用上列 3 個『<span class="icon-bar"></span>』的語法來建立漢堡圖示。

在 button 元素中，要注意需將 data-target 屬性值設為功能選單 div 區塊的 id 值，表示此按鈕所對應的選單。例如前面小節中的選單 div 區塊使用 id="mynav"，則按鈕就要設為 data-target="#mynav"。

以下就延續前面範例，將表頭區塊加入，建立完整的 navbar 元件。

Ch13-10.html

```
<nav class="navbar navbar-default">
  <!-- 選單表頭區塊 -->
  <div class="navbar-header">
    <span href="#" class="navbar-brand">PhotoTour 旅遊攝影網</span>
    <!-- 按鈕 -->
    <button type="button" class="navbar-toggle"
            data-toggle="collapse" data-target="#mynav">   ← ❶
        <span class="icon-bar"></span>
        <span class="icon-bar"></span>
        <span class="icon-bar"></span>
    </button>
  </div>

  <div id="mynav" class="navbar-collapse collapse">
    ... (略 , 選單內容與 Ch13-09.html 相同)
  </div>
</nav>
```

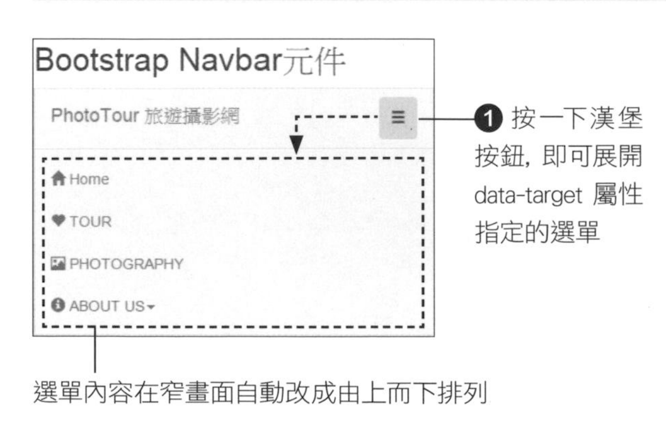

❶ 按一下漢堡按鈕，即可展開 data-target 屬性指定的選單

選單內容在窄畫面自動改成由上而下排列

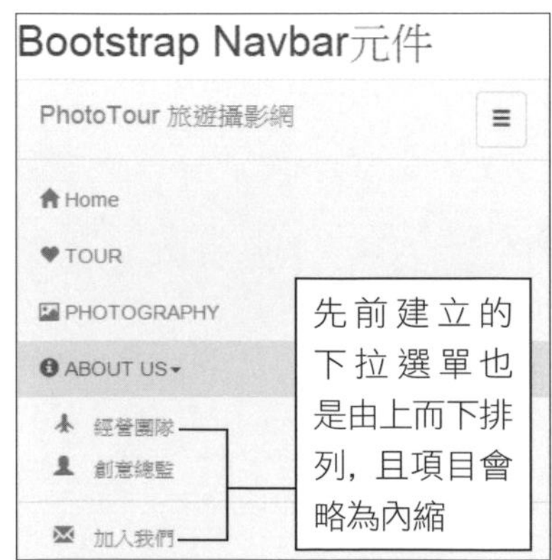

先前建立的下拉選單也是由上而下排列，且項目會略為內縮

13-6 使用 Bootstrap 建立首頁相片輪播元件

首頁上的相片輪播也是現代網站常見的設計，利用 Bootstrap 提供的 Carousel 元件可快速做出相片輪播功能。Carousel 元件和 Navbar 元件類似，要用多個 HTML 元素及 Bootstrap 提供的類別和屬性，組合出各部份的內容及功能。

建立輪播區塊

相片輪播元件是以 **class="carousel slide"** 的容器區塊定義：

```
<div id="photoCarousel"          ← 代表輪播元件的 id (可自訂)，後面設定時會用到
     class="carousel slide"      ← 建立輪播元件
     data-ride="carousel"        ← 立即啟用輪播功能
     data-interval="3000">       ← 輪播速率，本例設為每 3000 毫秒就換下一張 (預設值 5000)
...
</div>
```

在此 div 區塊中，則要再加入要輪播的相片清單及控制介面等內容。

加入相片清單及控制介面

在輪播元件 div 區塊中通常會包含 3 部份:

- 相片清單:使用類別名稱為 **carousel-inner** 的 div 區塊建立。

```
<div class="carousel-inner">   ←代表相片清單的區塊
  <div class="item active">    ←有 active 類別的是第 1 張
    <img src="media/carousel_pic1.jpg">  ←用 img 加入相片
  </div>
  ... <!-- 其它相片 -->
</div>
```

其內則用 item 類別的 div 元素來定義要輪播的相片, 其內容是指向相片路徑的 img 元素。注意, item 項目中, 至少要有一個相片加上 active 類別, 表示由此張相片開始播放:

- 相片選擇鈕:這是出現在輪播元件上, 用以選取要檢視項目的元件 (稱為 indicator), 例如下圖相片上的小圓圈, 按圓圈時就會跳到特定的相片。此介面是以 ol/li 元素建立:

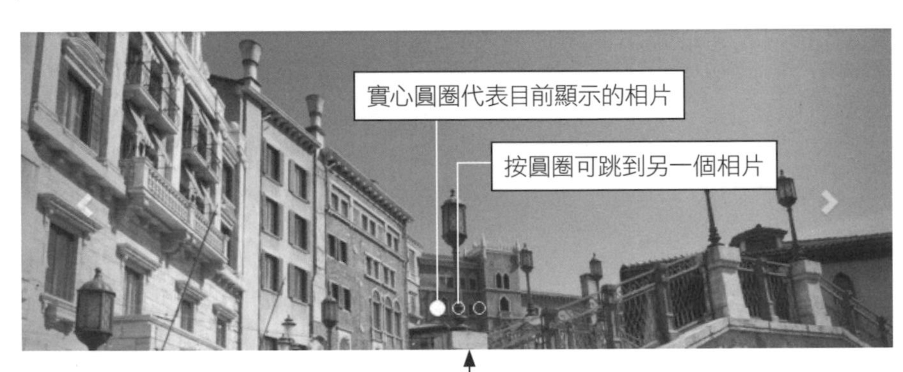
實心圓圈代表目前顯示的相片
按圓圈可跳到另一個相片

```
<ol class="carousel-indicators">
<li data-target="#photoCarousel" data-slide-to="0" class="active"></li>
<li data-target="#photoCarousel" data-slide-to="1"></li>
<li data-target="#photoCarousel" data-slide-to="2"></li>
</ol>
```

指定此圓圈代表第幾張相片 (由 0 起算)

此處配合上面程式片段, 將第一個設為 active

其中 ol 元素需設定 **carousel-indicators** 類別；li 項目則設定 **data-target** 屬性，屬性值就是前面設定的輪播元件（容器區塊）的 id；另外還要設定 **data-slide-to** 屬性，用來表示按此項目時，要跳到第幾張相片。

- 相片瀏覽鈕：指定顯示在輪播元件兩側，用來切換上一張、下一張的按鈕造型。此元件是用 a 元素加上 **carousel-control** 類別，而 href 則設為輪播元件的 id。**data-slide** 屬性則表示按此此項目時，是要播上一張 "prev" 或下一張 "next"：

❶上一張的按鈕圖示
❷下一張的按鈕圖示

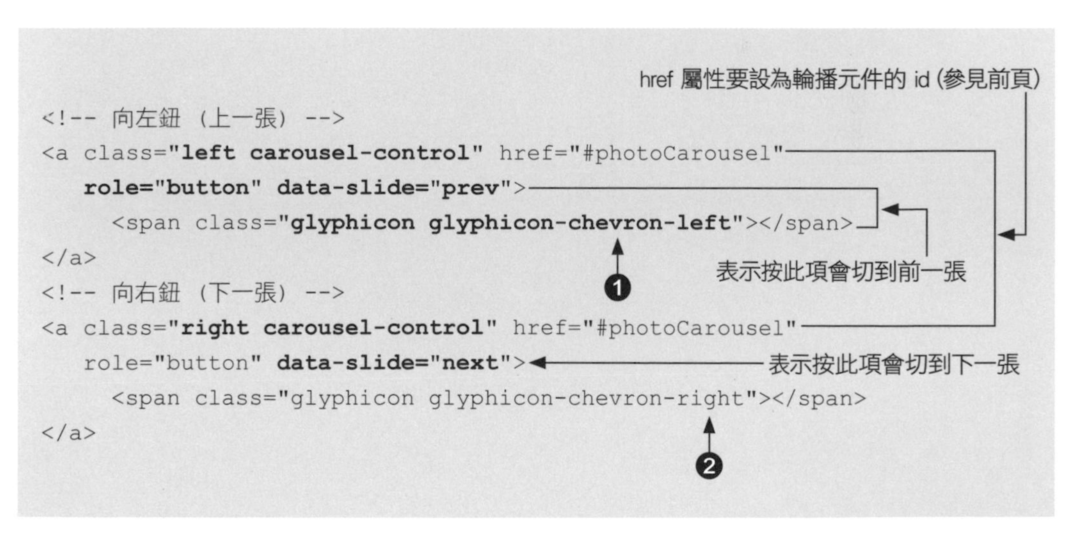
href 屬性要設為輪播元件的 id (參見前頁)
表示按此項會切到前一張
表示按此項會切到下一張
❶
❷

```
<!-- 向左鈕 (上一張) -->
<a class="left carousel-control" href="#photoCarousel"
   role="button" data-slide="prev">
     <span class="glyphicon glyphicon-chevron-left"></span>
</a>
<!-- 向右鈕 (下一張) -->
<a class="right carousel-control" href="#photoCarousel"
   role="button" data-slide="next">
     <span class="glyphicon glyphicon-chevron-right"></span>
</a>
```

將上述功能集合起來，就成為如下的輪播元件：

Ch13-11.html

```
<div id="photoCarousel" class="carousel slide" data-ride="carousel">
  <!-- Indicators 瀏覽控制 -->
  <ol class="carousel-indicators">
      <li data-target="#photoCarousel" data-slide-to="0"
          class="active"></li>
      <li data-target="#photoCarousel" data-slide-to="1"></li>
      <li data-target="#photoCarousel" data-slide-to="2"></li>
      </ol>

  <!-- 建立相片清單 -->
  <div class="carousel-inner">
    <div class="item active">
      <img src="media/carousel_pic1.jpg">
    </div>
    <div class="item">
      <img src="media/carousel_pic2.jpg">
    </div>
    <div class="item">
      <img src="media/carousel_pic3.jpg">
    </div>
  </div>

  <!-- 上一張/下一張控制 -->
  <a class="left carousel-control"
     href="#photoCarousel" data-slide="prev">
    <span class="glyphicon glyphicon-chevron-left"></span></a>
  <a class="right carousel-control"
     href="#photoCarousel" data-slide="next">
    <span class="glyphicon glyphicon-chevron-right"></span></a>
</div>
```

會每隔 5 秒自動切換相片

學習評量

選擇填充題

1. (　　) 在 meta 標籤中可設定瀏覽器 Viewport 的參數，下列何者表示以螢幕寬度為 Viewport 寬度？

   (A) width=screen-width　(B) width=monitor-width
   (C) width=phone-width　(D) width=device-width

2. (　　) 在 meta 標籤中設定 Viewport 參數時，若不想讓使用者可縮放網頁，可使用？

   (A) user-scalable=no　(B) user-zoomable=no
   (C) user-adjustable=no　(D) user-touchable=no

3. (　　) Bootstrap 的格狀系統是將版面依寬度分為幾等分？

   (A) 8 (B) 10 (C) 12 (D) 16

4. (　　) 使用 Bootstrap 格狀系統設定 div 區塊佔版面一半寬度，可使用什麼類別？

   (A) col-xs-8 (B) col-sm-6 (C) col-md-2 (D) col-lg-10

5. (　　) 想利用 Bootstrap 將圖片裁切成圓形，可將 img 設為什麼類別？

   (A) img-ellipse　(B) img-rounded
   (C) img-circle　(D) img-thumbnail

6. (　　) 使用 @media 設定適用於畫面寬度小於或等於 640px 的樣式,可寫成?

(A) @media (max-width: 640px)

(B) @media (width-lt : 640px)

(C) @media (min-width: 640px)

(D) @media (width : <= 640px)

7. 使用 Bootstrap 格狀系統時, 規劃好的 div 區塊需放在代表橫列的容器區塊中, 其類別名稱為________。橫列則需放在上層的容器區塊:固定寬度的容器類別為________;以畫面寬為容器寬的類別為________。

8. Bootstrap 使用以 data- 為開頭的屬性名稱來設定元件的功能, 例如要設定按鈕按下時的切換動作, 可使用 data-________ 屬性:設定按下時可收起或展開內容, 可使用屬性值________;設定按下為切換下拉式選單, 可使用屬性值________。

練習題

9. 請建立網頁包含 A、B、C 3 個橫向排列 div 區塊, 並以 Media Query 設定當畫面寬小於 800 時只顯示 A、B 區塊, 畫面寬小於 600 時只顯示 A 區塊。

10. 請練習用 Bootsrap 建立 3 欄式版面, 各欄位的寬度比例為 1:4:1。

MEMO

14

AJAX 與 Web Services

簡單的說, AJAX 就是利用 JavaScript 動態由網路取得資料再更新到網頁中的應用。本章將介紹如何使用 jQuery 中的 AJAX 相關函式, 以及如何利用 AJAX 結合網路上提供的資訊, 將資訊顯示在我們的網頁中。

14-1 認識 AJAX

AJAX (Asychronous JavaScript And XML, 非同步 JavaScript 與 XML) 是目前 JavaScript 應用的主要技術之一, 包括 Google、Facebook 在內等各類型的網頁應用, 其背後都有用到 AJAX 技術。

雖然 AJAX 這個名稱看起來很高深, 不過簡單的說, 它就是透過 JavaScript, 讓網頁能動態地從網路下載資料, 並顯示在目前瀏覽的網頁上。

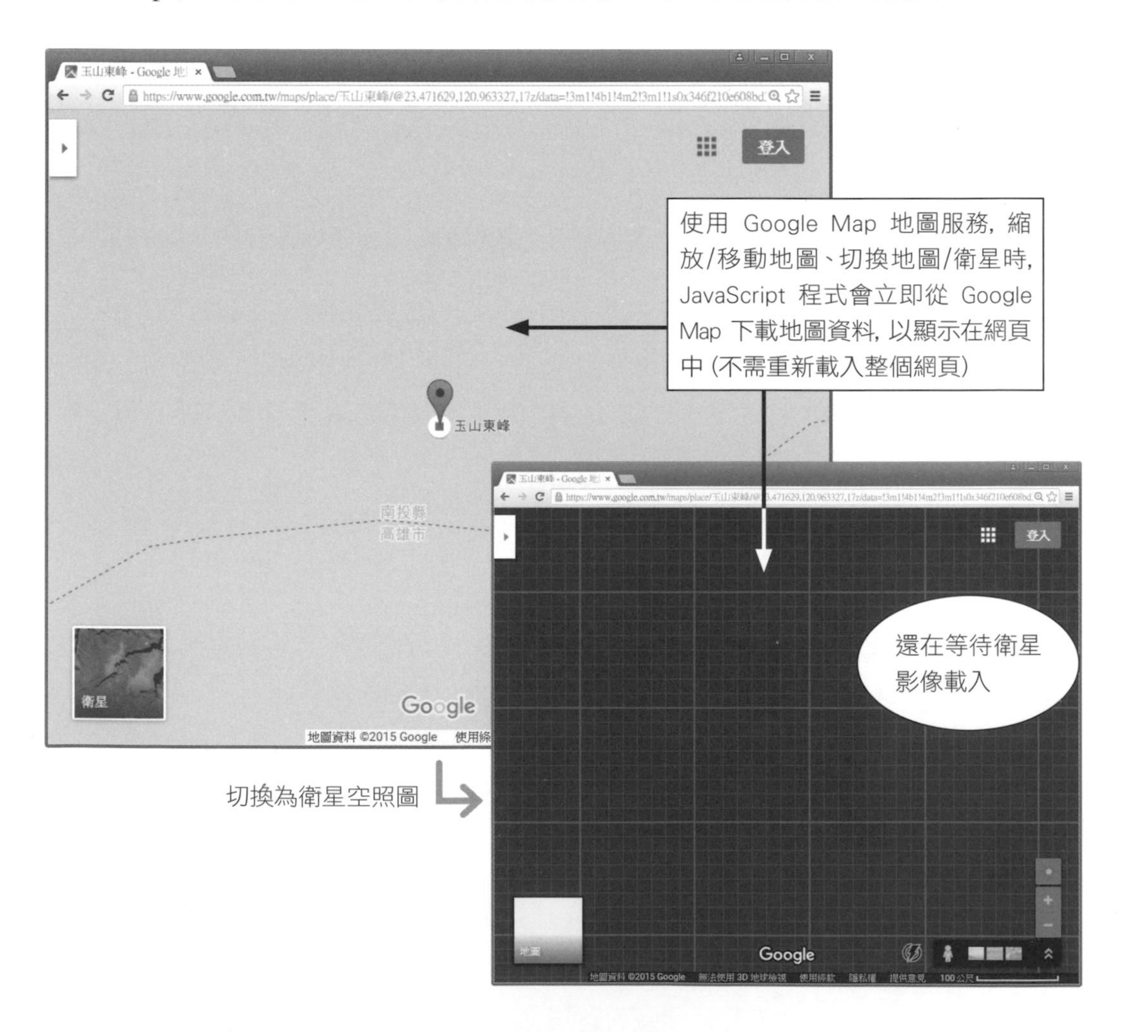

玉山東峰 - Google 地
登入
使用 Google Map 地圖服務, 縮放/移動地圖、切換地圖/衛星時, JavaScript 程式會立即從 Google Map 下載地圖資料, 以顯示在網頁中 (不需重新載入整個網頁)
玉山東峰
南投縣
高雄市
衛星
Google
地圖資料 ©2015 Google
切換為衛星空照圖
還在等待衛星影像載入
地圖

AJAX 的基本觀念

要瞭解 AJAX，可從瀏覽一般靜態網頁的運作談起。第 1 章曾提過，瀏覽器要向伺服器要求 (Request) 網頁及圖片等資源，伺服器則會回應 (Response) 被要求的資源內容。

利用瀏覽器的開發人員工具可檢視此要求、回應的動作內容，請開啟瀏覽器並按 F12 鈕開啟開發人員工具，如下切換到 **Network** 頁次：

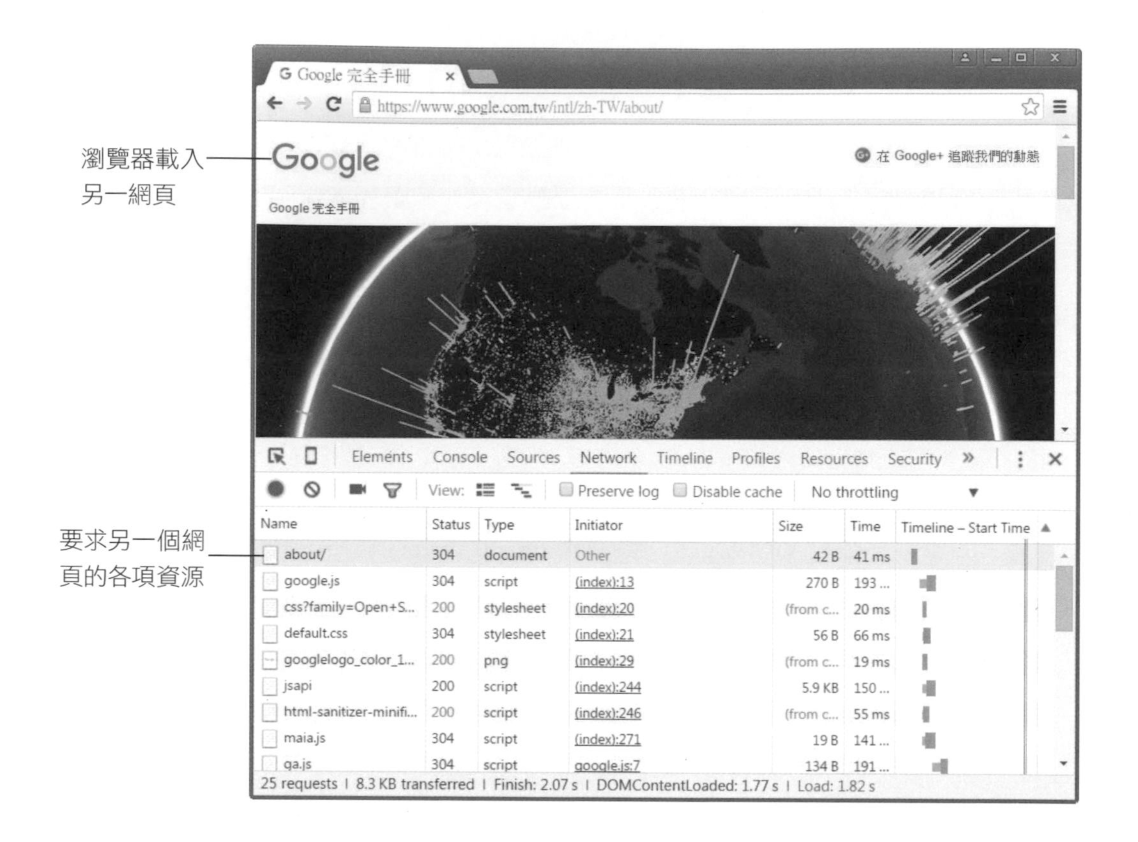

但使用 AJAX 技術時, 網頁中的 JavaScript 程式可隨時再向伺服器提出要求, 取得新的資料 (文字或圖片等), 並更新到網頁, 使用者不會看到重新載入網頁的動作, 因此可做出各種動態網頁效果：

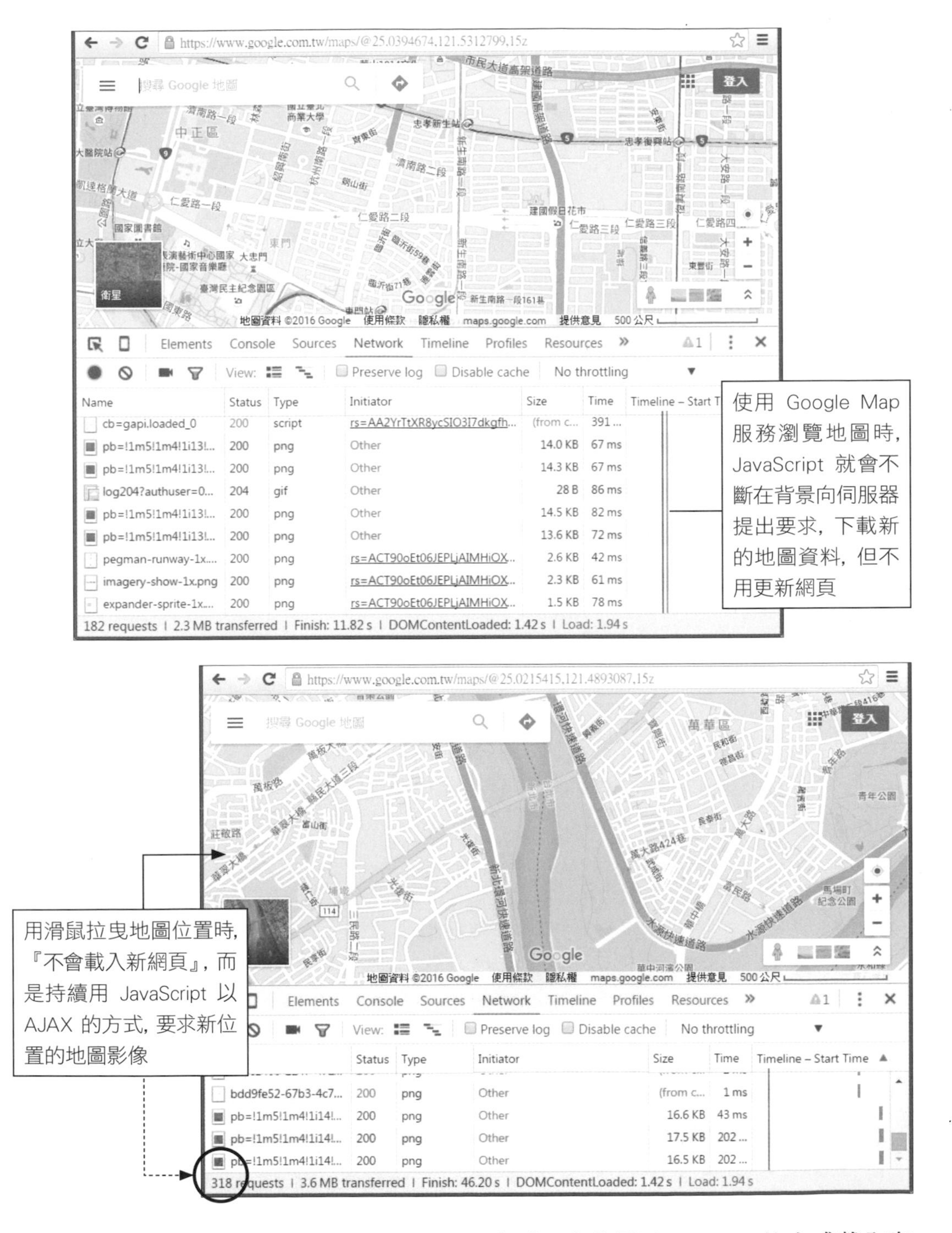

使用 Google Map 服務瀏覽地圖時，JavaScript 就會不斷在背景向伺服器提出要求，下載新的地圖資料，但不用更新網頁
用滑鼠拉曳地圖位置時，『不會載入新網頁』，而是持續用 JavaScript 以 AJAX 的方式，要求新位置的地圖影像
182 requests | 2.3 MB transferred | Finish: 11.82 s | DOMContentLoaded: 1.42 s | Load: 1.94 s
318 requests | 3.6 MB transferred | Finish: 46.20 s | DOMContentLoaded: 1.42 s | Load: 1.94 s

本章就會說明如何使用 JavaScript 程式，在背景以 AJAX 的方式載入資料，並更新到網頁中。

瀏覽器對 AJAX 的安全性限制

在網頁中的 JavaScript 有一些安全性的限制，其中對 AJAX 有影響的是 **Same Origin Policy** 限制，例如從 www.foo.com 網站下載的網頁，其內的 JavaScript 使用 AJAX 功能時，預設只能存取同一網站的資料，也就是說程式只能從原始的網站以 AJAX 取得新資料，並顯示在網頁中。如果想從其它網站抓資料，就會出現錯誤而無法取得資料。

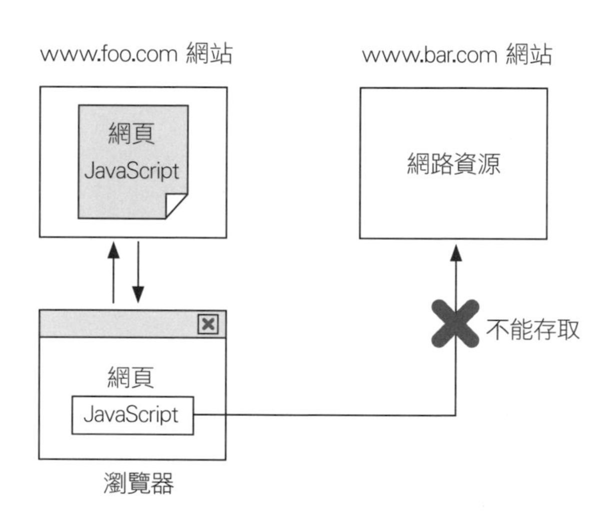

有幾項方案可突破此項限制，讓 JavaScript 可做**跨域 (Cross Domain)** 的存取：

- 將提供 AJAX 服務的網站 (上圖的 www.bar.com 網站) 設定為允許其它網站的 JavaScript 透過 AJAX 存取其內容：此為 W3C 近來新訂定的規範 (稱為 Cross-Origin Resource Sharing, **CORS**)。在這種情況下，瀏覽器發現 www.bar.com 網站允許 CORS 時，就會解除 JavaScript 程式的執行限制，讓它可透過 AJAX 存取該網站。

- 利用載入外部 script 的方式載入資料：以 <script> 載入的外部 JavaScript 程式不受 **Same Origin Policy** 限制，因此有人利用此方式載入其它網站的資料，再用程式處理。其中有一種目前經常用於跨域存取的技術稱為 **JSONP**, (JSON with Padding) 下一節會說明什麼是 JSON，在 14-4 會示範 JSONP 的用法。

■ 透過 PROXY 代理機制：如果是自己架設 WWW 伺服器，可在伺服器端撰寫程式 (例如使用 PHP 等動態網頁)，由該程式負責至 www.bar.com 網站存取資料，再轉送給瀏覽器。因為對瀏覽器而言，存取的對象仍是原本的 www.foo.com 網站，所以沒有跨網域的問題。

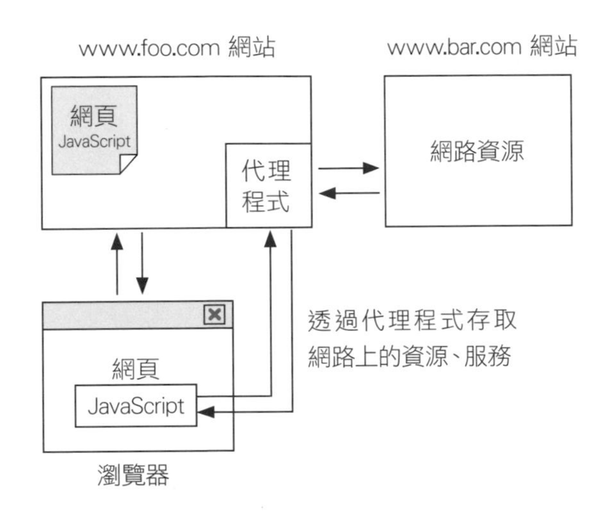

由於本書主題未包括 WWW 伺服器的架設、伺服器端的網頁程式設計，因此不會使用第 3 種方法。不過 14-3 節會介紹 Yahoo! 提供的 YQL 服務，它提供 CORS 存取，且同時提供類似代理程式的功能，讓我們可利用 AJAX 連線到該網站，請它存取第 3 方網站的資源，再傳送給我們使用。

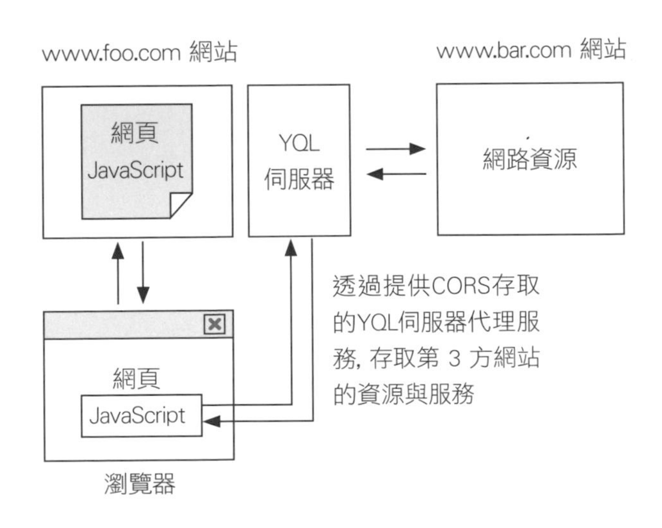

以下就來認識如何使用 AJAX 存取網路資源。

14-2 使用 jQuery 的 AJAX 功能

瀏覽器要提出 AJAX 要求，是透過 Web API 中的 XMLHttpRequest 物件，光看到名稱就有點嚇人。因此本章將使用 jQuery 提供的函式，以簡便的方式來操作 XMLHttpRequest 物件。

本節將使用一個提供 CROS 存取的網站 http://httpbin.org/，此網站提供各種類型的 HTTP 存取服務或資料，讓程式設計、網管人員練習、測試透過網路取得各種資料的情形。

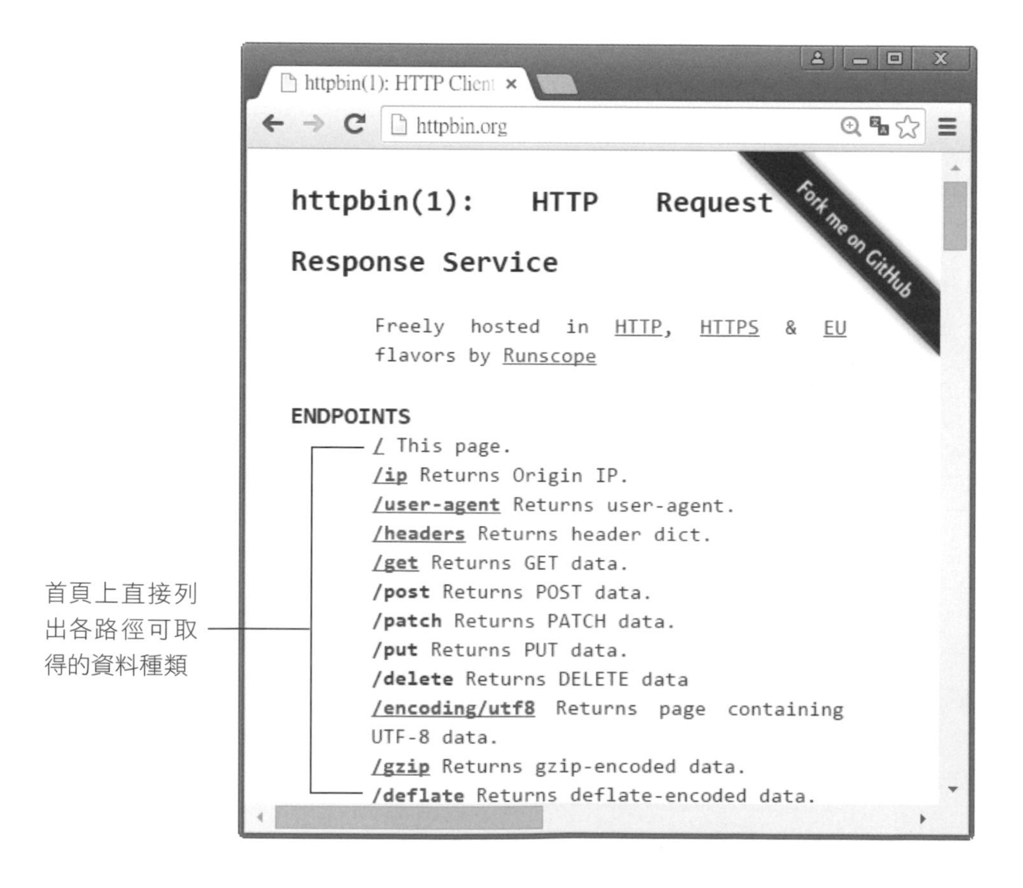

利用 AJAX 更新網頁區塊

在 jQuery 中提供了幾個不同用途的函式，以下先看用法最簡單的 load()：

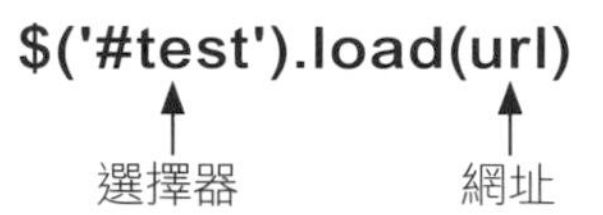

load() 函式會到指定的網址取得網頁資料後，再設定給選擇器本身所指的元素內容。因為是直接指定給元素，所以載入的資料一般會是 HTML 的格式。

在 httpbin.org 網頁上有下列 2 個路徑提供簡單的 HTML 內容，可供我們練習。

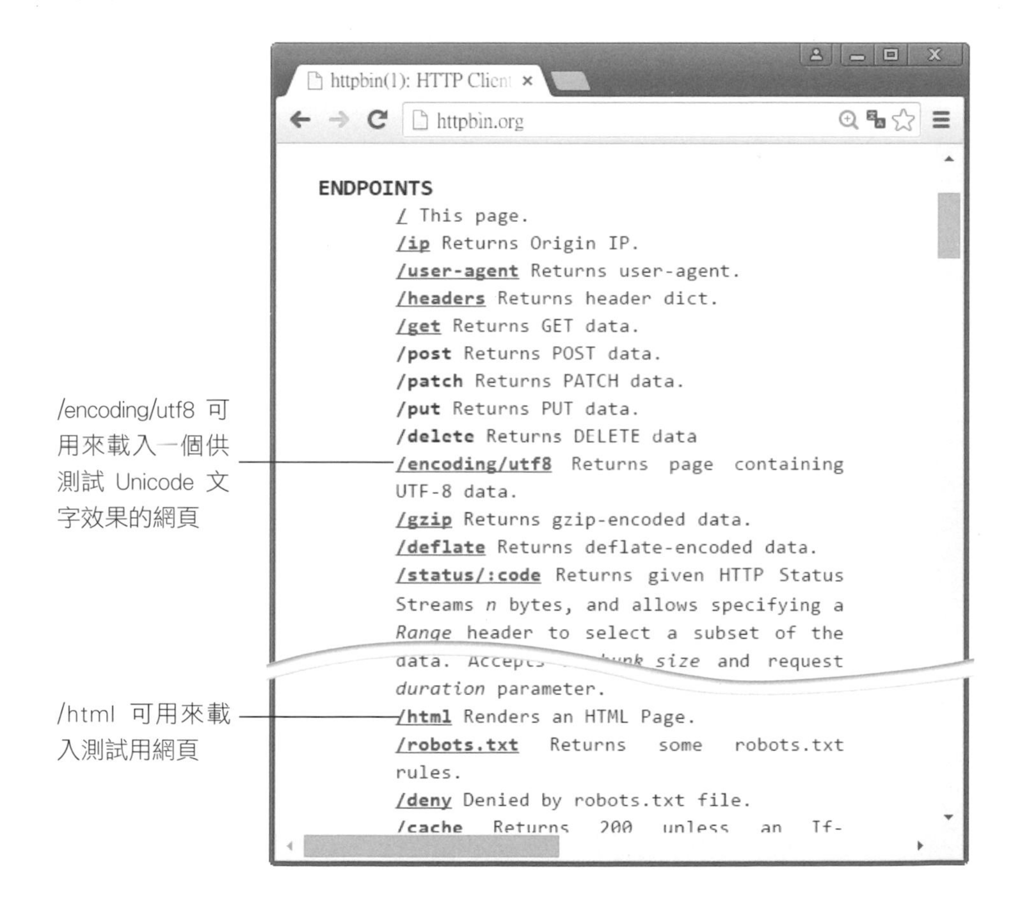

以下範例用 load() 載入上列測試內容，並顯示在網頁中：

Ch14-01.html

```
<head>
    <script>
    $(function(){   ← 這是 jQuery 中 ready 事件的簡寫法 (參見 11-16 頁)
        // 按鈕事件處理程式
        $('button').click(function(){
            // 測試用網址
            var url='http://httpbin.org/';

            // 判斷按下的按鈕，並在網址後面附加對應的路徑
            if($(this).attr('id') == 'btn1')
              url +="html";
            else
              url +="encoding/utf8";

            // 用 load() 載入檔案內容，並指定到 #test 元素
            $('#test').load(url);   ← ❹
        });
    });
    </script>
    <style> #test {background:#CCC;} </style>
</head>
<body>
    <button id="btn1">載入HTML測試頁</button>   ← ❶
    <button id="btn2">載入Unicode測試頁</button>   ← ❷
    <!-- 用來放置以 load() 載入內容的區塊 -->
    <div id="test"></div>   ← ❸
</body>
```

Ch14-01
localhost:22727/Ch14/Ch14-01.html
❶ 載入HTML測試頁
❷ 載入Unicode測試頁
❸ 無內容的 div 區塊

TIP 複習一下 jQuery 語法，『$('選擇器').方法()』 是對符合選擇器的元素物件呼叫指定的方法來操作；而『$.方法()』則是呼叫 jQuery 內部所提供的工具方法。

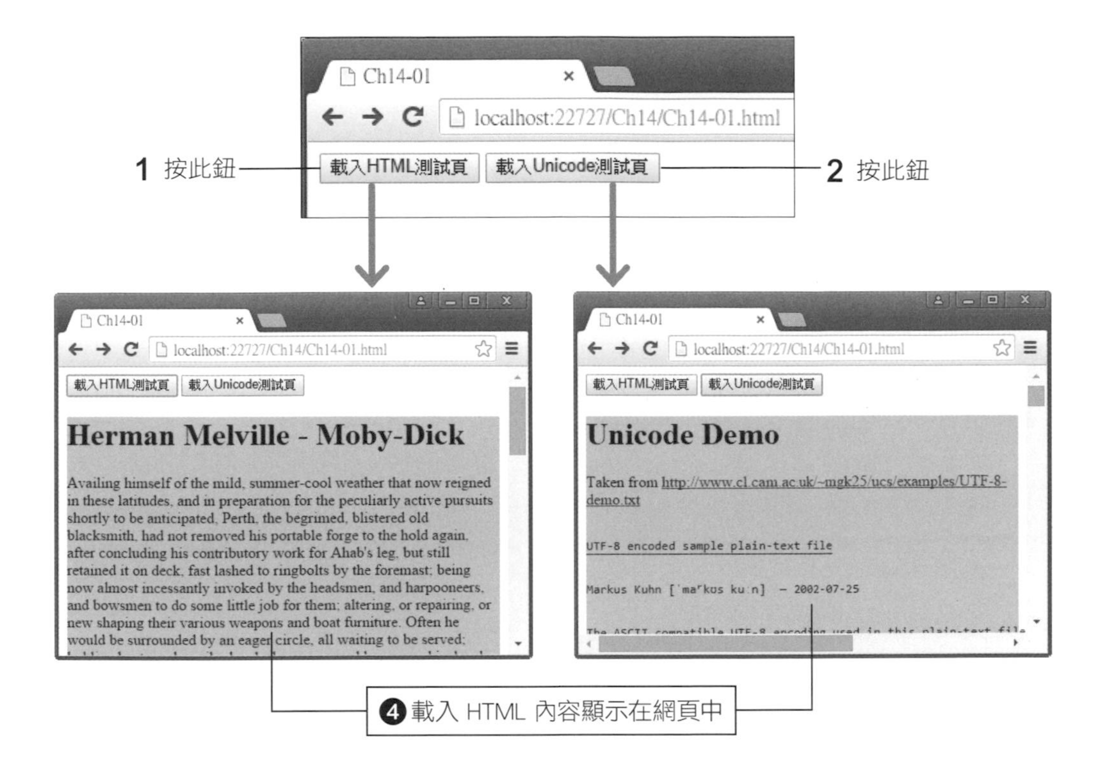

利用 AJAX 載入 JSON 資料

實務上，用 AJAX 取得的資料型式，使用 HTML 格式比例不高，通常都是使用 JavaScript 較好處理的 JSON 或下一小節介紹的 XML 格式。JSON 是 JavaScript Object Notation 的縮寫，也就是將資料以 JavaScript 物件語法的格式包裝起來，再傳送給瀏覽器。因此 JavaScript 程式就能直接以存取物件的方式，來取用其內容。

JSON 資料使用 JavaScript 物件語法，本例的物件http://httpbin.org/ip 會用 JSON 格式傳回用戶端 IP 位址

JavaScript 語法：JSON 資料格式

JSON 就是以 JavaScript 的物件語法, 來表示資料的內容。如果存成檔案, 一般都使用 .json 副檔名, 檔案內容就是以純文字表示的物件：

```
{
  "title" : "jQuery 入門",
  "price" : "299"
}
```

如果有多個物件, 也可使用 [...] 陣列語法：

```
[
 { "title" : "JavaScript 入門 ",
   "price" : "399"
 },
 { "title" : "jQuery 入門",
   "price" : "299"
 }
]
```

要注意一點, 先前在程式中使用物件時, 屬性名稱通常不會加引號, 但在 JSON 語法中, 則規定**屬性名稱一定要用雙引號括起來**。

在 jQuery 中, 要利用 AJAX 取得 JSON 資料, 可呼叫 getJSON() 函式：

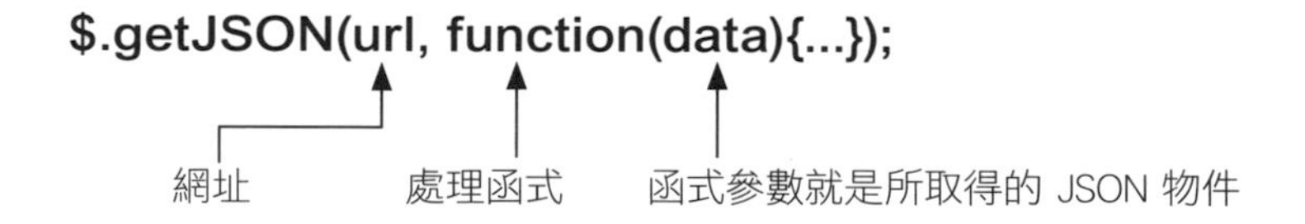
$.getJSON(url, function(data){...});
網址
處理函式
函式參數就是所取得的 JSON 物件

第 2 個參數指的是當 AJAX 順利取得資料時, 所要呼叫的處理函式。函式的參數 data 就是所取得的 JSON 物件, 在函式中就可以讀取 data 物件內容, 進行相關處理。例如若是從 http://httpbin.org/ip 取得前頁所示的 IP 位址資料, 則程式即可由 data.origin 取得 "220.135.49.167" 這個 IP 位址。

以下範例就是嘗試由 http://httpbin.org/ip 來取得 JSON 資料：

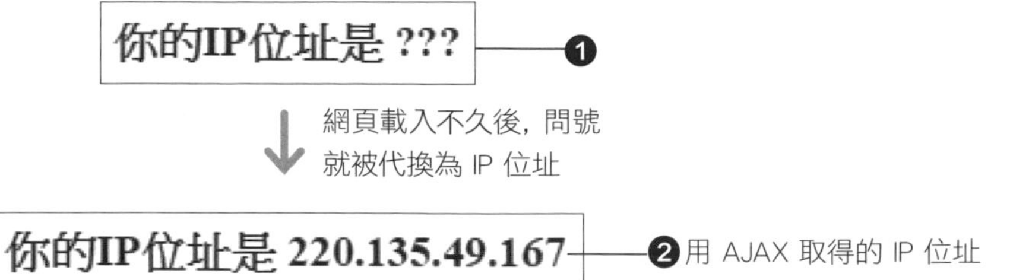

Ch14-02.html

```
<script>
$(function(){
    // 網頁載入時，就
    // 用 getJSON() 載入含 ip 位址資訊的 JSON 物件
    $.getJSON('http://httpbin.org/ip',
              function(data){
                // 將 ip 位址顯示在'#test'元素中
                $('#ip').text(data.origin);   ←❷
              }
    );
});
</script>

<h3>
  你的IP位址是
  <span id="ip">???</span>   ←❶
</h3>
```

取得 JSON 資料

重複處理 JSON 物件中的資料

在 JSON 物件中可能會有多個屬性，或甚至如前述，JSON 物件是個陣列。若想要相同的程式邏輯對多個屬性或陣列進行重複性的處理，除了利用先前學過的 JavaScript 迴圈外，也可使用 jQuery 提供的 each() 函式。

第 11 章曾介紹過 jQuery 的『$('選擇器').each(function (){...})』用法，可逐一處理符合選擇器條件的元素物件。在 jQuery 中還有一個類似的 $.each() 函式，適用於要逐筆處理物件中的屬性，或是陣列元素的場合：

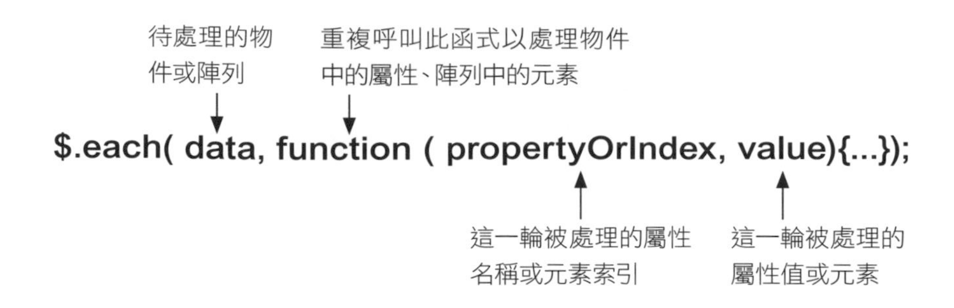

以下範例就用 AJAX 讀取得含多個屬性的 http://httpbin.org/headers, 再用 $.each() 進行處理。此 URL 會傳回如下的 JSON 物件, 其內只有一個 headers 屬性, 屬性值則為另一個物件, 這個物件含有 Accept 等多個欄位。

在範例程式中就利用『$.each(data.headers, function (){...});』的方式, 讀筆讀取上圖所列的屬性和屬性值, 並用它們建立表格的 tr、th (屬性名稱)、td (屬性值) 等 HTML 元素, 最後再將表格附加到文件中顯示出來。

❶ 在程式中建立表格並附加到文件中

❹ 利用 $each() 逐筆處理物件中的屬性，並將建好的 tr 元素附加到表格中

顯示HTTP表頭資訊

Accept	application/json, text/javascript, */*; q=0.01
Accept-Encoding	gzip, deflate, sdch
Accept-Language	en-US,en;q=0.8
Cache-Control	max-age=0
Host	httpbin.org
Origin	null
User-Agent	Mozilla/5.0 (Windows NT 6.1) AppleWebKit/537.36 (KHTML, like Gecko) Chrome/48.0.2564.116 Safari/537.36

❷ 將讀到的屬性設為 th 元素的文字

❸ 將讀到的屬性值設為 td 元素的文字

Ch14-03.html

```
<script>
$(function(){
    // 建立空的表格元素
    var table = $('<table border="1"></table>');  ◄── ❶

    // 網頁載入時，就
    // 用 getJSON() 載入含HTTP表頭資訊的 JSON 物件
    $.getJSON('http://httpbin.org/headers',
        function(data){
          // 利用 $.each() 逐一處理物件中屬性
          $.each(data.headers, function(property, value){  ◄── ❹
             // 建立 th 元素物件，並放入屬性名稱
             var th = $('<th></th>').text(property);◄── ❷

             // 建立 td 元素物件，並放入屬性值
             var td = $('<td></td>').text(value);  ◄── ❸

             // 建立 tr 元素物件，並附加剛才建立的 th, td 元素
             var row = $('<tr></tr>').append(th).append(td);

             // 將 tr 元素附加到表格中
             table.append(row);  ◄── ❹
          });
```

```
            // 將表格元素附加到文件中
            $('body').append(table); ← ❶
        }
    );
});
</script>

<body>
    <h3>顯示HTTP表頭資訊</h3>
</body>
```

利用 AJAX 載入 XML 資料

除了 JSON 外, 另一個 AJAX 常用的資料格式為 XML, XML 文件就像 HTML 文件一樣是用元素、標籤組成。而 X 是擴充 (eXtensive) 的意思, 所以 XML 中可使用的元素、屬性名稱都是可自行定義, 不像 HTML 是由 W3C 規範。

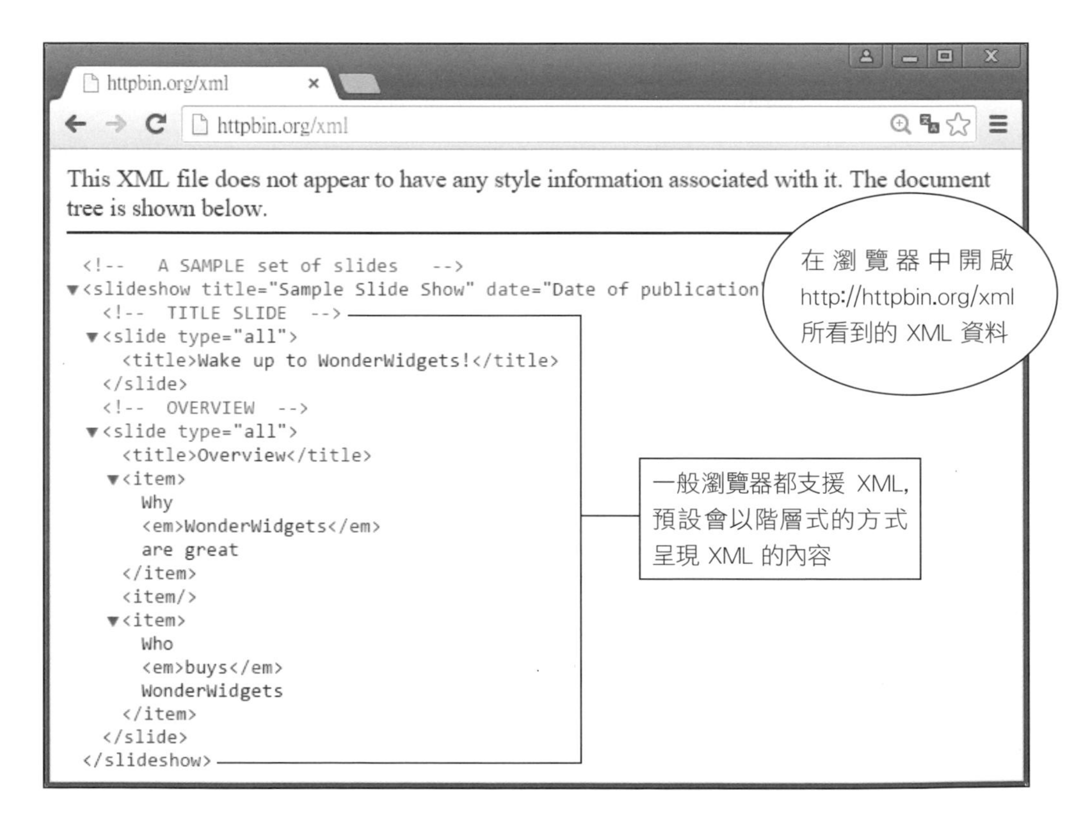

在 jQuery 中, 要利用 AJAX 取得 XML 資料, 可使用 $.get() 函式, 其語法和 $.getJSON() 類似:

TIP $.get() 也可用以取得 HTML、JSON 資料, jQuery 會判斷資料格式;亦可自行加上第 3 個參數指定要取得的資料格式:'xml'、'json'、'html'。

『處理函式』參數就是伺服器傳回的 XML 文件內容, 在程式中可用 jQuery 的 find() 函式來尋找指的元素。例如要取得上圖文件中的 slide 元素 (<slide> 標籤), 可利用如下語法:

```
$.get(網址, function(xml){
  $(xml).find('slide');  // 取得所有的 slide 元素

  $(xml).find('slide title');  // 取得 slide 元素內的 title 子元素
});
```

以下範例就示範到 http://httpbin.org/xml 抓取 XML 文件, 並解讀內容。範例試著將 XML 元件中的 <slide>、<title>、<item> 等標籤的文字, 重新排成 ol、ul、il 清單元素列出於網頁中:

Ch14-04.html

```
<script>
// 在文件 Ready 後，就開始載入 XML
$(function(){
    // 用 get() 載入測試用 XML
    $.get('http://httpbin.org/xml',        ← ❶
        function(xml){
            // 找出 slide 元素，並針對各元素做處理
            $(xml).find('slide').each(function(){
                // 用來建立 <li>...</li> 內容
                var li=$('<li></li>').text(            ┐
                              $(this).find('title').text());  ┘ ❷
```

```
                // 若 slide 元素還有 item 子元素
                // 將其內容建立成 ul 清單
                if($(this).find('item').length>0){ ─┐
                  var ul=$('<ul></ul>');          ─┘─❸
                  $(this).find('item').each(function(){ ◄── ❺
                    // 如果 item 內容是空字串就略過,
                    // 不是空字串就建立 ul 清單中的 li 元素
                    if( $(this).text() != ''){ ◄── ❹
                      ul.append(
                         $('<li>' + $(this).text() + '</li>'));
                    }
                  });
                  li.append(ul);  // 將 ul 清單附加成巢狀清單
                }

                // 將 li 附加到網頁的清單元素中
                $('#list').append(li);
            });
        }
    );
});
</script>

<h3>載入XML練習</h3>
<!-- 用來放置 XML 資料的清單元素 -->
<ol id="list"></ol>
```

在第 10 章, 曾說明事件處理函式中的 this 物件, 會隨觸發事件的物件不同, 代表不同的物件 (參見 10-35 頁)。在上面程式也用到多次 this 物件, 它們分別代表所在的函式中, 目前處理的物件:

- 在 ❸ 和 ❺ 的 this 物件是在 $(xml).find('slide').each() 的函式中, 所以 this 指的是這一輪的 slide 元素物件。因此 $(this).find('item') 就是在這一輪的 slide 元素中尋找 item 子元素。
- 在 ❹ 的 this 物件是在 $(xml).find('item').each() 的函式中, 所以 this 指的是這一輪的 item 元素物件。

14-3 利用 AJAX 取得 Yahoo! 天氣概況

使用 Yahoo! 天氣服務

Yahoo! 網站提供全球主要城市的天氣概況、預報資訊，在 http://weather.yahooapis.com/forecastrss 則提供 XML 格式的資料。該網站預設未提供 CROS 跨域存取，因此必須透過 Yahoo! 另一項可跨域存取的 YQL (Yahoo Query Language) 服務，來取得天氣資料。

TIP 雖然 YQL 服務開放公眾存取，但要注意其仍有存取限制，根據官網說明 (https://developer.yahoo.com/yql/guide/usage_info_limits.html)，一般公眾使用，同一 IP 位址每小時存取次數上限為 2000 次。

YQL 的是利用類似於資料庫的查詢語法，將網路上的資料整理、匯整並以 XML、JSON 格式傳回。不過在此我們不需去熟悉 YQL 的查詢語法，直接使用其網頁上的範例進行修改即可，請如下進入 YQL 網站：

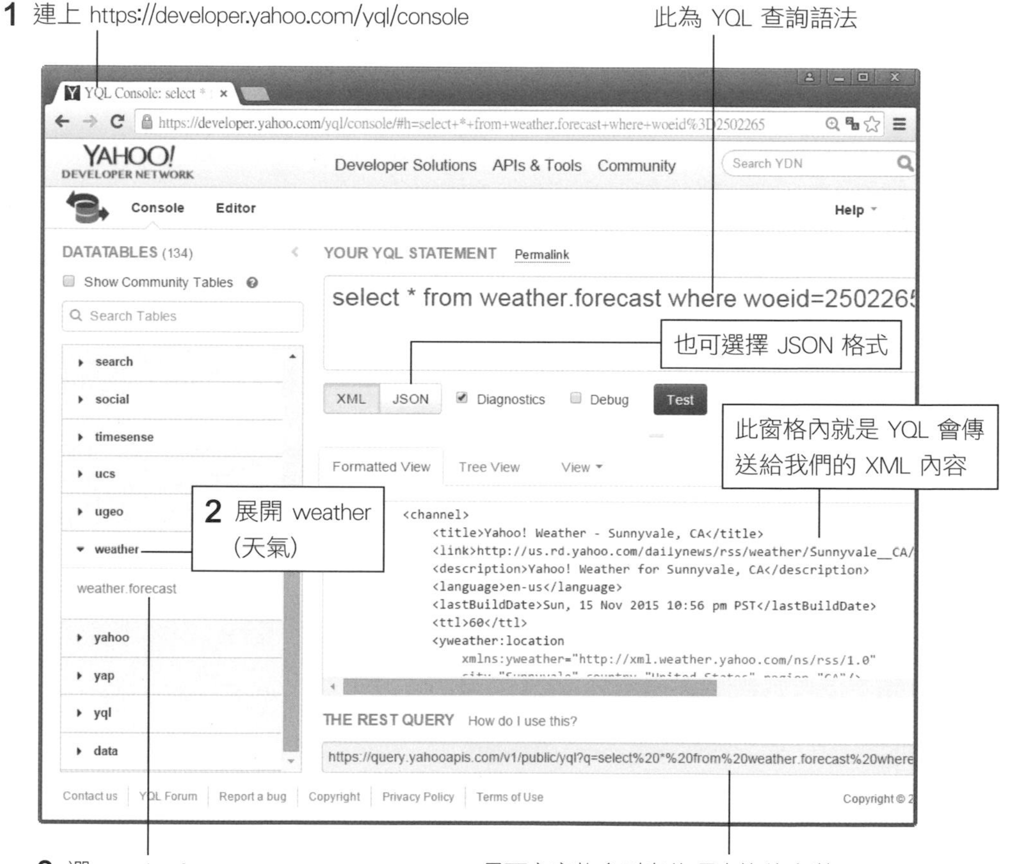

上述範例取得的是美國加州的天氣預報，且傳回的溫度等資料單位均非公制。要取得其它地區的天氣，必須修改查詢中 "woeid=" 所指的地區代碼，下表是台灣部份主要縣市的代碼：

縣市	代碼	縣市	代碼	縣市	代碼
台北市	2306179	彰化	2306183	宜蘭	2306198
新北市	20070569	南投市	2306204	花蓮	2306187
桃園	2298866	嘉義市	2296315	台東市	2306190
新竹	2306185	台南市	2306182	雲林	2347346
新竹市	2306185	高雄市	2306180	澎湖	22695856
苗栗	2301128	屏東	2306189	金門	28760735
台中市	2306181	基隆市	2306188	馬祖	12470575

TIP 雖然 Yahoo! 網站有列出馬祖, 不過實際測試時, 並無法取得馬祖的天氣預報。

將代碼代入 YQL 的查詢, 並如下加入『AND u="c"』即可將單位改成公制:

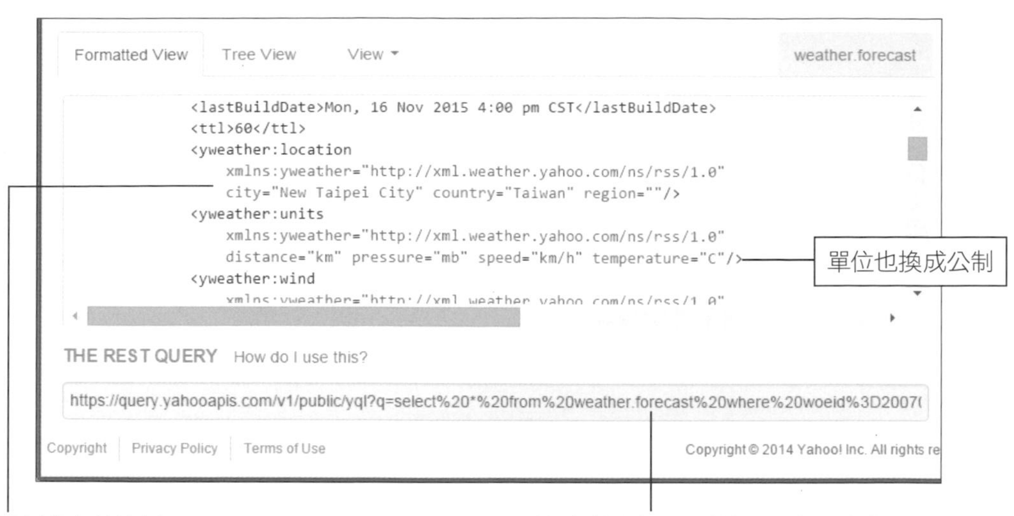

接下來要做的就是利用 jQuery 取得 XML 並將資訊顯示在網頁上。

TIP 在上面複製的網址中, 會看到類似 '%20' 這樣的編碼字串, 稱為 URL 編碼, 例如 %20 是空白字元的編碼。

查詢鄉鎮區、其它國家地區的 woeid

前面只列出部份主要縣市的 woeid, 若想用 Yahoo Weather 服務, 查看某鄉鎮、其它國家的天氣, 就必須先得知該地的 woeid。我們可借用 flickr 網站提供的搜尋功能, 請用瀏覽器連上 https://www.flickr.com/places:

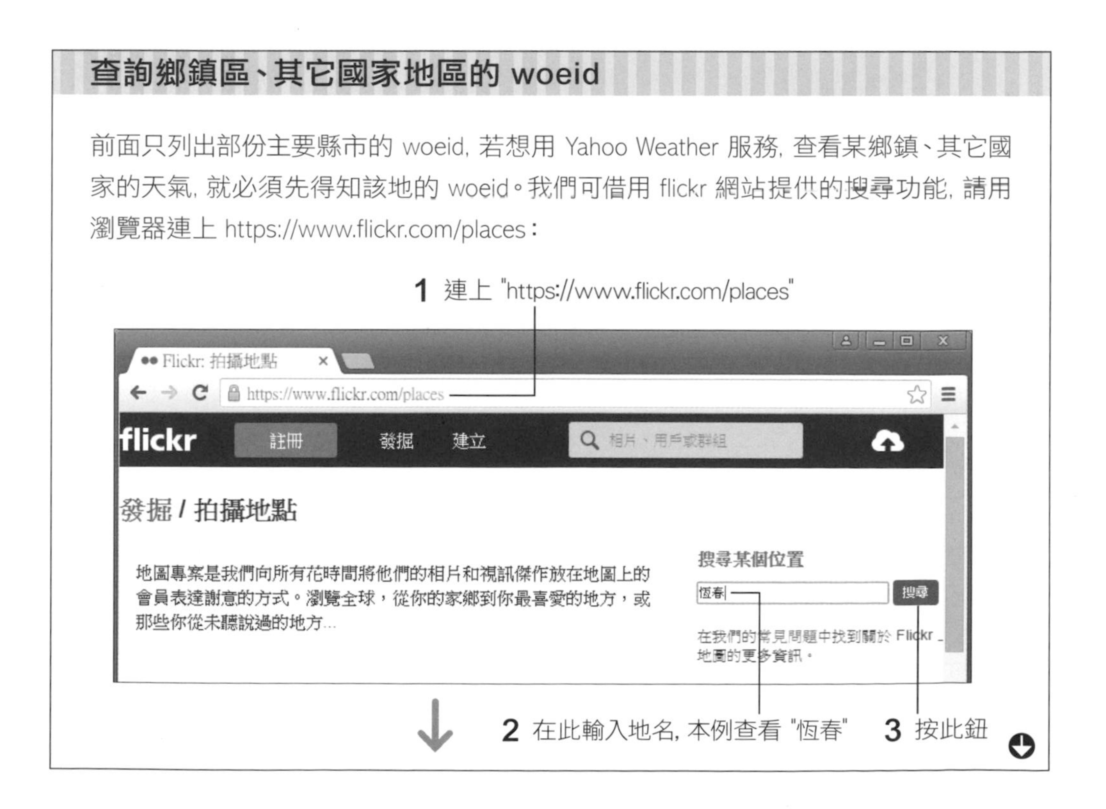

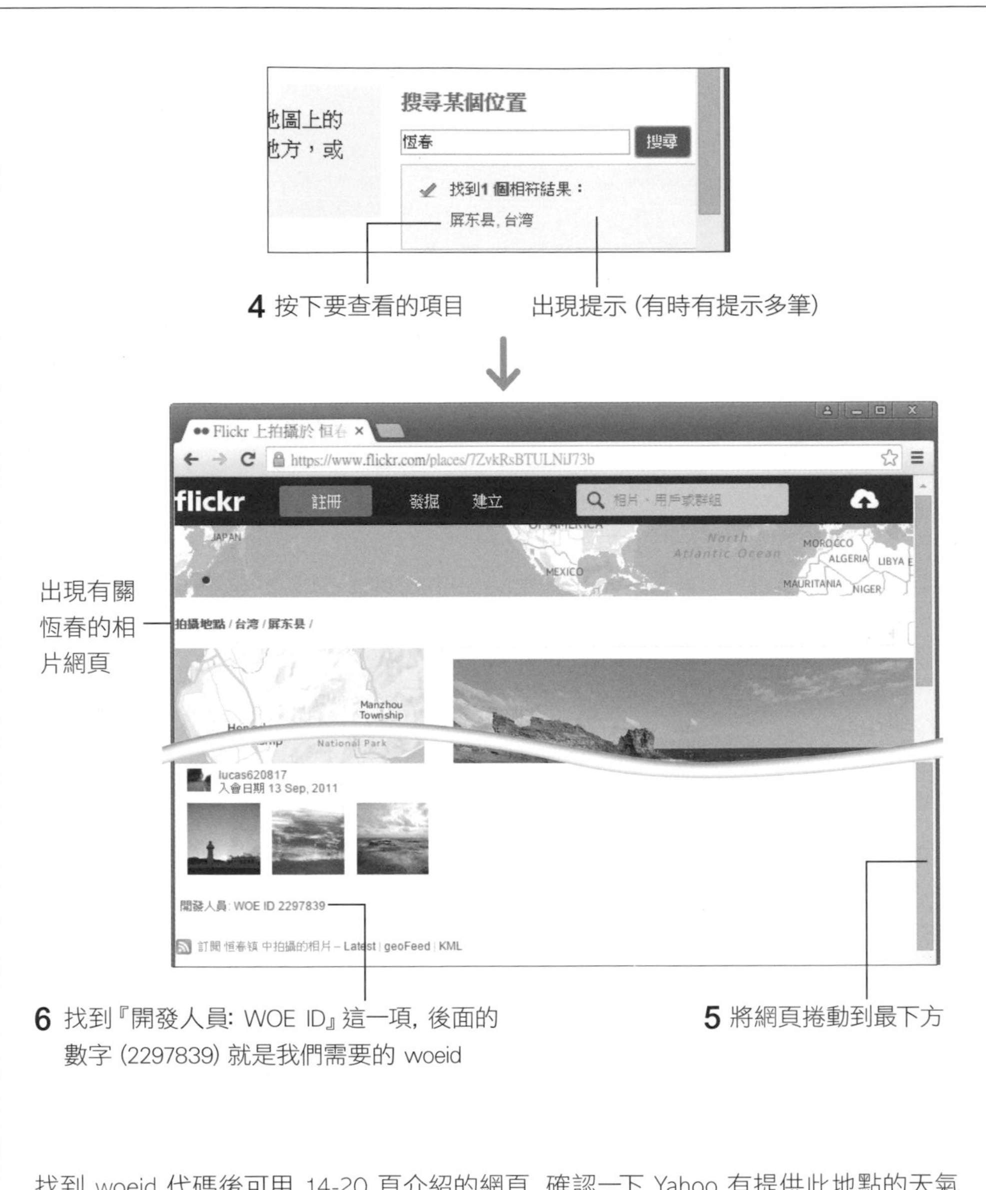

找到 woeid 代碼後可用 14-20 頁介紹的網頁, 確認一下 Yahoo 有提供此地點的天氣服務, 網址輸入的格式為 "https://weather.yahooapis.com/forecastrss?w=代碼", 以本例而言就是輸入 "https://weather.yahooapis.com/forecastrss?w=2297839"：

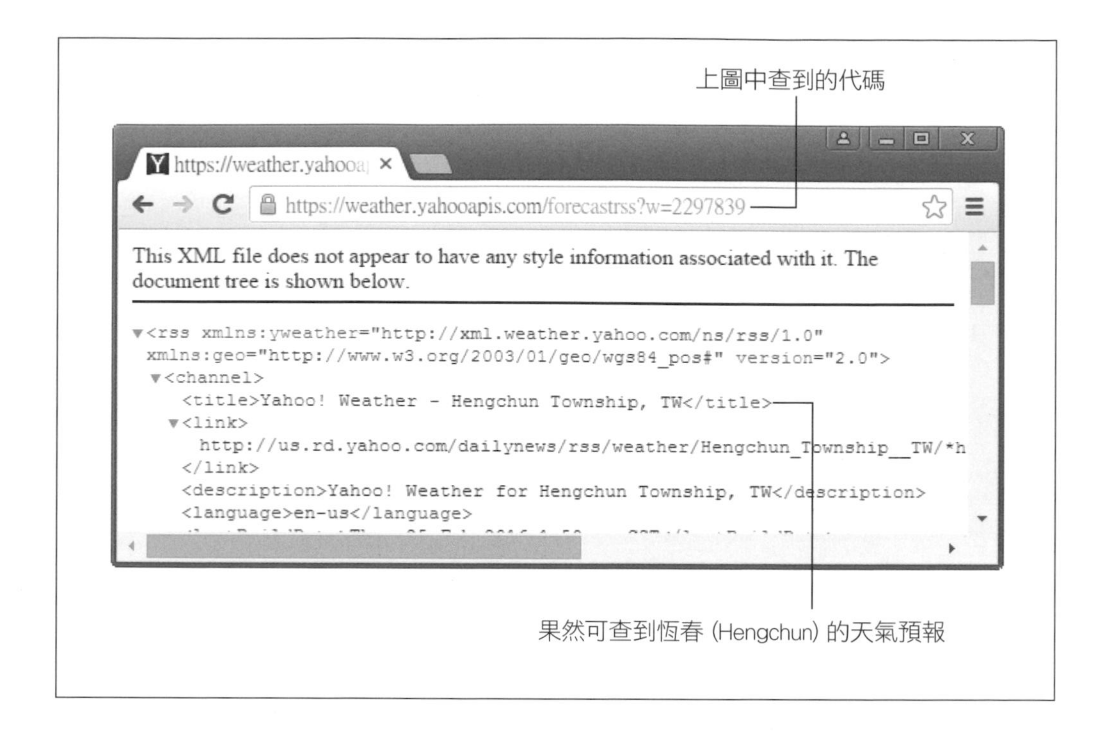
上圖中查到的代碼
https://weather.yahooa
https://weather.yahooapis.com/forecastrss?w=2297839
This XML file does not appear to have any style information associated with it. The document tree is shown below.
<rss xmlns:yweather="http://xml.weather.yahoo.com/ns/rss/1.0" xmlns:geo="http://www.w3.org/2003/01/geo/wgs84_pos#" version="2.0">
<channel>
<title>Yahoo! Weather - Hengchun Township, TW</title>
<link>
http://us.rd.yahoo.com/dailynews/rss/weather/Hengchun_Township__TW/*h
</link>
<description>Yahoo! Weather for Hengchun Township, TW</description>
<language>en-us</language>
果然可查到恆春 (Hengchun) 的天氣預報

解讀 Yahoo! 天氣的 XML 內容

在上述的 XML 資料中, 天氣資料主要在 item 元素中:

TIP 下面列出的元素名稱開頭『yweather:』, 稱為 XML 的命名空間 (Namespace), 稍後在 JavaScript 程式中可忽略之。亦即要用 find() 尋找 yweather:condition 元素, 只要寫成 find('condition') 即可。

■ **yweather:condition** 子元素:含目前天氣概況, 資料包含在下列屬性中:

- text:天氣狀況的英文描述, 例如 "Partly Cloudy" 表示多雲。
- code:天氣狀況的代碼, 例如 "Partly Cloudy" 的代碼為 30。
- temp:溫度。
- date:英文表示的日期時間字串, 例如 "Wed, 30 Nov 2015 1:56 pm PST"。

- **yweather:forecast** 子元素：預設會有 5 個, 分別為當日及未來 4 天的預測, 各項資料也是存於屬性中：
  - day：星期幾的英文縮寫, 例如 "Mon"、"Tue"...等。
  - date：日期字串, 此處只有日期資料, 例如 "30 Nov 2015"。
  - low high：最低溫和最高溫。
  - text、code：與 yweather:condition 內的屬性相同。
- **description**：這個子元素中包含了一段 HTML 內容, 直接顯示在網頁中就是一塊含圖文的天氣預報, 但目前只提供英文的內容。我們可利用此段 HTML 碼中的 img 元素, 其 src 屬性所指的就是代表天氣狀況的圖案。

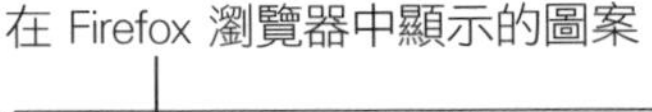

如上所示, 天氣狀況圖案 URL 中所指的 GIF 檔主檔名, 和天氣概況、預報中的 code 屬性值相同, 所以只要替換上列 URL 中的主檔名, 即可取得不同天氣狀況的圖案。

實例演練：自製天氣預報網頁

在此我們就試者用 jQuery 從 YQL 取得氣象資料，並顯示在網頁中。本例僅存取 yweather:forecast 子元素的內容，雖然名稱是 "yweather:forecast"，不過在選擇器中只要用 find("forecast") 即可取得該元素物件。由於資料中像日期、天氣描述都是英文，所以程式中預先建立如下的物件，以便讓程式能由英文名詞取得對應的中文翻譯：

```
// 星期名稱
var weekDay =  {sun:'星期天',    mon:'星期一',
                tue:'星期二',    wed:'星期三',
                thu:'星期四',    fri:'星期五',
                sat:'星期六'
                };

// 天氣描述
var weaText =  {drizzle:'毛毛雨',   showers:'陣雨',
                snow:'雪',          foggy:'有霧',
                windy:'微風',       cold:'寒冷',
                ...
                };
```

因 Yahoo! 天氣預報中的文字是大小寫混合，所以程式中會呼叫 Java Script 內建函式 toLowerCase() 將文字全部轉成小寫，再用此小寫單字從上列物件中找出對應的屬性值。範例只用到 "yweather:forecast" 的內容，所以程式就是利用 find().each() 的方式逐一處理 5 天的天氣預報內容，將其內的屬性值取出再顯示在網頁上：

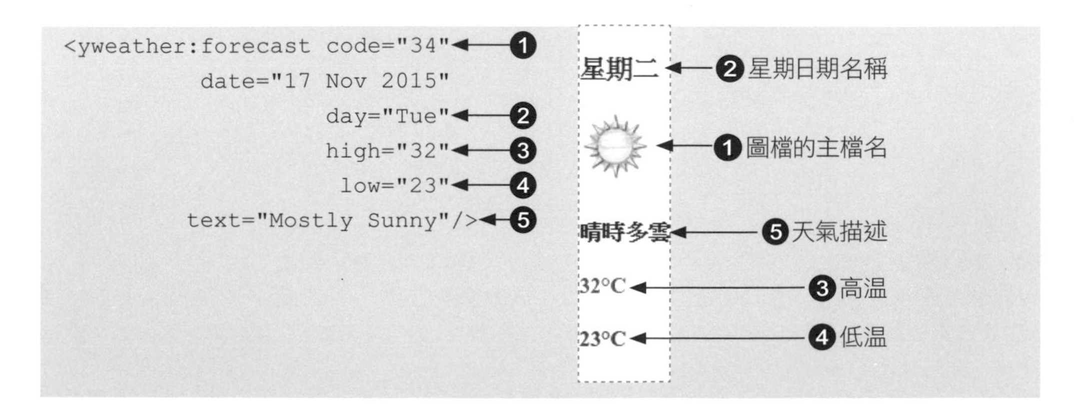

Ch14-05.html

```
<head>
<script>
// 天氣描述
var weaText =  {drizzle:'毛毛雨',   showers:'陣雨',
                snow:'雪',          foggy:'有霧',
                //...以下省略, 參見範例檔
               };
// 星期名稱
var weekDay =  {sun:'星期天',    mon:'星期一',
                tue:'星期二',    wed:'星期三',
                thu:'星期四',    fri:'星期五',
                sat:'星期六'
               };                ❻自訂函式:會下載天氣
                                  資訊並顯示在網頁中

function updateWeather(code){ ◄──┘
    // 由 $('#city').val() 取得目前所選城市的代碼,
    // 並置入查詢的 URL 參數中
    $.get('https://query.yahooapis.com/v1/public/yql?q=
          select%20*%20from%20weather.forecast%20where%20woeid%3D' +
          $('#city').val() +     ◄──❼
          '%20AND%20u%3D%22c%22',
        function(xml){
          // 找出天氣資料的元素
          var weather = $(xml).find('forecast').each(
            function(index){
              // 清空div內容, 並取得元素物件
              var div=$('.report:eq('+index+')').empty();

              // 建立'星期幾'的標題並加入div中
              $('<h3></h3>').text(weekDay[$(this).attr('day').
                                 toLowerCase()]).appendTo(div);─❷

              // 建立氣象圖示並加入div中
              $('<img>').attr('src',
                        'http://l.yimg.com/a/i/us/we/52/' +
                        $(this).attr('code') +'.gif').◄──❶
                        appendTo(div);
```

❼ $.get() 所載入的 XML 檔之 URL, 其實就是 14-22 頁下圖中步驟 5 所複製的 YQL 的查詢網址, 在範例程式中, 為讓使用者可查不同縣市的天氣, 所以提供如 14-30 頁 ❼ 所示的 select 下拉選單。此處程式就由 select 元素取得選取縣市的 woeid (寫在 option 元素的 value 屬性), 再組合成完整的 URL。

```
                // 設定天氣預報文字:
                // 有對應翻譯時, 加入中文; 否則加入原文
                if(weaText[$(this).attr('text').toLowerCase()])
                  $('<h4></h4>').text(weaText[$(this).attr('text').
                                   toLowerCase()]).appendTo(div);     ─┐
                else                                                    ├ 5
                  $('<h4></h4>').text( $(this).attr('text')).           │
                                 appendTo(div);                        ─┘

                // 加入高低溫資料
                $('<h4></h4>').text( $(this).attr('high')+'° C').      ─┐ 3
                              addClass('highTemp').appendTo(div);      ─┘
                $('<h4></h4>').text( $(this).attr('low')+'° C').       ─┐ 4
                              addClass('lowTemp').appendTo(div);       ─┘
            });

            // 將英文的預報資料也加入網頁中
            $('#eng').html($(xml).find('description').text()); ◄── 8
          }
      );
  }

// 文件 ready 後就進行下列工作
$(function(){
    // 1. 註冊 select 輸入欄位的 change 事件處理函式
    $('#city').change(function(){
      updateWeather();
    });

    // 2. 觸發change事件, 立即更新天氣資訊
    $('#city').change(); ◄── 9
});
</script>
<style>
  div  {float:left; margin:0 5px; border:1px dashed gray}
  .highTemp {color:red}
  .lowTemp  {color:blue}
</style>
</head>
```

jQuery 的 html() 方法功能如同 DOM 的 innerHTML, 可將參數字串設為元素的內容

使用者選取不同縣市時, 即呼叫自訂函式 updateWeather() 更新天氣資訊

9 在 jQuery 的 ready 事件中觸發下拉選單的 change 事件, 以立即載入、顯示台北市 (#city 預設值) 的天氣

```
<body>
  <nav>
  <select id="city">
    <option value="2306179" selected>台北市</option>
    <option value="20070569">新北市</option>
    <option value="2298866">桃園</option>
    ...
  </select>
  <span>的天氣預報</span>
  </nav>
  <!-- 用來放置 5 天天氣預報內容的區塊 -->
  <div class="report"></div>
  <div class="report"></div>
  <div class="report"></div>
  <div class="report"></div>
  <div class="report"></div>
  <!-- 用來放置英文版今日天氣概況的區塊 -->
  <div id="eng"></div>
</body>
```

❽ 程式將 <description> 中 HTML 格式的英文預報直接置入#eng 區塊

選擇不同城市時就會出現新的天氣預報

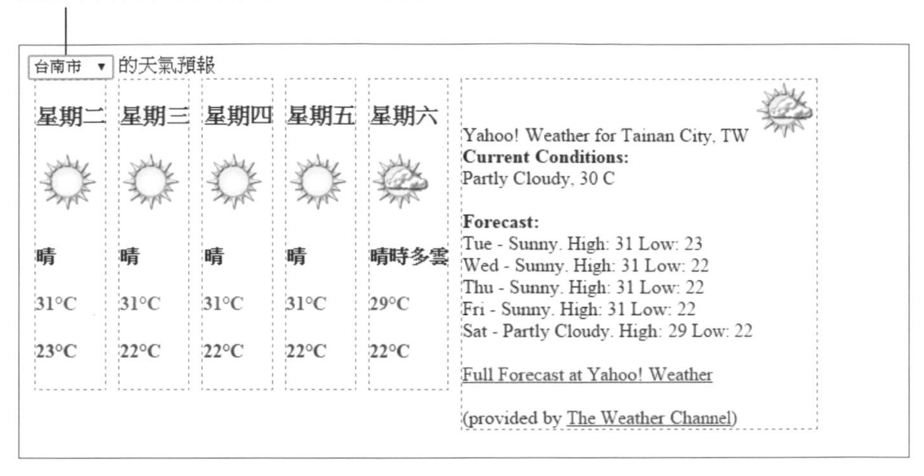

範例程式中利用加入新元素的方式，將天氣預報資料加入網頁內預先放置的 5 個 div 區塊。前面章節都是先取得父元素物件，再利用父元素物件呼叫 append() 加入建好的子元素物件。在本範例中則反過來，以子元素物件呼叫 appendTo() 函式，將它附加到指定的父元素中，其語法如下：

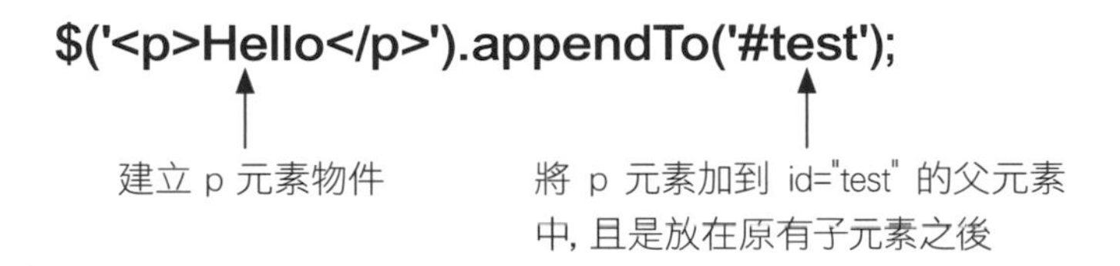

在範例程式中，會在使用 $() 建立新元素時，再串接呼叫 text()、addClass() 等方法設定元素的文字、類別，最後再串接呼叫 appendTo() 將新建的元素加入到上層的 div 父元素中。例如：

this 是取得的 XML 資料中的 forecast 元素

```
$('<h4></h4>').text( $(this).attr('high')+'° C')
              .addClass('highTemp')
              .appendTo(div);
```

範例程式中建立的天氣描述中英對照物件 weaText 並未包含全部 Yahoo! 天氣服務所使用的天氣描述字串，若找不對對應的項目，程式(❺)將會顯示原本的英文描述，讀者可自行加入其它中英對照內容。

14-4 利用 AJAX 取得紫外線即時監測資料 - 使用 JSONP

在 14-1 節提到過，許多網站並未支援 CROS (Cross-Origin Resource Sharing) 的設定，因此要跨網域以 AJAX 存取這些網站提供的資料，必須透過其它方法。CROS 是 W3C 在 2014 年才定案的規格，在此之前廣被用於跨網域存取的技術之一就是 **JSONP** (JSON with Paddings)。

簡單的說，JSONP 是由瀏覽器端以載入外部程式的方式，將 JSON 資料用 <script> 載入。由於只是將 JSON 資料放在 <script> 標籤內，使用上不夠方便，所以 JSONP 是請伺服器端在回應資料時做一點『加工』：也就是將 JSON 資料包在一個預先指定的函式名稱內再傳回。

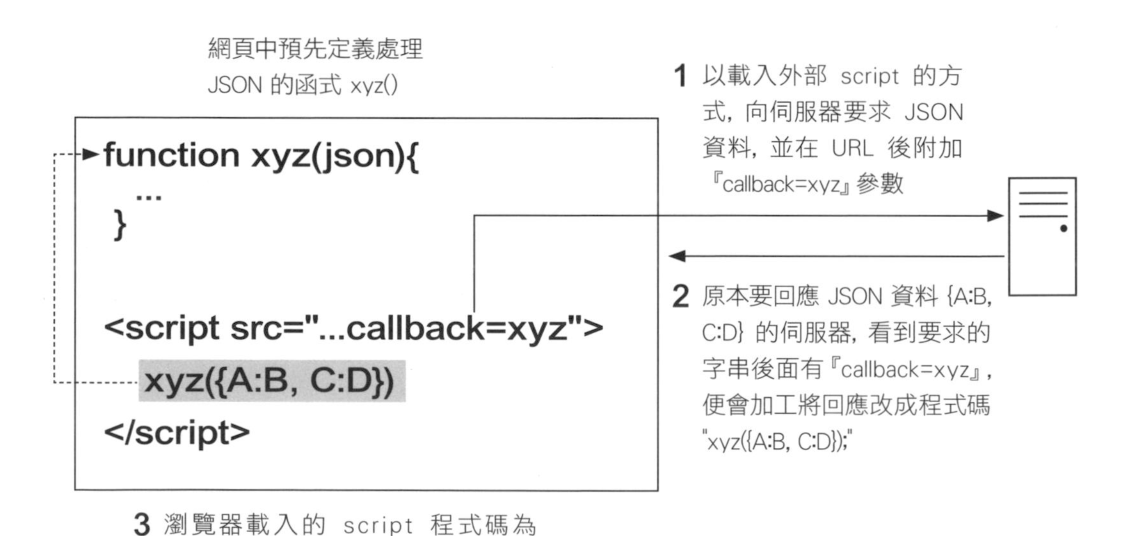

透過 JSONP 的方式，就能順利以跨網域的方式，向伺服器以 AJAX 取得 JSON 資料。上述過程有一些處理工作，像是：在網頁中加入一個載入 JSONP 的 script 元素、在 URL 後附加 callback 參數等，所幸這些工作都可用 jQuery 替我們完成。

TIP 由於是用載入程式的方式來取得 JSON 資料，所以有一些安全性上的疑慮。因此使用 JSONP 讀取資料時，請只選擇可信任的網站來源。

使用 jQuery 的 ajax() 函式

本章先前使用的 load()、get()、getJSON() 其實都是 ajax() 的簡化版，ajax() 是 jQuery 中的主要 AJAX 函式，功能最完整，呼叫時需以如下的物件形式設定參數：

```
ajax({
      url: 'http://...",            // 要求的網址
      datatype: 'jsonp',            // 要求的資料種類
      error   : function(){...}     // 失敗時執行的函式
      success: function(){...}      // 成功時執行的函式
      complete:function(){...}      // 完成時執行的函式(不論成功失敗)
   });
```

如上指定 datatype:'jsonp' 時，jQuery 就會處理前述使用 JSONP 的其它工作，我們只需在 success: 指定的函式中完成資料的處理工作即可。

取得紫外線即時監測資料

本節要試著用 JSONP 的方式，由環保署的開放資料網站下載紫外線即時監測資料，並顯示在網頁上。在政府資料開放平台網站 http://data.gov.tw/node/6076，可找到該資料的相關說明：

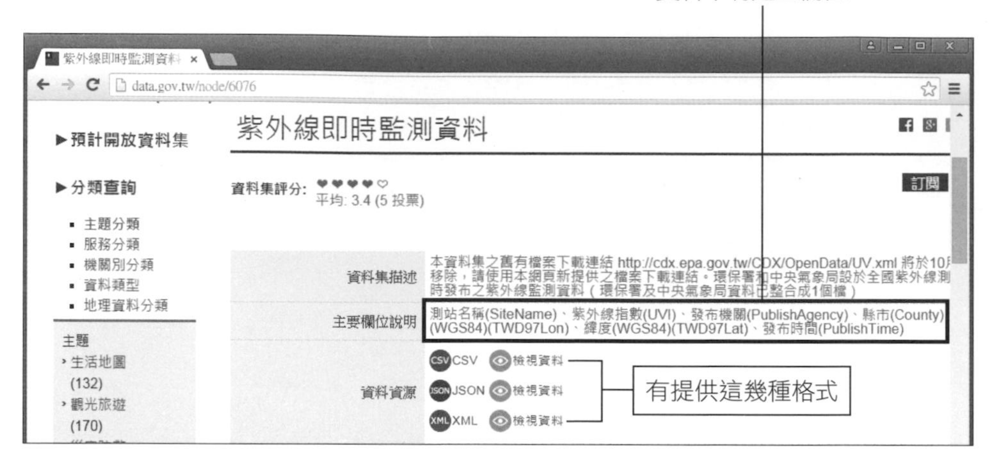
資料中有這些欄位
紫外線即時監測資料
data.gov.tw/node/6076
▶預計開放資料集
▶分類查詢
主題分類
服務分類
機關別分類
資料類型
地理資料分類
主題
生活地圖
(132)
觀光旅遊
(170)
資料集評分:
平均: 3.4 (5 投票)
訂閱
資料集描述
主要欄位說明
測站名稱(SiteName)、紫外線指數(UVI)、發布機關(PublishAgency)、縣市(County)
(WGS84)(TWD97Lon)、緯度(WGS84)(TWD97Lat)、發布時間(PublishTime)
資料資源
CSV
JSON
XML
檢視資料
有提供這幾種格式

資料的內容是一個陣列
JSON 資料的網址為 http://opendata.epa.gov.tw/ws/Data/UVIF/?format=json
opendata.epa.gov.tw/ws/Data/UV/?format=json
[{"SiteName":"花蓮","UVI":"2","PublishAgency":"中央氣象局","County":"花蓮縣","WGS84Lon":"121,36,18","WGS84Lat":"23,58,37","PublishTime":"2015-11-18 15:00"},
{"SiteName":"馬祖","UVI":"2","PublishAgency":"中央氣象局","County":"連江縣","WGS84Lon":"119,55,23","WGS84Lat":"26,10,10","PublishTime":"2015-11-18 15:00"},
{"SiteName":"高雄","UVI":"2","PublishAgency":"中央氣象局","County":"高雄市","WGS84Lon":"120,18,29","WGS84Lat":"22,34,04","PublishTime":"2015-11-18 15:00"},
{"SiteName":"玉山","UVI":"4","PublishAgency":"中央氣象局","County":"南投縣","WGS84Lon":"120,57,06","WGS84Lat":"23,29,21","PublishTime":"2015-11-18 15:00"},
{"SiteName":"臺南","UVI":"2","PublishAgency":"中央氣象局","County":"臺南市","WGS84Lon":"120,12,17","WGS84Lat":"22,59,36","PublishTime":"2015-11-18 15:
{"SiteName":"新竹","UVI":"1","PublishAgency":"中央氣象局","County":"新竹縣","WGS84Lon":"121,00,22","WGS84Lat":"24,49,48","PublishTime":"2015-11-
{"SiteName":"鞍部","UVI":"1","PublishAgency":"中央氣象局","County":"臺北市","WGS84Lon":"121,31,12","WGS84Lat":"25,11,11","PublishTime":"2015-11-18
{"SiteName":"恆春","UVI":"2","PublishAgency":"中央氣象局","County":"屏東縣","WGS84Lon":"120,44,17","WGS84Lat":"22,00,20","PublishTime":"2015-11-18 15:00"},
{"SiteName":"臺北","UVI":"1","PublishAgency":"中央氣象局","County":"臺北市","WGS84Lon":"121,30,24","WGS84Lat":"25,02,23","PublishTime":"2015-11-18 15:00"},
{"SiteName":"成功","UVI":"3","PublishAgency":"中央氣象局","County":"臺東縣","WGS84Lon":"121,21,55","WGS84Lat":"23,05,57","PublishTime":"2015-11-18 15:00"},
預覽資料內容
每個陣列元素是一個物件，每個物件包含單一測站的資料內容
紫外線指數

開放資料 (Open Data)

開放資料 (Open data)雖非新概念，卻是近年才較受矚目。開放資料和**開放原始碼 (Oen Source)**精神相似，也就是指可自由使用而不受受著作權、專利權等限制的開放性資料。目前中央及地方政府都已提供許多開放資料讓公眾使用，至 data.gov.tw 或地方政府的開放資料網站，即可找到許多開放資料的資訊：

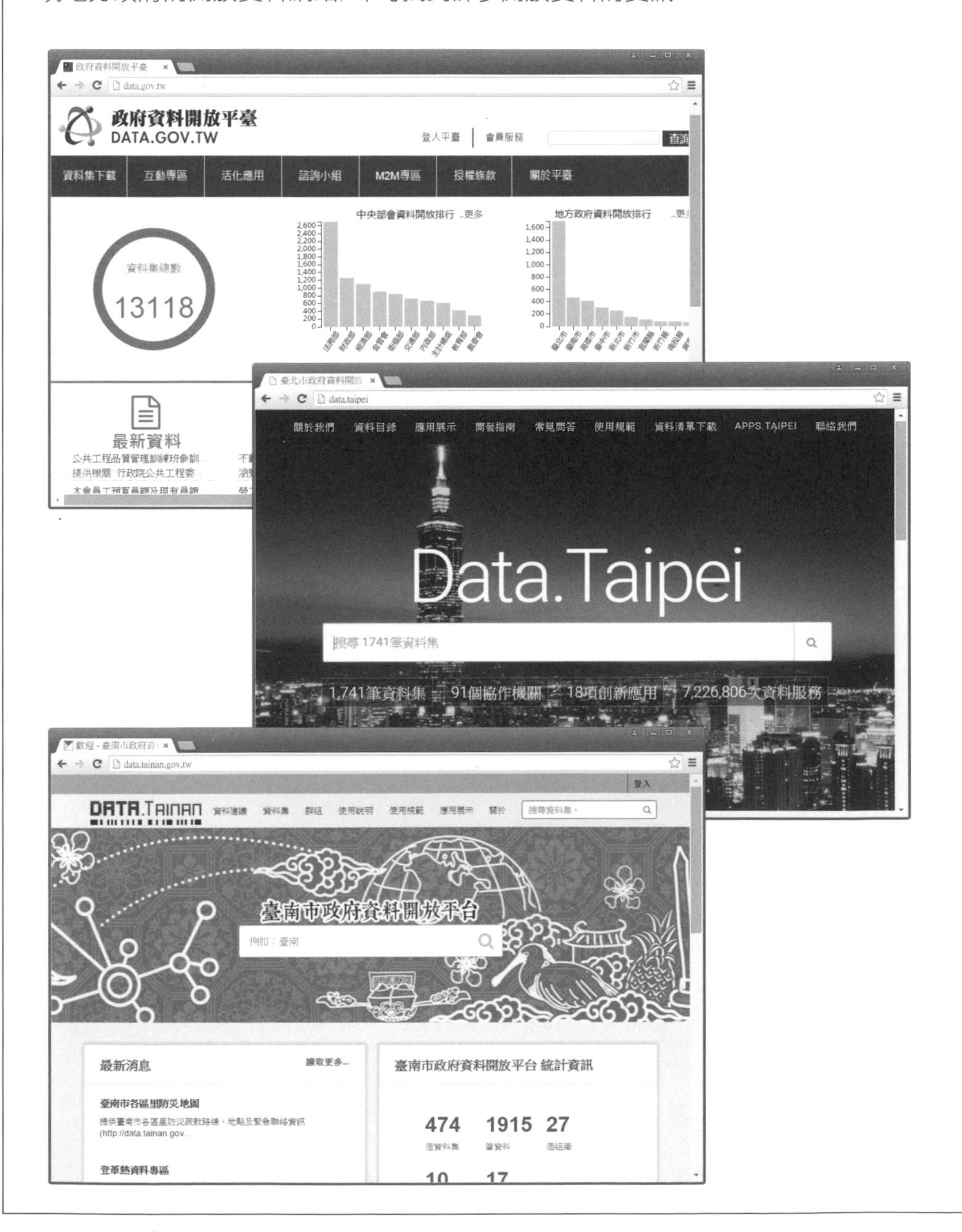

由 14-34 圖所示的紫外線 JSON 樣本中，可看到資料是以陣列的方式提供，每個陣列元素則是單項紫外線資料，Name 屬性為城市或區域，UVI 即為紫外線指數。在環保署網站 (http://taqm.epa.gov.tw/taqm/tw/UvForcastMap.aspx) 可查到紫外線指數代表的意義：

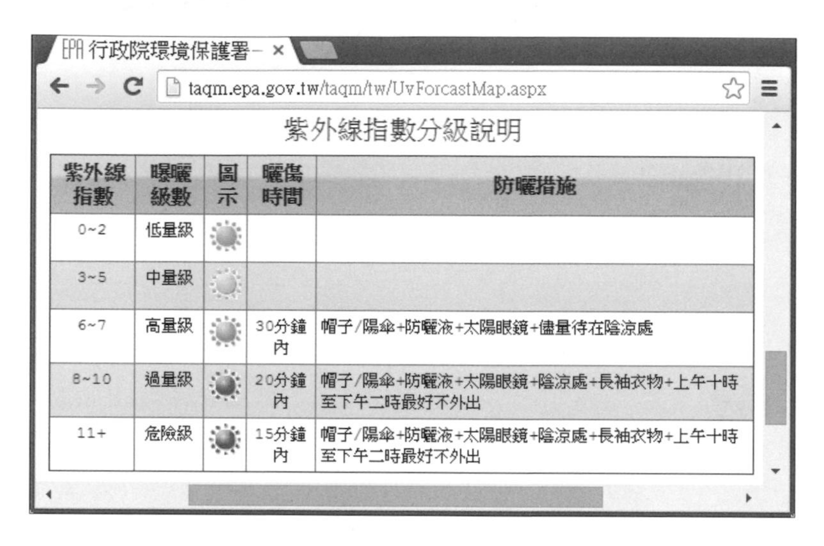

紫外線指數分級說明

紫外線指數	曝曬級數	圖示	曬傷時間	防曬措施
0~2	低量級			
3~5	中量級			
6~7	高量級		30分鐘內	帽子/陽傘+防曬液+太陽眼鏡+儘量待在陰涼處
8~10	過量級		20分鐘內	帽子/陽傘+防曬液+太陽眼鏡+陰涼處+長袖衣物+上午十時至下午二時最好不外出
11+	危險級		15分鐘內	帽子/陽傘+防曬液+太陽眼鏡+陰涼處+長袖衣物+上午十時至下午二時最好不外出

以下範例利用 ajax() 以 JSONP 的方式將資料取回，並取出城市名和指數數值顯示在網頁中，顯示時也依照曝曬等級，將文字設為不同顏色做為提醒：

Ch14-06.html

```
<head>
  <script>
  var timer;
  $(function(){
      // 設定按鈕事件處理函式
      $('#reload').click(function(event){
          // 讓按鈕變成不能使用
          $('#reload').attr('disabled',true).text('下載中'); ← ❶

          // 紫外線資料網址
          url='http://opendata.epa.gov.tw/ws/Data/UV/?format=json';

          // 用 ajax() 以 JSONP 方式取得資料
          $.ajax({url:url,
            dataType:'jsonp',
            success: onsuccess,
```

```
            error:     function(){console.log('error');},
            complete: function(){
                // 讓按鈕變成可使用
                $('#reload').prop('disabled',false).text('更新');◄─❷
                }
            });
        });

    //立即觸發按鈕事件
    $('#reload').click();
});

// AJAX 要求成功時執行的函式
function onsuccess(data){
  if (data == null) {
     alert("下載失敗!");
  }
  // 清空用來顯示資料的 div 區塊
  $('#showdata').empty();

  // 逐筆處理陣列中的資料
  $.each(data, function(index){
      //將資料放在個別 div 中
      div=$('<div></div>').addClass('left');◄── ❸將 div 區塊加上自
                                                 訂的 left 類別, 以套用
                                                 "float:left" 等 CSS 樣式

      //用 h3 標示城市地區名稱
      $('<h3></h3>').text(this.SiteName).appendTo(div);◄──❹

      //用 h2 標示 UV 指數
      var uvi = parseInt(this.UVI); //將文字字串轉成數值
      $('<h2></h2>').text(uvi).appendTo(div);◄──❺

      // 依指數等級指定不同類別, 以套用 CSS 樣式
      var uviClass = '';                              ─┐
      if(uvi<2) uviClass = 'low';                      │
      else if(uvi<5) uviClass = 'moderate';            │ ❻依 UV 指數
      else if(uvi<7) uviClass = 'high';                │ 範圍, 將 div 區
      else if(uvi<10) uviClass = 'veryhigh';           ├ 塊加上自訂的
      else            uviClass = 'extreme';            │ 類別, 以套用不
                                                       │ 同的背景顏色
      // 指定類別並加到網頁中                            │
      div.addClass(uviClass).appendTo($('#showdata'));─┘
  });
```

```
    }
  </script>
  <style>
    .left {float:left;   ←❸
           border:dashed 1px gray;
           text-align:center;
           padding:6px}
    .low       {background-color:green}  /* 指數0-2弱 (LOW)          */
    .moderate {background-color:yellow} /* 指數3-4中 (MODERATE)     */
    .high      {background-color:orange} /* 指數5-6強 (HIGH)         */   ❻
    .veryhigh {background-color:red}    /* 指數7-9極強(VERY HIGH)*/
    .extream  {background-color:purple} /* 指數10-15危險(EXTREME)*/
</style>
</head>

<body>
<p><b>紫外線即時監測資料</b>
   <button id="reload">更新</button></p>

<!-- 用來放置以 UV 監測資料的區塊 -->
<div id="showdata"></div>
</body>
```

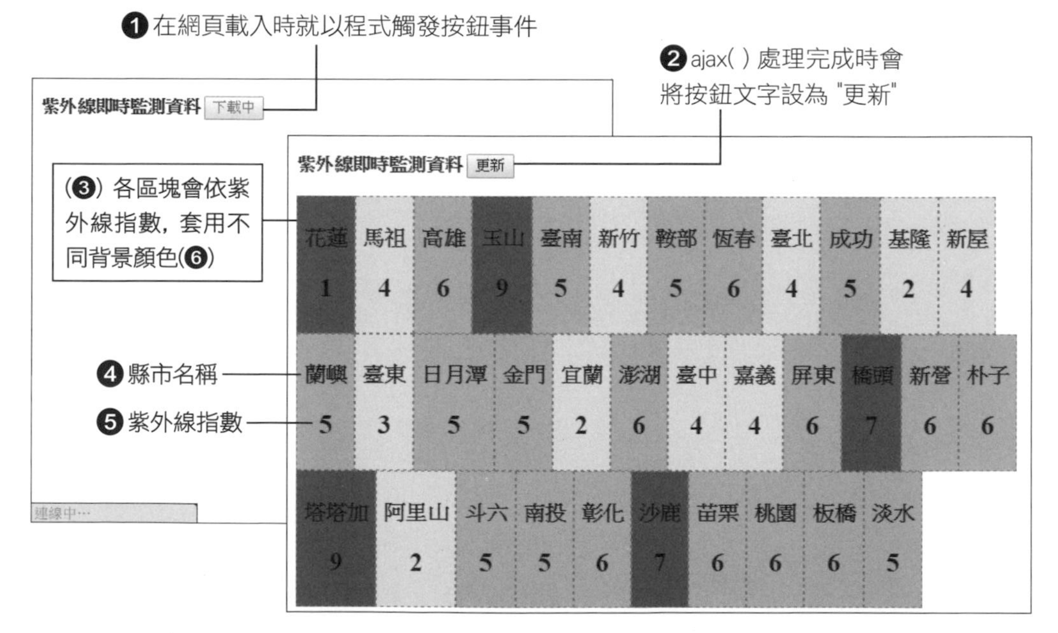

TIP 在本書寫作過程中，範例程式使用的環保署 JSON 資料內容曾有異動，因此您開啟範例網頁時，看到的資料內容或許會與書上的不同。若範例網頁完全沒有顯示資料，可試著用瀏覽器直接瀏覽 http://opendata.epa.gov.tw/ws/Data/UV/?format=json，並查看 JSON 資料中，物件的屬性名稱是否與範例程式使用的名稱相同。

學習評量

選擇填充題

1. (　　) AJAX 中的 X 是什麼的縮寫？

   (A) XHTML　(B) XML　(C) XSL　(D) XSLT

2. (　　) 使用 jQuery 時，可利用元素物件呼叫什麼方法，以 AJAX 的方式將取得的內容放到元素中？

   (A) ajax()　(B) read()　(C) load()　(D) innerHTML()

3. (　　) 瀏覽器要提出 AJAX 要求，是透過 Web API 中的什麼物件？

   (A) AjaxRequest　(B) XMLHttpRequest
   (C) HttpRequest　(D) XMLRequest

4. (　　) 下列何者不是跨網域存取 AJAX 的解決方法？

   (A) 改向伺服器端要求 XML 格式的資料
   (B) 在自己的網站上實作 PROXY 代理功能
   (C) 使用 JSONP
   (D) 存取支援 CROS 的網站

5. (　　) JavaScript 中可將英文字元轉成小寫的函式為？

   (A) toSmall()　(B) toSmallCase()
   (C) toLower()　(D) toLowerCase()

6. (　　) 使用 jQuery 的 get() 提出 AJAX 要求，若要指定資料類型為 JavaScript 物件表示法，參數應設為？

   (A) 'JavaScript'　(B) 'java'　(C) 'json'　(D) 'js'

7. 用 jQuery 的 find() 方法存取 XML 內容，要取得 <xyz> 標籤的內容，可呼叫 find(________)；要取得其下 def 子元素的內容，可呼叫 find(________)。

8. 使用 $.ajax() 函式時，要在參數物件中指定存取的資料類型，需使用________屬性；想設定成功時呼叫的 callback 函式，需使用________屬性。

練習題

1. 請修改 Ch14-05.html 範例，讓網頁中會顯示天氣資料的最近更新日期、時間。

2. 請修改 Ch14-05.html 範例，將程式改成要求 JSON 格式的天氣資料，取得 JSON 資料後解讀其內容顯示在網頁上。(**提示**：在 14-22 頁的 YQL Console 網頁中，選擇 **JSON** 項目再按 **Test** 鈕，即可在網頁下方取得 JSON 格式的連結)

15

在網頁中使用 Google Maps

Google Maps 是相當受歡迎的地圖服務, 本章就來認識如何利用 Google 提供的 Google Maps APIs, 將地圖載入我們的網頁中。

15-1 申請 Google 的 API 金鑰

關於 Google Maps API

Google Maps APIs 是指多種不同平台 Google Maps 的 API 集合，其中供網頁使用的 Web API 又分成 JavaScript API、Embed API 等，本章將介紹 3 套不同的 API 用法：

API	Google Maps Embed API	Google Static Maps API	Google Maps JavaScript API
功能簡述	建立用 <iframe> 嵌入網頁的 Google Maps 服務	建立用 <img> 放在網頁中的靜態地圖	利用 JavaScript 控制要顯示的地圖
是否要註冊取得 API Key (金鑰) 才能使用	是	否	否 (參見下面說明)
免費使用的限制	連續 90 天未超過 25000 次/日	無限制	連續 90 天未超過 25000 次/日

TIP 本書寫作時 Google Maps JavaScript API 為第 3 版，且無需註冊即可使用，但 Google 官方建議申請 API Console Key，以便能監控、瞭解自己使用 Google API 的用量。

上表中 Google Static Maps API 不需使用 API Key；Google Maps JavaScript API 則是『官方建議使用』API Key；Google Maps Embed API 則一定要有 API Key 才能使用其服務，因此以下先簡單說明如何申請 API Key。

申請 Google Maps 的 API Key

要申請 API Key，請用瀏覽器連線到 https://developers.google.com/maps/documentation/javascript/ 網站：

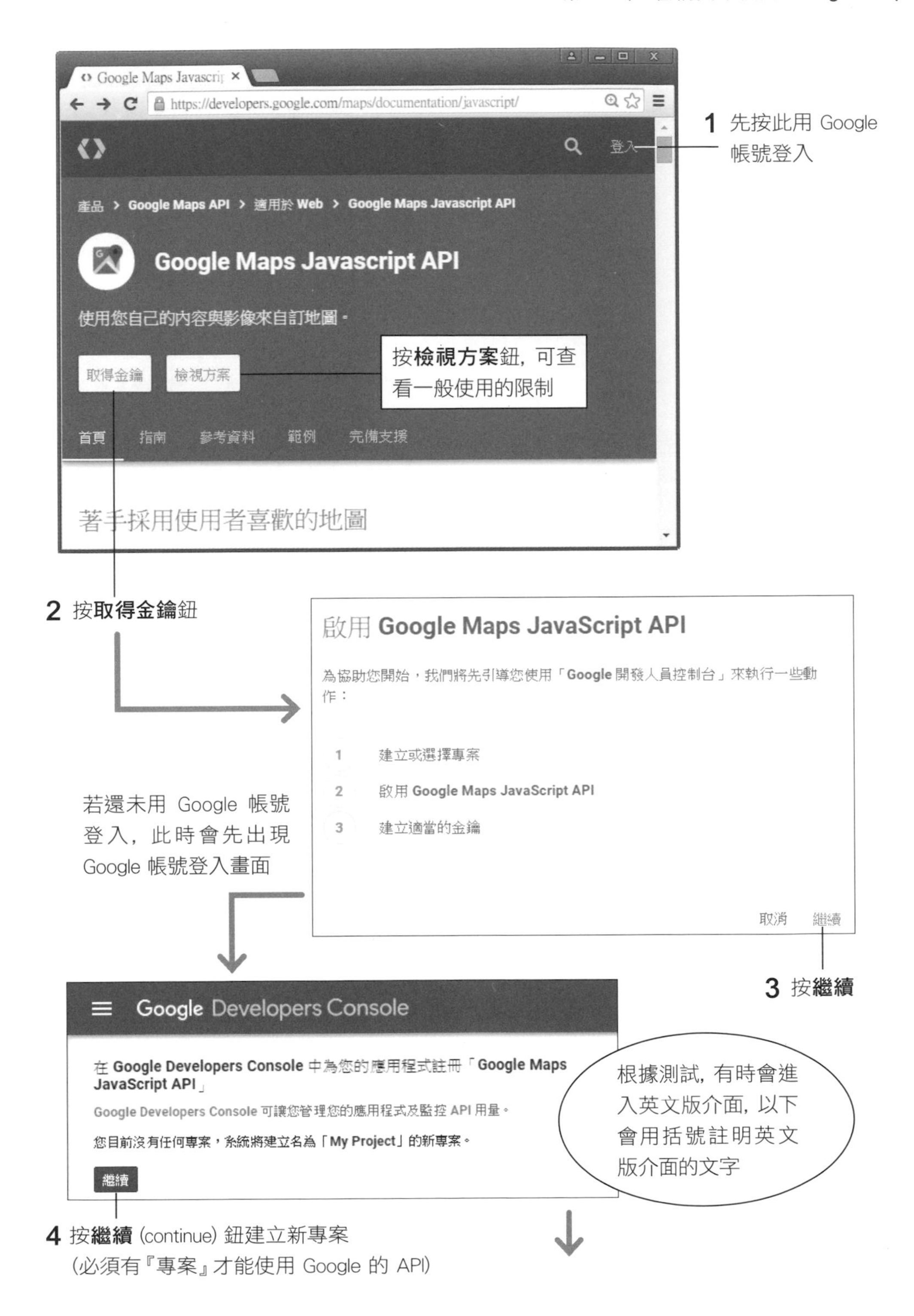
Google Maps Javascript
https://developers.google.com/maps/documentation/javascript/
登入
1 先按此用 Google 帳號登入
產品 > Google Maps API > 適用於 Web > Google Maps Javascript API
Google Maps Javascript API
使用您自己的內容與影像來自訂地圖。
取得金鑰
檢視方案
按檢視方案鈕，可查看一般使用的限制
首頁
指南
參考資料
範例
完備支援
著手採用使用者喜歡的地圖
2 按取得金鑰鈕
啟用 Google Maps JavaScript API
為協助您開始，我們將先引導您使用「Google 開發人員控制台」來執行一些動作：
1 建立或選擇專案
2 啟用 Google Maps JavaScript API
3 建立適當的金鑰
取消
繼續
若還未用 Google 帳號登入，此時會先出現 Google 帳號登入畫面
3 按繼續
Google Developers Console
在 Google Developers Console 中為您的應用程式註冊「Google Maps JavaScript API」
Google Developers Console 可讓您管理您的應用程式及監控 API 用量。
您目前沒有任何專案，系統將建立名為「My Project」的新專案。
繼續
根據測試，有時會進入英文版介面，以下會用括號註明英文版介面的文字
4 按繼續 (continue) 鈕建立新專案
(必須有『專案』才能使用 Google 的 API)

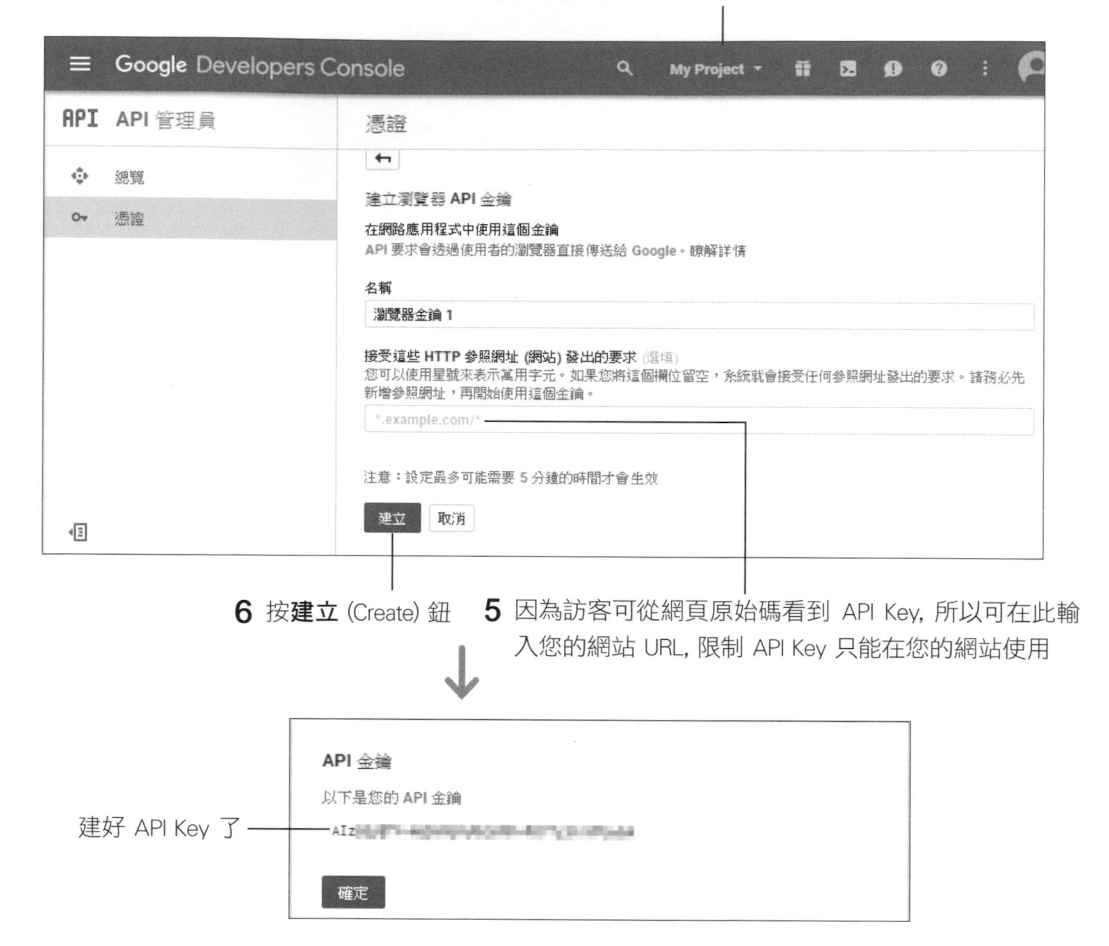

將畫面中的 API Key 複製下來, 之後在使用 Google Maps API 時, 於 API 的 URL 中加入 **key=xxxx** 參數設定即可 (xxxx 為 API Key 字串), 參見本章稍後說明。

啟用不同的功能

上述步驟建立的 API Key, 預設僅啟用部份的 Google API 功能, 若想使用本章稍後介紹的 Google Maps Embed API (JavaScript API 可選擇不使用金鑰), 可依如下方式啟用之:

2 找到 Google Maps 項目後，按 **更多** (More)

3 點選想使用的 API 項目 (本例選 **Embed API**)

4 按 **啟用 API** (Enable API) 啟用此項功能

以後可由**用量**頁次查看 API 使用次數

15-2 使用 Google Maps Embed API 建立嵌入式地圖

我們可利用 iframe 元素嵌入 Google Maps 地圖服務, 這也是在 Google Maps 網站上所提供的用法。

由 Google Maps 網站取得嵌入式地圖

想將某個地區的 Google Maps 地圖顯示在自己的網頁中, 只需用瀏覽器連上 Google Maps 網站, 如下操作即可取得用於網頁的 iframe 標籤文字：

上面欄位內的文字, 就是含載入地圖 URL 的 iframe 標籤, 將它貼到自己的網頁中, 網頁就會可顯示地圖。

此方法的優點是方便快速, 缺點是無法隨意修改 URL 來調整顯示的地區、位置。若想以較具彈性的方式建立嵌入式的地圖, 可使用 Google Maps Embed API。

使用 Google Maps Embed API 自訂嵌入式地圖

若您已申請 API Key 並啟用 Google Maps Embed API, 即可自訂嵌入式的 Google Maps。使用時仍是利用 iframe 元素, src 則為 API 的 URL, 基本的格式如下:

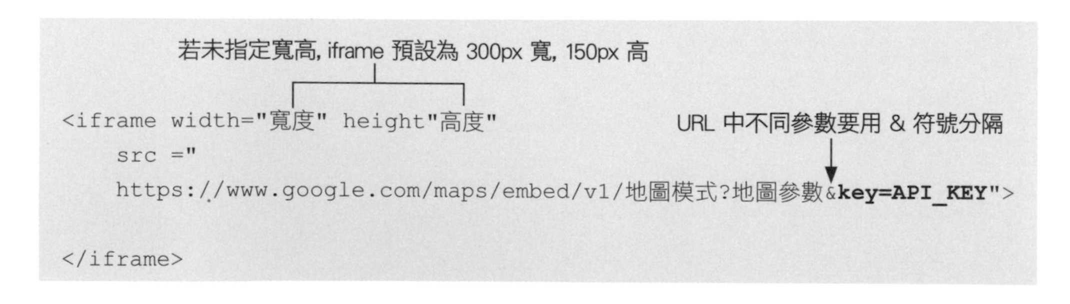


```
<iframe width="寬度" height"高度"
    src ="
    https://www.google.com/maps/embed/v1/地圖模式?地圖參數&key=API_KEY">
</iframe>
```

其中 **API_KEY** 的部份請代換成您取得的 API KEY 字串, 可使用的地圖模式及配合的參數如下:

■ **place**：一般表示位置的地圖，需用 q 參數指定要顯示的位置。位置字串中若有空白 (例如英文地名) 需改用 + 符號代替之：

■ **view**：單純檢視地圖，而無其它標示。必須用 center 參數指定中心點經緯度座標，並可加選用參數 zoom 指定放大比例、以 maptype 指定地圖類型 (satellite 衛星圖，預設為 roadmap 街道圖)：

Ch15-01.html

```
<iframe
  src="https://www.google.com/maps/embed/v1/place?q=台北101&key=???"
  width="300" height="300" style="border:0"></iframe>
<iframe src="https://www.google.com/maps/embed/v1/view?
            center=25.0339,121.562321&    ←緯度在前，並以逗號分隔
            zoom=15&
            maptype=satellite&
            key=???"
        width="300" height="300" style="border:0"></iframe>
```

TIP 書附範例檔案中不含 API Key 字串，請將檔案中 ??? 位置代入您申請的 API Key，才能正常瀏覽到 Google Maps 地圖 。

place 模示的地圖, 會用標記 (Marker) 標示出 q 參數所指的地點

view 模示的地圖可使用衛星圖和指定比例

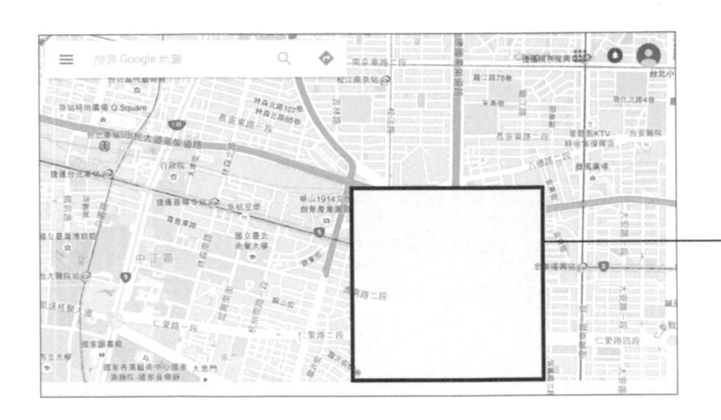

Google Maps 顯示地圖時, 是像貼磁磚一樣, 用地圖圖塊 (tile) 組成地圖

依此類推, zoom=15 時, 圖塊內約略是 1 平方公里的區域。

參數 zoom=0 時, 表示將全世界的地圖放在一個圖塊中 (預設 256x256); 之後數字每增加 1 就是橫向、縱向各放大 2 倍, 例如 zoom=2 時, 每個圖塊就是 1/16 個全球地圖。

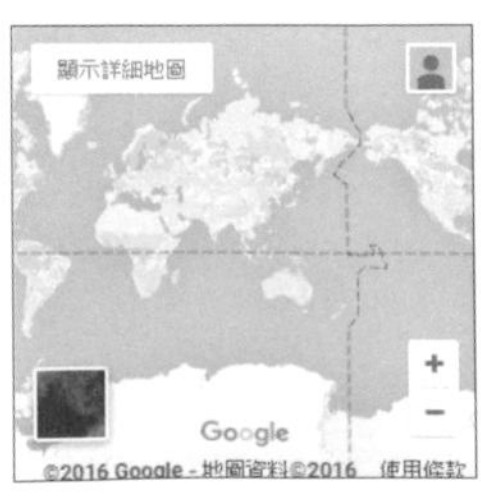

zoom=0

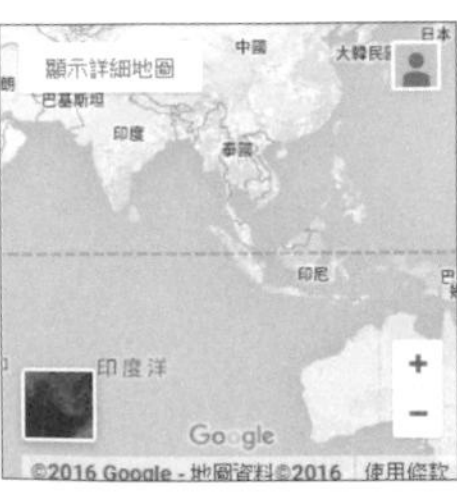

zoom=2

zoom=4

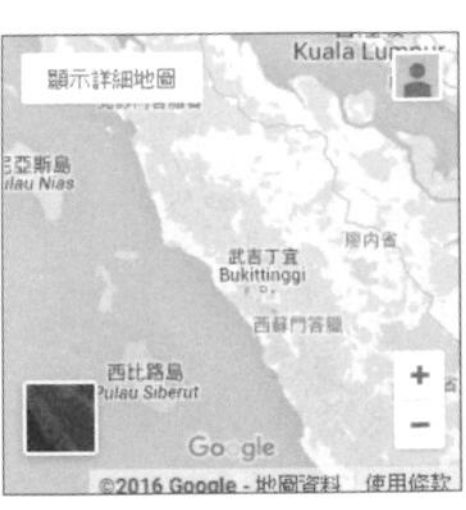

zoom=6

- **directions**：顯示路線，至少需用 origin、destination 參數指定起點、終點，另外可選擇性地加上 waypoints 參數指定中間經過的地點、以 mode 指定交通方式 (walking、bicycling、transit)、以 avoid=highway 表示要避開高速公路等：

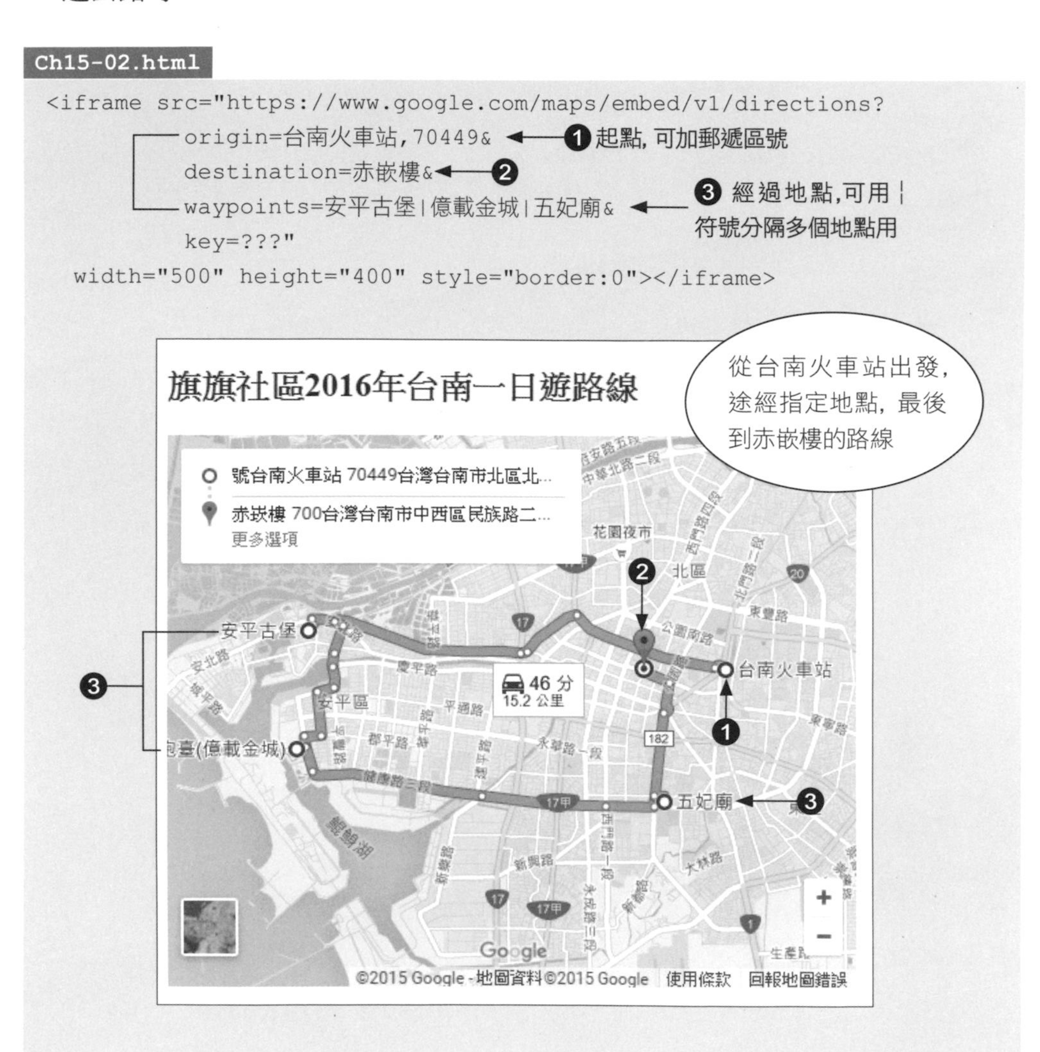

TIP 根據測試，有時只使用地名 (例如『台南火車站』)，Google Maps 會無法確定地點。因此必要時可如上範例，加上郵遞區號、或改用地址明確標示地點。

■ **search**：搜尋模式，例如搜尋某地區的餐廳、商家等，同樣是利用 q 參數指定。Google Maps 會用紅點標示出符合條件的地點，例如：

```
https://www.google.com/maps/embed/v1/
search? q=農場+in+宜蘭&key=???
```

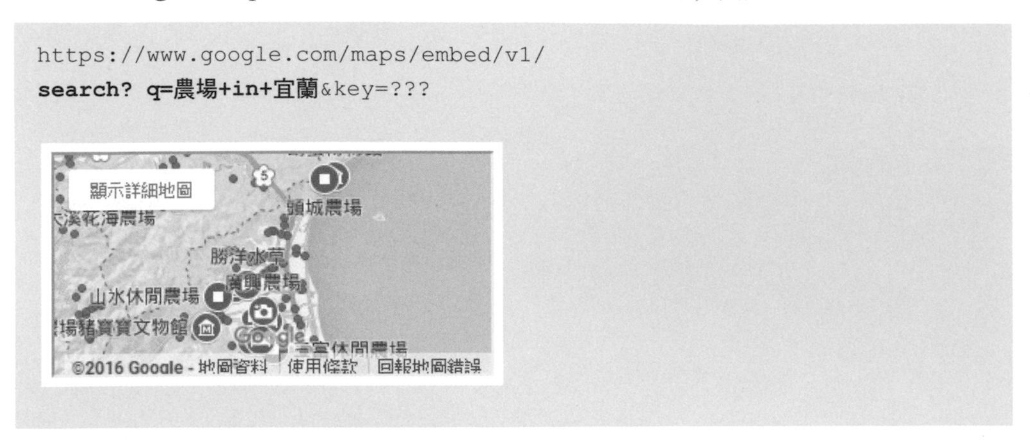

■ **streetview**：街景模式，必須以 location 指定經緯度。街景就像透過一個鏡頭看世界，所以可利用選用參數 heading 指定鏡頭朝什麼方向、pitch 指定俯仰角、fov 指定視野寬度，3 個參數值都是用角度表示。

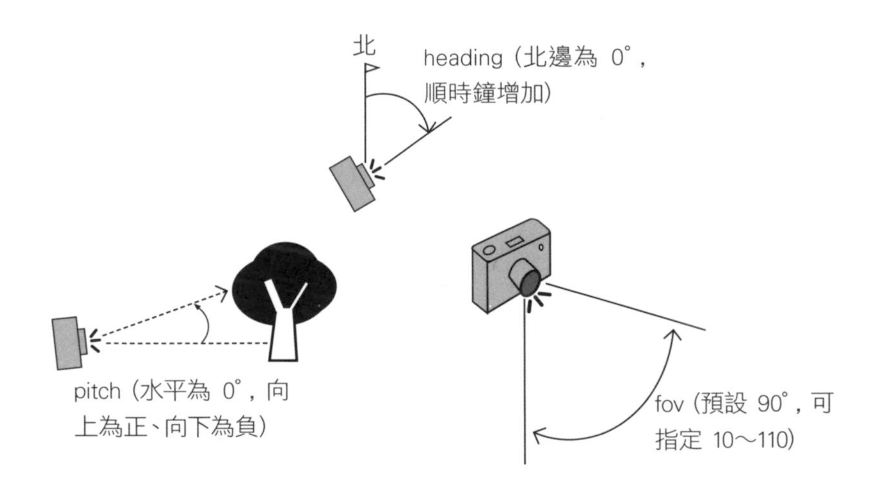

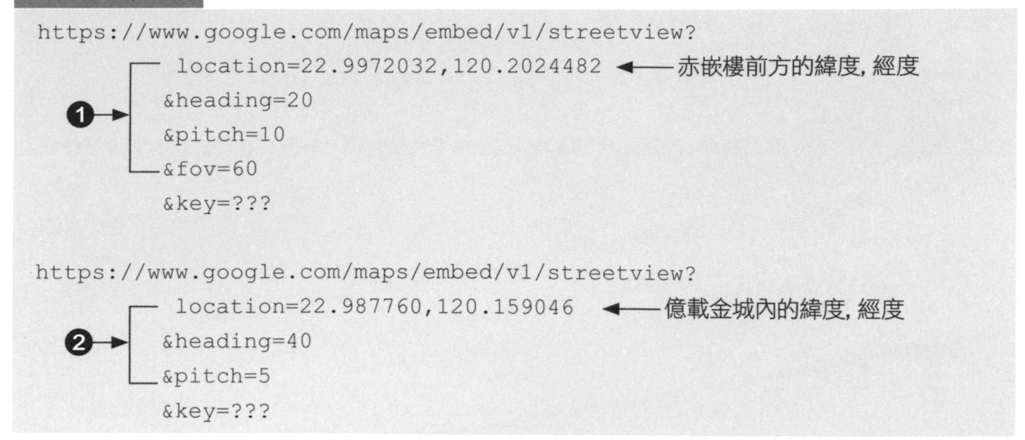

Ch15-03.html

```
https://www.google.com/maps/embed/v1/streetview?
    location=22.9972032,120.2024482  ◄── 赤崁樓前方的緯度, 經度
❶   &heading=20
    &pitch=10
    &fov=60
    &key=???

https://www.google.com/maps/embed/v1/streetview?
    location=22.987760,120.159046  ◄── 億載金城內的緯度, 經度
❷   &heading=40
    &pitch=5
    &key=???
```

❶ 赤崁樓前的景像

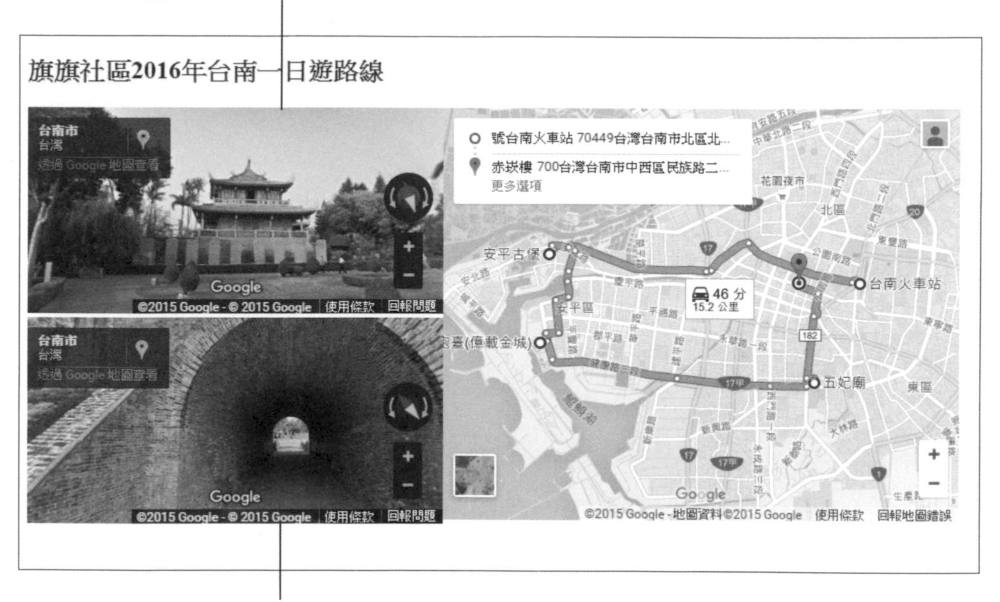

❷ 在億載金城內向外看

15-3 使用 Google Maps 靜態地圖

如果不想使用 iframe 元素或是不想申請 API Key, 可改用 Google Static Maps API, 建立以 img 元素載入網頁的靜態地圖。

使用 Google Static Maps API 時, 是在網頁中加入放置地圖的 img 元素, 並將 src 屬性設為 API 的 URL 並加上適當的參數。最基本的參數用法, 就是用 center、zoom、size 指定地圖的中心位置、縮放比例、圖片大小:

```
<img src="https://maps.googleapis.com/maps/api/staticmap?
            center=台北+101          ←— 可用地名或經緯度
            &zoom=16                 ←— 指定地圖放大比率
            &size=240x240">          ←— 用 "寬x高" 的方式指定大小
```

另外也可加上下列選用參數, 調整地圖顯示的內容、樣式:

- **format**:影像檔類型, 預設為 PNG, 也可設為 png32 (32 位元 PNG)、gif、jpg、jpg-baseline (非交錯式 jpg)。例如要載入較大的圖檔, 可利用 format=jpg 減少檔案大小。

- **maptype**:可設為 satellite (衛星圖)、hybrid (衛星加地名、路名)、terrain (地形圖), 未設定則使用 roadmap (街道地圖)。

- **scale**:指定地圖影像的放大比例, 也就是用多少畫素表示 size 指定的大小, 預設為 1。例如 size=100x100, 傳回的圖案大小就是 100x100;設定 scale=2 時, 會傳回 200x200 的大小, 同時圖中的文字也會採用較大的字體, 因此適合用於需縮放地圖的場合, 參見以下範例。

Ch15-04.html

```
<img src="https://maps.googleapis.com/maps/api/staticmap?
        center=台灣地理中心碑&zoom=14&size=320x320"
        width="49%">◄── ❶
<img src="https://maps.googleapis.com/maps/api/staticmap?
        center=台灣地理中心碑&zoom=14&size=320x320&scale=2"◄── ❷
        width="49%">
```

❶ 用百分比指定寬度，所以瀏覽器視窗較大時，img 元素寬度會超過下載的地圖寬度 (320px)，使得地圖被放大了

❷ 右圖使用 scale=2 取得解析度較高的圖案，所以字體比較不會糊掉

TIP 免費的 Google Static Maps 最大只會傳回 640x640 大小的地圖，若設為 scale=2 則可取得 1280x1280 的地圖。

■ **visible**：指定要出現在地圖上的地標。使用此參數時就可省略 zoom 參數，Google Maps 會在『指定的地標要出現在地圖上』的前提下，自行選擇合適的 zoom 等級。若要指定多個地標，可用 | 符號分隔。指定的地點不會出現標記圖示📍，若需加標記需使用 markers 參數 (後詳)。

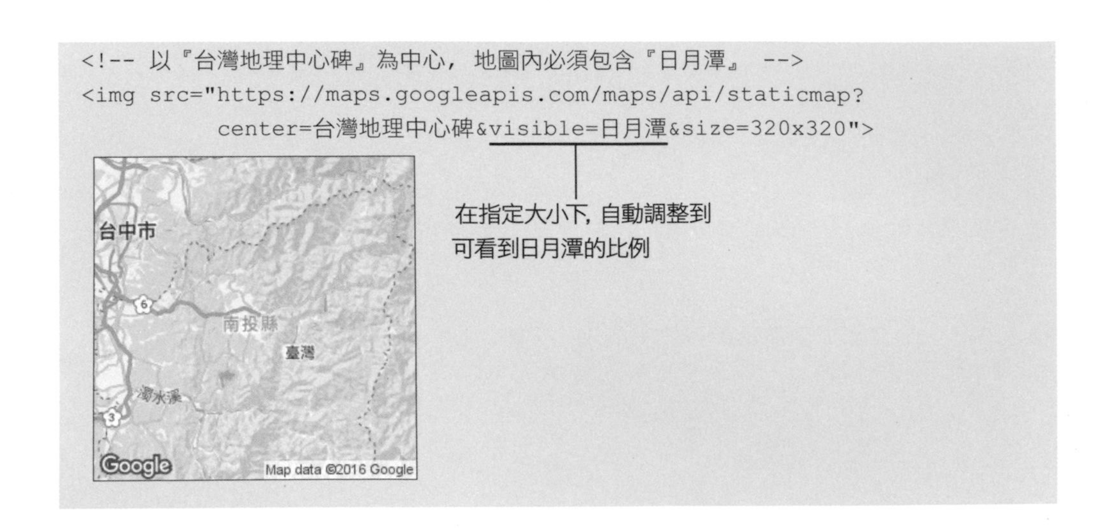
<!-- 以『台灣地理中心碑』為中心，地圖內必須包含『日月潭』 -->
<img src="https://maps.googleapis.com/maps/api/staticmap?
center=台灣地理中心碑&visible=日月潭&size=320x320">
在指定大小下，自動調整到
可看到日月潭的比例
台中市
南投縣
臺灣
濁水溪
Google
Map data ©2016 Google

自訂地圖樣式

在靜態地圖中，可利用 style 參數指定地圖樣式，設定的格式為『style=樣式參數:參數值』，可使用的樣式參數如下所列：

- **hue**：設定地圖的色調，參數格式為 0xRRGGBB (類似於 CSS 色彩指定方式，但開頭要加 0x)，例如 0xFF0000 表示紅色。
- **lightness**：指定亮度，可設定 -100～100 之間的數值。-100 為全黑、100 為全白。
- **saturation**：指定飽和度，同樣可設定 -100～100 之間的數值。100 表示顏色濃郁、-100 則無色彩，變成灰階地圖。

若要同時設定多個樣式參數，其間需以 | 符號分隔，參見以下範例：

Ch15-05.htm

```
<head>
  <style>
    /*  載入 Google Maps 地圖當做網頁背景 */
    body {background-image: url(https://maps.googleapis.com/maps/
                                api/staticmap?center=0,127&zoom=2&  ❶
                                size=640x640&style=lightness:50);
          background-size:cover;}
  </style>
</head>
<body>
  <img src="https://maps.googleapis.com/maps/api/staticmap?center=
          台灣地理中心碑&visible=富貴角&size=300x460&maptype=hybrid&
          style=saturation:80|hue:0xFF00FF">  ❷
</body>
```

此屬性可指定背景的大小, 屬性值 cover 表示縮放背景, 以填滿 Containing Block (此處為瀏覽器視窗)

以 | 符號分隔多個樣式

❷ 台灣地圖設定的 style=saturation:80|hue:0xFF00FF, 對衛星圖無影響, 只有圖中的公路、文字有變成紫色

❶ 設為背景的世界地圖使用 style=lightness:50 淡化圖面

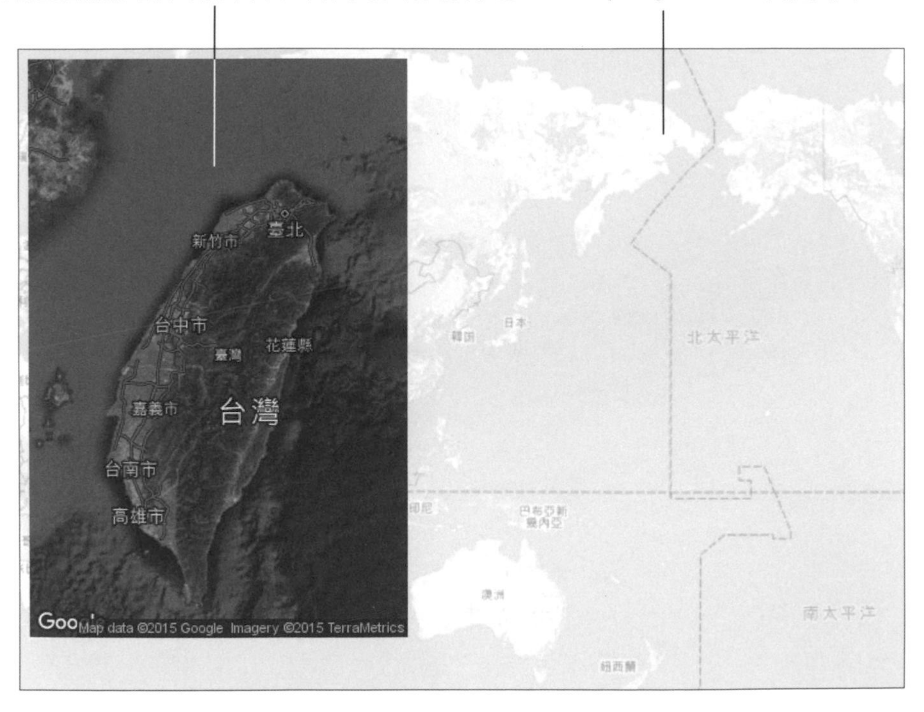

在地圖上加上標記 (Marker)

靜態地圖只是單純的影像，不像 Google Maps 會有按一下就出現紅色標記圖示的互動效果，不過我們可利用 markers 參數加上標記圖示。其語法格式如下 (前 3 個參數都是選用參數)：

```
markers=size:大小|color:顏色|label:文數字標記|地點
```

- **size**：標記的大小，可設為 (由小而大) tiny、small、mid，預設大小為 normal (最大)。
- **color**：指定標記的顏色，可使用 0xRRGGBB 格式或 black、blue、brown、gray、green、orange、purple、red、yellow、white 等 10 個預設的顏色名稱。
- **label**：指定出現在標記中的英文字母 (大寫) 或數字 0-9 (只能放一個字)。但要注意，若 size 參數設為 tiny 或 small，會因標記太小而無法顯示指定的文數字。
- 地點：可使用地名或經緯度。若想同時為多個地點加上標記，可用 | 符號分隔：

```
markers=size:大小|color:顏色|label:文數字標記|地點1|地點2...
```

若要為不同的地點設定不同的標記符號樣式，可在 API 的 URL 中加上多組 "&markers=..." 參數。

```
<img src="https://maps.googleapis.com/maps/api/staticmap
        ?center=23.5,121&zoom=7&size=240x200
        &markers=size:mid|label:W|台西  ←❶
        &markers=label:E|台東">  ←❷
```

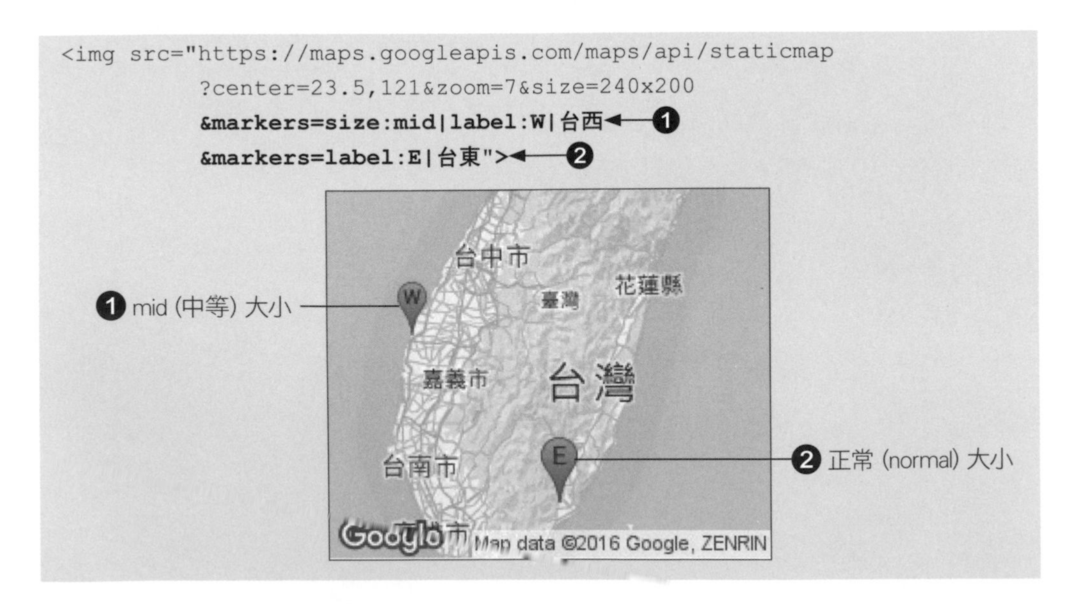

結合 AJAX 與 Google Maps 靜態地圖

前一章我們曾使用 AJAX 取得天氣、紫外線資料，在此我們則利用 AJAX 取得目前大眾關切的 PM 2.5 細縣浮微粒濃度數據，並依嚴重程度，使用不同顏色的圖示顯示在地圖上。

環保署提供的空氣品質即時污染指標，其 JSON 資料格式的網址為 http://opendata.epa.gov.tw/webapi/api/rest/datastore/355000000I-000001/?format=json：

空氣品質資料是在 JSON 資料中的 result 屬性下的 records 屬性 (陣列)

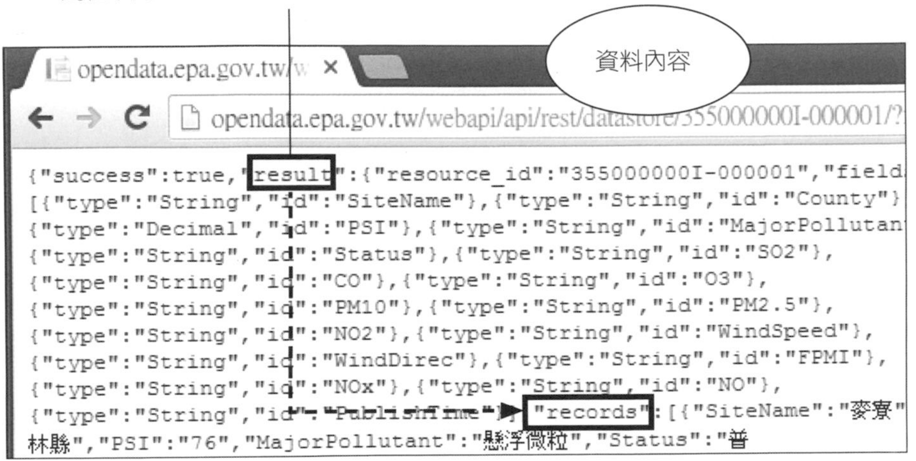

records 陣列中的物件

```
{"SiteName":"麥寮","County":"雲林縣",
 "PSI":"88","MajorPollutant":"懸浮微粒","Status":"普通",
 "SO2":"1.9","CO":"0.19","O3":"39","PM10":"72","PM2.5":"15",
 "NO2":"4.2","WindSpeed":"5.4","WindDirec":"69","FPMI":"2",
 "NOx":"6.22","NO":"2.07","PublishTime":"2015-11-23 19:00"}
```

稍後範例只會用到測站名稱 (SiteName)、縣市 (County) 和細懸浮微粒濃度 (PM2.5)

根據環保署網站說明 (http://taqm.epa.gov.tw/taqm/tw/fpmi-2.aspx)，細懸浮微粒濃度可分類為低、中、高、非常高的等級。

EPA 行政院環境保護署

taqm.epa.gov.tw/taqm/tw/fpmi-2.aspx

即時細懸浮微粒($PM_{2.5}$)指標計算方式如下：

$PM_{2.5}$ ： 0.5 × 前12小時平均 + 0.5 × 前4小時平均 (前4小時3筆有效，前12小時8筆有效)

指標等級	1	2	3	4	5	6	7	8	9	10
分類	低	低	低	中	中	中	高	高	高	非常高
$PM_{2.5}$濃度 ($\mu g/m^3$)	0-11	12-23	24-35	36-41	42-47	48-53	54-58	59-64	65-70	≧71

我們就利用程式讀取數據，並依各測站的濃度等級設定標記顏色，然後在地圖上標記出測站的位置。

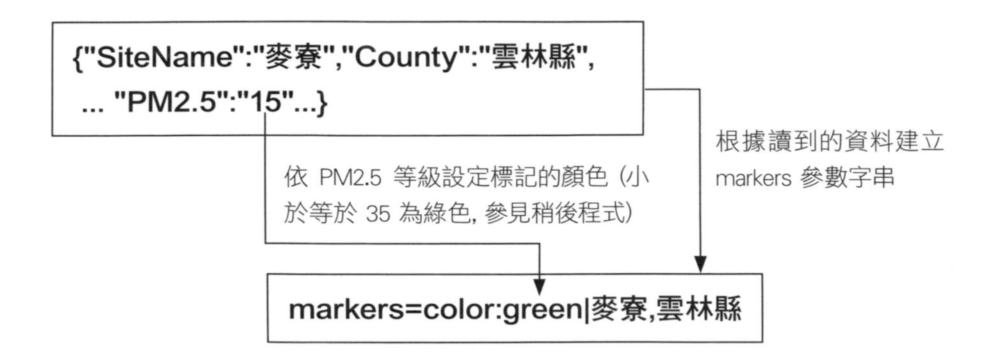
{"SiteName":"麥寮","County":"雲林縣",
... "PM2.5":"15"...}
依 PM2.5 等級設定標記的顏色 (小於等於 35 為綠色，參見稍後程式)
根據讀到的資料建立 markers 參數字串
markers=color:green|麥寮,雲林縣

由於 HTTP 中的 URL 字串長度有一定的上限，為避免加上眾多 markers 參數後，地圖的 URL 字串過長，所以本範例只會處理雲林縣資料，並將之標示在地圖上。

Ch15-06.html

```
<body>
    <!-- img 用來載入 Google Maps 地圖-->
    <img id="pm25" alt="載入資料中">

    <div>
        <p>細懸浮微粒PM 2.5濃度指標：</p>
        <p><span style="color:green">● 低</span>
        <span style="color:orange">● 中</span>
        <span style="color:red">● 高</span>
        <span style="color:purple">● 非常高</span></p>
    </div>
</body>
```

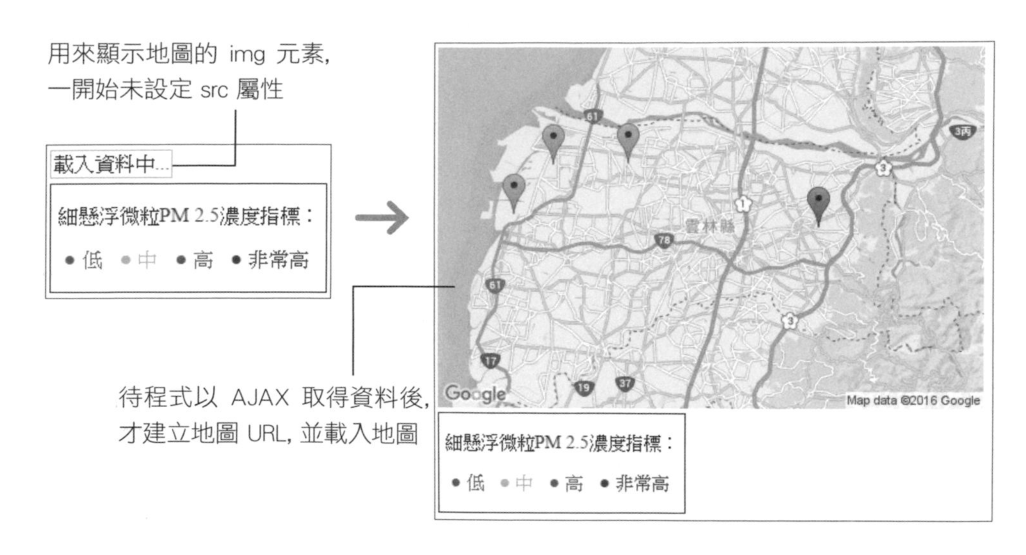
用來顯示地圖的 img 元素,
一開始未設定 src 屬性
載入資料中...
細懸浮微粒PM 2.5濃度指標：
● 低 ● 中 ● 高 ● 非常高
待程式以 AJAX 取得資料後,
才建立地圖 URL, 並載入地圖
雲林縣
Google
Map data ©2016 Google
細懸浮微粒PM 2.5濃度指標：
● 低 ● 中 ● 高 ● 非常高

以下是載入 JSON 資料並建立地圖的 markers 參數, 再顯示地圖的 JavaScript 程式:

Ch15-06.html (續)

```
<script>
  // 建立地圖 URL 的前半段
  var mapUrl = 'https://maps.googleapis.com/maps/api/staticmap?   ❶
                            zoom=10&size=480x320&center=雲林縣';

  $(function(){
      // 用 ajax() 以 JSONP 方式取得資料
      $.ajax({           // 空氣品質即時污染指標網址
        url:'http://opendata.epa.gov.tw/webapi/api/rest/
                datastore/355000000I-000001/?format=json',
        dataType:'jsonp',
        success : onSuccess,   // 成功時呼叫自訂函式 onSuccess()
        error   : function(e){
            console.log('錯誤, 代碼:'+e.status);
        }
      });
  });
```

```
// $.ajax() 成功時執行的函式
function onSuccess(data){
  if (data == null) {       // 要求成功, 但沒有資料,
     alert("下載失敗!");  // 會顯示訊息
     return;
  }

  // 逐筆處理陣列中的資料
  $.each(data.result.records, function(index){
    if(this.County=='雲林縣') {      // 範例僅處理雲林縣的資料 ─┐
      // 開始建立 markers 參數字串                            ├─❷
      var markerStr = '&markers=color:'                     ─┘
                          ┌──此處改用類似陣列的語法存取屬性, 參見下頁說明
      var pm25 = this["PM2.5"];    // 取得 PM2.5 濃度值

      // 依濃度值的範圍, 指定不同的顏色名稱
      if(pm25>=71)  // 若濃度大於等於 71,  使用紫色              ─┐
        markerStr += 'purple|';    // 顏色名稱後要加分隔符號        │
                                   // 以便再串接測站名稱及縣市名    │
      else if(pm25>54)  // 若濃度大於 54,  使用紅色                 │
        markerStr += 'red|';                                        ├─❸
      else if(pm25>35)  // 若濃度大於 35,  使用橘色                 │
        markerStr += 'orange|';                                     │
      else              // 濃度小於等於 35,  使用綠色              ─┘
        markerStr += 'green|';

      // 後面串接測站名稱及縣市名 (標記的位置)
      markerStr += this.SiteName + ',' + this.County;◄──❹

      mapUrl += markerStr;  // 將參數字串附加到地圖 URL 後面
    }
  }); // END OF $.each()

  // 立即顯示地圖
  $('#pm25').attr('src', mapUrl);
}
</script>
```

以標記標出 4 個測站位置, 並以顏色表示 PM2.5 嚴重程度
雲林縣
Google
Map dat
❶ 雲林縣地圖

範例僅呈現最後的地圖結果, 若想檢視程式所建立的地圖 URL 字串, 可用**開發人員工具**查看:

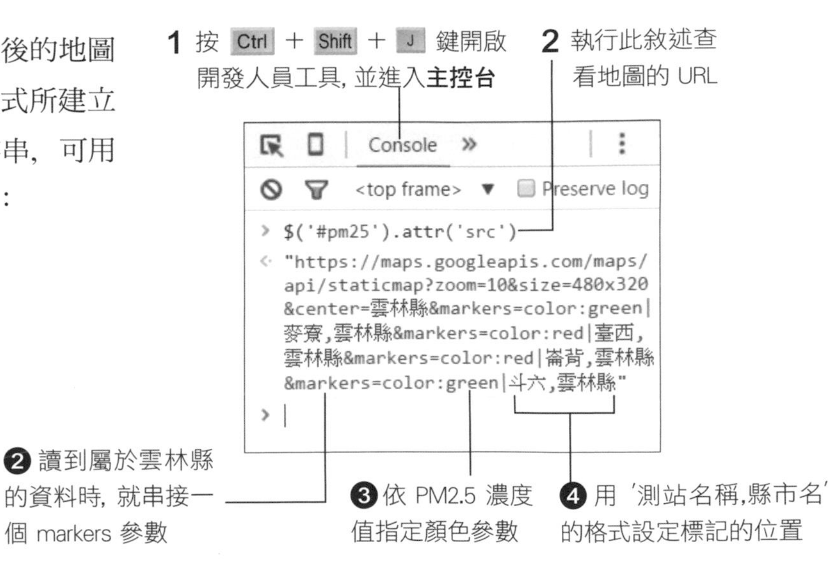
1 按 Ctrl + Shift + J 鍵開啟開發人員工具, 並進入**主控台**
2 執行此敘述查看地圖的 URL
Console
<top frame>
Preserve log
$('#pm25').attr('src')
"https://maps.googleapis.com/maps/api/staticmap?zoom=10&size=480x320&center=雲林縣&markers=color:green|麥寮,雲林縣&markers=color:red|臺西,雲林縣&markers=color:red|崙背,雲林縣&markers=color:green|斗六,雲林縣"
❷ 讀到屬於雲林縣的資料時, 就串接一個 markers 參數
❸ 依 PM2.5 濃度值指定顏色參數
❹ 用 '測站名稱,縣市名' 的格式設定標記的位置

在 JSON 資料中, PM2.5 屬性名稱中含小數點, 不便用『物件.屬性』的語法來讀取, 所以在上面程式改用另一種語法『物件["屬性"]』 (類似存取陣列元素):

```
var pm25 = this["PM2.5"];
```

注意, 屬性名稱一定要用雙引號括起來。

15-4 以 Google Maps JavaScript API 載入地圖

前面介紹的嵌入式和靜態的 Google Maps, 都是透過調整 URL 參數來取得不同的內容。本節則要介紹使用 Google Maps JavaScript API, 以 JavaScript 來取得、控制地圖的內容。

載入 API 及顯示地圖

使用 Google Maps JavaScript API 和使用 jQuery 一樣, 必須先載入 API 的 JavaScript 程式, 而網頁中則用 div 元素顯示地圖:

1. 載入 API:若有申請 API Key, 可將 Key 如下附在 URL 後面。

```
<script src="http://maps.googleapis.com/maps/api/js?
             key=...API Key...&sensor=false"></script>
```

表示不使用行動裝置的定位資訊 (指向 sensor=false)

2. 在網頁中建立加入放置地圖的 div 元素。通常都會先用 CSS 設好 div 的寬高, Google Maps 會將地圖填滿指定的大小。

```
<div id="mymap" style="width:256px; height:256px;"></div>
```

程式會用到此 id (指向 mymap)　　指定地圖寬高 (指向 width:256px; height:256px;)

3. 在 JavaScript 程式中用 **google.maps.Map()** 建立地圖物件, 語法如下:

```
new google.maps.Map(
          document.getElementById("mymap", {...地圖參數...});
```

div 元素的 ID (指向 mymap)

上面程式開頭的 **new** 是 JavaScript 建立新物件的關鍵字，在第 10 章曾用 "new Date()" 建立日期時間物件，現在則改用 API 中的 google.maps.Map() 建立地圖物件，且需加上 2 個參數：

- 第 1 個參數就是用來放置地圖的 div 元素。注意此處需使用 DOM 物件，所以若想使用 jQuery，則需用第 11 章介紹的 get(0) 取得 DOM 物件：

```
// 使用 DOM API 取得 div 元素的 DOM 物件
new google.maps.Map(document.getElementById("mymap"), ...);

// 使用 jQuery 取得 div 元素的 DOM 物件
new google.maps.Map($("#mymap").get(0), ...);
```

- 第 2 個參數則是有關地圖設定的參數物件，API 提供的參數相當多，以下列出幾個常見參數，必要參數為**地圖的中心點 center 和放大率 zoom**：

  - center：在 google.maps.Map 只能使用經緯度物件指定地圖中心點，設定的語法有 2 種：

```
// 使用 API 中的 LatLng 物件：緯度在前，經度在後
center: new google.maps.LatLng(25.08, 121.24)

// 使用 API 中的 LatLngLiteral 物件：
// 直接建立物件，用 lat 屬性設定緯度，lng 屬性設定經度
center: {lat:25.0479, lng:121.517080}
```

  - zoom：指定地圖放大級數，用法同 15-10 頁說明。
  - mapTypeId：顯示的地圖種類，需用下表所示的內建常數指定。

常數名稱	地圖種類
google.maps.MapTypeId.HYBRID	衛星加街道圖
google.maps.MapTypeId.ROADMAP	一般街道地圖
google.maps.MapTypeId.SATELLITE	衛星圖
google.maps.MapTypeId.TERRAIN	地形圖

  - disableDefaultUI：設為 false 表示不顯示預設的使用者控制元件 (例如切換地圖類型的按鈕)，也可用下面參數個別設定。

JavaScript 語法：物件的建構函式

在前面幾章，都直接用類似 var x={...} 的語法，隨意建立 JavaScript 物件時。但是當物件要有一定的格式、屬性有預設值、想重複利用相同結構...的時候，通常會將建立物件的敘述定義成函式，以方便使用：

```
// 定義水果類別 Fruit
function Fruit(n, c) {  // 類別名稱通常首字大寫
  this.name  = n;  // 將參數 n 設為 name 屬性值
  this.color = c;  // 將參數 c 設為 color 屬性值
}

// 建立 2 個水果物件
var apple = new Fruit('蘋果', 'red');
// apple = {name : '蘋果', color : 'red'}

var banana = new Fruit('香蕉', 'yellow');
// banana = {name : '香蕉', color : 'yellow'}
```

- mapTypeControl：設為 false 表示不顯示切換地圖類型的使用者控制元 scaleControl：設為 false 表示不顯示放大縮小地圖的使用者控制元件。
- draggable：設為 false 可讓使用者無法用滑鼠拖曳的方式改變地圖顯示的位置。

以下範例用 2 種不同方式建立地圖物件：第 1 個地圖使用 DOM API 取得 div 元素物件、只設定必要參數 center、zoom，且使用 LatLng() 建立經緯度物件；第 2 個地圖則改用 jQuery 取得 div 物件、建立 LatLngLiteral 經緯度物件、且加上 mapTypeId 及操作介面的參數設定：

Ch15-07.html

```
<head>
  <script src="http://maps.googleapis.com/maps/api/js"></script>
  <script>
  $(function(){
    // 建立地圖物件，只設定 zoom 和 center
    new google.maps.Map(document.getElementById("map_1"), { ←── ❶
      zoom: 13,
      center: new google.maps.LatLng(25.08,121.24) ←── 使用 LatLng 物件 ⬇
```

```
    });

    // 建立地圖物件並加上其它地圖選項
    new google.maps.Map($("#map_2").get(0), {
      zoom: 12,
      center: {lat: 35.77, lng: 140.38},          ←自行建立經緯度物件
      mapTypeId: google.maps.MapTypeId.HYBRID,   // 衛星加地名 ←❷
      mapTypeControl: false,      // 不顯示地圖種類選擇介面 ←❸
      draggable: false            // 不可拖曳 ←❹
    });
  });
  </script>
  <style>  .left {float:left;margin:3px;} </style>
</head>
<body>
<div class="left">
  <h3>桃園機場</h3>
  <div id="map_1" style="width:400px; height:300px"></div>
</div>

<div class="left">
  <h3>成田機場</h3>
  <div id="map_2" style="width:400px; height:300px"></div>
</div>
</body>
```

程式示範了 2 種不同取得 div 物件、設定經緯度的方法，您可依個人喜好選用其中一種方法。

❸ "mapTypeControl: false" 使得地圖上沒有選擇地圖種類的按鈕

❷ 以 mapTypeId: google.maps.MapTypeId.HYBRID 指定顯示衛星圖並加街道、地名

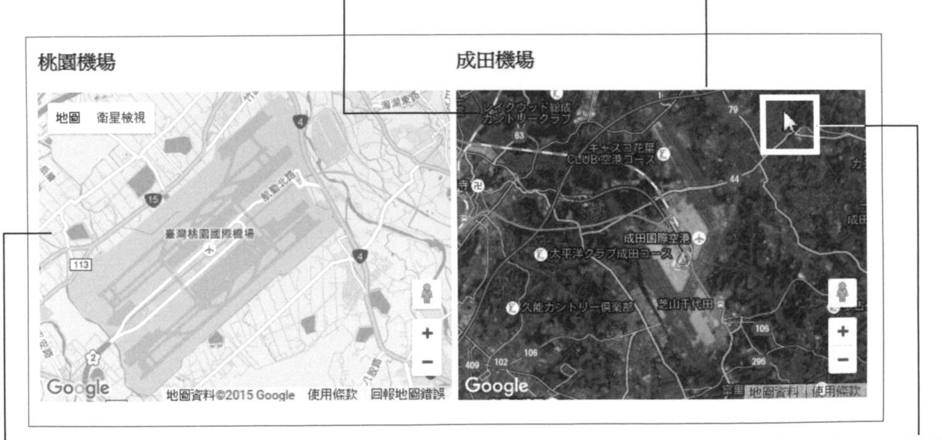

❶ 只設定 zoom 和 center 的地圖

❹ "draggable: false" 使地圖不能用滑鼠拖曳，所以滑鼠不會變成手的形狀

利用 Geocoder 取得經緯度

前 2 節介紹的嵌入式、靜態地圖, 可使用 "台北火車站" 這樣的地名指定地圖中心, 但建立 google.maps.Map 時的 center 參數, 只能使用以經緯度表示的 LatLng 或 LatLngLiteral 物件, 使用上有些不便。因此 Google Maps 另外提供了 Geocoder 服務, 讓我們可利用地名來查詢經緯度。

TIP 請注意, 免費的 Geocoder 查詢服務有每日 2500 次的限制。

Geocoder 服務提供地址 (地名) 與經緯度的對照功能, 並以 JSON 的方式提供查詢結果。不過在程式中不需自己處理 AJAX、解析 JSON 內容, 只需利用 google.maps.Geocoder 建好物件, 再利用物件呼叫 geocode() 方法進行查詢即可。

```
// 1. 建立 Geocoder() 物件及地圖物件
var gc = new google.maps.Geocoder();
var mymap = new google.maps.Map(...);

// 2. 呼叫 geocode() 方法進行查詢
gc.geocode({'address':'台北火車站'},      // 指定要查詢的地址
          function(result, status){     // 結果傳回時的處理函式
            // 確認查詢狀態為 OK
            if(status == google.maps.GeocoderStatus.OK) {
              // 將查詢結果設為地圖的中心
              mymap.setCenter(result[0].geometry.location);
          }
});
```

此方法可改變目前顯示的地圖中心點

由於 Geocoder 是以 AJAX 的方式查詢, 所以要如上用一個 callback 函式為參數, 待伺服器傳回結果時, 再呼叫它進行處理。函式第 1 個參數 result 即為查詢結果, 第 2 個參數 status 則為查詢狀態, 可如上確認查詢 OK 後, 再呼叫地圖物件的 setCenter() 方法設定地圖中心。

以下範例就使用上述的方式，讓使用者可輸入地名、地址來查看地圖：

Ch15-08.html

```
<head>
  <script>
  $(function(){
    // 建立 Geocoder() 物件
    var gc = new google.maps.Geocoder();
    var mymap = new google.maps.Map($('#map').get(0), {
              zoom: 15,
              center: {lat:25.0479, lng:121.517080}
    });

    // 設定查詢按鈕的事件處理函式
    $('#query').click(function(){   ←❶
      // 取得使用者輸入的地址
      var addr = $('#addr').val();
      if(addr == '') return;   // 若為空字串即返回

      // 用使用者輸入的地址查詢
      gc.geocode({'address': addr}, function(result, status){
        // 確認 OK
        if(status == google.maps.GeocoderStatus.OK) {
          var latlng = result[0].geometry.location;   ←取得查詢結果第 0 筆中的經緯度物件
        // 將查詢結果設為地圖的中心
        mymap.setCenter(result[0].geometry.location);   ←❸設定地圖中心位置
        $('#lat').text(latlng.lat()); //顯示經度 ┐
        $('#lng').text(latlng.lng()); //顯示緯度 ┘❷
      }
```

❶：`$('#query').click(function(){`

取得查詢結果第 0 筆中的經緯度物件

❸ 設定地圖中心位置

❷：`//顯示經度`、`//顯示緯度` 兩行

```
        });
      });  // END of click()

      // 設定輸入欄位按鍵放開的事件處理函式
      $('#addr').keyup(function(event){
        if(event.keyCode == 13) // 若是按下並放開 Enter 鍵 ┐
            $('#query').click();                          ┘─❹
      });  // END of keyup()
    });
  </script>
</head>
<body>
  <p><input id="addr" value="台北火車站">
     <button id="query">查詢</button></p>
  <p>緯度：<span id="lat">25.0479</span>      ┐
     經度：<span id="lng">121.5170</span></p> ┘─❷
  <div id="map" style="width:400px; height:300px"></div>◄──地圖區塊
</body>
```

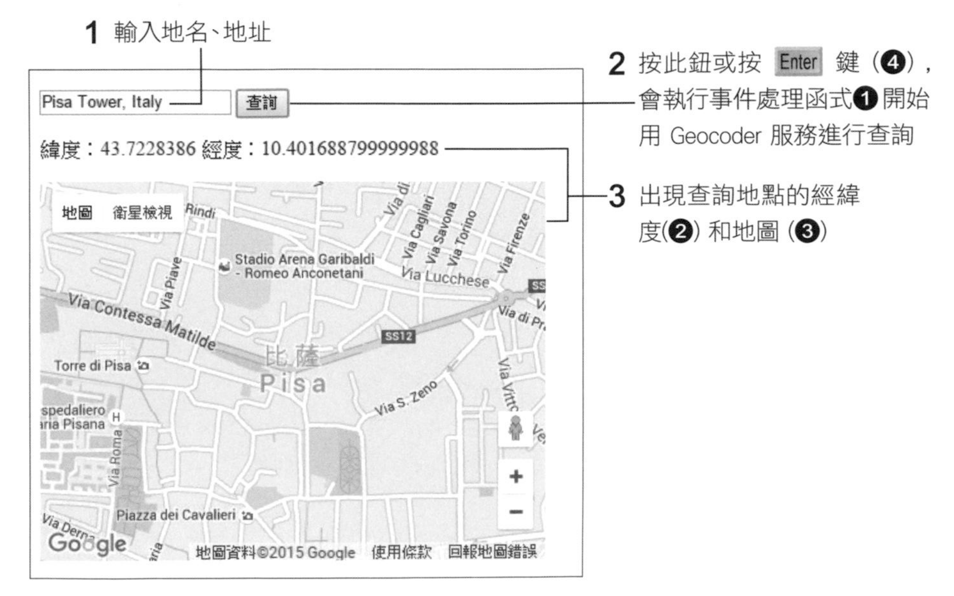

範例中除了將 Geocoder 的查詢結果設為地圖的中心外，也利用 LatLng 類別的 lat()、lng() 方法取得緯度和經度的值並顯示在網頁上。

TIP 請注意，免費的 Geocoder 查詢功能除了有每日 2500 次的限制，進行太頻繁的查詢，Geocoder 也會回應錯誤。因此對常用的地點，應自行記下經緯度資料，避免使用 Geocoder 服務。

在地圖中加入標記 (Marker)

若想在地圖中加上標記，可如下建立 Marker() 物件：

```
var mymap = new google.maps.Map(...);◀── 建立地圖

var marker = new google.maps.Marker({◀── ❶ 建立 Marker 物件
  position: {lat: 25,04, lng: 121,51}; // ◀── ❷ 標記的位置
  map: mymap,                     ◀── 標記要放的地圖
  title: '台北車站'                ◀── ❸ 滑鼠移到標記上面時顯示的文字
});
```

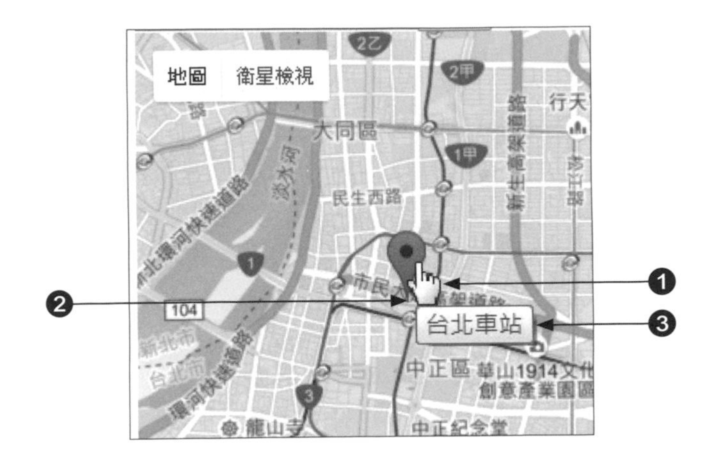

若需像 15-2 節靜態地圖中將標記中的黑點換成文數字，可再多加一個 label 屬性設定，但請記得只能使用單一字元。

利用 JavaScript 動態加入地圖標記

在前一章曾使用環保署的紫外線指數資料，該資料中包含各觀測站的經緯度，所以我們就可利用此項資訊在地圖上標出觀測站的位置：

```
[{"SiteName":"花蓮","UVI":"0.74","PublishAgency":"中央氣象局",
  "County":"花蓮縣",
  "WGS84Lon":"121,36,48",
  "WGS84Lat":"23,58,30",
  "PublishTime":"2015-11-26 10:00"},
  ...
```

WGS84 (World Geodetic System, 1984 版) 是經緯度座標的一種, Google Maps 也是使用 WGS84, 但其格式是單純以數字表示, 例如『lat: 25.04』表示北緯 25.04 度, 但上列資料中的 "WGS84Lat":"23,58,30" 則是 23 度 58 分 30 秒, 其中分、秒都是六十進位 (1 度有 60 分, 1 分有 60 秒)。因此要先將 "23,58,30" 這樣的資料, 用如下算式換算成十進位表示 (23.975) 才能將此經緯度用於 Google Maps (例如建立 Marker 物件)。:

```
lat = 23 +      // 度
      58/60 +   // 分, 除以 60, 因為 1 度 = 60 分
      30/3600   // 秒, 除以 3600, 因為 1 度 = 60 分 = 3600 秒
```

十進制的 25.5 度, 在度分秒的格式中是 25 度 30 分, 也就是 25,30

我們可利用 JavaScript 內建的字串分割函式 split(), 將 "23,58,30" 以逗號 ',' 為分隔符號, 分割成含 3 個數字的陣列 [23,58,30], 再用陣列中的值進行計算, 以下是在瀏覽器主控台中的測試結果:

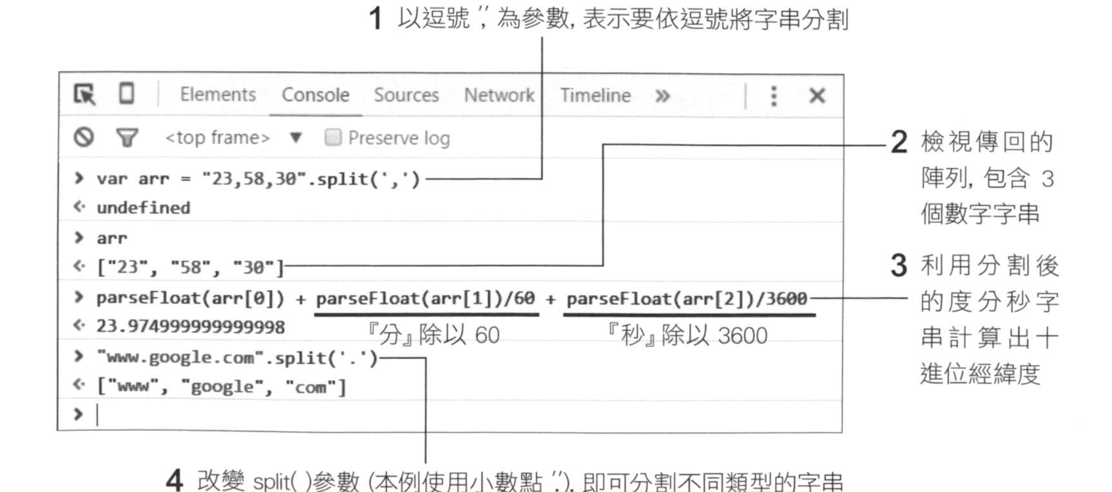

以下範例程式會以 JavaScript 先建立地圖、以 AJAX 要求紫外線指數資料，當資料傳回時，就為每筆資料建立 1 個 Marker 物件並加到地圖中。

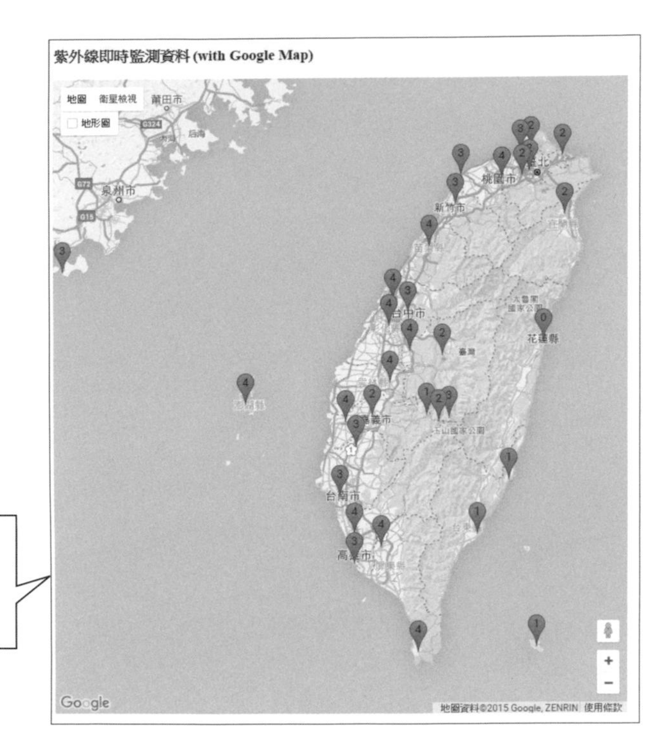

根據環保署提供的經緯度及 UV 指數資料建立標記

Ch15-09.html

```
<head>
  <script>
  // 紫外線資料網址
  url='http://opendata.epa.gov.tw/ws/Data/UV/?format=json';
  var mymap;  // 地圖物件

  $(function(){
      // 建立地圖
      mymap = new google.maps.Map($('#uvmap').get(0), {
              zoom: 8,
              center: {lat:23.64, lng:120.20}  ← 以雲林縣為中心建立地圖
      });

      // 用 JSONP 取得資料
      $.ajax({url:url,
        dataType:'jsonp',
        success: buildMarkers,   // 成功時呼叫自訂函式 buildMarkers
        error  : function(x){
                   console.log('錯誤, 代碼:'+x.status);
                 }
      });
  });
```

```
  // AJAX 要求成功時執行的函式
  function buildMarkers(data) {
    if (data == null) {
       alert("下載失敗!");
       return;
    }

    // 逐筆處理陣列中的資料
    $.each(data, function(index){
      // 呼叫自訂函式, 將 "度,分,秒" 格式的經緯度字串
      // 轉換成經緯度值, 並建立成經緯度物件
      var latlng = {lat: convertWGS84Str(this.WGS84Lat),
                    lng: convertWGS84Str(this.WGS84Lon)}

      var uvi = parseInt(this.UVI);  // 將 UV 指數轉成整數
      if (uvi > 9)  uvi = 9;         // 若 UV 指數大於 9, 就設為 9
      else if(isNaN(uvi)) uvi=0;     // 若沒資料或非數字, 就設為 0

      // 建立 Marker 物件
      var marker = new google.maps.Marker({
             position: latlng,       // 標記的位置
             map: mymap,             // 標記要放的地圖
             title: this.SiteName+ ',' + this.County +
                    ',紫外線指數'+this.UVI,
             label: uvi.toString()  // 將 UV 指數數值轉回字串
      });
   });
  }

  // 自訂函式, 可將 "度,分,秒" 格式的經緯度字串轉換成經緯度值
  function convertWGS84Str(str){
    // 解析經緯度字串
    var arr= str.split(','); //依逗號分割字串, 轉成字串陣列

    return parseFloat(arr[0]) +       // 度
           parseFloat(arr[1])/60 +    // 分
           parseFloat(arr[2])/3600;   // 秒
  }
  </script>
</head>
<body>
  <h3>紫外線即時監測資料 (with Google Maps)</h3>
  <div id="uvmap" style="width:720px;height:800px"></div>
</body>
```

用地名和指外線指數, 建立滑鼠指到標記上的提示文字(參見下頁圖例)

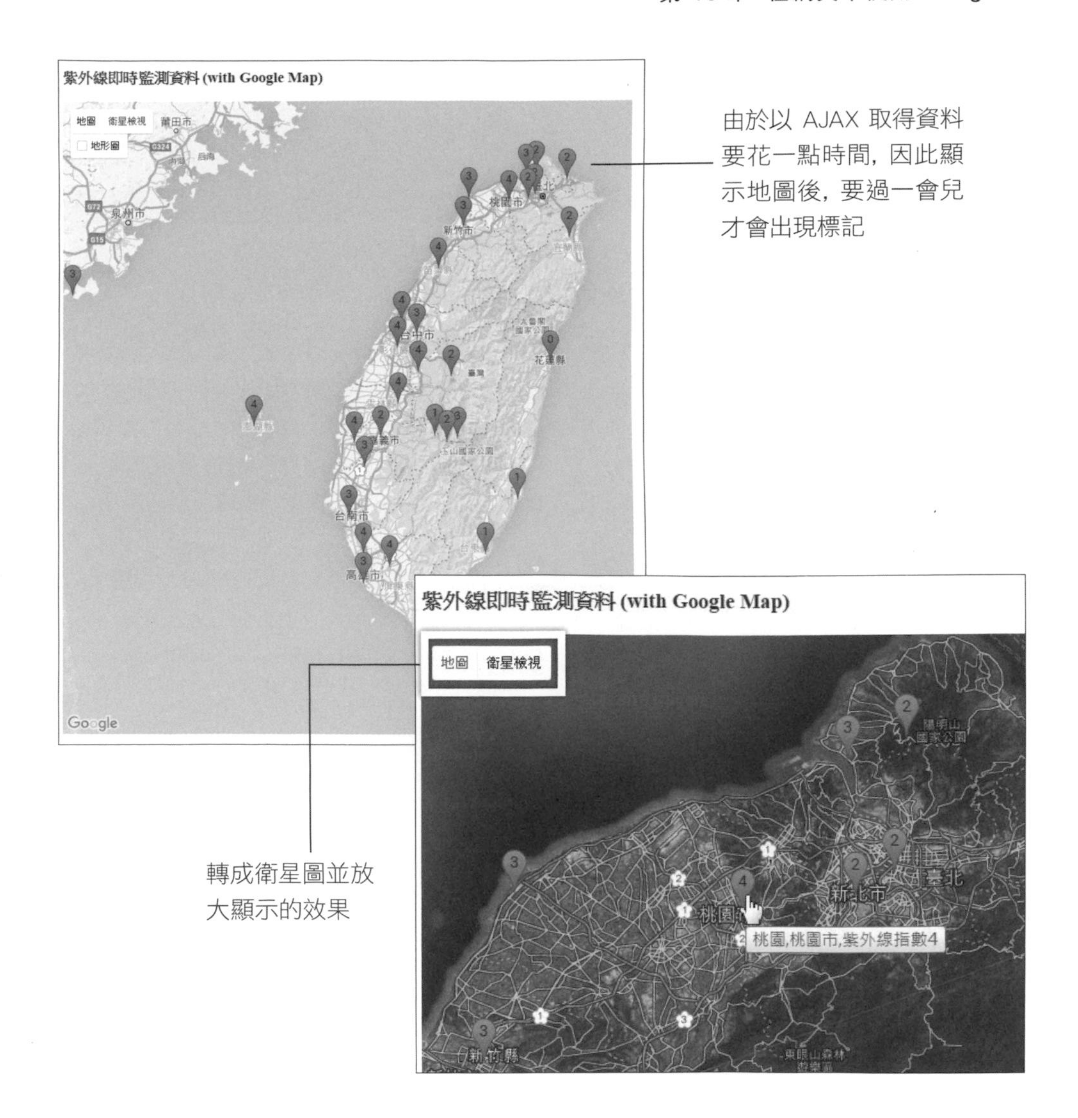
紫外線即時監測資料 (with Google Map)
由於以 AJAX 取得資料要花一點時間，因此顯示地圖後，要過一會兒才會出現標記
紫外線即時監測資料 (with Google Map)
地圖
衛星檢視
轉成衛星圖並放大顯示的效果
桃園,桃園市,紫外線指數4

變更標記圖示

前面使用靜態地圖時，可直接利用參數設定標記的顏色，在 JavaScript API 中的 Marker 物件則沒有修改標記顏色的參數。其實不同顏色的標記、有文數字的標記，都是直接取用不同的標記圖示來顯示。在建立 Marker 的參數物件中，可用 icon 屬性指定用來做標記的圖示，參數值為圖檔路徑 (相對路徑或是完整的 URL)。

Google 本身已提供許多圖示可供我們使用，在 https://maps.google.com/mapfiles/kml/shapes/ 可查看所有的圖示圖案及其網址：

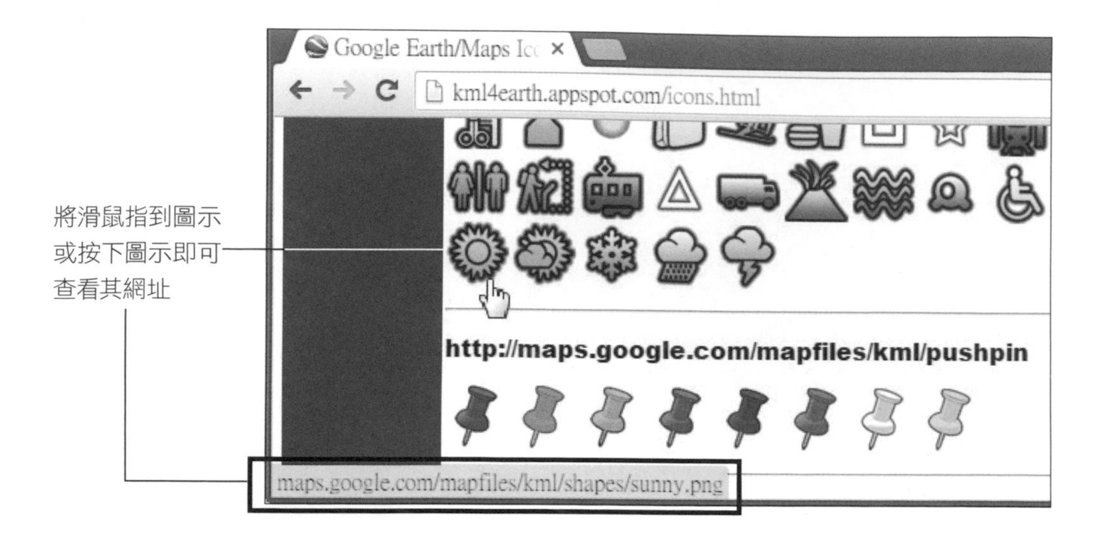

例如範例 Ch15-09.html 中建立 Marker 物件的程式，如下新增一行 icon 參數設定，即會出現如圖的效果：

```
var marker = new google.maps.Marker({
    ...,
    icon: 'http://maps.google.com/mapfiles/kml/shapes/sunny.png'
});
```

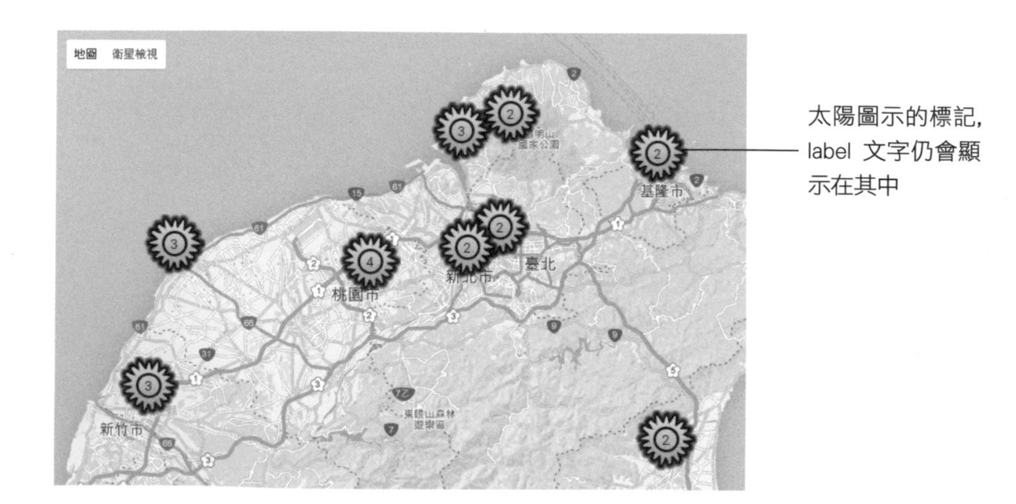

學習評量

選擇填充題

1. (　　) 使用 Google Maps Embed API 將 Google Maps 地圖嵌入網頁時，一般都是使用哪一個元素標籤？

   (A) <iframe>　　(B) <input>

   (C) <ins>　　(D) <img>

2. (　　) 使用 Google Maps Embed API 在網頁中加入 Google Maps 地圖，使用view 類型的地圖時，設定參數 mayptype=satellite 會顯示什麼地圖：

   (A) 街景圖　　(B) 衛星圖

   (C) 地形圖　　(D) 導航圖

3. (　　) 在各 Google Maps API 中，指定 zoom=1 時表示可用多大的地圖顯示全球地圖？

   (A) 100x100　　(B) 1000x1000

   (C) 512x512　　(D) 256x256

4. (　　) 使用 Google Maps Static API 時，預設載入的圖檔檔案格式為？

   (A) PNG　　(B) GIF

   (C) BMP　　(D) JPEG

5. (　　) 使用 Google Maps JavaScript API 建立地圖物件時, 除了地圖中心 (center) 外, 還有哪一個參數是必要參數?

(A) 地圖種類 mayTypeId　(B) 放大級數 zoom

(C) 是否可拖曳地圖 draggable　(D) 地圖標記 markers

6. (　　) 利用 Google Maps JavaScript API 中的 Markers 物件建立標記時, 可用什麼參數指定出現在標記中的字元?

(A) title　(B) text

(C) icon　(D) label

7. 使用 Google Maps Static API 時, 是用_____元素載入地圖, 並在_____屬性設定含地圖參數的 API URL。

8. 使用 Geocoder 服務查經緯度時, 建好 Geocoder 物件後, 可用它呼叫__________方法進行查詢, 而方法中第 1 個參數物件中, 要用__________屬性指定要查詢的地址或地名。

練習題

1. 請自訂一個旅遊路線, 途中經過 3 個景點, 並用 Google Maps Embed API 標示出旅遊路線。

2. 請上網搜尋您居住縣市中的 5 個警察局、派出所的地址、經緯度, 並利用 Google Maps JavaScript API 顯示縣市地圖, 同時標出警察局、派出所位置。

16

針對行動裝置設計的網頁

愈來愈多企業、組織設計網站時，都會考慮讓行動裝置的使用者在瀏覽網頁時，也能享有和使用桌上電腦瀏覽網頁時的便利。例如使用第 13 章介紹的 RWD、Bootstrap 來設計網頁。

更進一步，就是針對行動裝置的特性，打造行動裝置專屬網站/網頁。像目前一般行動裝置都具備相機、感測器等一桌上電腦沒有的硬體裝置，可利用 JavaScript 取得這些硬體資訊做相關應用；另一方面則可使用像 jQuery Mobile 這類 Framework，完全針對行動裝置設計網頁版面、內容。

16-1 利用超連結在手機打電話、傳簡訊

在第 3 章介紹 a 元素，提到可在其 href 屬性中使用 "http://網站URL" 的方式建立網頁超連結；其中，"http:" 稱為 URI Scheme。在 href 屬性還可使用許多不同的 URI Scheme 來啟動不同類型的應用程式 (例如啟動電子郵件程式)，而在手機上較特別的就是可打電話、傳簡訊的超連結：

- **mailto:**：建立啟動電子郵件的超連結，直接將信箱地址放在冒號後面即可。

```
<a href="mailto:service@flag.com.tw">發信給旗標</a></h3>
```

- **tel:**：建立撥電話的連結，直接將電話放在冒號後面即可。國際電話表示法要在前面加 + 符號，此外號碼之間可依需要加上括弧、連字號 (-) 或空白字元。

```
<a href="tel:+(886)2-2396 3257">打市內電話給旗標</a>
<a href="tel:0912-563-708">打行動電話給旗標</a>
```

- **sms:**：建立發送簡訊的連結，同樣將發送對像的電話放在冒號後面即可。此外還可在電話號碼後面用『?body=簡訊文字』的語法，指定要發送的簡訊文字。

```
<a href="sms:0912-563-708?body=你好">發簡訊給旗標</a>
```

上述 URI Scheme 也可不指定對象 (收件信箱、電話號碼)，此時該連結仍可開啟對應的程式，參見以下範例：

Ch16-01.html

```
<h3><a href="mailto:">新郵件</a></h3>
<h3><a href="mailto:service@flag.com.tw">發信給旗標</a></h3>
<hr>
<h3><a href="tel:">打電話</a></h3>
<h3><a href="tel:+(886)2-2396 3257">打市內電話給旗標</a></h3>  ← ❶
<h3><a href="tel:0912-563-708">打行動電話給旗標</a></h3>
<h3>旗標電話:<em>(02)2396-3257</em></h3>  ← ❷
<hr>
<h3><a href="sms:">發簡訊</a></h3>
<h3><a href="sms:0912-563-708?body=你好%20我想買書">發簡訊給旗標</a></h3>  ← ❸
```

"%20"表示空白字元

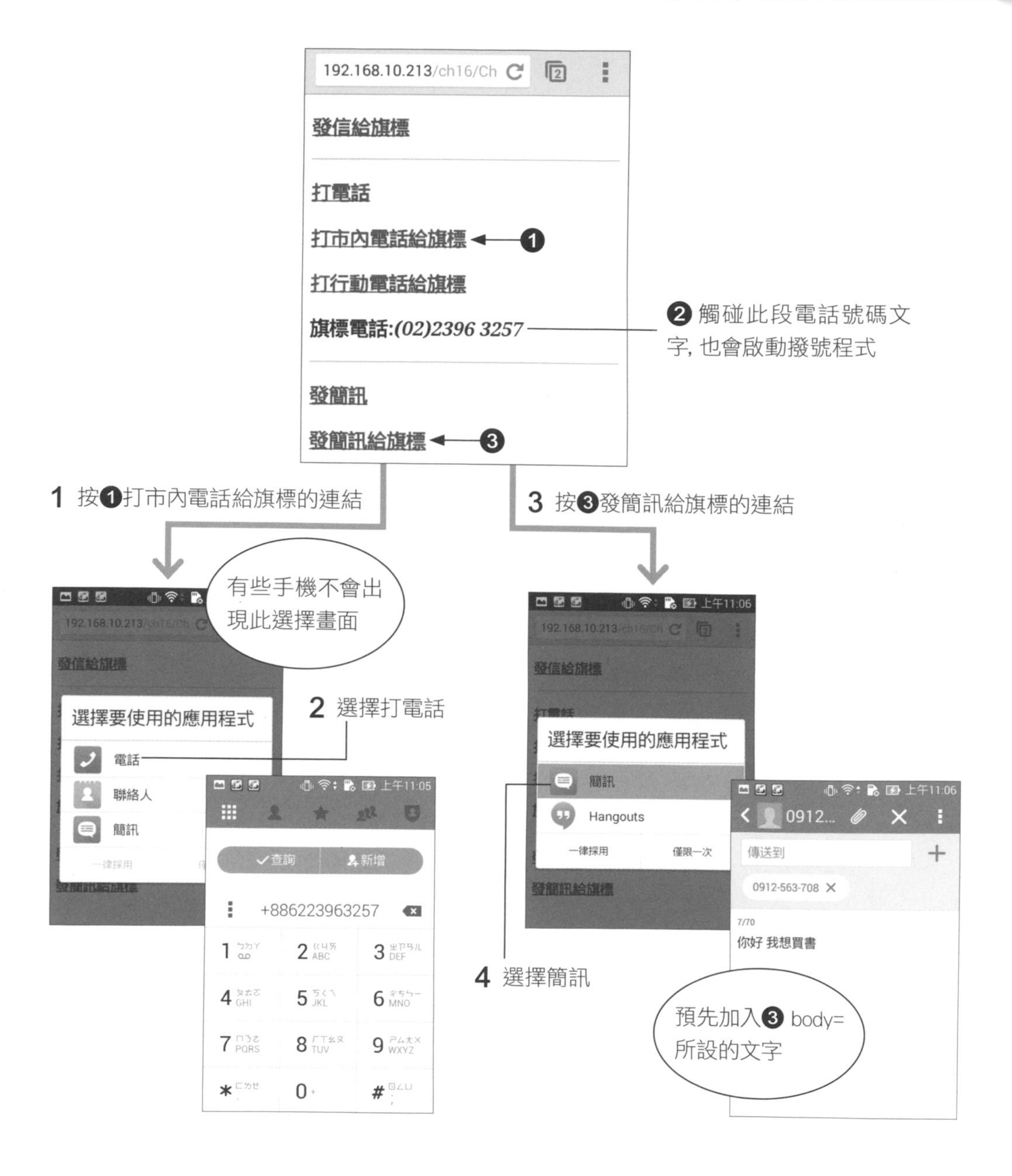

上例中有個特別的內容：『<h3>旗標電話:<em>(02)2396-3257</em></h3>』, 在部份行動裝置瀏覽器上觸碰此段文字, 也會開啟撥電話的程式。這是因為目前手機瀏覽器預設會自動辨識網頁中的文數字, 只要是電話號碼形式 (有時會誤判), 就會允許使用者以觸碰該段文字的方式, 進入打電話的畫面。

TIP 在 iPhone 的 Safari 瀏覽器, 甚至還會將電話號碼文字改成類似超連結加上底線的樣式顯示。

16-2 使用定位功能

行動裝置多會配備 **GPS** (全球定位系統, Global Positioning System), 此外也可透過行動網路、Wifi 無線網路進行定位, 藉此提供裝置所在的位置資訊(經緯度)。目前一般桌上電腦也可透過網路提供位置資訊, 只是精準度稍差。

W3C 已通過 Geolocation API 規格, 因此只要系統支援定位功能, 我們就可利用 JavaScript 存取內建 **navigator.geolocation** 物件。透過它可呼叫下列方法取得定位資訊:

- **getCurrentPosition()**:取得目前的位置資訊。參數為成功取得時的處理函式 (callback), 函式參數為位置資訊物件, 其中包含 coords (座標) 物件, 其中的 coords.latitude、coords.longitude 屬性即為緯度和經度。

```
navigator.geolocation.getCurrentPosition(
  function (pos){
    console.log('緯度:'+ pos.coords.latitude);
    console.log('經度:'+ pos.coords.longitude);
    console.log('精確度:'+ pos.coords.accuracy+'公尺');
  });
```

- **watchPosition()**：'watch' 的意思是『持續監看』位置。此函式同樣是註冊一個 callback 函式 (參數同上), 只要 GPS 等裝置偵測到『位置變動』, 系統就會呼叫參數所指的 callback 函式, 回報最新的位置資訊。

以下範例利用 getCurrentPosition() 取得裝置經緯度, 並利用前一章介紹的 Google Maps JavaScript API, 將位置標示在地圖上。

Ch16-02.html

```
<head>
<script src="https://maps.googleapis.com/maps/api/js"></script>
<script src="http://code.jquery.com/jquery-2.1.4.min.js"></script>
<script>
  $(function(){
    if(navigator.geolocation)  // 檢查是否支援定位功能
      navigator.geolocation.getCurrentPosition(success);
                 取得位置資訊時呼叫自訂的 success 函式 ┘
    else
      $('#mymap').text('您的裝置不支援地圖服務!');
  });

  // 定位成功時呼叫的函式
  function success(pos){
    // 將參數中的資訊顯示在網頁中
    $('#lat').text(pos.coords.latitude);   ┐
    $('#lng').text(pos.coords.longitude);  ├─❶
    $('#acc').text(pos.coords.accuracy);   ┘

    // 以參數中的經緯度建立經緯度物件
    var myLatlng = {lat: pos.coords.latitude,
                    lng: pos.coords.longitude};

    // 建立地圖物件
    var mymap=new google.maps.Map($('#mymap').get(0), {
        zoom: 15,
        center: myLatlng
    });

    new google.maps.Marker({     // 定義新標記                  ┐
          position: myLatlng, // 標記的位置                     │
          map: mymap,         // 標記要放的地圖                 ├─❷
          icon: 'http://maps.google.com/mapfiles/kml/           │
                    shapes/flag.png'}); // 使用旗子圖示         ┘
```

```
  }
</script>
</head>
<body>
  <p>
    緯度:<b><span id="lat">?????</span></b>
    經度:<b><span id="lng">?????</span></b><br>
    精確度:<b><span id="acc">?????</span>公尺</b>
  </p>
  <div id="mymap" style="width:100%;height:300px"></div>
</body>
```

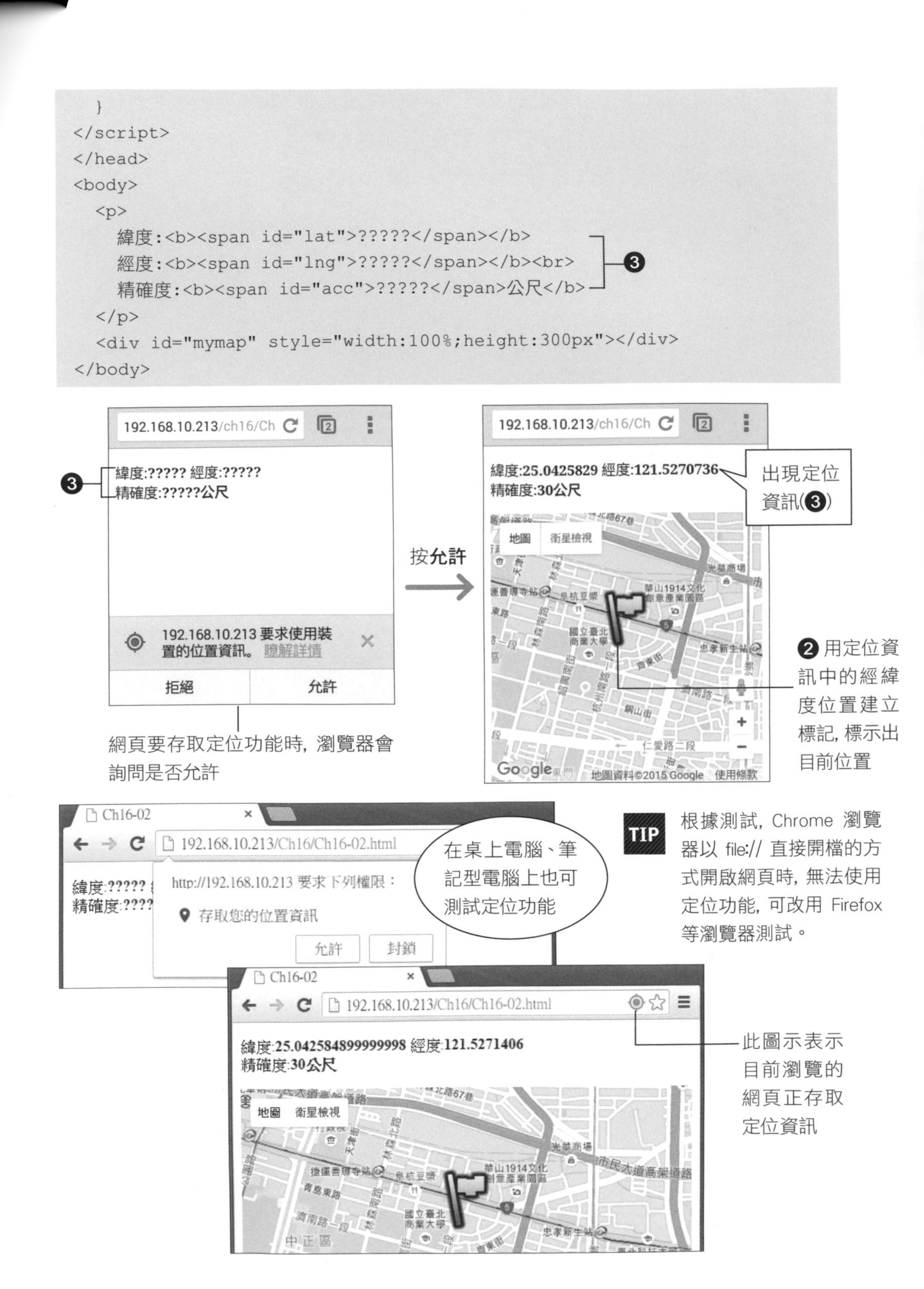

❸
192.168.10.213/ch16/Ch
緯度:????? 經度:?????
精確度:?????公尺
192.168.10.213 要求使用裝置的位置資訊。瞭解詳情
拒絕
允許
網頁要存取定位功能時，瀏覽器會詢問是否允許
按允許
緯度:25.0425829 經度:121.5270736
精確度:30公尺
出現定位資訊(❸)
地圖
衛星檢視
❷ 用定位資訊中的經緯度位置建立標記，標示出目前位置
Ch16-02
192.168.10.213/Ch16/Ch16-02.html
http://192.168.10.213 要求下列權限：
存取您的位置資訊
允許
封鎖
在桌上電腦、筆記型電腦上也可測試定位功能
緯度:25.042584899999998 經度:121.5271406
精確度:30公尺
此圖示表示目前瀏覽的網頁正存取定位資訊

TIP 根據測試，Chrome 瀏覽器以 file:// 直接開檔的方式開啟網頁時，無法使用定位功能，可改用 Firefox 等瀏覽器測試。

16-3 存取手機感測器

除了 GPS 外，手機上也多會配備加速度計 (Accelerometer)、電子羅盤之類的感測器，可提供手機的動作資訊。利用 Web API 中定義的事件，即可取得手機的感測器資訊。

DeviceOrientationEvent 方向事件

window.DeviceOrientationEvent 為裝置方向事件，只要註冊此事件的處理函式，即可在處理函式中取得手機的方向 (系統會持續回報感測結果，因此事件處理函式一秒可被呼叫多達數十次)：

```
// 若系統支援方向事件，即註冊事件處理函式
if(window.DeviceOrientationEvent){
  window.addEventListener('deviceorientation', function(e){
          ... // 透過參數 e 取得方向資訊
  }
}
```

上述事件處理函式中的參數 e (可自行命名) 是一個物件，透過下列屬性即可取得手機方向 (翻轉動作的資訊)：

- **alpha**：參照右圖，此項表示手機相對於與螢幕垂直的 z 軸，做順時針方向轉動的角度 (當手機頂端指向正北時為 0°)。

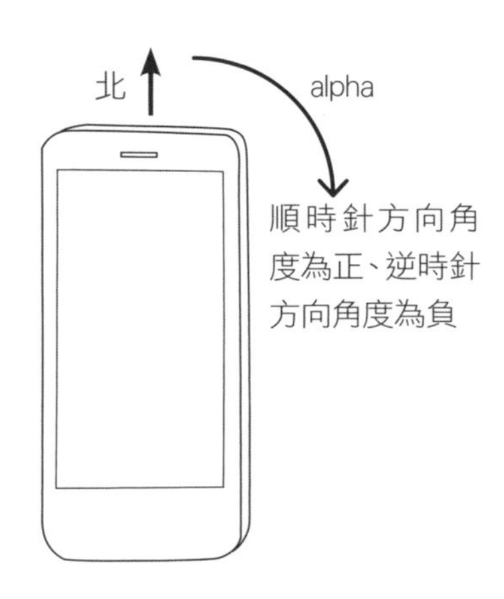
北
alpha
順時針方向角度為正、逆時針方向角度為負

■ **beta**：參照右圖，此項表示手機相對於與螢幕水平平行的 x 軸的旋轉角度，手機平放時為 0°，向後翻（螢幕轉向自己）角度為正、向前翻角度為負。

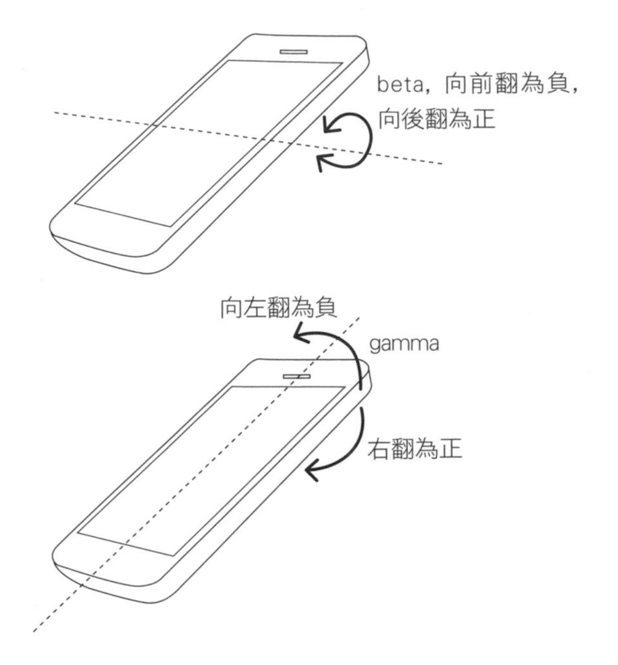

■ **gamma**：參照右圖，此項表示手機相對於與螢幕上、下平行的 y 軸，做左右翻轉的角度，平放為 0°，右翻（螢幕轉向右手邊）為正、向左翻為負。

以下範例就利用 window.DeviceOrientationEvent 事件取得上列感測值。程式會將感測值顯示在 div 區塊中，接著會利用感測值數據做如下的 CSS 樣式變化：

■ 將 alpha 的角度，設為 CSS 變型樣式 transform:rotate() 的參數值，讓 div 區塊旋轉指定角度。也就是說手機朝北時，文字才會是『正』的。

■ 將 div 設為 position:abosolute，另外將手機畫面分割成 5x5 等分，接著利用 beta、gamma 的變化調整 div 區塊的 top、left 屬性值，讓 div 在畫面中的位置會隨手機方位變化而移動。

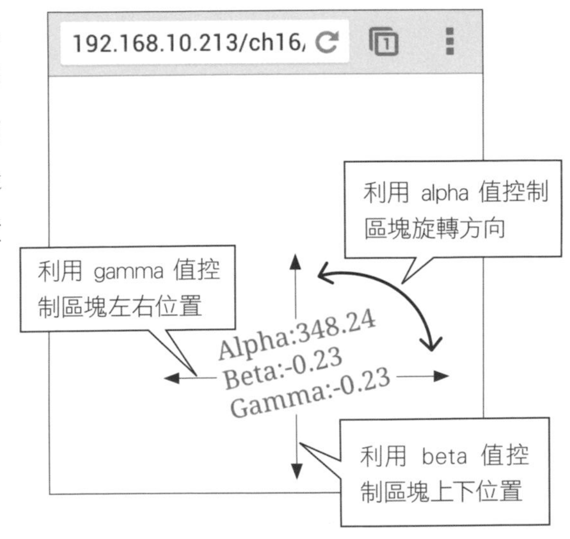

Ch16-03.html

```
<head>
  <script src="http://code.jquery.com/jquery-2.1.4.min.js"></script>
  <script>
  // 若支援方向事件, 即註冊事件處理函式
  if(window.DeviceOrientationEvent){
    window.addEventListener('deviceorientation', function(e){
      if(e.alpha!=null) {  // 若有支援方向感測
        // ----------顯示感測值----------
        // 用toFixed(2)表示只顯示到小數點後第 2 位
        $('#alpha').text(e.alpha.toFixed(2));  ─┐
        $('#beta').text(e.beta.toFixed(2));     ├─❶
        $('#gamma').text(e.gamma.toFixed(2));  ─┘

        // ----------設定 div 方向----------
        // 先建立旋轉樣式屬性的屬性值字串
        // 用 Math.round() 將小數4捨5入成整數
        degree = 'rotate(' + Math.round(e.alpha)+ 'deg)';  ─┐
                                                            │
        // 用屬性值字串設定 div 的 transform 樣式屬性          │
        $('#box').css('-webkit-transform', degree).         ├─❷
                  css('-moz-transform', degree).            │
                  css('transform', degree);                ─┘

        // ----------設定 div 位置----------
        // 轉22.5度就會移動『一格』
        posX=Math.round(e.gamma/22.5)+2;  ◄── ❸
        posY=Math.round(e.beta/22.5)+2;  ◄── ❹

        // 若位置超出畫面範圍, 則移回畫面範圍內
        if(posX>4) posX=4;else if(posX<0) posX=0;
        if(posY>4) posY=4;else if(posY<0) posY=0;

        // 設定 div 的 left,top 樣式屬性 (調整位置)
                              // toString() 方法會傳回數字『字串』
        $('#box').css('left',(posX*20).toString()+'%')  ◄── ❸
                 .css('top', (posY*20).toString()+'%');  ◄── ❹
      }
      // 有些裝置雖支援註冊事件, 實際上抓不到感測值
      else              // 此時顯示 'Not Support' 訊息
        $('#alpha').text('Not Support');
    });
```

將畫面分成 5X5 的區塊, 當手機平放時, 讓顯示文字的 div 區塊置中顯示, 若 gamma、beta 轉動角度超過 22.5 度, 區塊在畫面中的位置就會上下左右移動

```
  }
  // 若不支援註冊事件, 則顯示訊息
  else
    $('#alpha').text('Not Support');
  </script>
  <style>
    #box {
      position: fixed;          /* 使用絕對定位 */
      color: red;
      font-size: 1.2em;
    }
  </style>
</head>
<body>
  <div id="box">
    Alpha:<span id="alpha"></span><br>
    Beta:<span id="beta"></span><br>
    Gamma:<span id="gamma"></span>
  </div>
</body>
```

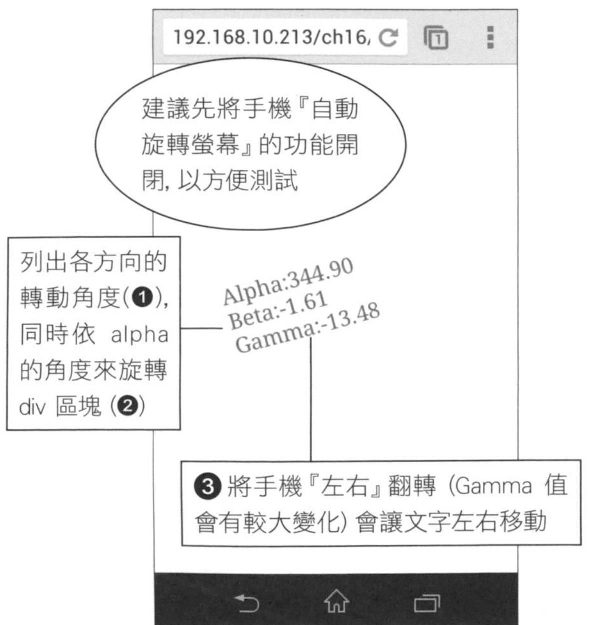
192.168.10.213/ch16,
建議先將手機『自動旋轉螢幕』的功能關閉, 以方便測試
列出各方向的轉動角度(❶), 同時依 alpha 的角度來旋轉 div 區塊 (❷)
Alpha:344.90
Beta:-1.61
Gamma:-13.48
❸ 將手機『左右』翻轉 (Gamma 值會有較大變化) 會讓文字左右移動

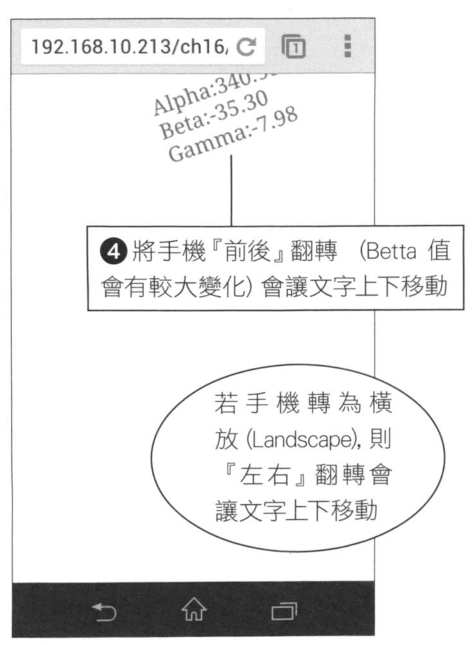
192.168.10.213/ch16,
Beta:-35.30
Gamma:-7.98
❹ 將手機『前後』翻轉 (Betta 值會有較大變化) 會讓文字上下移動
若手機轉為橫放 (Landscape), 則『左右』翻轉會讓文字上下移動

TIP 手機靠近有磁性的物體時, Alpha 值會受影響。

範例程式中註冊的 'deviceorientation' 事件處理函式, 開頭第 1 行是判斷傳入的參數其 alpha 屬性是否為空值 (null):

```
window.addEventListener('deviceorientation', function(e){
    if(e.alpha!=null) {      ← 屬性值『不是』空值 (null)
        ...                     表示有取得感測結果
    }
    else
      $('#alpha').text('不支援 deviceorientation');
});
```

這是因為有些裝置雖然允許我們註冊 'deviceorientation' 事件處理函式, 但實際上它只會呼叫 callback 函式 1 次, 而且不會提供方向參數。所以用上列程式判斷此種狀況, 並在網頁中顯示 '不支援...' 訊息。

DeviceMotionEvent 移動事件

註冊此項事件的處理函式, 即可在 callback 函式參數物件取得移動和轉動的相關參數。

```
if(window.DeviceMotionEvent){
  // 註冊 'devicemotion' 事件處理函式
  window.addEventListener('devicemotion', function(e){
    ... // 透過函式參數 e 取得各項感測值
  }
}
```

在 'devicemotion' 事件處理函式參數中, 有多個屬性物件, 但不同裝置支援的項目不儘相同。以下只介紹大多裝置都支援的加速度感測器 (Accelerometer) 部份:

- **acceleratonIncludingGravity.z**:表示手機在 z 軸方向的加速度, 單位為 (m/s^2), 向上為正, 向下為負。

物件名稱中的**IncludingGravity**, 表示數值『包含』重力加速度 (Gravity) 的部份。例如手機螢幕朝上, 平放在桌上, 雖然是靜止的, 但由於有地心引力, 所以 z 軸『包含』重力加速度的結果就是 -9.8 m/s^2 (重力加速度向下, 所以是負值)。

TIP 換句話說, 將取得的數值扣除重力加速度的部份, 就是裝置本身的加速度。

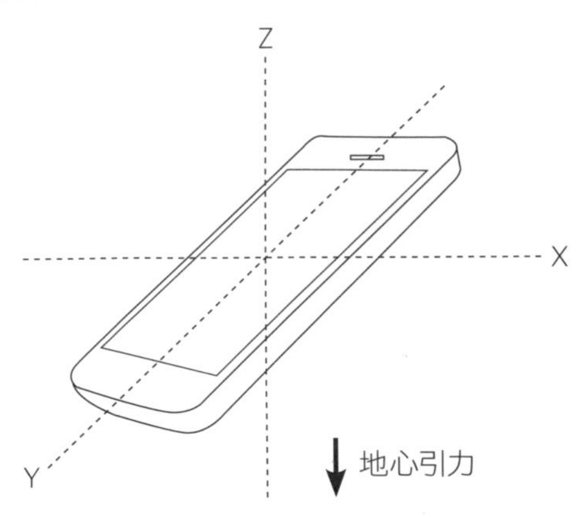

- **acceleratonIncludingGravity.y**:表示手機在 y 軸方向的加速度。
- **acceleratonIncludingGravity.x**:表示手機在 x 軸方向的加速度。

以下就利用上列感測值, 設計一個類似遊戲機遙控器的範例。程式會先計算 x、y、z 三軸的加速度平方和再開根號, 算出總加速度:若揮動手機使加速度值超過 20, 即顯示『安打』訊息;超過 24 則顯示『全壘打』。

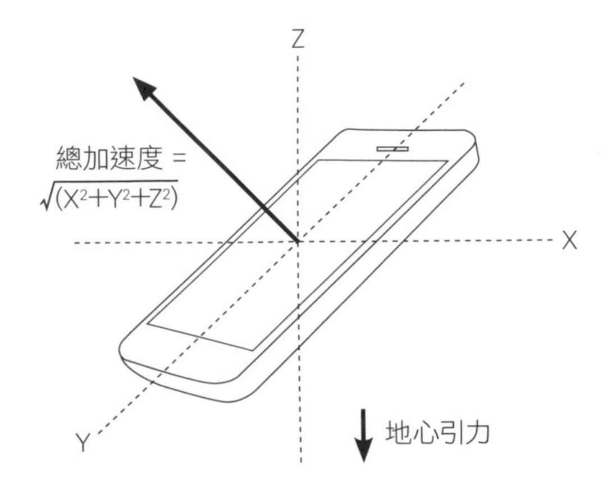

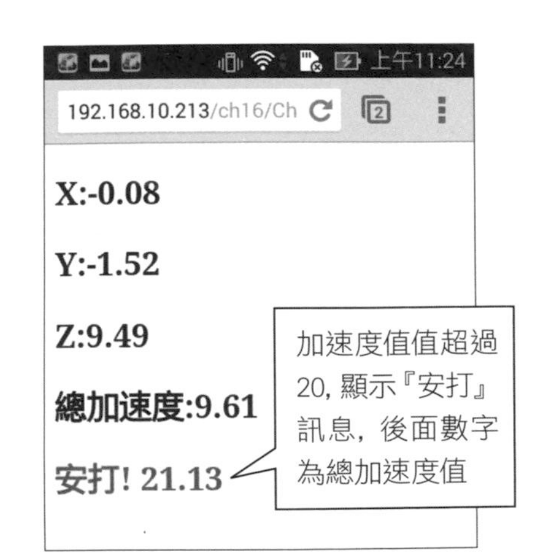

Ch16-04.html

```
<head>
  <script src="http://code.jquery.com/jquery-2.1.4.min.js"></script>
  <script>
  var timer;     // 計時器物件
  var accMax=0; // 記錄最大值

  $(function(){
    // 若支援方向事件，即註冊事件處理函式
    if(window.DeviceMotionEvent){
      window.addEventListener('devicemotion', function(e){
        // 若感測值為 null，顯示 '不支援' 訊息
        if(e.accelerationIncludingGravity.x == null) {
          $('#msg').text('不支援 accelerationIncludingGravity');
        }
        // 感測值不為 null 才進行處理
        else {
          // ----將傳入的感測值存到變數中----
          x = e.accelerationIncludingGravity.x;
          y = e.accelerationIncludingGravity.y;
          z = e.accelerationIncludingGravity.z;

          // ----------顯示感測值----------
          // 用toFixed(2)表示只顯示到小數點後第 2 位
          $('#x').text(x.toFixed(2));  ┐
          $('#y').text(y.toFixed(2));  ├─❶
          $('#z').text(z.toFixed(2));  ┘

          // ----------計算總加速度----------
          // x,y,z 平方相加後開根號
          acc = Math.sqrt(x*x+y*y+z*z);      ┐
          $('#acc').text(acc.toFixed(2));    ┴─❷

          // -------判斷是安打或全壘打-------
          // 若總加速度值大於 '最大值'
          if(acc>accMax) {
            accMax = acc;    // 記錄最大值
            if(acc>20)  {
              if(acc>24)                                          ┐
                $('#msg').text('全壘打! ' + acc.toFixed(2) );     │
              else                                                ├─❸
                $('#msg').text('安打! ' + acc.toFixed(2));        ┘
```

```
                // 若已啟動計時器，則清除之
                if(timer) clearTimeout(timer);

                // 設定 3 秒後重新顯示 '請揮棒!'
                // 並清除加速度最大值，以便能再玩一次
                timer = setTimeout(function(){
                    $('#msg').text('請揮棒!');  ← ❹
                    accMax = 0;  // 將加速度最大值清為 0
                }, 3000);
              }
            }
          } // end of else
        });
      }
      else  {  // 若不支援註冊事件，則顯示訊息
        $('#msg').text('裝置不支援 DeviceMotionEvent');
      }
    });
  </script>
  <style> #msg { color: green; }  </style>
</head>
<body>
  <h2>X:<span id="x"></span></h2>  ┐
  <h2>Y:<span id="y"></span></h2>  ├ ❶
  <h2>Z:<span id="z"></span></h2>  ┘
  <h2>總加速度:<span id="acc"></span></h2>  ← ❷
  <h2><span id="msg">請揮棒!</span></h2>  ← ❹
</body>
```

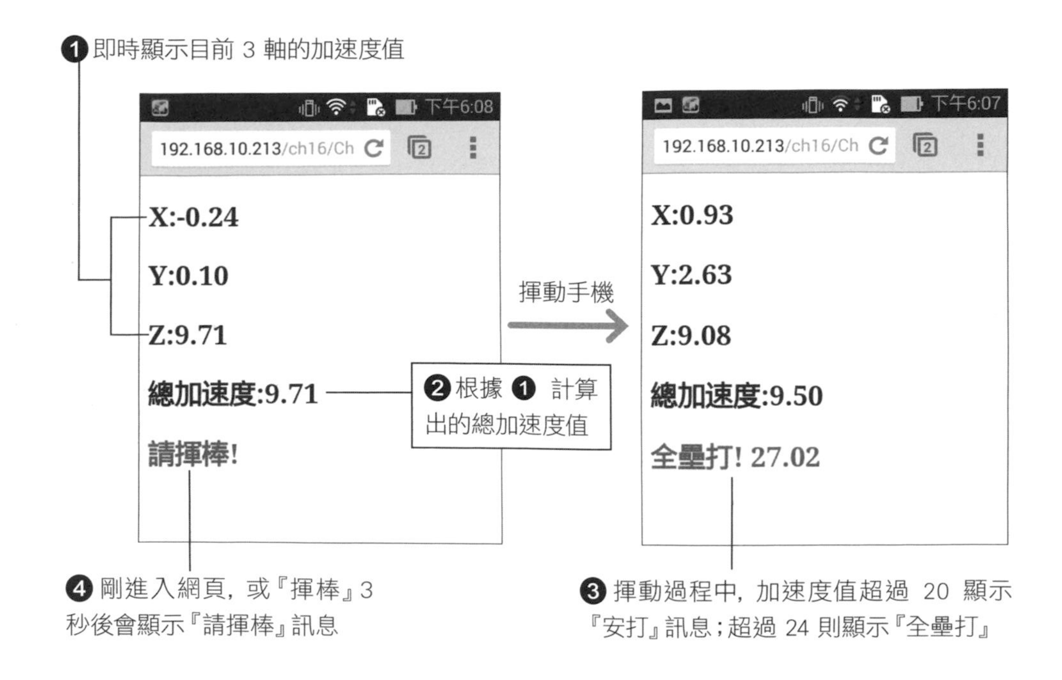
❶ 即時顯示目前 3 軸的加速度值
192.168.10.213/ch16/Ch
下午6:08
X:-0.24
Y:0.10
Z:9.71
總加速度:9.71
請揮棒!
揮動手機
❷ 根據 ❶ 計算出的總加速度值
192.168.10.213/ch16/Ch
下午6:07
X:0.93
Y:2.63
Z:9.08
總加速度:9.50
全壘打! 27.02
❹ 剛進入網頁，或『揮棒』3 秒後會顯示『請揮棒』訊息
❸ 揮動過程中，加速度值超過 20 顯示『安打』訊息；超過 24 則顯示『全壘打』

不同行動裝置所配備的加速度感測器不同，可感測的加速度值範圍、感測的結果亦不同。範例程式設定當加速度值超過 20 為『安打』；超過 24 為『全壘打』。若您的手機很容易就出現『全壘打』，可將程式中判斷是否為全壘打的條件 (acc>24)，設為較大的值 (例如 30)。

程式的機制是在偵測加速度達到『安打』、『全壘打』的瞬間，就顯示加速度值，並設定計時器以便稍後將訊息設回 "請揮棒"。但在單一次揮動過程中，可能會再出現更大的加速度值，所以程式將加速度值存於變數 accMax 以便進行比對。若出現更大的加速度值，就更新訊息，並重設計時器。

16-4 使用 jQuery Mobile 建立行動網頁

第 13 章介紹的 Bootstrap 是適於設計 RWD 網頁的 Framework，可設計在桌上電腦、行動裝置都適用的網頁。而 jQuery Mobile 則是專為『開發行動裝置網頁』所設計的 Framework。

使用 jQuery Mobile 時和使用 Bootstrap 類似，除了需載入 jQuery 函式庫外，也需載入 jQuery Mobile 的 JavaScript 程式及 CSS 樣式表。官方的 CDN 網址為：

```
<link rel="stylesheet"
      href="http://code.jquery.com/mobile/1.4.5/
            jquery.mobile-1.4.5.min.css" />
<script src="http://code.jquery.com/jquery-2.1.4.min.js"></script>
<script src="http://code.jquery.com/mobile/1.4.5/
             jquery.mobile-1.4.5.min.js"></script>
```

jQuery Mobile 網頁文件結構

到目前為止，我們設計的 HTML 網頁，原則上都會完整呈現在瀏覽器中，若內容超出視窗範圍，則可捲動視窗瀏覽不同的部份。

但 jQuery Mobile Framework 設計手機網頁時，則是讓網頁像手機 APP 一樣：例如一個遊戲 APP 可能有歡迎、遊戲、設定 3 個畫面，而用 jQuery Mobile 設計網頁時，也可讓網頁包含多個畫面讓使用者切換。

在 jQuery Mobile 的網頁中，是用 **Page (頁面)** 構成畫面，而每個畫面則有**頁首**、**內容**、**頁尾** 3 個部份。

上述的頁面、頁首、內容、頁尾等, 都是利用 **div** 元素建立, 而 div 元素的角色則是透過 **data-role** 屬性來設定:

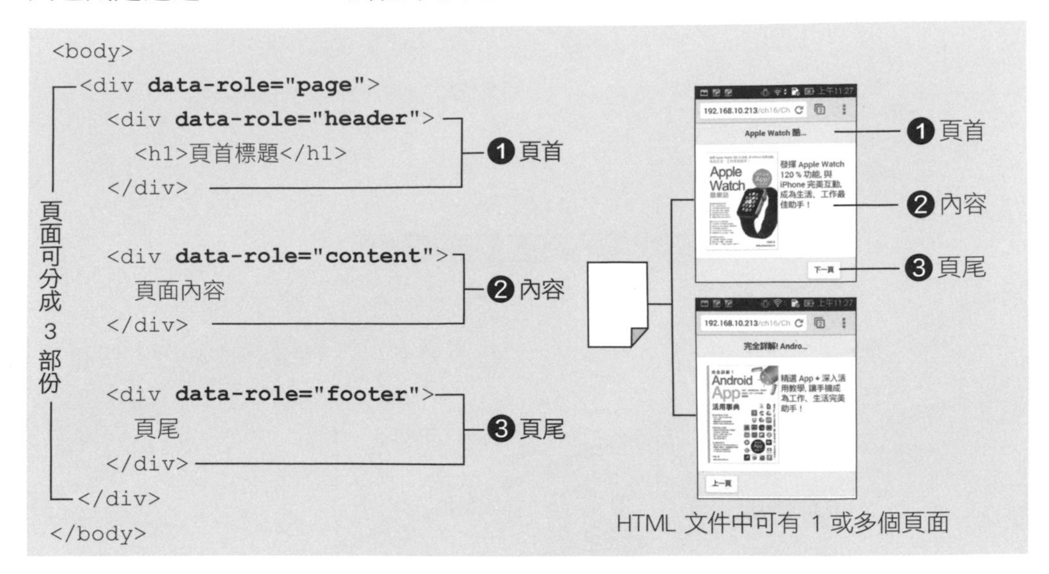

像這樣使用 data-role="page"、"header"、"content"、"footer", 就能快速建立一個行動版的網頁:

Ch16-05.html

```
<head>
  <link rel="stylesheet"
    href="http://code.jquery.com/mobile/1.4.5/
          jquery.mobile-1.4.5.min.css" />
  <script src="http://code.jquery.com/jquery-2.1.4.min.js"></script>
  <script src="http://code.jquery.com/mobile/1.4.5/
                jquery.mobile-1.4.5.min.js"></script>
  <style>
    img {width:60%; float:left; margin:0 5px}
  </style>
</head>
<body>
<div data-role="page"> ❶
  <div data-role="header"> ❷
    <h1>Apple Watch 酷樂誌</h1>
  </div>
  <div data-role="content"> ❸
```

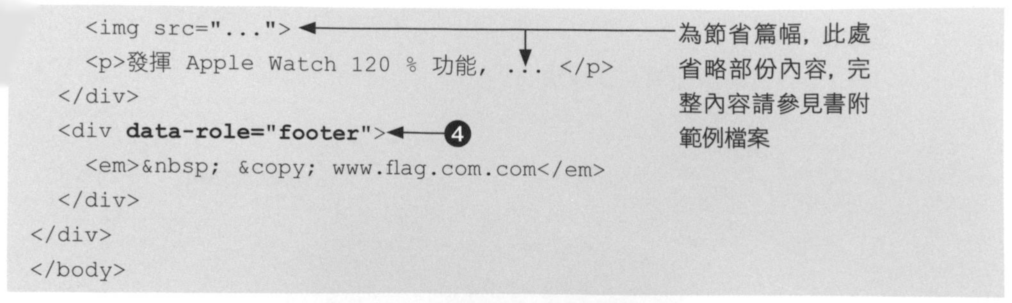

```
    <img src="...">
    <p>發揮 Apple Watch 120 % 功能, ... </p>
  </div>
  <div data-role="footer">
    <em>  &copy; www.flag.com.com</em>
  </div>
</div>
</body>
```

TIP 在電腦上瀏覽時, 瀏覽器視窗顯示的標題會是 data-role="header" 的文字內容, 而非 <title> 的內容。

如圖所示, jQuery Mobile 會做一些樣式和內容的調整, 例如:"header" 和 "footer" 區塊, 自動會套用灰色背景;而 "header" 內的標題文字較長, jQuery Mobile 也自動將後面的文字代換成 '...'。此外上例中 "header" 文字使用 h1 元素, 其實不管是用 h2~h6, 都會出現相同的標題文字樣式。

在電腦上開啟使用 jQuery Mobile 的 HTML 檔

若您是在電腦上用 Chrome 瀏覽器『直接開啟使用 jQuery Mobile 的 HTML 檔』, 可能會出現網頁打不開的情況 (其它瀏覽器在本書寫作時無此問題)。此時請在 Chrome 瀏覽器的啟動圖示 (捷徑) 上按右鈕, 執行『**內容**』命令, 如圖輸入啟動參數完成後, 才能用 Chrome 瀏覽器以直接開啟檔案的方式, 檢視使用 jQuery Mobile 的 HTML 檔:

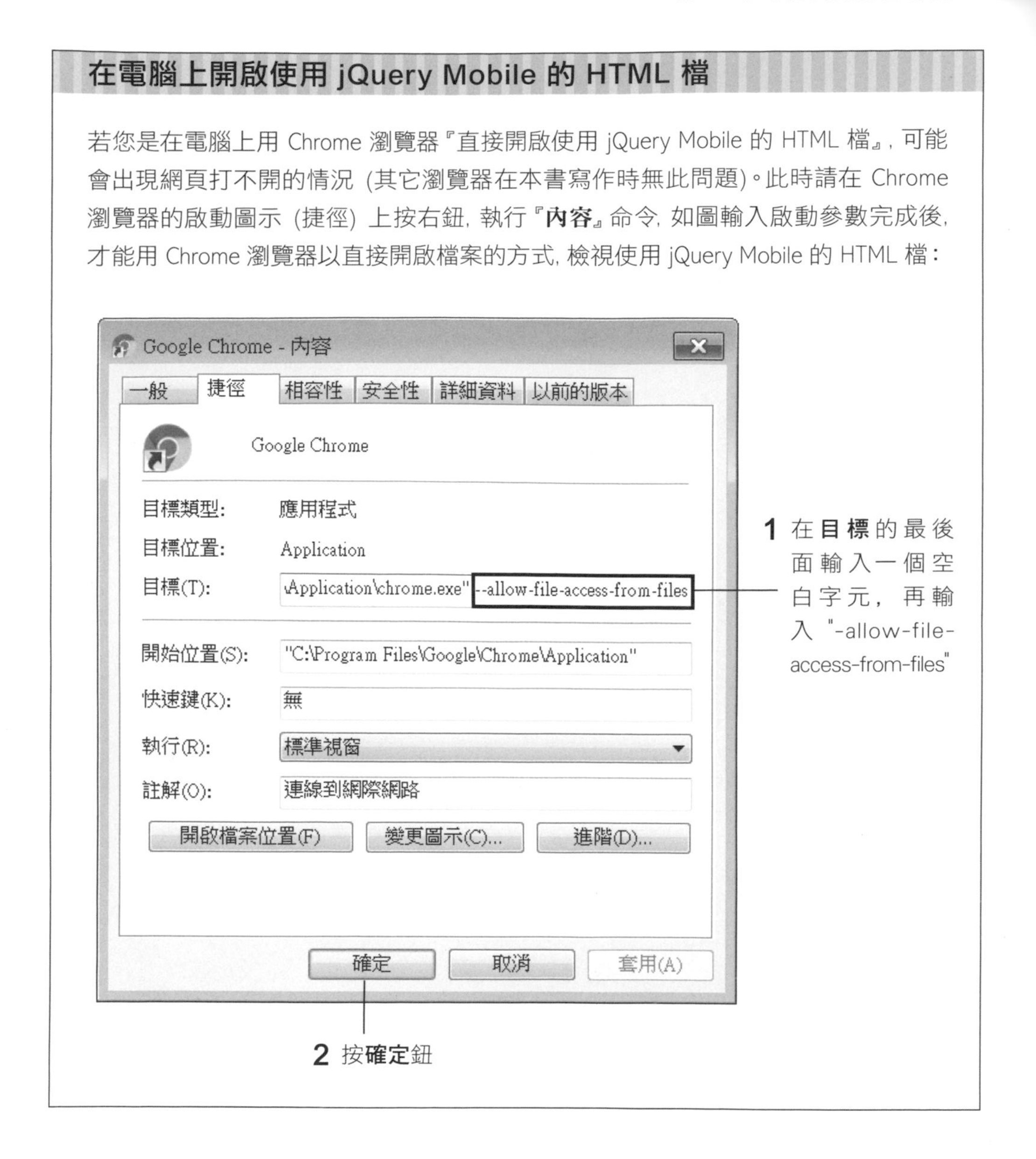

建立多個頁面及頁面連結

前面提過, 每個 HTML 文件中可有多個 page 頁面, 此時除了在文件中加入多個 data-role="page" 的 div 區塊, 至少要再加入以下兩項內容:

■ 替每個頁面的 div 設定 id 屬性。

```
/* 替頁面設定 id 屬性 */
<div data-role="page" id="page1">... </div>
<div data-role="page" id="page2">... </div>
```

■ 在頁面中加入指向其它頁面 id 的連結。例如加在頁尾中：

```
/* 加入指向其它頁的連結 */
<div data-role="footer">
  <a href="#page2">下一頁</a>
</div>
```

參見以下範例：

Ch16-06.html

```
<body>
<!------------ 第 1 頁 ------------>
<div id="page1" data-role="page">◄—❶
  <div data-role="header"><h1>Apple Watch 酷樂誌</h1></div>
  <div data-role="content">
    <img src="...">
    <p>發揮 Apple Watch 120 % 功能, ...</p>
  </div>
  <div data-role="footer">
    <a href="#page2" style="margin-left:70%">下一頁</a>◄—❷
  </div>
</div>
<!------------ 第 2 頁 ------------>
<div id="page2" data-role="page">◄—❸
  <div data-role="header">
    <h2>完全詳解! Android App 活用事典</h2>
  </div>
  <div data-role="content">
    <img src="...">
    <p>精選 App + 深入活用教學, ...</p>
  </div>
  <div data-role="footer">
    <a href="#page1" style="margin-left:5%" >上一頁</a>◄—❹
  </div>
</div>
</body>
```

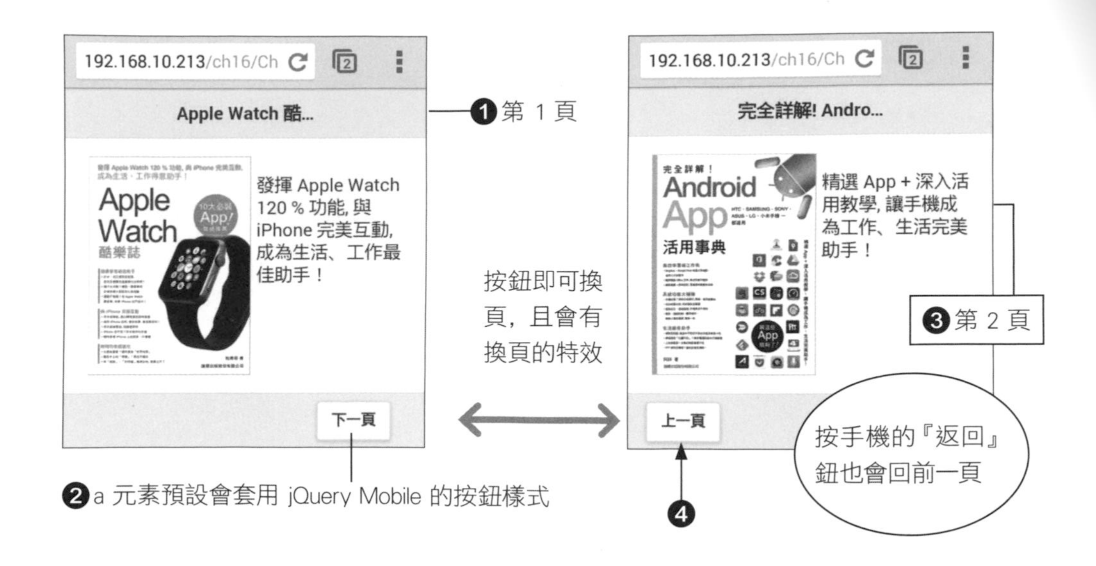

使用巡覽列

我們可利用 **data-role="navbar"** 的 div 區塊建立巡覽列 (Navigator bar), 在巡覽列中可用 ul、li 元素建立巡覽列中的項目, 並用 a 元素建立指向各頁面的超連結。

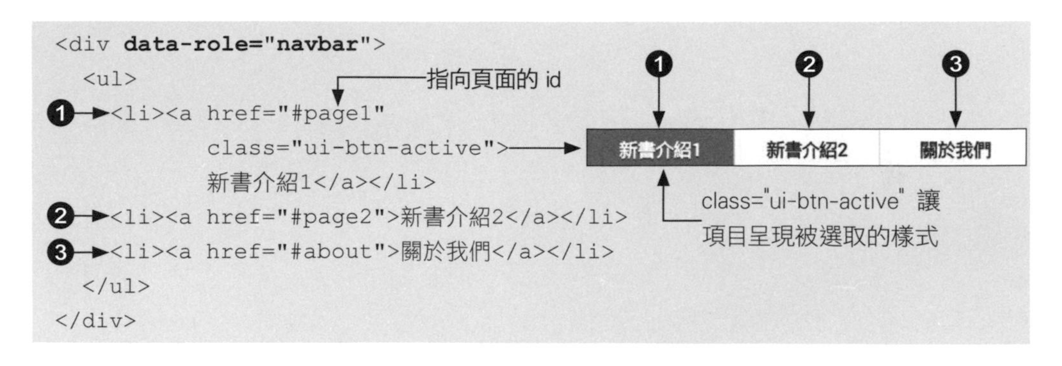
```
<div data-role="navbar">
  <ul>
❶  <li><a href="#page1"
        class="ui-btn-active">
        新書介紹1</a></li>
❷  <li><a href="#page2">新書介紹2</a></li>
❸  <li><a href="#about">關於我們</a></li>
  </ul>
</div>
```


若每個頁面都要顯示巡覽列, 必須每個頁面都有 navbar 的 div 區塊, 參見以下的範例:

.h16-07.html

```
<body>
<div id="page1" data-role="page"> <!----- 第 1 頁 ----->
  ...
  <div data-role="footer" data-position="fixed">
    <div data-role="navbar">
      <ul>
        <li><a href="#page1" class="ui-btn-active ui-state-persist">新書介紹1</a></li>
        <li><a href="#page2">新書介紹2</a></li>
        <li><a href="#about">關於我們</a></li>
      </ul>
    </div>
  </div>
</div>
<div id="page2" data-role="page">  <!----- 第 2 頁 ----->
...
  <div data-role="footer" data-position="fixed">
    <div data-role="navbar">
      <ul>
        <li><a href="#page1">新書介紹1</a></li>
         <li><a href="#page2" class="ui-btn-active
                                ui-state-persist">新書介紹2</a></li>
         <li><a href="#about">關於我們</a></li>
      </ul>
    </div>
  </div>
</div>
...
```

❶ 加入此屬性設定, 讓頁尾固定在手機畫面底部 (若加在"header" 頁首, 則頁首會固定在頂端)

本例將巡覽列放在頁尾

加此類別, 讓 jQuery Mobile 在使用者切換頁面時, 會記住巡覽列內項目的選取狀態

不同頁面的巡覽列內, 設定 class="ui-btn-active" 的項目不同 (表示目前顯示的頁面)

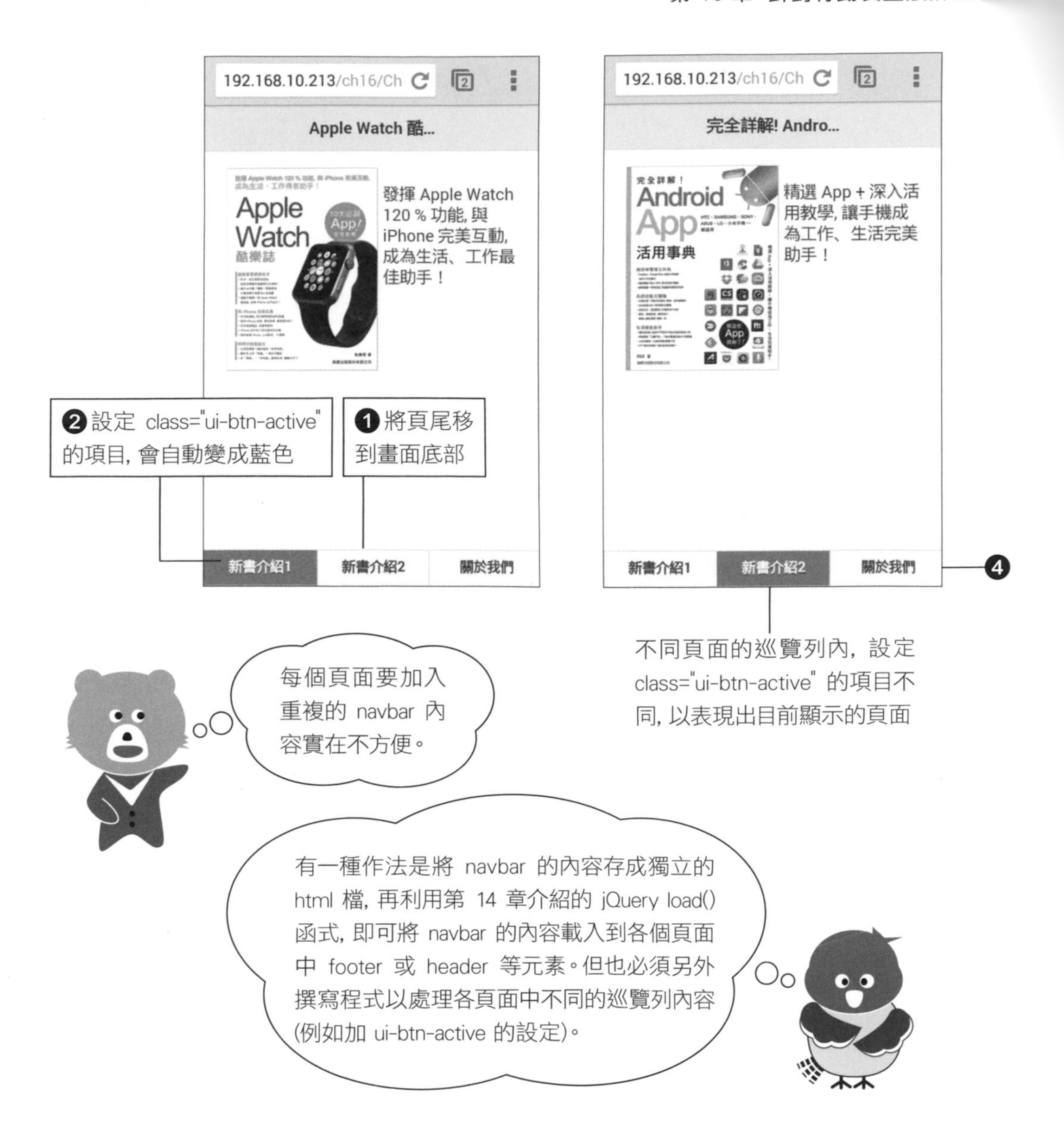
192.168.10.213/ch16/Ch
Apple Watch 酷...
發揮 Apple Watch 120 % 功能, 與 iPhone 完美互動, 成為生活、工作最佳助手！
❷ 設定 class="ui-btn-active" 的項目, 會自動變成藍色
❶ 將頁尾移到畫面底部
新書介紹1
新書介紹2
關於我們
192.168.10.213/ch16/Ch
完全詳解! Andro...
精選 App + 深入活用教學, 讓手機成為工作、生活完美助手！
新書介紹1
新書介紹2
關於我們
❹
不同頁面的巡覽列內, 設定 class="ui-btn-active" 的項目不同, 以表現出目前顯示的頁面
每個頁面要加入重複的 navbar 內容實在不方便。
有一種作法是將 navbar 的內容存成獨立的 html 檔, 再利用第 14 章介紹的 jQuery load() 函式, 即可將 navbar 的內容載入到各個頁面中 footer 或 header 等元素。但也必須另外撰寫程式以處理各頁面中不同的巡覽列內容 (例如加 ui-btn-active 的設定)。

在巡覽列中使用圖示

若想替上例中的巡覽列按鈕加入圖示, 可在 <a> 標籤中加入 data-icon 屬性, 屬性值可以是 jQuery Mobile 內建的圖示名稱, 在官網 (http://api.jquerymobile.com/icons/) 可看到這些圖示及其名稱:

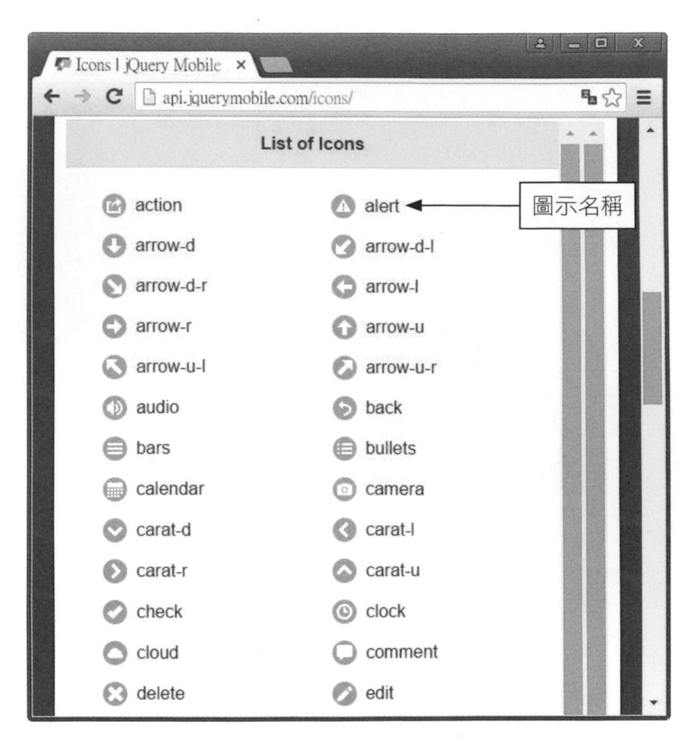

例如將前一範例中 navbar 內的 a 元素加入如下 data-icon 屬性設定，就會有如圖的效果：

Ch16-08.html

```
<div data-role="navbar">
  <ul>
    <li><a href="#page1" class="ui-btn-active ui-state-persist"
                              data-icon="home">新書介紹1</a></li>
    <li><a href="#page2" data-icon="heart">新書介紹2</a></li>
    <li><a href="#about" data-icon="info">關於我們</a></li>
  </ul>
</div>
```

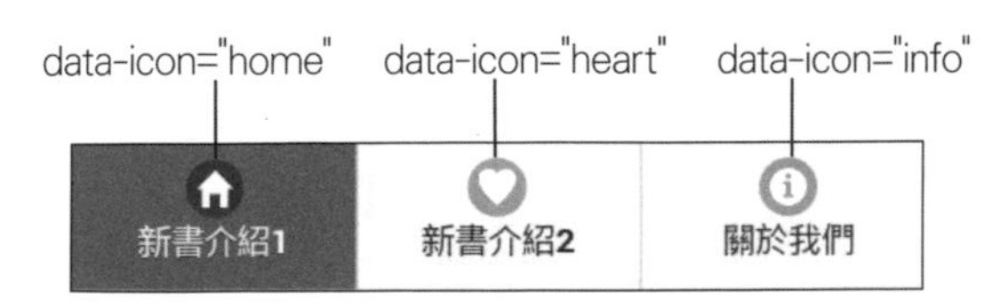

圖示預設會顯示在文字上方 (top)，若想改變位置可加上 data-iconpos 屬性，可設定的值包括：left (左)、right (右)、bottom (下)、notext (不顯示文字)。

使用交談窗及可摺疊內容

最後來介紹如何使用 jQuery Mobile 的交談窗及可摺疊內容 (Collapsible Content)。要使用交談窗, 只需建立 data-role="dialog" 的 div 區塊, 當使用者點選指向該區塊的連結時, jQuery Mobile 就會用交談窗的方式顯示。

```
<a href="#about">...</a> ←── 按下連結文字, 就會開啟交談窗
...
<div id="about" data-role="doalog"...>
```

在交談窗區塊中, data-role="header" 區塊會成為交談窗標題, data-role="content" 區塊則成為交談窗內容 (參見下面範例)。

要使用可摺疊內容, 可利用 data-role="collapsible" 屬性的 div 區塊, 此外還可用 data-collapsed 屬性指定預設為展開 (屬性值 false) 或收起 (屬性值 true, 預設值)。區塊內的 h1～h6 標題, 會成為用來展開或收起區塊的文字標題, 參見以下範例:

Ch16-09.html

```
<div data-role="content">
  <img src="https://www.flag.com.tw/images/cover/middle/F5186.gif">
  <!-- 可摺疊內容 -->
  <div data-role="collapsible" data-collapsed="false"> ←── ❶預設展開
    <h1>簡介</h1> ←──文字標題
    <p>發揮 Apple Watch 120 % 功能, 與 iPhone 完美互動, 成為生活、工作最佳助手！</p> ←┐
  </div>                                                              可被摺疊的內容
  <!-- 可摺疊內容 -->
  <div data-role="collapsible" data-collapsed="true"> ←── ❷預設收起
    <h1>詳細資料</h1>
    <p>Apple Watch 酷樂誌<br>...</p>
  </div>
</div>
...
<div data-role="navbar">
   <ul>...<li><a href="#about">關於</a></li></ul>
</div>
...
<div id="about" data-role="dialog"> ←── ❸交談窗區塊
  <div data-role="header">
    <h1>關於我</h1>
```

```
    </div>
    <div data-role="content">
    <p>版本：0.0.1</p>
    <p>電話：(02)2396-3257</p>
    <em>  &copy; www.flag.com.tw</em>
    </div>
</div>
```

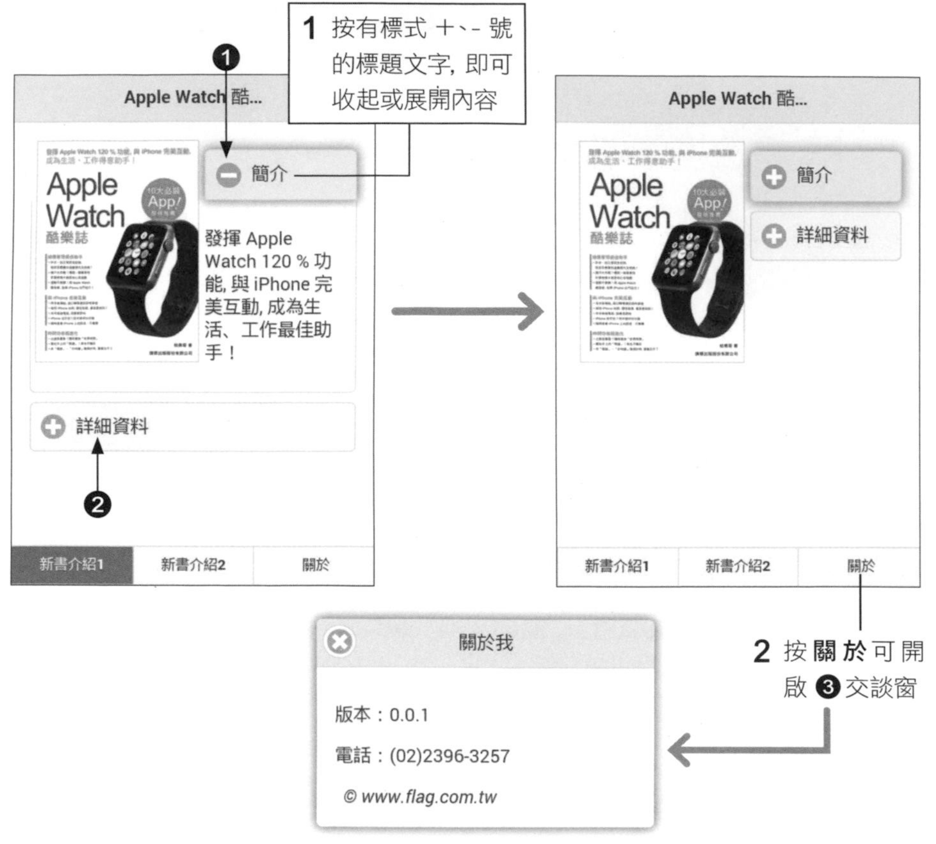

上例中的可摺疊 div 區塊, 可個別展開、收起。若想讓可摺疊的 div 區塊會自動維持『每次僅能開啟一個』 (例如開啟 A 即自動收起 B), 可如下建立 data-role="collapsible" 的 div 區塊, 並將所有的可摺疊 div 區塊, 放在其中即可 (此種元件稱為 **Accordion**)。

```
<div data-role="collapsible-set">  ← 建立 Accordion 元件
  <div data-role="collapsible" data-collapsed="false">...</div>
  <div data-role="collapsible" data-collapsed="true">...</div>
</div>
```

16-5 使用 jQuery Mobile 事件與函式

在 JavaScript 的部份, jQuery Mobile 提供了與行動裝置特性相關的事件與函式, 以下介紹一些實用的事件與相關函式。

螢幕畫面方向改變事件

要偵測手機螢幕方向改變 (直向或橫向), 可使用 windows 物件註冊 orientationchange 事件處理 callback 函式。在函式中, 可由參數物件的 orientation 屬性取得目前方向, 其值若為 "landscape" 表示是橫向、"portrait" 為直向:

```
// 註冊方向改變事件
                    『on (事件, 處理函式)』是 jQuery
                    註冊事件處理函式的語法
$(window).on("orientationchange", function(e) {
  // 若為橫向
  if (e.orientation=="landscape") {
    ...
  }
  // 若為直向
  else {
    ...
  }
});
```

前一節的範例中, 其實有利用 CSS 的媒體查詢功能來調整 img 影像大小, 以下範例則利用手機螢幕方向改變事件實作類似效果, 當偵測到畫面為橫向或直向時, 則設定不同的 CSS width 屬性值:

Ch16-10.html

```
<script>
$(function(){
  // 註冊方向改變事件
  $(window).on("orientationchange", function(e) {
    // 若為橫向
    if (e.orientation=="landscape") {
      $('img').css('width','30%');  ← ❶
    }
    // 若為直向
    else {
      $('img').css('width','60%');  ← ❷
    }
  });

  // 文件載入時即觸發一次方向改變事件
  $(window).orientationchange();
});
</script>
```

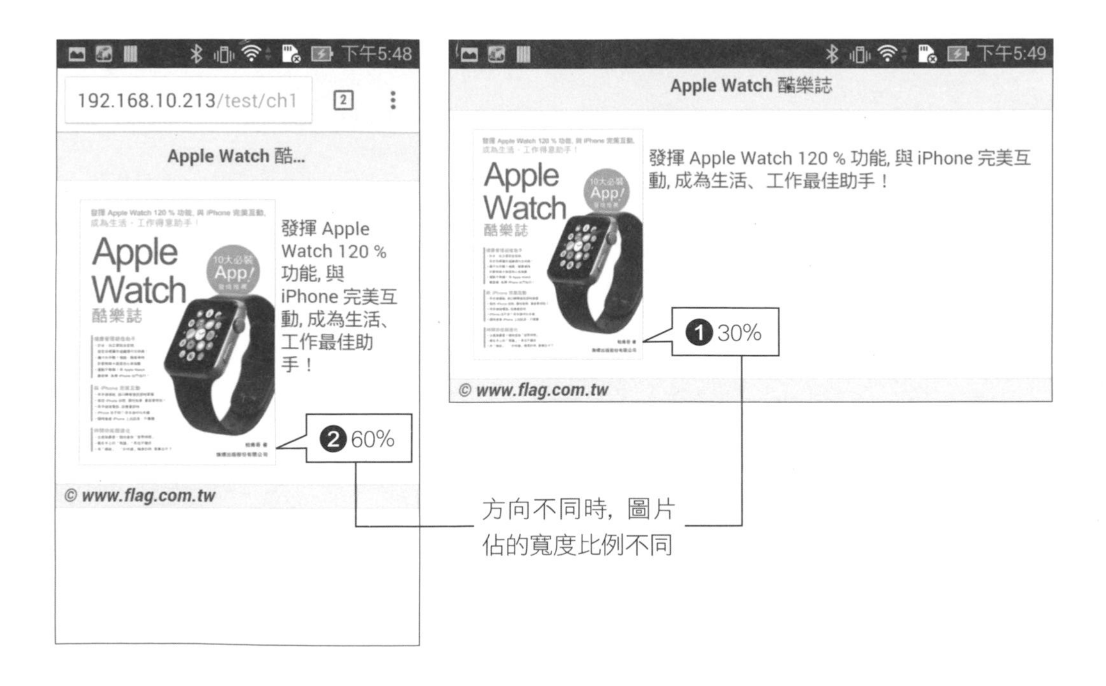

行動裝置手勢事件

我們常說『滑』手機，手指在觸控螢幕上的動作稱為手勢 (Gesture)，透過 jQuery Mobile 提供的手勢事件，即可補捉使用者的手勢動作。

- swipe：左右滑動事件。
- swipeleft：向左滑動事件。
- swiperight：向右滑動事件。
- tap：觸碰事件。
- taphold：長按事件 (觸碰不放開超過 0.75 秒)。

例如我們可如下註冊向左、向右滑動事件，讓使用者可用滑動的方式換頁：

Ch16-11.html

```
$(function(){
  // 註冊向左滑事件
  $( '#page1' ).on( 'swipeleft', function() { ←❶
    // 呼叫 jQuery Mobile 的 changePage() 方法變更頁面至 #page2
    $.mobile.changePage('#page2');
  });
  // 註冊向右滑事件
  $( '#page2' ).on( 'swiperight', function() { ←❷
    // 呼叫 jQuery Mobile 的 changePage() 方法變更頁面至 #page1
    $.mobile.changePage('#page1');
  });

  // 註冊長按事件
  $( '#page1, #page2' ).on('taphold', function() { ←❸
    // 呼叫 jQuery Mobile 的 changePage() 方法變更頁面至交談窗
    $.mobile.changePage('#about');
  });
});
```

↑ $.mobile 是 jQuery Mobile 的物件，用以呼叫jQuery Mobile 提供的 API

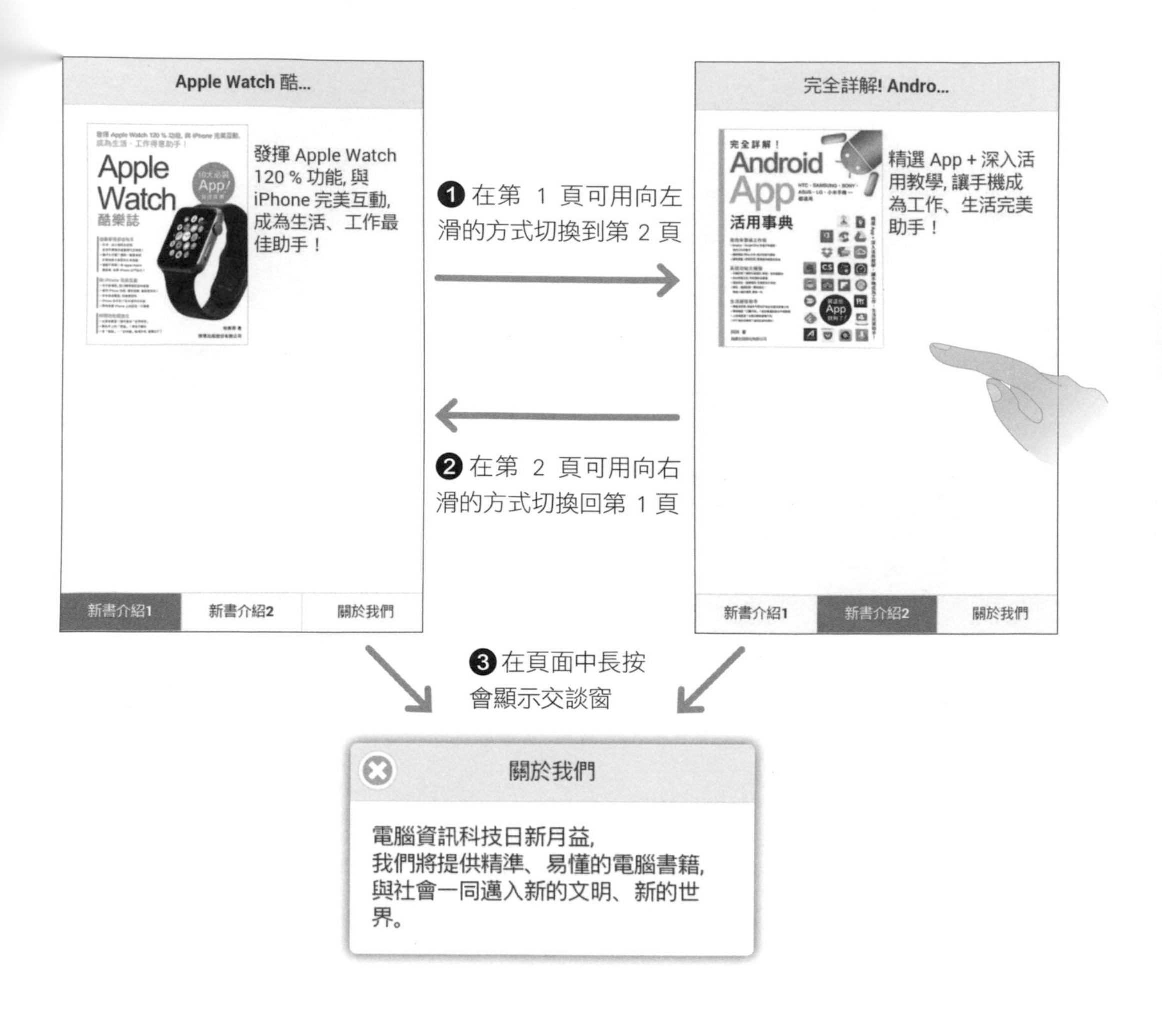

上面程式中呼叫的 $.mobile.changePage(), 是 jQuery Mobile 提供的切換頁面函式, 如上將參數設為頁面的 id, 即可切換到指定的頁面; 此外也可設為其它網頁的 URL, 函式會嘗試載入並顯示之。

學習評量

選擇填充題

1. (　　) 要建立可在手機上打電話的超連結, 可在 a 元素的 href 中使用哪一個 URI Scheme?

   (A) telephone:　(B) tel:　(C) call:　(D) http:

2. (　　) 在 <a href="..."> 標籤中使用 sms: 建立可傳送簡訊的超連結時, 若想預先加入簡訊文字, 可在電話號碼後面加入什麼參數來設定?

   (A) message (B) default (C) body (D) text

3. (　　) 使用 navigator.geolocation.getCurrentPosition() 取得定位資訊, 可在 callback 函式參數的什麼屬性中取得經緯度資訊?

   (A) position (B) coords (C) latlng (D) where

4. (　　) 想取得手機三軸加速度計的感測值, 可註冊哪一個事件處理函式?

   (A) devicemotion　(B) deviceacceleration
   (C) deviceaction　(D) deviceorientation

5. (　　) 手機加速度感測器感測到的加速度運動, 其中垂直於手機螢幕畫面的方向是?

   (A) X 軸 (B) Y 軸 (C) Z 軸 (D) W 軸

6. (　　) 使用 jQuery Mobile 提供的手勢事件功能, 要註冊長按事件時, 事件名稱為?

   (A) swipe (B) longclick (C) tap (D) taphold

7. 使用 jQuery Mobile 建立網頁，是用 div 元素建立頁面，元素需使用________屬性，並將屬性值設為________；若要讓該頁面以交談窗的方式呈現，屬性值要設為________。

8. 用 jQuery Mobile 建立網頁時，若要建立可摺疊 (Collapsible Content, 可收起或展開的內容)，可用 div 元素，並設定________屬性，屬性值為________。此內容預設為關閉的，若希望預設為展開，可加入 data-collapsed 屬性，並將屬性值設為________。

練習題

1. 請練習用 jQuery Mobile 設計一個兩天一夜旅遊行程網頁，其內含至少 2 個頁面，分別顯示 1 天的行程資訊。

2. 請試利用 navigator.geolocation 的 watchPosition() 功能，取得位置變動資訊，並將經緯度變動逐一顯示在網頁上。

Flag Publishing

http://www.flag.com.tw